21世纪高等医药院校教材

（供中药学和药学类专业使用）

仪器分析

主　编　曾元儿　张　凌

科学出版社

北　京

内 容 简 介

本书为21世纪高等医药院校分析化学系列教材之一。仪器分析是分析化学最为重要的组成部分，也是分析化学的发展方向，包括光谱分析法、色谱分析法和质谱法。光谱分析法内容包括紫外-可见分光光度法、荧光分析法、原子吸收分光光度法、红外分光光度法和磁共振波谱法；色谱分析法内容包括经典液相色谱法、气相色谱法、高效液相色谱法和毛细管电泳法。各章后附思考与练习。内容简明扼要，重点突出，理论联系实际，符合课程教学要求。

本书供全国高等医药院校中药学和药学类专业使用，亦适合化学、食品等其他相关专业使用，还可供有关科研单位或药品质量检验部门的科研、技术人员参阅。

图书在版编目(CIP)数据

仪器分析/曾元儿，张凌主编.—北京：科学出版社，2007
21世纪高等医药院校教材
ISBN 978-7-03-019488-6

Ⅰ.仪… Ⅱ.①曾…②张… Ⅲ.仪器分析-医学院校-教材 Ⅳ.O657

中国版本图书馆CIP数据核字(2007)第115891号

责任编辑：方 霞 郭海燕／责任校对：赵燕珍
责任印制：徐晓晨／封面设计：黄 超

科学出版社出版
北京东黄城根北街16号
邮政编码：100717
http://www.sciencep.com
北京建宏印刷有限公司 印刷
科学出版社发行 各地新华书店经销
*
2007年8月第 一 版 开本：787×1092 1/16
2019年11月第十六次印刷 印张：20
字数：462 000
定价：49.00元
(如有印装质量问题，我社负责调换)

《仪器分析》编委会

主　编　曾元儿　张　凌

副主编　谢晓梅　苏明武　张　丽　刘养清　何淑华
　　　　贺吉香　彭晓霞　陈丰连　贺锋嘎

编　委　(以姓氏拼音为序)

曹　骋　(广州中医药大学)
曹雨诞　(南京中医药大学)
陈丰连　(广州中医药大学)
何淑华　(长春中医药大学)
贺锋嘎　(内蒙古民族大学)
贺吉香　(山东中医药大学)
贾欣欣　(北京城市学院)
刘养清　(山西中医学院)
吕青涛　(山东中医药大学)
裴晓丽　(山西中医学院)
彭晓霞　(甘肃中医学院)
秦　雯　(北京城市学院)
苏明武　(湖北中医学院)
谢晓梅　(安徽中医学院)
谢一辉　(江西中医学院)
许佳明　(长春中医药大学)
杨　敏　(湖北中医学院)
姚雪莲　(江西中医学院)
曾元儿　(广州中医药大学)
张　丽　(南京中医药大学)
张　玲　(安徽中医学院)
张　凌　(江西中医学院)
赵　庆　(云南中医学院)

编写说明

分析科学是关于研究物质的组成、含量、结构和形态等化学信息的分析方法及理论的一门科学,即是一门独立的化学信息科学。分析科学可分为化学分析和仪器分析两部分,化学分析是分析科学的基础,用于常量分析;而仪器分析代表了分析科学的发展方向,主要用于药物特别是中药等痕量分析和复杂体系分析。正因如此,大部分院校的中药学、药学专业中分别开设了《分析化学》和《仪器分析》两门课程,《分析化学》主要讲述经典化学分析法和电化学分析法,为基础课程;《仪器分析》主要讲述光谱分析法、色谱分析法和质谱分析法等,为专业基础课程。为适应教学要求,本套教材包括《分析化学》和《仪器分析》,同时配有《分析化学实验》和《分析化学习题集》。

本书具有以下特点:

1.全体编委均为多年从事分析化学教学第一线的学科带头人和骨干教师,根据多年的教学体会,针对教学中重点、难点、学生接受情况进行编写,贴近学生实际需要。

2.编委来自十多所高等院校,编写中广泛征集各院校的宝贵意见及建议,适应各院校教学改革的需要,压缩篇幅,符合当前各院校教学计划安排。

3.全书共13章,编写中汲取和参阅了国内外的现有同类教材,注意各章间共性与个性问题,着重强调基本内容、基本理论与基本技能知识,突出本课程特点,分层次(掌握、熟悉与了解)进行编写,列举实例与中药类、药学类专业密切相关。主要章节特点有:绪论与专业的针对性强;紫外-可见分光光度法中简化了计算光度法;新增原子吸收分光光度法;磁共振波谱法中简化了化学位移的计算和二级波谱;简化了色谱法概论;经典液相色谱法中新增了高效薄层色谱法和胶束薄层色谱法;气相色谱法和高效液相色谱法中仪器和技术反映了当今的现状;取消联用技术一章,内容主要分布于第11~13章。

4.编写中力求做到语言简练、文字流畅、系统性强,便于阅读,避免冗长、重复的文字叙述。

5. 本书配套有《分析化学习题集》(含各院校近年研究生入学考试真题或模拟试题)、《分析化学实验》及《分析化学》,其内容与本教材紧密配合。

本书插图由曹骋老师绘制或修改,附录由赵庆老师编写完成,各章节作者见章后署名。

本书经集体讨论、分工编写、集体审稿,由主编负责整理而成。教材的编写过程中得到各位编者所在学校的大力支持,在此一并深表谢意!

国内外出版的分析化学教材众多,要编写出一套既适合教学需要,又能反映分析化学进展的有特色的教科书,实属不易。教材中存在的错误和欠缺之处,恳请读者和同行不吝批评指正。

编　者

2007年6月

目　　录

编写说明
第1章　绪论 …… (1)
第1节　仪器分析法分类 …… (1)
一、根据所测物理量原理分类 …… (1)
二、按分析目的分类 …… (2)
第2节　仪器分析法特点与发展趋势 …… (2)
一、仪器分析法特点 …… (2)
二、仪器分析法发展趋势 …… (2)
第3节　仪器分析法应用 …… (3)
第2章　光学分析法概论 …… (5)
第1节　电磁辐射与电磁波谱 …… (5)
一、电磁波谱 …… (5)
二、电磁辐射与物质相互作用 …… (6)
第2节　光学分析法分类 …… (7)
一、光谱法与非光谱法 …… (7)
二、原子光谱法与分子光谱法 …… (8)
三、吸收光谱法与发射光谱法 …… (9)
思考与练习 …… (11)
第3章　紫外-可见分光光度法 …… (12)
第1节　基本原理 …… (12)
一、跃迁类型 …… (12)
二、常用术语 …… (14)
三、吸收带 …… (14)
第2节　Lambert-Beer定律 …… (19)
一、Lambert-Beer定律 …… (19)
二、偏离Beer定律的因素 …… (21)
三、透光率测量误差 …… (22)
第3节　显色反应及其显色条件的选择 …… (23)
一、显色反应的选择 …… (23)
二、显色条件的选择 …… (24)
三、测量条件的选择 …… (25)
第4节　紫外-可见分光光度计 …… (26)
一、主要部件 …… (27)
二、分光光度计的类型 …… (30)

第 5 节 分析方法 …… (33)
一、定性方法 …… (33)
二、结构分析 …… (34)
三、纯度检查 …… (36)
四、定量分析 …… (36)
第 6 节 应用与示例 …… (40)
思考与练习 …… (42)
第 4 章 荧光分析法 …… (44)
第 1 节 基本原理 …… (44)
一、分子荧光的产生 …… (44)
二、激发光谱与发射光谱 …… (46)
三、荧光与分子结构的关系 …… (47)
四、影响荧光强度的外部因素 …… (49)
第 2 节 定量分析方法 …… (51)
一、荧光强度与物质浓度的关系 …… (51)
二、定量分析方法 …… (52)
第 3 节 荧光分光光度计与新技术 …… (53)
一、荧光分光光度计组成 …… (53)
二、荧光分析新技术简介 …… (54)
第 4 节 应用与示例 …… (55)
一、无机化合物的荧光分析 …… (55)
二、有机化合物的荧光分析 …… (55)
思考与练习 …… (55)
第 5 章 原子吸收分光光度法 …… (57)
第 1 节 基本原理 …… (57)
一、原子吸收线的产生 …… (57)
二、原子在各能级的分布 …… (58)
三、原子吸收线的形状及谱线变宽 …… (58)
四、原子吸收值与原子浓度的关系 …… (60)
第 2 节 原子吸收分光光度计 …… (61)
一、仪器组成 …… (61)
二、光源 …… (61)
三、原子化系统 …… (62)
四、单色器 …… (65)
五、检测系统 …… (65)
第 3 节 实验技术 …… (66)
一、样品的处理 …… (66)
二、测定条件的选择 …… (66)
三、干扰及其抑制 …… (67)

四、定量分析的方法 …… (69)
五、分析方法的评价 …… (71)
第4节　应用与示例 …… (71)
思考与练习 …… (72)
第6章　红外分光光度法 …… (74)
第1节　概述 …… (74)
一、红外光谱区的划分 …… (74)
二、红外吸收光谱的表示方法 …… (74)
三、与紫外吸收光谱的比较 …… (75)
第2节　基本原理 …… (75)
一、振动能级与振动频率 …… (75)
二、振动形式与振动自由度 …… (78)
三、基频峰与泛频峰 …… (80)
四、特征峰与相关峰 …… (80)
五、吸收峰的峰数 …… (81)
六、吸收峰的峰位 …… (82)
七、吸收峰的强度 …… (84)
第3节　典型光谱 …… (84)
一、脂肪烃类 …… (84)
二、芳香烃类 …… (86)
三、醚、醇与酚类 …… (87)
四、羰基化合物 …… (88)
五、含氮化合物 …… (89)
第4节　红外分光光度计及制样 …… (91)
一、色散型红外光谱仪主要部件 …… (91)
二、傅里叶(Fourier)变换红外光谱仪 …… (92)
三、仪器性能 …… (93)
四、制样方法 …… (93)
第5节　应用与示例 …… (94)
一、定性鉴别 …… (94)
二、纯度检查 …… (95)
三、定量分析 …… (95)
四、结构分析 …… (95)
思考与练习 …… (98)
第7章　磁共振波谱法 …… (100)
第1节　磁共振波谱仪 …… (100)
一、连续波磁共振仪 …… (100)
二、脉冲傅里叶变换磁共振波谱仪 …… (101)
第2节　基本原理 …… (101)

一、原子核的自旋…………(101)
二、自旋取向与核磁能级…………(102)
三、进动与共振…………(104)
四、核的弛豫…………(105)
第3节 化学位移…………(106)
一、化学位移的产生——核外电子的屏蔽效应…………(106)
二、化学位移的测量与表示方法…………(107)
三、影响化学位移的因素…………(108)
四、各基团质子的特征化学位移…………(110)
第4节 自旋耦合与自旋系统…………(111)
一、自旋耦合与峰的裂分…………(111)
二、核的等价性质…………(112)
三、耦合常数与耦合类型…………(113)
四、自旋系统…………(114)
第5节 应用与示例…………(116)
一、样品溶液的制备…………(116)
二、磁共振氢谱的解析…………(117)
三、解析示例…………(118)
第6节 磁共振碳谱简介…………(120)
一、概述…………(120)
二、去耦技术…………(121)
三、化学位移…………(121)
四、应用…………(122)
思考与练习…………(124)
第8章 质谱法…………(126)
第1节 质谱仪及其工作原理…………(126)
一、仪器构造…………(126)
二、主要性能指标…………(130)
三、质谱表示法…………(130)
第2节 离子类型…………(131)
一、分子离子…………(132)
二、碎片离子…………(132)
三、同位素离子…………(133)
四、亚稳离子…………(134)
第3节 阳离子的裂解…………(135)
一、开裂方式…………(135)
二、简单裂解…………(136)
三、重排裂解…………(137)
第4节 分子式的测定…………(138)

一、分子离子峰的确定 …… (138)
二、分子量的测定 …… (139)
三、分子式的确定 …… (139)
第5节　基本有机化合物质谱 …… (141)
一、烷烃 …… (141)
二、烯烃 …… (142)
三、芳烃 …… (143)
四、醇、醚和酚类 …… (144)
五、醛与酮类 …… (146)
六、酸与酯类 …… (148)
第6节　应用与示例 …… (149)
一、解析步骤 …… (149)
二、解析示例 …… (149)
三、综合解析示例 …… (151)
思考与练习 …… (155)
第9章　色谱法概论 …… (157)
第1节　色谱法的起源、历程及分类 …… (157)
一、色谱法的起源 …… (157)
二、色谱法的历程 …… (157)
三、色谱法的分类 …… (158)
第2节　色谱过程与术语 …… (160)
一、色谱过程 …… (160)
二、色谱图 …… (161)
三、常用术语 …… (162)
思考与练习 …… (165)
第10章　经典液相色谱法 …… (167)
第1节　液-固吸附柱色谱法 …… (167)
一、基本原理 …… (167)
二、吸附剂 …… (169)
三、色谱条件的选择 …… (171)
四、操作方法 …… (171)
第2节　液-液分配柱色谱法 …… (172)
一、基本原理 …… (172)
二、载体 …… (173)
三、固定液及其选择 …… (173)
四、流动相及其选择 …… (173)
五、操作方法 …… (173)
第3节　离子交换色谱法 …… (174)
一、离子交换树脂 …… (174)

二、离子交换平衡 …… (175)
三、操作方法及应用 …… (176)
第 4 节 空间排阻柱色谱法 …… (177)
一、基本原理 …… (177)
二、凝胶的分类 …… (178)
三、操作方法及应用 …… (179)
第 5 节 薄层色谱法 …… (180)
一、基本原理 …… (180)
二、固定相 …… (181)
三、展开剂 …… (182)
四、操作方法 …… (182)
五、定性分析 …… (185)
六、定量分析 …… (186)
七、特殊薄层色谱法 …… (190)
第 6 节 纸色谱法 …… (193)
一、基本原理 …… (193)
二、实验方法 …… (193)
三、应用 …… (195)
思考与练习 …… (195)
第 11 章 气相色谱法 …… (197)
第 1 节 概述 …… (197)
一、气相色谱法的分类 …… (197)
二、气相色谱法的一般流程 …… (197)
三、气相色谱法的特点与应用 …… (198)
第 2 节 色谱法基本理论 …… (198)
一、塔板理论 …… (198)
二、速率理论 …… (201)
第 3 节 固定相 …… (202)
一、液体固定相 …… (203)
二、固体固定相 …… (205)
第 4 节 气相色谱仪 …… (206)
一、气路系统 …… (206)
二、进样系统 …… (206)
三、分离系统 …… (208)
四、检测系统 …… (211)
五、数据处理系统 …… (215)
第 5 节 分离条件的选择 …… (216)
一、色谱柱的总分离效能指标——分离度 …… (216)
二、色谱基本分离方程式 …… (216)

三、分离操作条件的选择 …… (217)
第6节　分析方法 …… (219)
一、定性分析 …… (219)
二、定量分析 …… (221)
第7节　气相色谱法的发展趋势 …… (224)
一、顶空气相色谱法 …… (224)
二、裂解气相色谱法 …… (226)
三、色谱联用技术 …… (227)
第8节　应用与示例 …… (229)
一、合成药物分析 …… (229)
二、中药成分分析 …… (230)
三、复方制剂分析 …… (230)
四、体内药物分析 …… (231)
思考与练习 …… (231)
第12章　高效液相色谱法 …… (234)
第1节　高效液相色谱仪 …… (234)
一、仪器组成 …… (234)
二、输液系统 …… (234)
三、进样系统 …… (237)
四、分离系统 …… (238)
五、检测器 …… (239)
第2节　基本理论 …… (243)
一、柱内展宽 …… (243)
二、柱外展宽 …… (245)
第3节　各类高效液相色谱法 …… (245)
一、吸附色谱法 …… (245)
二、化学键合相色谱法 …… (246)
三、离子对色谱法 …… (248)
第4节　改善分离度的方法 …… (249)
一、对流动相的要求 …… (250)
二、改善分离度的方法 …… (250)
第5节　分析方法 …… (251)
一、定性分析 …… (251)
二、定量分析 …… (252)
第6节　发展与趋势 …… (252)
一、超高效液相色谱和快速高分离度液相色谱 …… (252)
二、联用技术 …… (254)
三、其他研究进展 …… (256)
第7节　应用与示例 …… (256)

思考与练习 …………………………………………………………………………………… (257)
第 13 章　毛细管电泳法 ……………………………………………………………………… (259)
第 1 节　基本原理 ……………………………………………………………………………… (259)
一、电泳和电泳淌度 ……………………………………………………………………… (260)
二、电渗和电渗率 ………………………………………………………………………… (261)
三、表观淌度和权均淌度 ………………………………………………………………… (262)
四、柱效和分离度 ………………………………………………………………………… (263)
第 2 节　毛细管电泳仪 ………………………………………………………………………… (264)
第 3 节　分离模式及其分离条件的选择 ……………………………………………………… (266)
一、毛细管区带电泳 ……………………………………………………………………… (266)
二、胶束电动毛细管色谱 ………………………………………………………………… (267)
三、其他分离模式 ………………………………………………………………………… (268)
第 4 节　应用与示例 …………………………………………………………………………… (269)
一、化学药品分析 ………………………………………………………………………… (269)
二、中药分析 ……………………………………………………………………………… (269)
三、生物制品分析 ………………………………………………………………………… (270)
思考与练习 …………………………………………………………………………………… (270)

参考资料 ……………………………………………………………………………………… (273)
附录 …………………………………………………………………………………………… (274)
附录一　主要基团的红外特征吸收峰 ………………………………………………………… (274)
附录二　常见碎片离子 ………………………………………………………………………… (280)
附录三　经常失去的碎片 ……………………………………………………………………… (285)
附录四　HPLC 常用固定相 …………………………………………………………………… (287)
附录五　Beynon 表 …………………………………………………………………………… (288)

第1章　绪　　论

分析化学的第二次变革出现在20世纪30年代后期，分析化学突破了以经典化学分析为主的局面，开创了仪器分析的新时代。根据被测物质的某种物理性质与组分的关系，不经化学反应直接进行定性或定量分析的方法，叫物理分析（physical analysis），如光谱分析法等。根据被测物质在化学反应中的某种物理性质与组分之间的关系，进行定性或定量分析的方法叫做物理化学分析（physicochemical analysis），如电位分析法、可见光度法等。由于进行物理和物理化学分析时，大都需要精密仪器，故这类分析方法又称为仪器分析（instrumental analysis）。根据所测物理原理（光、电、热、吸附等）及分析目的不同，仪器分析的方法多种多样，各方法特点和测定对象不同，各章有其独立性。

第1节　仪器分析法分类

一、根据所测物理量原理分类

1. 电化学分析　应用电化学原理来进行物质成分分析的方法称为电化学分析，可分为电导法、电位分析法及电解分析法三类。由于篇幅原因，这部分内容与化学分析一并讲述。

2. 光学分析　可分为非光谱法及光谱法两大类方法。

（1）非光谱法：检测被测物质的某种物理光学性质，进行定性、定量分析的方法，如折射法、旋光法、圆二色散法及浊度法等。

（2）光谱法：利用物质的光谱特征，进行定性、定量及结构分析的方法称为光谱法或光谱分析法。按物质能级跃迁的方向，可分为吸收光谱法（如紫外-可见分光光度法、红外分光光度法、原子吸收分光光度法、磁共振波谱法等）及发射光谱法（如原子发射光谱法、荧光分光光度法等）。按能级跃迁的类型，可分为电子光谱、振动光谱及转动光谱等类别。按被测物质粒子的类型，可分为原子光谱、分子光谱及磁共振波谱等。

3. 色谱分析　按物质在固定相与流动相间分配系数的差别而进行分离、分析的方法称为色谱分析法。按流动相的分子聚集状态分为液相色谱、气相色谱及超临界流体色谱法。按分离原理可分为吸附、分配、空间排阻、离子交换等诸多类别。按操作形式可分为柱色谱法、平面色谱法等。

4. 质谱分析　利用物质的质谱（相对强度-质核比）进行成分与结构分析的方法称为质谱法。质谱可给出大量结构信息，为有机物结构分析不可或缺的手段。色谱-光谱联用法，是复杂样品分析的最重要手段。

5. 热分析　当一种物质或混合物加热至不同温度时，会发生物理或化学变化，如溶解、沸腾、分解或反应等。这些物理或化学变化与物质的基本性质如成分、各组分含量有关。通过指定控温程序控制样品加热过程，并检测加热过程中产生的各种物理、化学变化的方法通称热分析法。常见的有热重分析(TGA)、差热分析(DTA)、差示扫描量热分析(DSC)等。

二、按分析目的分类

1. 成分分析 对物质的组分及元素组成进行分析。光谱法为其主要分析方法。

2. 分离分析 对物质的各组分先行分离并同时进行定性、定量分析。色谱法为其主要分析方法。

3. 结构分析 确定未知物质的分子结构或晶体结构。主要应用红外吸收分光光度法、磁共振波谱法、质谱法、X 射线衍射分析法等。

4. 表面分析 包括表面化学状态、表面结构和表面电子态的分析。

第2节 仪器分析法特点与发展趋势

一、仪器分析法特点

仪器分析法与经典化学分析法比较,有如下特点:

1. 灵敏度高 仪器分析法的检测限相当低,通常为 10^{-12} ~ 10^{-6}g 级,甚至更低。因此,仪器分析法特别适用于微量和痕量成分的分析,这对于超纯物质、药物成分分析具有重要和特殊意义。

2. 选择性好 某些仪器分析方法可不需要对样品进行处理,只需选择适当条件,即可对混合物中某一种或多种成分进行分析。因此,可应用于药物(特别是中草药)等复杂体系中成分的分析。

3. 相对误差大 仪器分析法不能给出高精密度和高准确度的结果,一般准确度为 1%~5%,一般不适于常量分析。

4. 以标准物质作参考 几乎所有的仪器分析法都是比较法,需要标准物质作参考。而化学分析法则无需标准物质。

5. 分析速度快 仪器分析方法简单、快速、易于实现自动化。对于批量样品的分析非常有利。

6. 设备复杂、昂贵 一般来说,仪器分析设备费用较高,一次性投入大。另外,大部分仪器设备对环境条件要求较高,需在恒温、恒湿条件下方可正常工作。对于操作者来说要有较高素质,不但要学习和掌握扎实的理论基础,而且要有一定的工作经验和高度的责任感。

二、仪器分析法发展趋势

科技的发展和社会的需求使分析化学发展成为分析科学,仪器分析已远远超出了化学的概念,突破了纯化学领域,将数学、物理学、电子学、计算机科学等现代科学技术紧密地结合起来,而发展成为一门多学科性的综合性科学。社会生产和科技主要问题的解决直接基于化学测量的结果,因此现代分析化学的目标就是减少材料消耗量,缩短分析时间,降低风险,少支经费而获得更多更有效的化学信息。

仪器分析发展总的方向是更高灵敏度(达原子级、分子级水平)、更高选择性(复杂体系)、更快速、更自动、更简便、更经济;分析仪器自动化、数字化和计算机化向智能化、信息化纵深发展。可概括为50年代仪器化,60年代电子化,70年代计算机化,80年代智能化,90年代信息化,21世纪仿生化。化学传感器发展小型化、仿生化,如生物芯片;化学和物理芯片,如电子鼻、电子舌等。

各类分析方法的联用是分析化学发展的另一热点,特别是分离与检测方法的联用。如气相、液相或超临界流体色谱和光谱技术(质谱、核磁、红外光谱、原子光谱等)相结合,这两类技术的各自缺点(色谱识别缺乏可靠性及光谱技术需要高纯的分析物)由其优点互补(色谱分离的效能和光谱识别的可靠性)。再如GC-HPLC、MS-MS、ICP-MS、GC-FTIR-MS等。

原位(*in situ*)、在体(*in vivo*)、实时(real time)、在线(on line)分析是仪器分析今后发展的主流。现今仍然是以离线(off line)分析为主,所报告结果绝大多数都是静态的非直接的现场数据,不能瞬时直接准确地反映生产实际和生命环境的情景实况。

综上所述,仪器分析与化学分析相比各有优缺点,各有适用范围,应相互配合,发挥各自优势。化学分析是分析科学的基础,用于常量分析。由于科学技术的进步及科学研究对象的变化,人们主要面临生命、材料、环境等诸多方面的难题,从而对痕量分析和复杂体系分析提出了更高要求。因此,仪器分析的发展前景广阔,代表了分析科学的发展方向。

第3节 仪器分析法应用

当今全球竞争已从政治转向经济,实际上就是科技竞争,整个社会要长期发展须考虑人类社会的五大危机:资源、能源、人口、粮食和环境,以及四大理论:天体、地球、生命、人类起源和演化。这些问题的解决都与分析化学特别是仪器分析密切相关,仪器分析在工农业生产、科学技术和保障人民健康等领域发挥重要作用。结合专业特点,下面重点叙述在药物研究与应用领域中的作用。

我国的药物研究正在由仿制国外药物转向自主创新药物,一个创新药物的报批时,除需提交有关生产工艺、药效、药理、毒性的资料外,还需提供涉及分析化学特别是仪器分析的多种资料:确定化学结构或组成的试验资料、质量研究工作的资料、稳定性研究试验资料、临床研究用样品及其检验报告书、药代动力学试验资料等。

中药化学成分十分复杂,有效成分难于确定,与合成药相比,中药材及其制剂的质量控制和安全性评价,就更为复杂和困难。随着仪器分析方法的推广和使用,在我国广大药物分析工作者的努力下,近年来逐步建立起现代中药质量标准体系。《中国药典》2005年版(一部)收载药材及饮片551种、植物油脂和提取物31种、成方制剂和单味制剂564种,合计1146种。其中有518个品种项的含量测定采用高效液相色谱法(HPLC),45个品种项的含量测定采用薄层色谱法(TLC),37个品种项的含量测定采用气相色谱法(GC),41个品种项的含量测定采用紫外-可见分光光度法(UV-Vis)。此外这些方法还广泛地应用于原料和制剂的鉴别和检查等。

药物的质量好坏,最终要靠临床效果判定。药物的药理作用强度取决于血药浓度而不完全取决于剂量,血药浓度应控制在一定范围内,该范围称为有效血药浓度(治疗浓度)。由于进入血液中的药物浓度很低,波动范围很大,血液样品又不能大量采集,再加上血液成分复杂,药物要降解,还可能和血液成分结合等,使得血液中药物成分的分析成为仪器分析研究中的一大难题。近年来随着 HPLC-MS 等方法的成熟和应用,才使得血药浓度的检测成为可能。

总之,仪器分析是中药学、药学类专业的重要专业基础课程,是从事药物研究和应用的重要工具和手段。

(曾元儿)

第 2 章　光学分析法概论

根据物质发射电磁辐射，或物质对辐射的相互作用，建立物质的浓度、结构或某种性质与上述光学性质的关联，并借以对物质作定性或定量的测定，这一类分析方法统称为光学分析法。随着光学、电子学、数学和计算机技术的发展，各种光学分析方法已成为分析化学中的主要组成部分，越来越多地应用于以医药学为重要分支的生命科学各个领域。下面对电磁辐射的基本性质、区划及其与物质的相互作用，以及常用的仪器部件和分析方法加以介绍。

第 1 节　电磁辐射与电磁波谱

一、电磁波谱

光从本质上讲是电磁辐射（又称电磁波），如图 2-1，是一种不需要任何物质作为传播媒介就可以以巨大速度通过空间的光子流（量子流）。光具有波粒二象性，即波动性与微粒性。

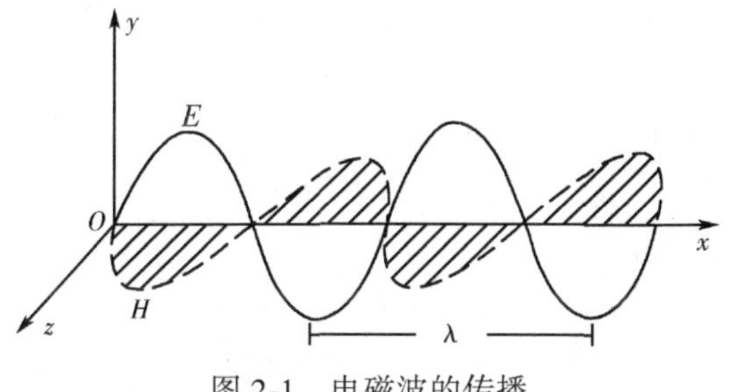

图 2-1　电磁波的传播

1. 波动性　光的波动性体现在反射、折射、干涉、衍射以及偏振等现象。在描述光的波动性时我们经常用波长 λ、波数 σ 和频率 ν 来表征。波长 λ 是光在波的传播路线上具有相同振动相位的相邻两点之间的线性距离，如图 2-1，单位常用 nm。波数 σ 是每厘米长度中波的数目，单位为 cm^{-1}。频率 ν 是每秒内的波动次数，单位为 Hz。波长、波数和频率的关系如下：

$$\nu = c/\lambda \tag{2-1}$$

$$\sigma = 1/\lambda = \nu/c \tag{2-2}$$

式中：c 是光在真空中的传播速度，$c = 3.0\times10^{8}$ cm/s。

2. 微粒性　光的微粒性体现在吸收、发射、热辐射、光电效应、光压现象以及光的化学作用等方面。光是不连续的粒子流，这种粒子称为光子（或光量子）。光的微粒性用每个光子具有的能量 E 作为表征。光子的能量与频率成正比，与波长成反比。它们的关系为：

$$E = h\nu = hc/\lambda = hc\sigma \tag{2-3}$$

式中：h 是普朗克常量，其值等于 6.6262×10^{-34} J · s。能量 E 的单位常用电子伏特和焦耳。

二、电磁辐射与物质相互作用

把电磁辐射按照波长或频率的顺序排列起来，就是电磁波谱，如表 2-1 所示。

表 2-1 电磁波谱

能量/eV	频率/Hz	辐射区段	波长(常用单位)	波数/cm^{-1}	光谱类型	跃迁类型
4.1×10^6—	1×10^{21}—	γ射线	—0.0003nm	3.3×10^{10}	γ射线发射	核反应
		………				
4.1×10^4—	1×10^{19}—		—0.03nm	3.3×10^8	X射线吸收发射	电子(内层)
		X射线				
410—	1×10^{17}—		—3nm	3.3×10^6		
		………				
4.1—	1×10^{15}—	紫外	—300nm	3.3×10^4	真空紫外吸收	
		………			紫外可见 吸收发射荧光	电子(外层)
		可见				
		………			红外吸收拉曼	分子振动
0.0—	1×10^{13}—	红外	—30μm	3.3×10^2		分子转动
		………			微波吸收	电子自旋共振
4.1×10^{-4}—	1×10^{11}—		—3mm	3.3×10^0		磁场诱导电子自旋能级跃迁
		微波				
4.1×10^{-6}—	1×10^9—		—30cm	3.3×10^{-2}		
		………				
		无线电波			磁共振	磁场诱导核自旋能级跃迁
4.1×10^{-8}—	1×10^7—		-30m	3.3×10^{-4}		

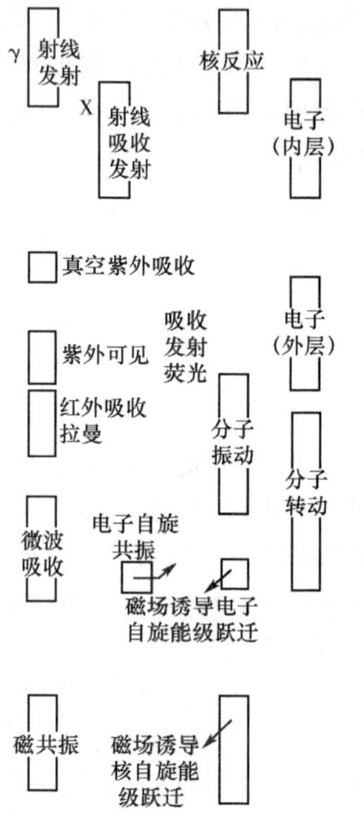

不同种类的电磁辐射与物质相互间发生复杂的物理作用。所发生的相互作用中，有涉及物质内能变化的吸收、产生荧光、磷光和拉曼散射等，也有不涉及物质内能变化的透射、反射、非拉曼散射、衍射和旋光等等。

常见的电磁辐射与物质相互作用有：

（1）吸收：是原子、分子或离子吸收光子的能量（等于基态和激发态能量之差），从基态跃迁至激发态的过程。

（2）发射：是物质从激发态跃迁回至基态，并以光的形式释放出能量的过程。

（3）散射：光通过介质时会发生散射。散射中多数是光子与介质分子之间发生弹性碰撞所致，碰撞时没有能量变换，光频率不变，但光子的运动方向改变。

（4）拉曼散射：是光子与介质分子之间发生了非弹性碰撞，碰撞时光子不仅改变了运动方向，而且还有能量的交换，光频率发生变化。

（5）折射和反射：当光从介质 1 照射到介质 2 的界面时，一部分光在界面上改变方向返回介质 1，称为光的反射；另一部分光则改变方向，以一定的折射角度进入介质 2，此现象称为光的折射。

(6) 干涉和衍射：在一定条件下光波会相互作用，当其叠加时，将产生一个其强度视各波的相位而定的加强或减弱的合成波，称为干涉。当两个波长的相位差 180°时，发生最大相消干涉。当两个波同相位时，则发生最大相长干涉。光波绕过障碍物或通过狭缝时，以约 180°的角度向外辐射，波前进的方向发生弯曲，此现象称为衍射。

第 2 节　光学分析法分类

不同能量的电磁辐射，与物质间发生作用的机理不同，所产生的物理现象也不同，由此可建立各种不同的光学分析方法，如表 2-2。

表 2-2　常用的光学分析方法

原　理	分 析 方 法
辐射的发射	1. 发射光谱法(可见，紫外，X 射线法等)
	2. 荧光光谱法
	3. 火焰光度法
	4. 放射化学法
辐射的吸收	1. 比色法
	2. 分光光度法(可见，紫外，红外，X 射线法等)
	3. 原子吸收法
	4. 磁共振法
	5. 电子自旋共振法
辐射的散射	1. 拉曼光谱法
	2. 散射浊度法
辐射的折射	1. 折射法
	2. 干涉法
辐射的衍射	1. X 射线衍射法
	2. 电子衍射法
辐射的旋转	1. 偏振法
	2. 旋光法
	3. 圆二色光谱法

一、光谱法与非光谱法

当物质与辐射能相互作用时，其内部的电子、质子等粒子发生能级跃迁，对所产生的辐射能强度随波长(或相应单位)变化作图，所得到的谱图称为光谱(也称波谱)。利用物质的光谱进行定性、定量和结构分析的方法称为光学分析法或光谱法。光谱法种类很多，吸收光谱法、发射光谱法和散射光谱法是光谱法的三种基本类型，应用甚广，是现代分析化学的重要组成部分。

非光谱法是指那些不涉及物质内部能级跃迁，即不以光的波长为特征信号，仅通过测量电磁辐射的某些基本性质(反射、折射、干涉、衍射和偏振)变化的分析方法。这类方法主要有折射法、旋光法、浊度法、X 射线衍射法和圆二色法等。

二、原子光谱法与分子光谱法

原子光谱法是以测量气态原子或离子外层或内层电子能级跃迁所产生的原子光谱为基础的成分分析方法。原子光谱是由一条条明锐的彼此分立的谱线组成的线状光谱，每一条光谱对应于一定的波长，这种线状光谱只反映原子或离子的性质而与原子或离子来源的分子状态无关，所以原子光谱可以确定试样物质的元素组成和含量，但不能给出物质分子结构的信息。分析方法有原子发射光谱法、原子吸收光谱法、原子荧光光谱法以及 X 射线荧光光谱法等。

分子光谱是由分子中电子能级(n)、振动(ν)和转动能级(J)的变化产生，表现形式为带状光谱。分子光谱比原子光谱复杂得多，这是因为在分子中除了有电子运动外，还有组成分子的各原子间的振动以及分子作为整体的转动。分子中这三种不同的运动状态都对应一定的能级，这三种不同的能级都是量子化的，如图 2-2。当分子吸收一定能量的电磁辐射时，分子就由较低的能级 E^0 跃迁到较高的能级 E，吸收辐射的能量与分子的这两个能级差相等，其中电子能级的能量差 ΔE_e 一般为 1～20eV(1250～60nm)，相当于紫外线和可见光的能量；振动能级间的能量差 ΔE_ν 一般比电子能级差要小 10 倍左右，在 0.05～1eV(25000～1250nm)，相当于红外线的能量；转动能级间的能量差 ΔE_J 一般为 0.005～0.05eV(250～25μm)，比振动能级差要小 10～100倍之多，相当于远红外至微波的能量。实际上，只有用远红外线或微波照射分子时才能得到纯粹的转动光谱，无法获得纯粹的振动光谱和电子光谱。

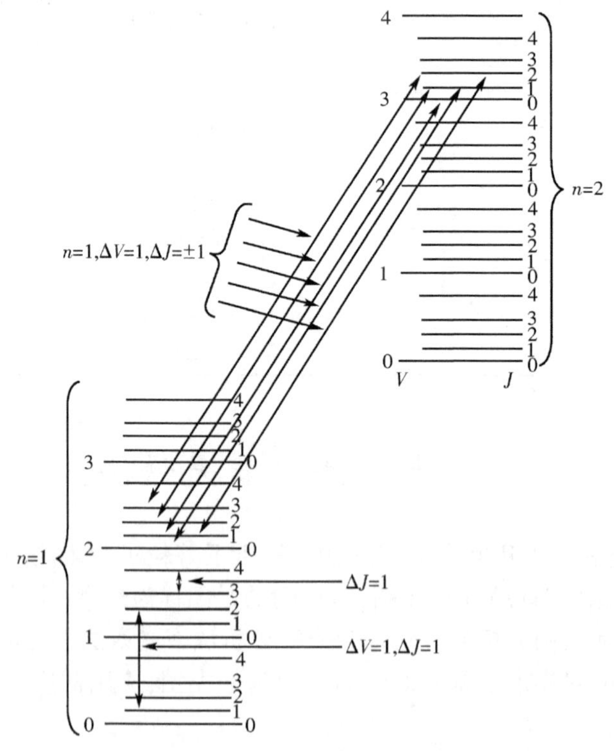

图 2-2　分子能级跃迁示意图

n. 主量子数；V. 振动量子数；J. 转动量子数；$\Delta E_{分子} = \Delta E_{电子} + \Delta E_{振动} + \Delta E_{转动}$

因为在同一电子能级上还有许多间隔较小的振动能级和间隔更小的转动能级，当用紫外-可见光照射时，则不仅发生电子能级的跃迁，同时又有许多不同振动能级的跃迁和转动能级的跃迁，因此在一对电子能级间发生跃迁时，得到的是很多光谱带，这些光谱带都对应于同一个 E_e 值，但是包含有许多不同的 E_v 和 E_J 值，形成一个光谱带系。对于一种分子来说可以观察到相当于许多不同电子能级跃迁的许多个光谱带系，所以电子光谱实际上是电子-振动-转动光谱，是复杂的带状光谱。如图 2-3，为四氮杂苯的紫外吸收光谱，光谱呈现出明显的振动和转动精细结构，在非极性溶剂环己烷中还可以观察到振动（含转动）效应的谱带，而在强极性溶剂水中，精细结构完全消失，呈现宽的谱带包封。

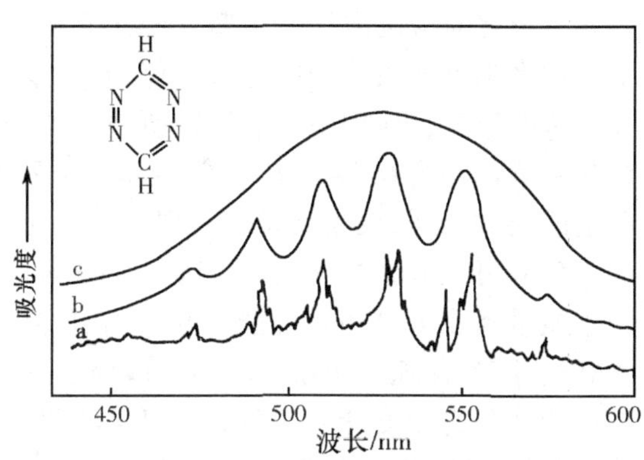

图 2-3　四氮杂苯的吸收光谱

a. 四氮杂苯蒸气；b. 四氮杂苯溶于环己烷中；c. 四氮杂苯溶于水中

分子光谱法就是以测量分子转动能级、分子中原子的振动能级（包括分子转动能级）和分子电子能级（包括振-转能级跃迁）所产生的分子光谱为基础的定性、定量和物质结构分析方法。对分子光谱有意义的能级跃迁包括吸收外来的辐射和把吸收的能量再以光发射形式放出而回复到基态的两个过程。分子的能级和原子一样都是量子化的，但由于分子能级的精细结构关系，除转动光谱以外，其他类型的分子光谱皆为带状或有一定宽度的谱线。

三、吸收光谱法与发射光谱法

（一）吸收光谱

吸收光谱是指物质吸收相应的辐射能而产生的光谱。其产生的必要条件是所提供的辐射能量恰好满足该吸收物质两能级间跃迁所需的能量。利用物质的吸收光谱进行定性、定量及结构分析的方法称为吸收光谱法。根据物质对不同波长的辐射能的吸收，建立了各种吸收光谱法。

1. 原子吸收光谱　原子中的电子总是处于某一种运动状态之中。每一种状态具有一定的能量，属于一定的能级。当原子蒸气吸收紫外-可见光区中一定能量光子时，其外层电子就从能级较低的基态跃迁到能级较高的激发态，从而产生所谓的原子吸收光谱。通过测量处于气态的基态原子对辐射能吸收程度来测量样品中待测元素含量的方法，称为原子吸收光谱法。

2. 分子吸收光谱　分子吸收光谱产生的机理与原子吸收光谱相似，也是在辐射能的作用下，由分子内的能级跃迁所引起。但由于分子内部的运动所涉及的能级变化比较复杂，因此分子吸收光谱比原子吸收光谱要复杂得多。根据照射辐射的波谱区域不同，分子吸收光谱法可分为紫外分光光度法、可见分光光度法和红外分光光度法等。

（1）紫外分光光度法（ultraviolet spectrophotomery，UV）：又称紫外吸收光谱法。紫外线波长范围为 10~400nm，其中：10~200nm 为远紫外区，又称真空紫外区；200~400nm 为近紫外区。与之对应的方法有远紫外分光光度法和近紫外分光光度法。远紫外线能被空气中的氧气和水强烈地吸收，利用其进行分光光度分析时需将分光光度计抽真空，因此远紫外分光光度法的研究与应用不多。通常所说的紫外分光光度法指的是近紫外分光光度法。近紫外线光子能量约为6.2~3.1eV，能引起分子外层电子（价电子）的能级跃迁并伴随振动能级与转动能级的跃迁，故吸收光谱表现为带状光谱。

（2）可见分光光度法（visible spectrophotometry，VIS）：可见光波长范围为400~760nm，光子能量为3.1~1.6eV。能引起具有长共轭结构的有机物分子或有色无机物的价电子能级跃迁，同时伴随分子振动和转动能级跃迁，吸收光谱也为带状。

紫外分光光度计上一般具有可见波段，因此常把紫外分光光度法和可见分光光度法合称为紫外-可见分光光度法（UV-VIS）。

（3）红外分光光度法（infrared spectrophotometry，IR）：又称红外吸收光谱法，简称红外光谱法。红外线波长为0.76 ~1000μm，分近、中、远红外三个波段。其中中红外区（2.5 ~50μm）最为常用，通常所指的红外分光光度法即中红外分光光度法（Mid-IR，MIR）。中红外光子能量约为0.5 ~0.025eV，可引起分子振动能级跃迁并伴随着转动能级跃迁，因此，其吸收光谱属于振-转光谱，为带状光谱。红外光谱因由基团中原子间振动而引起，故主要用于分析有机分子中所含基团类型及相互之间的关系。

（二）发射光谱

发射光谱是指构成物质的原子、离子或分子受到辐射能、热能、电能或化学能的激发，跃迁到激发态后，由激发态回到基态时以辐射的方式释放能量，而产生的光谱。物质发射的光谱有三种：线状光谱、带状光谱和连续光谱。线状光谱是由气态或高温下物质在离解为原子或离子时被激发而发射的光谱；带状光谱是由分子被激发而发射的光谱；连续光谱是由炽热的固体或液体所发射的。

利用物质的发射光谱进行定性、定量的方法称发射光谱法。常见的发射光谱法有原子发射、原子荧光、分子荧光和磷光光谱法等。

1. 原子发射光谱法 气态金属原子与高能量粒子（电子、原子或分子）碰撞受到激发，使分子外层电子由能量较低的基态跃迁到能量较高的激发态。处于激发态的电子十分不稳定，在极短时间内便返回到基态或其他较低的能级。在返回过程中，特定元素的原子可发射出一系列不同波长的特征光谱线，这些谱线按一定的顺序排列，并保持一定强度比例，通过这些谱线的特征来识别元素，测量谱线的强度来进行定量，这就是原子发射光谱法。

2. 荧光或磷光 气态金属原子和物质分子受电磁辐射（一次辐射）激发后，能以发射辐射的形式（二次辐射）释放能量返回基态，这种二次辐射称为荧光或磷光，测量由原子发射的荧光和分子发射的荧光或磷光强度和波长所建立的方法分别称为原子荧光光谱法、分子荧光光谱法和分子磷光光谱法。同样作为发射光谱法，这三种方法与原子发射光谱法的不同之处是以辐射能（一次辐射）作为激发源，然后再以辐射跃迁（二次辐射）的形式返回基态。

分子荧光和分子磷光的发光机制不同，荧光是由单线态-单线态跃迁产生的。由于激发三线态的寿命比单线态长，在分子三线态寿命时间内更容易发生分子间碰撞导致磷光猝灭，所以测定磷光光谱需要用刚性介质“固定”三线态分子或特殊溶剂，以减少无辐射跃迁，达到定量测定的目的。

思考与练习

一、思考题

1. 光学分析法有哪些类型？
2. 吸收光谱法和发射光谱法有哪些异同？
3. 什么是分子光谱法？什么是原子光谱法？
4. 简述光谱项符号的意义，并举例说明之。
5. 列出以发射为原理的光学分析法，并将其分类。
6. 简述下列术语的含义：电磁波谱、发射光谱、吸收光谱、荧光光谱。

二、填空题

1. 光速 $c=3\times10^{10}$cm/s 是在________中测得的。

2. 原子内层电子跃迁的能量相当于____________光，原子外层电子跃迁的能量相当于________光和________光。

3. 分子振动能级跃迁所需的能量相当于________光，分子中电子跃迁的能量相当于________光和________光。

4. ________、________和________三种光分析方法是利用线光谱进行检测的。

三、计算题

1. 完成下表(填下表中所缺的数据)

	λ/nm	λ/Å	λ/cm	λ/μm	ν/Hz
(1)					1.0×10^{19}
(2)				0.3	
(3)			6.0×10^{-5}		
(4)		9000			
(5)	2.5×10^{3}				

2. 1.50Å 的 X 射线，其波数(σ)应为多少？　($6.66\times10^{7}\text{cm}^{-1}$)

3. 670.7nm 的锂线，其频率(ν)应为多少？　(4.47×10^{14}Hz)

4. 波数为 3300cm^{-1}，其波长应为多少纳米？　(3030nm)

5. 铜的共振线激发电位为 3.824eV，其波长应为多少埃(Å)？　(3247Å)
($h=6.63\times10^{-34}$J·s；$c=3.0\times10^{10}$cm/s；1eV$=1.602\times10^{-19}$J)

6. 可见光相应的能量范围应为多少电子伏特？　(3.1~1.7eV)

(秦　雯)

第3章　紫外-可见分光光度法

紫外-可见分光光度法(ultraviolet-visible spectrophotometry,UV-Vis),亦称紫外-可见分子吸收光谱法(ultraviolet-visible molecular absorption spectrometry),是以紫外-可见区域电磁波连续光谱(波长为200~800nm)作为光源照射样品,研究物质分子对光吸收的相对强度的方法。该光谱主要产生于分子价电子在电子能级间的跃迁,属于电子光谱。因此该法的灵敏度较高,一般可达10^{-4}~10^{-5}g/ml,部分可达10^{-6}~10^{-7}g/ml,甚至更低。其测定精度取决于仪器的性能,通常在0.2%~0.5%。通过对分子紫外-可见分子吸收光谱法的分析可以进行定性分析,并可依据Lambert-Beer定律进行定量分析。紫外-可见分光光度法的仪器设备简单,操作方便,是药学、中药学科研及生产实践中最常用的方法之一。

第1节　基本原理

一、跃迁类型

(一)光谱的产生

一个分子的总能量(E)由内能($E_{内}$)、平动能($E_{平}$)、振动能($E_{振}$)、转动能($E_{转}$)及外层价电子跃迁能($E_{电子}$)之和决定,如图3-1,即:

$$E = E_{内}+E_{平}+E_{振}+E_{转}+E_{电子} \tag{3-1}$$

$E_{内}$是分子固有的内能,$E_{平}$是连续变化的,不具有量子化特征,因而它们的改变不会产生光谱。所以当分子吸收了辐射能之后,其能量变化(ΔE)仅是振动能、转动能和价电子跃迁能之总和,即:

$$\Delta E=\Delta E_{振}+\Delta E_{转}+\Delta E_{电子} \tag{3-2}$$

式(3-2)中$\Delta E_{电子}$最大,一般为1~20eV,相应的波长范围为1250~60nm。因此,由分子的外层电子(价电子)跃迁而产生的光谱位于紫外-可见光区,称为紫外-可见吸收光谱。由图3-1可以看出,由于分子内部运动所涉及的能级变化较复杂,价电子的跃迁还伴随着振动、转动能级的跃迁,所以紫外-可见吸收光谱也就比较复杂,形成带状光谱。

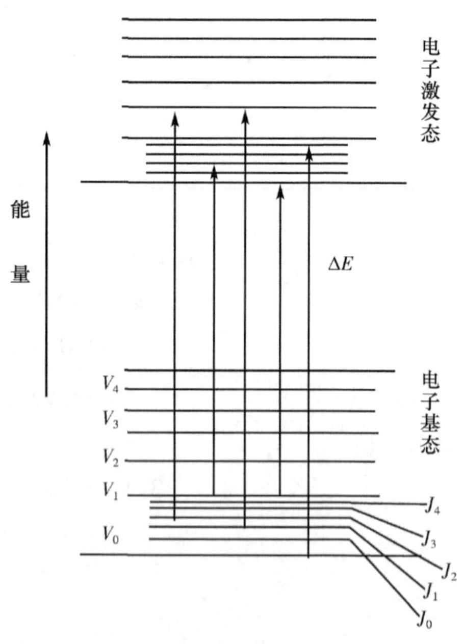

图3-1　分子能级跃迁示意图

V. 振动能级;J. 转动能级

（二）常见跃迁类型

有机化合物分子中主要含有三种类型的价电子，即形成单键的 σ 电子；形成双键或三键的 π 电子及未成键的 n 电子（亦称 p 电子）。

根据分子轨道理论，分子中这三种电子的成键和反键分子轨道能级高低顺序是：

$$\sigma<\pi<n<\pi^{*}<\sigma^{*}$$

σ、π 表示成键分子轨道，n 表示未成键分子轨道（亦称非键轨道），σ^{*}、π^{*} 表示反键分子轨道。分子中不同轨道的价电子具有不同的能量，处于较低能级的价电子吸收一定的能量后，可以跃迁到较高能级。在紫外-可见光区内，有机化合物的吸收光谱主要由 $\sigma\rightarrow\sigma^{*}$、$\pi\rightarrow\pi^{*}$、$n\rightarrow\sigma^{*}$ 及 $n\rightarrow\pi^{*}$ 跃迁产生。图 3-2 定性地表示了各种不同类型的电子跃迁所需能量及所处波段的差异。

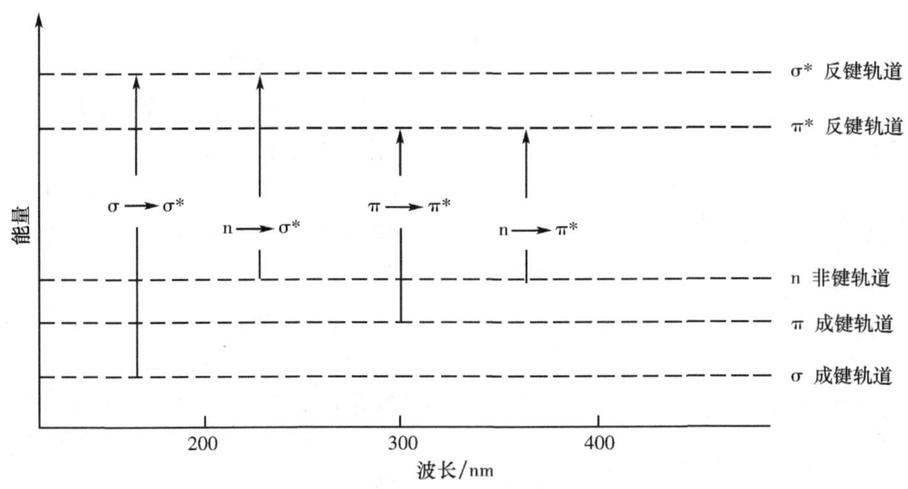

图 3-2　不同类型电子跃迁能量与波段示意图

1. $\sigma\rightarrow\sigma^{*}$ 跃迁　处于成键轨道上的 σ 电子吸收光能后跃迁到 σ^{*} 反键轨道，称为 $\sigma\rightarrow\sigma^{*}$ 跃迁。分子中 σ 键较为牢固，跃迁所需的能量最大，因而所吸收的辐射波长最短，吸收峰在远紫外区。饱和烃类分子中只含有 σ 键，因此只能产生 $\sigma\rightarrow\sigma^{*}$ 跃迁，吸收峰位一般都小于 150nm，在常规仪器测定范围之外。

2. $\pi\rightarrow\pi^{*}$ 跃迁　处于成键轨道上的 π 电子跃迁到 π^{*} 反键轨道上，称为 $\pi\rightarrow\pi^{*}$ 跃迁。该跃迁所需能量小于 $\sigma\rightarrow\sigma^{*}$ 跃迁所需要能量。一般孤立的 $\pi\rightarrow\pi^{*}$ 跃迁，吸收峰的波长在 200nm 附近，其特征是吸收强度大（$\varepsilon>10^{4}$）。不饱和有机化合物，如具有 C═C 或C─C、C═N 等基团的有机化合物都会产生 $\pi\rightarrow\pi^{*}$ 跃迁。分子中若具有共轭双键，可使 $\pi\rightarrow\pi^{*}$ 跃迁所需能量降低，共轭系统越长，$\pi\rightarrow\pi^{*}$ 跃迁所需能量就越低，λ_{max} 增加，使其大于 210nm。

3. $n\rightarrow\pi^{*}$ 跃迁　含有杂原子的不饱和基团，如 C═O、C═S、N═N 等化合物，其未成键轨道中的 n 电子吸收能量后，向 π^{*} 反键轨道跃迁，称为 $n\rightarrow\pi^{*}$ 跃迁。这种跃迁所需能量最小，吸收峰位通常都处于近紫外光区，甚至在可见光区，其特征是吸收强度弱（ε 在10～100之间）。如丙酮的 $\lambda_{max}=279$nm，即由此种跃迁产生，ε 为 10～30。

4. n →σ* 跃迁 如含—OH、—NH_2、—X、—S 等基团的化合物，其杂原子中的 n 电子吸收能量后向 σ* 反键轨道跃迁，这种跃迁所需的能量也较低，吸收峰位一般在 200nm 附近，处于末端吸收区。

二、常用术语

1. 吸收光谱 又称吸收曲线，是以波长 λ(nm)为横坐标，以吸光度 *A* 为纵坐标所绘制的曲线，如图3-3所示。吸收光谱的特征可用以下光谱术语加以描述。

(1) 吸收峰：吸收曲线上的峰称为吸收峰，所对应的波长称为最大吸收波长(λ_{max})。

(2) 吸收谷：吸收曲线上的谷称为吸收谷，所对应的波长称为最小吸收波长(λ_{min})。

(3) 肩峰：吸收峰上的曲折处称为肩峰(shoulder peak)，通常用 λ_{sh} 表示。

(4) 末端吸收：在吸收曲线的 200nm 波长附近只呈现强吸收而不呈峰形的部分称为末端吸收(end absorption)。

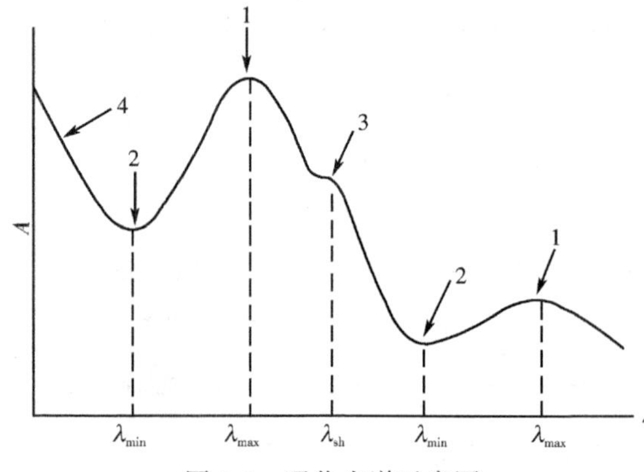

图 3-3 吸收光谱示意图
1. 吸收峰；2. 吸收谷；3. 肩峰；4. 末端吸收

2. 发色团(chromophore) 是指能在紫外-可见波长范围内产生吸收的原子团，如 C═C、C═O、—C═S、—NO_2、—N═N—等，该原子团的特点是有机化合物分子结构中含有 π→π* 或 n→π* 跃迁的基团。

3. 助色团(auxochrome) 是指本身不能吸收波长大于 200nm 的辐射，但与发色团相连时，可使发色团所产生的吸收峰向长波长方向移动并使吸收强度增加的原子或原子团。如—OH、—OR、—NH_2、—SH、—X 等。例如，苯的 λ_{max} 在 256nm 处，而苯胺的 λ_{max} 移至 280nm 处。同一分子中连接的助色团种类和数目不同，则吸收峰的波长也不相同。

4. 蓝移(blue shift)**和红移**(red shift) 因化合物的结构改变或溶剂效应等引起的吸收峰向短波方向移动的现象称蓝移(或紫移)，亦称短移。因化合物的结构改变或溶剂效应等引起的吸收峰向长波方向移动的现象称红移，亦称长移。

5. 浓色效应(hyperchromic effect)**和淡色效应**(hypochromic effect) 因某些原因使化合物吸收强度增加的效应称为浓色效应，亦称增色效应；使吸收强度减弱的效应称为淡色效应，亦称减色效应。

三、吸收带

(一) 吸收带

紫外-可见光谱为带状光谱，故将紫外-可见光谱中吸收峰称为吸收带。吸收带与化合物的结构密切相关。根据大量实验数据的归纳及电子跃迁和分子轨道的种类，通常将紫外-可见光区的吸收带（absorption band）分为四类：

1. R带　从德文radikal（基团）得名，是由n→π^*跃迁引起的吸收带。R带是杂原子的不饱和基团，如C═O、—NO、$—NO_2$、—N═N—等这一类发色团的特征。其特点是吸收峰处于较长波长范围（250~500nm），吸收强度弱（$\varepsilon<100$）。当有强吸收峰在其附近时，R带有时红移，有时被掩盖。

2. K带　从德文konjugation（共轭作用）得名，是由共轭双键中$\pi\to\pi^*$跃迁引起的吸收带。吸收峰出现在200nm以上，吸收强度大（$\varepsilon>10^4$）。随着共轭双键的增加，K带吸收峰红移，吸收强度有所增加。

3. B带　从benzenoid（苯的）得名，是由苯等芳香族化合物的骨架伸缩振动与苯环状共轭系统叠加的$\pi\to\pi^*$跃迁所引起的吸收带之一。是芳香族（包括杂芳香族）化合物的特征吸收带。苯蒸气B带的吸收光谱在230~270nm处出现精细结构，亦称苯的多重吸收带。是由于在蒸气状态下分子间相互作用弱，反映了孤立分子振动、转动能级的跃迁，如图3-4（a）所示。在苯的己烷溶液（非极性溶液）中，因分子间相互作用增强，转动跃迁消失，B带仅出现部分振动跃迁，所以谱带变宽，如图3-4（b）所示。在极性溶剂中，溶质与溶剂间的相互作用更大，振动跃迁消失，使得苯的精细结构消失而成一宽峰，其中心在256nm附近，$\varepsilon=220$，如图3-4（c）所示。

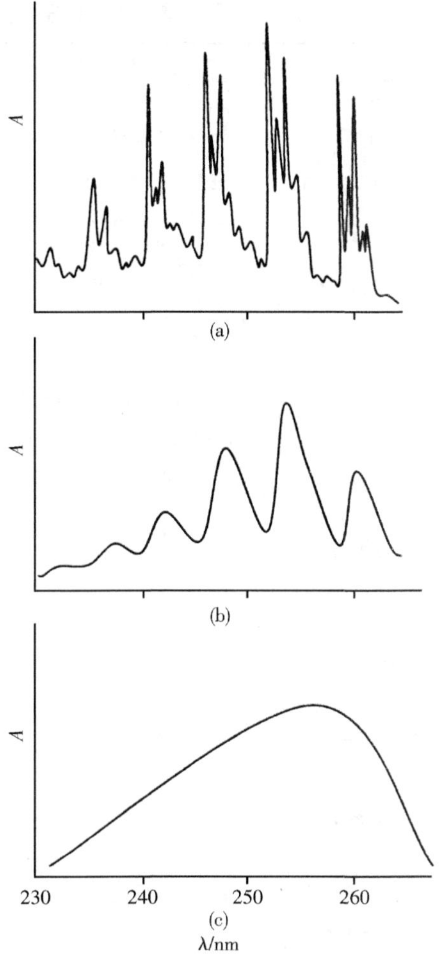

图3-4　苯的B带吸收光谱
（a）苯蒸气；（b）苯的己烷溶液；（c）苯的乙醇溶液

4. E带　也是芳香族化合物的特征吸收带，可细分为E_1及E_2两个吸收带。E_1带为苯环上孤立乙烯基的$\pi\to\pi^*$跃迁，E_2带为苯环上共轭二烯基的$\pi\to\pi^*$跃迁。E_1带的吸收峰约在180nm（$\varepsilon\approx6\times10^4$，远紫外区）；$E_2$带的吸收峰在200nm（$\varepsilon\approx8\times10^3$）以上，均属于强带吸收。当苯环上有发色团取代并与苯环产生共轭时，E_2带便与K带合并使吸收带红移，同时也使B带发生红移。当苯环上有助色团取代时，E_2带也产生红移，但通常吸收带的波长不超过210nm。

根据以上各种跃迁及吸收带的特点，我们可以预测一个化合物的紫外-可见吸收带可能出现的波长范围及吸收带的类型。

部分化合物的电子结构、跃迁类型和吸收带的关系如表3-1所示。

表 3-1 部分化合物的电子结构、跃迁类型和吸收带

电子结构	化合物	跃迁	λ_{max}/nm	ε_{max}	吸收带
σ	乙烷	σ→σ*	135	10000	
n	1-己硫醇	n→σ*	224	120	
	碘丁烷	n→σ*	257	486	
π	乙烯	π→π*	165	10000	
	乙炔	π→π*	173	6000	
π 和 n	丙酮	π→π*	约 160		
		n→σ*	194	9000	
		n→π*	279	15	R
π-π	CH_2═CH—CH═CH_2	π→π*	217	21000	K
	CH_2═CH—CH═CH—CH═CH_2	π→π*	258	35000	K
π-π 和 n	CH_2═CH—CHO	π→π*	210	11500	K
		n→π*	315	14	R
芳香族 π	苯	芳香族 π→π*	约 180	60000	E_1
		芳香族 π→π*	约 200	8000	E_2
		芳香族 π→π*	255	215	B
芳香族 π-π		芳香族 π→π*	244	12000	K
		芳香族 π→π*	282	450	B
芳香族 π-σ		芳香族 π→π*	208	2460	E_2
		芳香族 π→π*	262	174	B
芳香族 π-π,n		芳香族 π→π*	240	13000	K
		芳香族 π→π*	278	1110	B
		n→π*	319	50	R
芳香族 π-n		芳香族 π→π*	210	6200	E_2
		芳香族 π→π*	270	1450	B

（二）影响吸收带的主要因素

上述吸收带的位置并不是固定不变的，而是易受分子中结构因素和测定条件等多种因素的影响，在较宽的波长范围内变动。其中分子结构的影响因素包括位阻效应和跨环效应，其核心是对分子中电子共轭结构的影响；测定条件的影响因素包括溶剂的极性和体系的 pH。

1. 位阻效应 化合物中若有两个发色团产生共轭效应，可使吸收带长移。但若两个发色团由于立体阻碍妨碍它们处于同一平面上，就会影响共轭效应，这种影响在光谱图上可以清晰地显示出来。如：

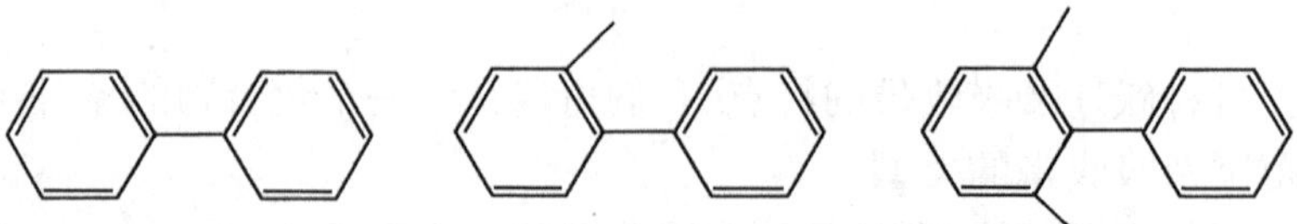

λ_{max}(nm)	247	237	231
ε	17000	10250	5600

各种异构现象（顺反异构及几何异构）也可使紫外吸收带产生明显差异，其原因除了如

α-鸢尾酮 异构为 β-鸢尾酮 是由于延长了共轭体系的缘故，另一方面也是位阻效应的影响。如二苯乙烯，反式结构的 K 带 λ_{max} 比顺式明显长移，且吸收系数也有所增加（图 3-5）。其原因就是因为顺式结构有立体阻碍，苯环不能与乙烯双键在同一平面上，不易产生共轭。

2. 跨环效应　跨环效应（transannular effect）是指非共轭基团之间的相互作用。在环状体系中，分子中非共轭的两个发色团因为空间位置的原因，发生轨道间的相互作用，使得吸收带长移，同时吸光强度增强，这种作用即为跨环效应。但该效应产生的光谱，并不等同于两个发色团的共轭光谱。

如 CH_2═◇═O，虽然双键与酮基不产生共轭体系，但由于环内的立体排列，使羰基氧的孤电子对和双键的 π 电子发生作用产生部分 π→π 共轭，以致使其由 n→π* 跃迁产生的 R 带向长波移动，出现在 284nm，同时在 214nm 处显示出一中等强度的吸收带。此外，当C═O的 π 轨道与一个杂原子的 p 轨道能够产生有效交盖时，也会出现跨环效应。

如：　λ_{max} 238nm，ε_{max} 2535

C═C
H　H
λ_{max} 280（10500）
顺式二苯乙烯

C═C
H　H
λ_{max} 295. 5（29000）
反式二苯乙烯

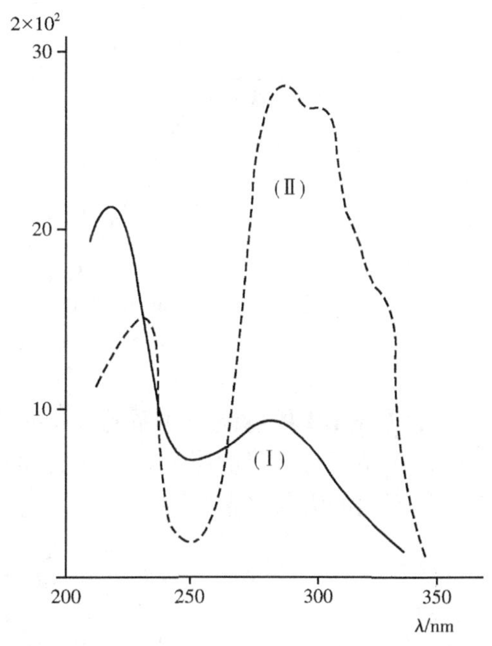

图 3-5　二苯乙烯顺反异构体的紫外吸收光谱
（Ⅰ）顺式；（Ⅱ）反式

3. 溶剂效应　溶剂除影响吸收峰位置外，还影响吸收强度和光谱形状。化合物在溶液中的紫外吸收光谱受溶剂影响较大，所以一般应注明所用溶剂。溶剂的极性不同，会使 n→π* 和 π→π* 跃迁所产生的吸收峰位置向不同方向移动，溶剂极性增大，一般会使 π→π* 跃迁吸收峰向长波方向移动；而使 n→π* 跃迁吸收峰向短波方向移动，后者的移动一般比前

者移动大。例如异丙叉丙酮（$CH_3-\underset{\underset{O}{\|}}{C}-CH=C(CH_3)_2$）的溶剂效应见表 3-2。

表 3-2 溶剂极性对异丙叉丙酮的两种跃迁吸收峰的影响

跃迁类型	正己烷	三氯甲烷	甲 醇	水	迁 移
$\pi\rightarrow\pi^*$	230nm	238nm	238nm	243nm	长移
$n\rightarrow\pi^*$	329nm	315nm	309nm	305nm	短移

极性较大的溶剂，使 $\pi\rightarrow\pi^*$ 跃迁吸收峰长移，是因为激发态的极性总比基态极性大，因而激发态与极性溶剂之间相互作用所降低的能量比基态与极性溶剂之间相互作用所降低的能量大，因而跃迁能级差变小，所以产生长移。而在 $n\rightarrow\pi^*$ 跃迁中，基态的极性大，非键电子（n 电子）与极性溶剂之间能形成较强的氢键，使基态能量降低大于激发态与极性溶剂相互作用所降低的能量，因而跃迁能级差量变大，故产生短移，见图 3-6。

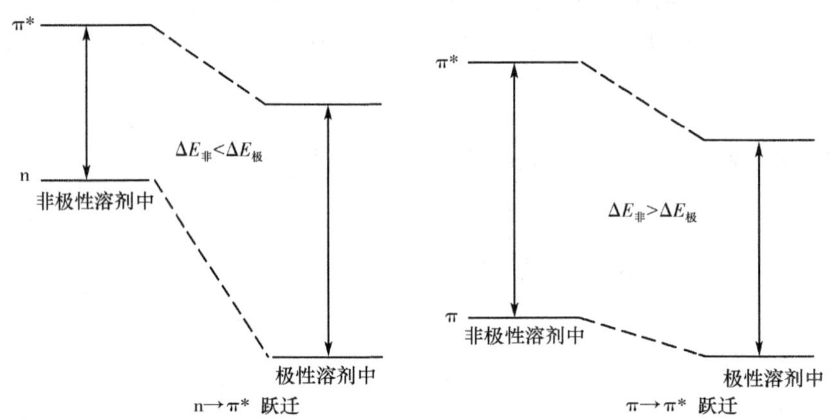

图 3-6 极性溶剂对两种跃迁能级差的影响

4. 体系 pH 的影响 体系的 pH 对紫外吸收光谱的影响是比较普遍的，无论是对酸性或碱性样品都有明显的影响。如酚类和胺类化合物由于体系的 pH 不同，其解离情况不同，而产生不同的吸收光谱。

$$C_6H_5-OH \underset{H^+}{\overset{OH^-}{\rightleftharpoons}} C_6H_5-O^-$$

λ_{max} 210.5nm，270nm　　λ_{max} 236nm，287nm

ε_{max} 6200　1450　　ε_{max} 9400　2600

$$C_6H_5-NH_2 \underset{OH^-}{\overset{H^+}{\rightleftharpoons}} C_6H_5-NH_3^+$$

λ_{max} 230nm，280nm　　λ_{max} 203nm，254nm

ε_{max} 8600　1470　　ε_{max} 7500　160

第 2 节　Lambert-Beer 定律

一、Lambert-Beer 定律

在吸收光谱中有两个重要的参数，即透光率与吸光度。当一束光强度为 I_0 的入射光照射到吸光物质上后，光强度由 I_0 减弱为 I_t，如图 3-7，则透光率 T、百分透光率 $T\%$、吸光度 A 分别表示如下：

$$T=\frac{I_t}{I_0} \qquad T\%=\frac{I_t}{I_0}\times 100 \qquad A=-\lg T=\lg\frac{I_t}{I_0}$$

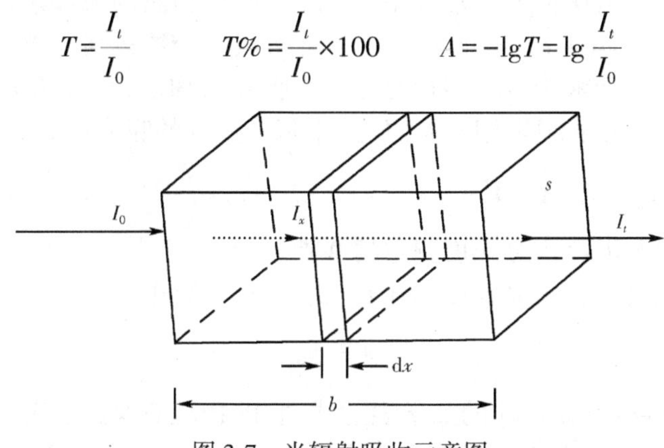

图 3-7　光辐射吸收示意图

Lambert-Beer 定律是物质对光吸收的基本定律，是分光光度分析法的定量依据和基础。Lambert 定律说明了物质对光的吸光度与吸光物质的液层厚度成正比，Beer 定律说明了物质对光的吸光度与吸光物质的浓度成正比。两者合起来称为 Lambert-Beer 定律，简称吸收定律。定律推导如下：

一截面为 s 的平行光束垂直通过一均匀吸光介质，我们来考察在吸光介质中，吸收层厚度为 $\mathrm{d}x$ 的小体积元内的吸光情况。设光强为 I_x 的光束通过吸收层 $\mathrm{d}x$ 后，减弱了 $\mathrm{d}I_x$，$-\mathrm{d}I_x/I_x$ 是光束通过吸光介质时每个光子被物质分子吸收的平均概率。由于 $\mathrm{d}x$ 无限小，在小体积元内吸光的分子截面积 $\mathrm{d}s$ 对总辐照截面积 s 之比 $\mathrm{d}s/s$ 可以视为物质分子捕获光子的概率。因此，有：

$$-\mathrm{d}I_x/\mathrm{d}x=\mathrm{d}s/s \tag{3-3}$$

若吸光介质内含有多种吸光分子，每一种吸光分子都要对光吸收作出贡献，总吸收截面就等于各吸光分子的吸收截面之和。

$$\mathrm{d}s=\sum_{i=1}^{m} s_i \mathrm{d}n_i \tag{3-4}$$

式中：s_i 是第 i 种吸光分子对指定频率光子的吸收截面；$\mathrm{d}n_i$ 是第 i 种吸光分子的数目；m 是能吸光的分子的种类数。结合式(3-3)和(或)(3-4)，得到：

$$-\frac{\mathrm{d}I_x}{I_x}=\frac{1}{s}\sum_{i=1}^{m} s_i \mathrm{d}n_i \tag{3-5}$$

当光束通过厚度为 b 的吸收层时，产生的总吸光度等于在全部吸收层内吸光的总和，对式(3-3)积分，得到：

$$\ln \frac{I_0}{I_t} = \frac{1}{s}\sum_{i=1}^{m} s_i \mathrm{d}n_i \tag{3-6}$$

根据吸光度 A 的定义，并将式(3-4)代入，得到

$$A = \lg \frac{I_0}{I_t} = \frac{0.434}{s}\sum_{i=1}^{m} s_i \mathrm{d}n_i = 0.434\frac{1}{V}\sum_{i=1}^{m} s_i \mathrm{d}n_i = \sum_{i=1}^{m} 0.434 N_A s_i b \frac{n_i}{NV} = \sum_{i=1}^{m} a_i b c_i \tag{3-7}$$

式中：V 代表体积；N_A 是阿伏伽德罗常数；a_i 是第 i 种吸光物质的吸收系数；b 是液层厚度(即光程长度)；c_i 是浓度。式(3-7)表明，总吸光度等于吸收介质内各吸光物质吸光度之和，此即吸光度的加和性。当溶液中含有多种对光产生吸收的物质，且各组分间不存在相互作用时，则该溶液对波长 λ 光的总吸光度等于溶液中每一成分的吸光度之和。可用下式表示：

$$A_{总}^{\lambda} = A_1^{\lambda} + A_2^{\lambda} + A_3^{\lambda} + \cdots + A_n^{\lambda} = (a_1c_1 + a_2c_2 + a_3c_3 + \cdots + a_nc_n)b \tag{3-8}$$

吸光度的加和性是进行混合组分光度测定的基础。

当吸光介质中只有一种吸光物质存在时，式(3-7)可简化为：

$$A = abc \tag{3-9}$$

式(3-9)是 Lambert-Beer 定律的数学表达式，它的物理意义是：当一束平行单色光通过均匀溶液时，溶液的吸光度与液层厚度和吸光物质的浓度成正比关系。

式(3-9)中 a 值为吸收系数，其物理意义为吸光物质在单位浓度及单位液层厚度时的吸光度。在给定单色光、溶剂和温度等条件下，吸收系数是物质的特性常数，表明物质对某一特定波长光的吸收能力。不同物质对同一波长的单色光，可有不同的吸收系数，吸收系数愈大，表明该物质的吸光能力愈强，灵敏度愈高，所以吸收系数可以作为吸光物质定性分析的依据和定量分析灵敏度的估量。吸收系数随浓度所取单位不同而不同，常用的有摩尔吸收系数和百分吸收系数，分别用 ε 和 $E_{1\mathrm{cm}}^{1\%}$ 表示。

(1) 摩尔吸收系数：如果浓度 c 以摩尔浓度(mol/L)表示，则式(3-9)可以写成：

$$A = \varepsilon bc \tag{3-10}$$

式中：ε 称为摩尔吸收系数，单位为 L/(mol · cm)，其物理意义为是指溶液浓度为 1mol/L，液层厚度为 1cm 时的吸光度。物质的摩尔吸收系数一般不超过 10^5 数量级，通常大于 10^4 为强吸收，小于 10^3 为弱吸收，介于两者之间的为中强吸收。

(2) 百分吸收系数：如果浓度 c 以质量百分浓度(g/100ml)表示，则式(3-9)可以写成：

$$A = E_{1\mathrm{cm}}^{1\%} bc \tag{3-11}$$

式中：$E_{1\mathrm{cm}}^{1\%}$ 称为百分吸收系数，单位为 100ml/(g · cm)，其物理意义为当溶液浓度为 1%(即 1g/100ml)，液层厚度为 1cm 时的吸光度。百分吸收系数在药物定量分析中应用广泛，我国现行版药典均采用百分吸收系数，尤其适用于摩尔质量(M)不清的待测组分。

两种吸收系数表示方式之间的关系是：

$$\varepsilon = \frac{M}{10} \cdot E_{1\mathrm{cm}}^{1\%} \tag{3-12}$$

二、偏离 Beer 定律的因素

根据上述 Beer 定律，当波长和入射光强度一定时，吸光度 A 与吸光物质的浓度 c 应成正比，即 A-c 曲线应为一条通过原点的直线。但在实际工作中，特别是当溶液浓度较高时，A-c 曲线常会出现偏离直线的情况（图 3-8），即发生偏离 Beer 定律的现象。若所测试的溶液浓度在标准曲线的弯曲部分，则按 Beer 定律计算的浓度必将产生较大的误差。引起偏离 Beer 定律的因素主要有化学因素与光学因素。

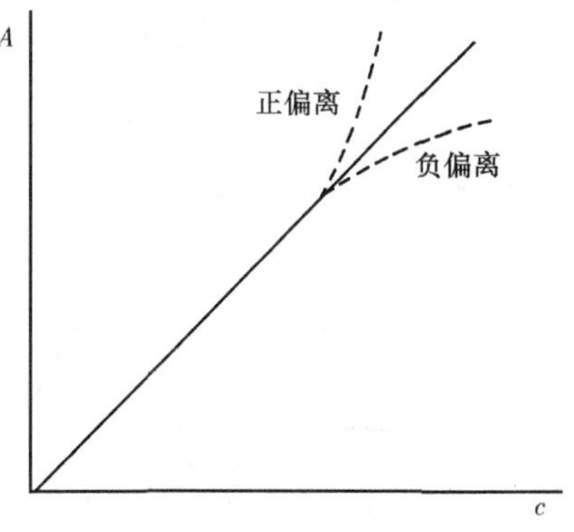

图 3-8　标准曲线的偏离

（一）化学因素

Beer 定律成立的前提通常应是稀溶液，随着溶液浓度的改变，溶液中的吸光物质可因浓度的改变而发生离解、缔合、溶剂化以及配合物生成等的变化，使吸光物质的存在形式发生变化，影响物质对光的吸收能力，因而偏离 Beer 定律。

如重铬酸钾的水溶液中存在以下平衡：$Cr_2O_7^{2-} + H_2O \rightleftharpoons 2H^+ + 2CrO_4^{2-}$，若将溶液严格地稀释 2 倍，则溶液中 $Cr_2O_7^{2-}$ 离子的浓度不是恰好减少为原来的一半，而是受稀释平衡向右移动的影响，$Cr_2O_7^{2-}$ 离子浓度的减少多于原来的一半，结果导致偏离 Beer 定律而产生误差。不过若在强酸性溶液中测定 $Cr_2O_7^{2-}$ 或在强碱性溶液中测定 CrO_4^{2-} 则可避免上述偏离现象。可见由化学因素引起的偏离，有时可通过控制实验条件加以避免。

（二）光学因素

1. 非单色光　由 Beer 定律的物理意义可知，Beer 定律只适用于单色光。但事实上真正的单色光是难以得到的，例如，实际应用中采用的光源为连续光谱，常利用单色器把所需要的波长从连续光谱中分离出来，其波长宽度取决于单色器中的狭缝宽度和棱镜或光栅的分辨率。由于制作技术的限制，同时为了保证单色光的强度，狭缝就必须有一定的宽度，这就使分离出来的光，同时包含了所需波长的光和附近波长的光，即为具有一定波长范围的光。这一宽度称为谱带宽度，常用半峰宽来表示，即最大透光度一半处曲线的宽度（图3-9）。实际应用于测量的都是具有一定谱带宽度的复合光，因吸光物质对不同波长的光的吸收能力不同，遂导致了对 Beer 定律的偏离。例如，按图 3-10 所示的吸收光谱，用谱带 a 所对应的波长进行测定，A 随波长的变化不大，引起的偏离就比较小。用谱带 b 对应的波长进行测定，A 随波长的变化较明显，就会产生较大的偏离。所以为了减小因非单色光所带来的误差，通常选择吸光物质的最大吸收波长作为测定波长，同时应尽量避免采用尖锐的吸收峰进行定量分析。这样既可以保证因曲线平坦处吸收系数变化不大，对 Beer 定律的偏离较小，又能保证测定有较高的灵敏度。

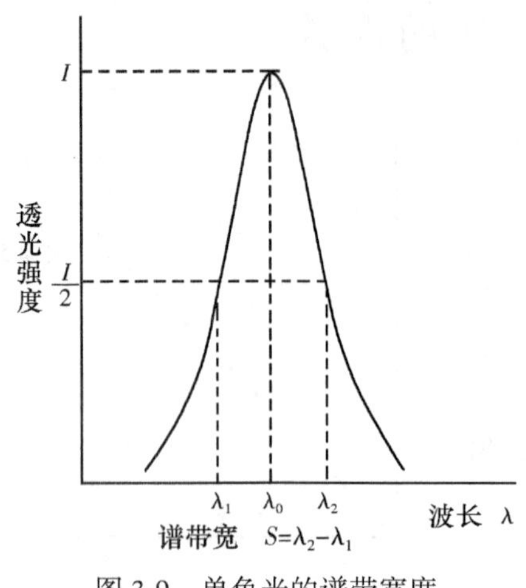

图 3-9 单色光的谱带宽度

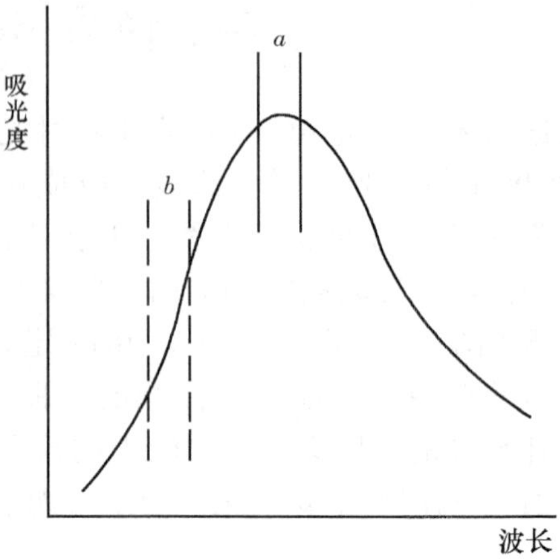

图 3-10 测定波长的选择

2. 杂散光 从单色器得到的单色光中，还有一些不在谱带范围内的与所需波长相隔甚远的光，称为杂散光。它是因仪器光学系统的缺陷或光学元件受灰尘、霉蚀的影响而引起的，特别是在透光率很弱的情况下，会产生明显的干扰作用。具体分析如下：

设入射光的强度为 I_0、透过光的强度为 I_t，杂散光强度为 I_s，则观测到的吸光度为：

$$A=\lg\frac{I_0+I_s}{I_t+I_s} \tag{3-13}$$

若样品不吸收杂散光，则 $(I_0+I_s)/(I_t+I_s)<I_0/I_t$，使 A 变小，产生负偏离。这种情况是分析中经常遇到的。随着仪器制造工艺的提高，绝大部分波长内杂散光的影响可忽略不计，但在接近紫外末端处，杂散光的比例相对增大，干扰增强，甚至还会出现假峰。

3. 散射光和反射光 入射光通过吸收池内外界面之间时，界面产生反射作用，同时吸光质点对入射光又有散射作用。散射光和反射光均由入射光谱带宽度内的光产生，对透射光强度有直接影响，均导致透射光强度减弱。真溶液散射作用较弱，可用空白溶液进行补偿。混浊溶液散射作用较强，一般不易制备相同的空白溶液，常使测得的吸光度产生偏离。

4. 非平行光 Beer 定律适用的另一个条件是平行光，但在实际检测中，通过吸收池的光，通常都不是真正的平行光。倾斜光通过吸收池的实际光程将比垂直照射的平行光的光程长，使吸光度增加。这也是同一物质用不同仪器测定吸收系数时，产生差异的主要原因之一。

三、透光率测量误差

透光率测量误差（ΔT）来自仪器的噪声。浓度测定结果的相对误差与透光率测量误差间的关系可由定律导出：

$$c = \frac{A}{a \cdot b} = -\frac{\lg T}{a \cdot b}$$

微分后并除以上式，可得浓度的相对误差 $\Delta c/c$ 为：

$$\frac{\Delta c}{c} = \frac{0.434\Delta T}{T \cdot \lg T} \tag{3-14}$$

式(3-14)表明，浓度测量的相对误差，取决于透光率 T 和透光率测量误差 ΔT 的大小。ΔT 由分光光度计透光率读数精度所确定，如 72 型分光光度计为±1%，721B 型分光光度计为±0.5%。以仪器的读数误差 ΔT 代入式(3-14)，计算不同透光率或吸光度时的浓度相对误差，列于表 3-3。

表 3-3　不同 T%或 A 时的浓度相对误差

T%		95	90	80	70	65	60	50	40	30	20	10	5
A		0.022	0.046	0.097	0.155	0.187	0.222	0.301	0.398	0.523	0.699	1.000	1.30
$\frac{\Delta c}{c}\times 100$	$\Delta T=1\%$	20.5	10.5	5.60	4.00	3.57	3.26	2.88	2.73	2.77	3.10	4.34	6.67
	$\Delta T=0.5\%$	10.3	5.27	2.80	2.00	1.78	1.63	1.44	1.36	1.38	1.55	2.17	3.34

若以浓度相对误差对 T 作图可得到如图 3-11 所示的函数曲线。从图 3-11 中可见，溶液的透光率很大或很小时所产生的相对误差都很大。只有中间一段即 T 值在 65%~20%或 A 值在 0.2~0.7 之间，浓度相对误差较小，是测量的适宜范围。将式(3-14)求极值可得到浓度相对误差最小时的透光率或吸光度，即 $A=0.434$，$T=36.8\%$。但在实际工作中没有必要去寻求这一最小误差点，只要求测量的吸光度 A 在 0.2~0.7 适宜范围内即可。

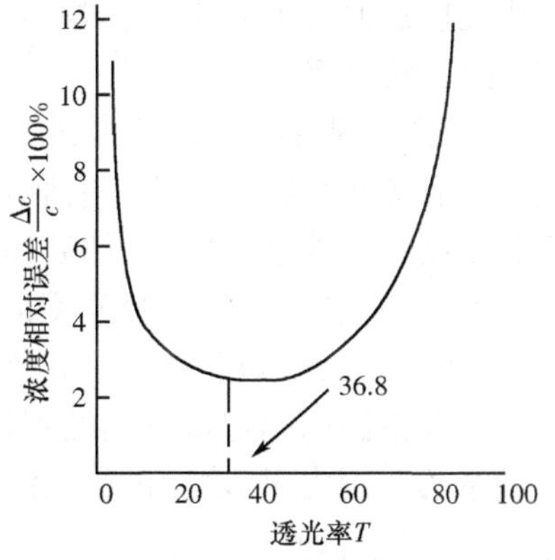

图 3-11　浓度相对误差与透光率的关系

第 3 节　显色反应及其显色条件的选择

对于能吸收紫外线的无色物质可用紫外光度法直接测定，可见分光光度法一般用来测定能吸收可见光的有色溶液，对于某些无色或颜色浅的物质，通常选用显色反应来进行该物质的可见光谱分析。所谓显色反应，是指选用适当的试剂与被测物质定量反应生成有色的物质再进行测定的分析方法。显色反应中所用的试剂称为显色剂。

一、显色反应的选择

显色反应可分为三大类，即配位反应、氧化还原反应与缩合反应，其中配位反应是最主要的显色反应。同一组分，常可有多种显色反应，但显色反应的选择必须考虑下列因素：

（1）定量关系确定：被测物质是利用显色反应进行该组分的定量分析，因此被测物质和显色剂所生成的有色物质之间必须有确定的定量关系，才能使显色产物的吸光度准确地反映出被测物质的含量。

（2）灵敏度高：因为分光光度法常用于微量组分的测定，因此显色反应的选择首先考虑该反应的灵敏度，通常要求 $\varepsilon=10^3\sim10^5$。

（3）显色产物稳定性好：显色产物必须有足够的稳定性，以保证测量结果有良好的重现性。

（4）显色剂测定波长无干扰：显色剂本身如若有色，则显色产物与显色剂的最大吸收波长的差别要在 60nm 以上，才能分辨显色产物与显色剂的吸收。

（5）选择性好：选择干扰较少或干扰成分容易消除的显色反应，或严格控制反应条件，使显色剂成为选择性试剂。

二、显色条件的选择

绝大多数显色反应需要控制反应条件，提高反应的灵敏度、选择性和稳定性，才能满足分光光度法测定的要求。影响显色反应的主要因素一般为显色剂用量、溶液酸度、反应时间、温度、溶剂等。

1. 显色剂用量 为了使显色反应进行完全，常需要加入过量的显色剂。但显色剂用量过大对有色化合物的组成亦有影响。显色剂用量一般是通过实验确定的。其方法是将被测组分浓度及其他条件固定，然后加入不同量的显色剂，测定其吸光度，绘制吸光度(A)-显色剂浓度(c_R)曲线，选恒定吸光度值时的显色剂用量。常见的曲线形式如图 3-12 所示。曲线(1)表明，显色剂浓度 c_R 在 $a\sim b$ 范围内，曲线平坦，显色产物吸光度不随显色剂用量而变，故可在这段范围内确定显色剂的用量。曲线(2)表明，必须严格控制显色剂浓度 c_R 在 $a\sim b$ 这一较窄的范围内时，才能进行被测组分的测定。

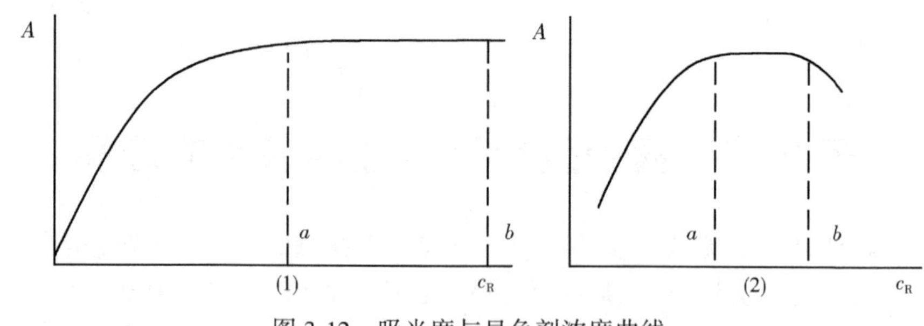

图 3-12 吸光度与显色剂浓度曲线

2. 溶液酸度 很多显色剂是有机弱酸或弱碱，溶液的酸度会直接影响显色剂存在的形式和显色产物的浓度变化，从而引起溶液颜色的改变。其他如氧化还原反应、缩合反应等，溶液的酸碱性也有重要的影响，常常需要用缓冲溶液保持溶液在一定 pH 下进行显色反应。

Fe^{3+} 与磺基水杨酸($C_7H_4SO_6^{2-}$)在不同 pH 条件下生成配比不同的配合物，见表 3-4。

表 3-4　Fe^{3+}与磺基水杨酸($C_7H_4SO_6^{2-}$)在不同 pH 条件下配合物生成表

pH 范围	配合物组成	颜色
1.8~2.5	$Fe(C_7H_4O_6S)^+$	红色(1∶1)
4~8	$Fe(C_7H_4O_6S)_2^-$	橙色(1∶2)
8~11.5	$Fe(C_7H_4O_6S)_3^{3-}$	黄色(1∶3)

当 pH>12 时,则生成 $Fe(OH)_3$沉淀。因此在用此类反应进行测定时,控制溶液 pH 是至关重要的。

3. 显色时间　由于各种显色反应的反应速度不同,所以完成反应所需要的时间存在较大差异,同时显色产物在放置过程中也会发生不同的变化。有的显色产物颜色能保持长时间不变,有的颜色会逐渐减退或加深,有的需要经过一定时间才能显色。因此,必须在一定条件下通过实验,绘制显色产物吸光度(A)-时间关系曲线,选择显色产物吸光度数值较大且恒定的时间确定为适宜的显色时间。

4. 温度　显色反应都是通过化学反应来进行的,所以显色反应的结果与温度也有很大关系。如原花青素与硫酸亚铁铵在盐酸/丙酮溶剂中的显色反应在室温和煮沸状态下就有很大不同。在室温时,显色产物吸光度极低,但在煮沸状态下,显色产物颜色明显。故同样需固定将被测组分浓度及其他条件,绘制显色产物吸光度(A)-反应温度关系曲线,选择显色产物吸光度数值较大且恒定的温度确定为适宜的显色温度。

5. 溶剂　溶液的性质可直接影响被测组分对光的吸收,相同的物质溶解于不同的溶剂中,有时会出现不同的颜色。例如,苦味酸在水溶液中呈黄色,而在三氯甲烷中呈无色。同时显色反应产物的稳定性也与溶剂有关,如硫氰酸铁红色配合物在正丁醇中比在水溶液中稳定。在萃取比色中,应选用分配比较高的溶剂作为萃取溶剂。

三、测量条件的选择

在显色反应中,干扰物质的存在往往会影响显色反应的结果。干扰物质的影响一般有以下几种情况:

(1) 干扰物质本身有颜色或无色但与显色剂形成有色化合物,在测定条件下也有吸收。

(2) 在显色条件下,干扰物质水解,析出沉淀使溶液混浊,致使吸光度的测定无法进行。

(3) 与待测离子或显色剂形成更稳定的化合物,使显色反应不能进行完全。

通常可以采用以下几种方法来消除这些干扰作用:

1. 控制酸度　根据配合物的稳定性,可以利用控制酸度的方法提高反应的选择性,保证主反应进行完全。例如,双硫腙能与 Hg^{2+}、Pb^{2+}、Cu^{2+}、Ni^{2+}、Cd^{2+}等 10 多种金属离子形成有色配合物,其中与 Hg^{2+}形成的配合物最稳定,在 0.5mol/ml H_2SO_4介质仍能定量进行,而上述其他离子在此条件下不发生反应。

2. 选择适当的掩蔽剂　使用掩蔽剂消除干扰是常用的有效方法。选取的条件是掩蔽剂不与待测离子作用,掩蔽剂以及它与干扰物质形成的配合物的颜色应不干扰待测离子的测定。

3. 利用生成惰性配合物　如钢铁中微量钴的测定,常用钴试剂作为显色剂,但钴试剂不仅与 Co^{2+}有灵敏反应,而且与 Ni^{2+}、Zn^{2+}、Mn^{2+}、Fe^{2+}等都有反应。但钴试剂与 Co^{2+}在弱酸性介质中一旦完成反应后，即使再用强酸酸化溶液，该配合物也不会分解，而 Ni^{2+}、Zn^{2+}、Mn^{2+}、Fe^{2+}等与钴试剂形成的配合物在强酸介质中会很快分解。因此利用这个差异，可以消除上述离子的干扰，提高钴测定反应的选择性。

4. 选择适当的测量波长 选择测定波长的原则是“吸收最大，干扰最小”。测定波长一般选择在被测组分最大吸收波长处，因为吸光度越大，测定的灵敏度越高，准确度也容易提高。如果被测组分有几个最大吸收波长时，可选择不易出现干扰吸收、吸光度较大而且峰顶比较平坦的最大吸收波长。如 $KMnO_4$的测定一般选择其 525nm 的 λ_{max}，此时灵敏度最高。但若在 $K_2Cr_2O_7$存在下测量 $KMnO_4$时，则不选择 λ_{max} = 525nm，而是选择另一最大吸收波长 λ = 545nm，因为此波长处 $K_2Cr_2O_7$不干扰 $KMnO_4$溶液吸光度的测定。

5. 选择适宜空白溶液 空白溶液又叫参比溶液，可用于校正仪器透光率 100%或吸光度为零。在进行紫外-可见区样品吸光度测量时，必须将溶液装在由透明材料制成的吸收池中，故测量过程中必将发生入射光与池壁的相互作用，在每个界面上均会产生因反射或可能的吸收而使透射光强度减弱的现象。此外，当光束通过溶液时由于大分子或不均匀性而引起的散射，以及溶剂和试剂对光的吸收都可使光强减弱。因此为了使光的强度减弱仅与溶液中待测物质的浓度有关，必须对这些影响因素进行校正。为此，采用光学性质相同、厚度相同的吸收池装入空白溶液作为参比，调节仪器，使透过参比吸收池的吸光度 $A = 0$ 或透光率 $T\% = 100\%$。然后将装有待测溶液的吸收池移入光路中测量，得到被测物质的吸光度。也就是说，将透过参比吸收池的光强作为测量溶液的入射光强度，这样测得的溶液的吸光度数值就比较真实地反映了被测物质对光的吸收，从而可以比较真实地反映出被测物质的浓度。

在显色反应中，溶剂、试剂、器皿及试样都可能引入相应的干扰，而空白溶液的作用正是用以消除各种干扰因素的吸收。常见的空白溶液有：

（1）溶剂空白：在测定入射光波长下，溶液中只有被测组分对光有吸收，而显色剂或其他组分对光没有吸收，或虽有少许吸收，但所引起的测定误差在允许范围内，在此种情况下可用溶剂作为空白溶液。

（2）试剂空白：试剂空白是指在相同条件下只是不加试样溶液，而依次加入各种试剂和溶剂所得到的空白溶液。试剂空白适用于在测定条件下，显色剂或其他试剂、溶剂等对待测组分的测定有干扰情况。

（3）试样空白：试样空白是指在与显色反应同样条件下取同样量试样溶液，只是不加显色剂所制备的空白溶液。试样空白适用于试样基体有色并在测定条件下有吸收，而显色剂溶液不干扰测定，也不与试样基体显色的情况。

除了上述常用的几种空白溶液之外，还可采用不显色空白、平行操作空白来消除干扰因素的吸收。

6. 分离 当上述方法均不宜采用时，也可以采用预先分离的方法来除去干扰物质，如利用沉淀反应、萃取、离子交换、蒸发和蒸馏以及色谱分离法等来消除干扰。

此外还可以利用化学计量学方法实现多组分的同时测定。

第 4 节 紫外-可见分光光度计

紫外-可见分光光度计是在紫外-可见光区可任意选择不同波长的光测定吸光度的仪

器。商品仪器的类型很多，性能差别悬殊，但其基本原理相似。一般由 5 个主要部件构成，即光源、单色器、吸收池、检测器和信号显示系统。其基本结构用方框图可表示为：

光源 → 单色器 → 吸收池 → 检测器 → 信号显示系统

一、主要部件

（一）光源

紫外-可见分光光度计对光源的基本要求是在仪器操作所需要的光谱范围内能够发射强度足够而且稳定的连续光源。

可见光区的光源是钨灯或卤钨灯，发射>350nm 以上的连续光谱。紫外光区的光源是氢灯或氘灯，发射 150～400nm 的连续光谱。

1. 钨灯和卤钨灯　钨灯是固体炽热发光的光源，又称白炽灯。发射光谱的波长覆盖范围较宽，但紫外区很弱。通常取其波长大于 350nm 的光为可见区光源。卤钨灯的灯泡内含碘和溴的低压蒸气，可延长钨丝的寿命，且发光强度比钨灯高。白炽灯的发光强度与供电电压的 3～4 次方成正比，所以供电电压要稳定。

2. 氢灯和氘灯　氢灯是一种气体放电发光的光源，发射 150～400nm 范围内的连续光谱。氘灯比氢灯昂贵，但发光强度和灯的使用寿命比氢灯增加 2～3 倍，现在仪器多用氘灯。气体放电发光需先激发，同时应控制稳定的电流，所以都配有专用的电源装置。

（二）单色器

单色器的作用是从来自光源的连续光谱中分离出所需要的单色光。通常由进光狭缝、准直镜、色散元件、聚焦镜和出光狭缝组成。简单原理见图 3-13。聚焦于进光狭缝的光，经准直镜变成平行光，投射于色散元件。色散元件的作用是将复色光分解为单色光。再经与准直镜相同的聚焦镜将色散后的平行光聚焦于出光狭缝上，形成按波长排列的光谱。转动色散元件或准直镜方位可在一个很宽的范围内，任意选择所需波长的光从出光狭缝分出。

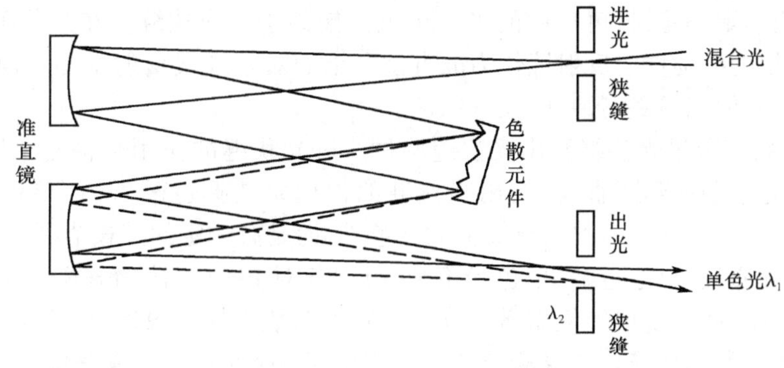

图 3-13　单色器光路示意图

1. 色散元件　在单色器中，最重要的是色散元件。常用的色散元件有棱镜和光栅。

（1）棱镜：早期生产的仪器多用棱镜，棱镜的色散作用是依据棱镜材料对不同的光有不同的折射率,因此可将混合光中所包含的各个波长从长波到短波依次分散成为一个连续光谱。折射率差别愈大,色散作用(色散率)愈大。由棱镜分光得到的光谱其光距与各条波长是非线性的,按波长排列长波长区密,短波长区疏。棱镜材料有玻璃和石英,因玻璃吸收紫外光,故只可用于可见光的色散。

(2) 光栅:光栅是利用光的衍射与干涉作用,使不同波长的光有不同的方向,从而达到将连续光谱的光进行色散的目的。光栅色散后的光谱与棱镜不同,其光谱是由紫到红,各谱线间距离相等且均匀分布的连续光谱。光栅光谱为多级光谱(包括一、二、三级等谱线),级序增大光谱增宽,但光强减弱,而且光栅光谱各级重叠,相互干扰,因此需用滤光片滤去高级序光谱。实用的光栅是一种称为闪耀光栅(blazed grating)的反射光栅(图 3-14),其刻痕是有一定角度(闪耀角 β)的斜面,刻痕的间距 d 称为光栅常数,d 愈小色散率愈大,但 d 不能小于辐射的波长。这种闪耀光栅,可使特定波长的有效光强度集中于一级的衍射光谱上。近年来采用激光全息技术产生的全息光栅(holographic grating)质量更高,已得到普遍采用。

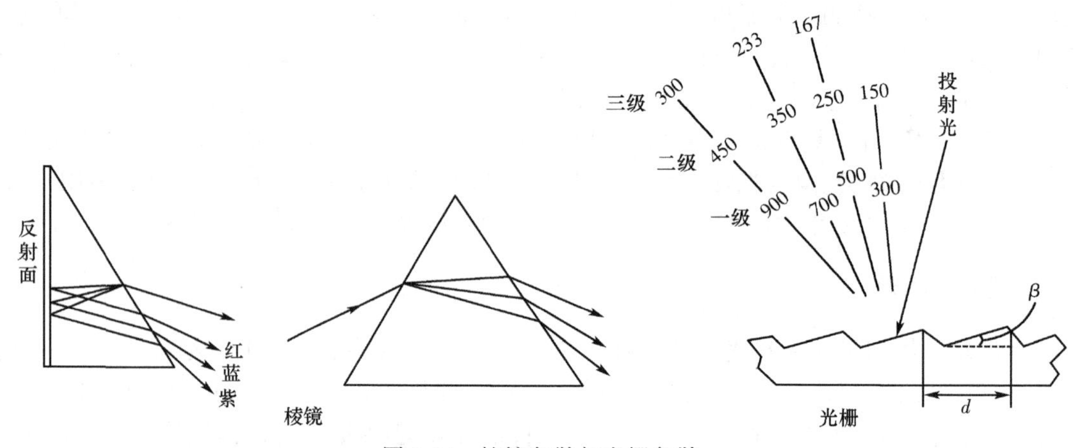

图 3-14 棱镜色散与光栅色散

2. 准直镜 准直镜是以狭缝为焦点的聚光镜。其作用是将进入单色器的发散光变成平行光,也常用作聚焦镜,将色散后的平行单色光聚集于出光狭缝。在紫外-可见分光光度计中一般用镀铝的抛物柱面反射镜作为准直镜。铝面对紫外线反射率比其他金属高,可以减少光强的损失,但铝易受腐蚀,应注意保护。

3. 狭缝 狭缝分进光狭缝和出光狭缝两种。进光狭缝的作用是将光源发出的光形成一束整齐的细光束照射到准直镜上;出光狭缝的作用是选择色散后的"单色光"。但实际上,从出光狭缝射出的并不是严格意义上的单色光,而是有一定的波长范围。因此狭缝宽度直接影响到分光质量,狭缝过宽,单色光不纯,可引起对 Beer 定律的偏离。狭缝太窄,光通量小,降低灵敏度,此时若单纯依靠增大放大器放大倍数来提高灵敏度,则会使噪声同步增大,影响准确度。所以狭缝宽度要恰当,通常用于定量分析时,主要考虑光通量,宜采用较大的狭缝宽度,但以误差小为前提;用于定性分析时,更多地考虑光的单色性,宜采用较小的狭缝宽度。

(三) 吸收池

可见光区使用的吸收池为玻璃吸收池,因玻璃在紫外线区有吸收,所以不能在紫外线区使用。应用于紫外线区的吸收池为石英吸收池,该吸收池既适用于紫外线区,也适用于可见光区。但在可见光区使用,应首选玻璃吸收池。在分析测定中,用于盛放供试液和空白液的吸收池,除应选用相同厚度外,两只吸收池的透光率之差应小于0.5%,否则应进行校正。

(四) 检测器

紫外-可见光区的检测器,一般常用光电效应检测器,它是将接受到的辐射功率变成电流的转换器,如光电池、光电管和光电倍增管。最近几年来采用了光多道检测器,在光谱分析检测器技术中,出现了重大革新。

1. 光电池　光电池有硒光电池和硅光电池两种。硒光电池只能用于可见光区,硅光电池能同时适用于紫外区和可见区。当用强光长时间照射时,光电池易"疲劳",即灵敏度下降,目前仅在少数低端仪器中使用。

2. 光电管　光电管是由一个阳极和一个半圆柱形的光敏阴极组成的真空(或充少量的惰性气体)二极管,在阴极的凹面镀有碱金属或碱金属氧化物等光敏材料。当阴极内表面接受光照射时,即发射出电子,并在外加电压下,发射出的电子流向阳极而产生电流,该电流大小取决于照射光的强度。光电管有很高内阻,所以产生的电流很容易放大(图3-15)。

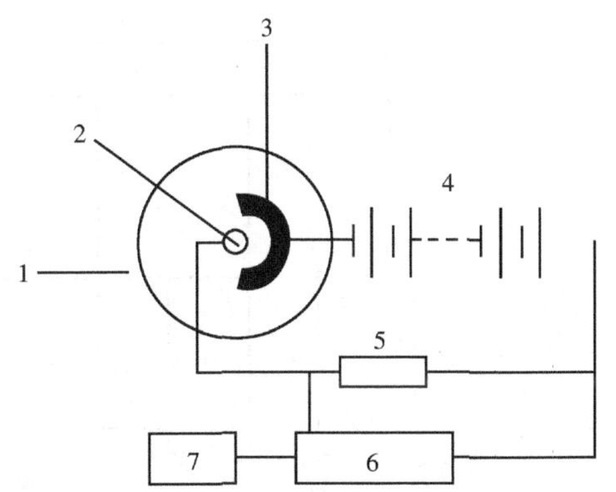

图3-15　光电管检测器示意图

1. 照射光;2. 阳极;3. 光敏阴极;4. 90V 直流电源;5. 高电阻;6. 直流放大器;7. 指示器

3. 光电倍增管　光电倍增管的原理和光电管相似,结构上的差别是在光敏阴极和阳极之间还有一系列电子倍增极(一般是9个),如图3-16所示。阴极受光辐射发射出电子,此电子被高于阴极90V的第一倍增极加速吸引,当电子打击此倍增极时,每个电子使倍增极发射出几个额外电子,如此多次重复到第9个倍增极。从第9个倍增极发射出的电子已比第1倍增极发射出的电子数大大增加,然后被阳极收集,所产生的倍增电流再经进一步放大后输出。因此,光电倍增管检测器大大提高了仪器测量的灵敏度。

4. 光二极管阵列检测器　近年来,已有分光光度计中装配新型光学多道检测器如光二极管阵列检测器(photodiodearray detector)。光二极管阵列是在晶体硅上紧密排列一系列光二极管检测管,如图3-17所示。阵列的每一单元中有一只光敏二极管和一只与之并联的电容器。它们通过场效应开关接入一条公共输出线。开关由移位寄存器扫描电路控制,使之顺序地开与关。在一次扫描的整个周期中,每个单元的场效应开关只开、关一次;每一时刻又只有一个单元的场效应开关是开着的。在场效应开关关着的时候,一定强度的光照射在单元表面形成光电流,使电容器放电。电容器上电荷的失落相当于照在单元上光的总量。

在场效应开关开着的时候,单元与电源接通,使电容器重新充电至标准电位,相应于给电容器重新充电所需电流的信号,被送入公共输出线,得到脉冲信号。随着具有 N 个单元的阵列中的 N 个场效应开关顺序地开、关 N 次,在扫描中就得到 N 个脉冲信号。每个脉冲与相应的二极管所接收到的光强值成正比。二极管阵列中,每一个二极管,可在 1/10s 的极短时间内获得 190~820nm 范围内的全光光谱。

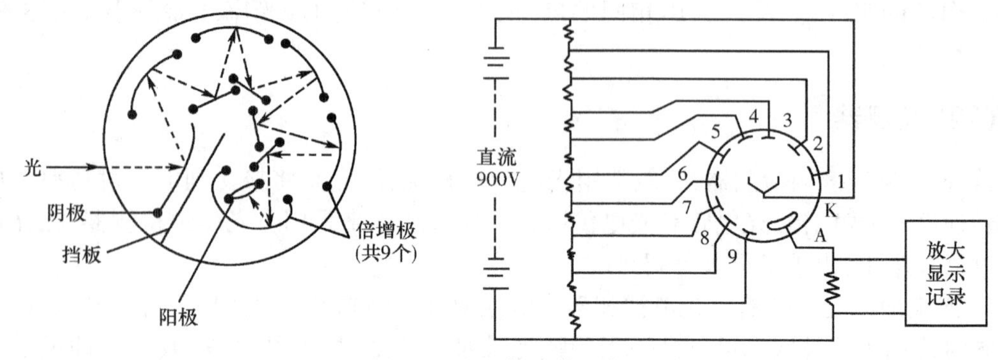

图 3-16 光电倍增管示意图

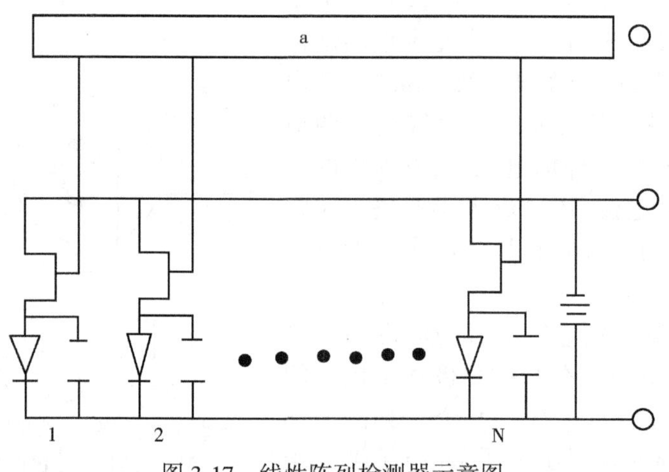

图 3-17 线性阵列检测器示意图

a. 移位寄存器

(五) 信号显示系统

检测器输出的电讯号很弱,需经过放大才能将测量结果以某种方式显示出来。讯号处理过程同时也包含如对数函数、浓度因素等运算乃至微分积分等处理。现代的分光光度计多具有荧屏显示、结果打印及吸收曲线扫描等功能。显示方式通常都有透光率与吸光度可供选择,有的还可转换成浓度、吸收系数等。

二、分光光度计的类型

紫外-可见分光光度计的光路系统,目前一般可分为单光束、双光束和二极管阵列等几种。

1. 单光束分光光度计　在单光束光学系统中，采用一个单色器，获得可以任意调节的一束单色光，通过改变参比池和样品池位置，使其进入光路，进行参比溶液和样品溶液的交替测量，在空白溶液进入光路时，将吸光度调零，然后移动吸收池架的拉杆，使样品溶液进入光路，就可在读数装置上读出样品溶液的吸光度，其光路图如图 3-18 所示。

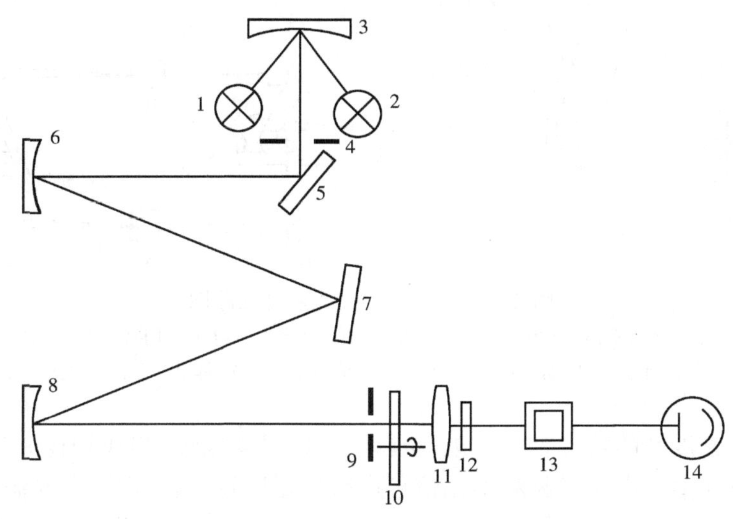

图 3-18　单光束分光光度计光路图

1. 溴钨灯；2. 氘灯；3. 凹面镜；4. 入射狭缝；5. 平面镜；6、8. 准直镜；7. 光栅；9. 出射狭缝；10. 调制器；11. 聚光镜；12. 滤色片；13. 样品池；14. 光电倍增管

单光束紫外-可见分光光度计的波段范围为 190(210)～850(1000)nm，钨灯和氢灯两种光源互换使用，大多数仪器用光电倍增管作检测器，也有用光电管作检测器，用棱镜或光栅作色散元件，采用数字显示或仪表读出。

单光束紫外-可见分光光度计的优点是具有较高的信噪比，光学、机械及电子线路结构都比较简单，价格比较便宜，适合于在给定波长处测量吸光度或透光率，但不能作全波段的光谱扫描(与计算机联用的仪器除外)。欲绘制一个全波段的吸收光谱，需要在一系列波长处分别测量吸光度，费时较长。这种仪器由于光源强度的波动和检测系统的不稳定性易引起测量误差。因此，必须配备一个很好的稳压电源以利仪器的稳定工作。

国产的 751 型、752 型等属于这类仪器。目前，国内普遍应用的 72 系列可见分光光度计也属于这类光路。

2. 双光束分光光度计　双光束分光光度计是将单色器分光后的单色光分成两束，一束通过参比池，一束通过样品池，一次测量即可得到样品溶液的吸光度(或透光率)，其光路图如图 3-19。

双光束分光光度计通常采用固定狭缝宽度，使光电倍增管接受器的电压随波长扫描而改变，这样既可使参比光束在不同波长处有恒定的光电流信号，同时也有利于差示光度和差示光谱的测定。近年来，大多数高精度双光束分光光度计均采用双单色器设计，即利用两个光栅或一个棱镜加一个光栅，中间串联一个狭缝。因所使用的两个色散元件的色散特性非常接近，所以这种装置能有效地提高分辨率并降低杂散光。采用计算机控制的双光束分光光度计，不仅操作简便，具有数据处理功能，而且仪器的性能指标也有很大改善。

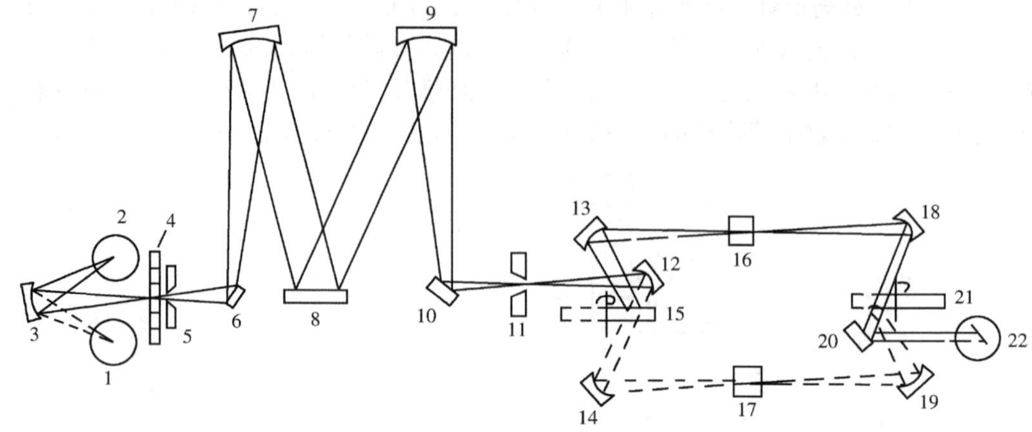

图 3-19 双光束分光光度计光路图

1. 钨灯;2. 氘灯;3. 凹面镜;4. 滤色片;5.入射狭缝;6、10、20 平面镜;7、9. 准直镜;8. 光栅;11. 出射狭缝;12、13、14、18、19. 凹面镜;15、21. 扇面镜;16. 参比池;17. 样品池;22. 光电倍增管

双光束分光光度计的特点是便于进行自动记录,可在较短的时间内(0.5~2min)获得全波段的扫描吸收光谱。由于样品和参比信号进行反复比较,因而消除了光源不稳定、放大器增益变化以及光学、电子学元件对两条光路的影响。国产 730 型分光光度计即是采用泽尼特(Czerny-Turne)式色散系统和对称式双光束光路的仪器。

3. 双波长分光光度计 就测量波长而言,单光束和双光束分光光度计都属单波长检测。它们都是由一个单色器分光后,将相同波长的光束分别通过试样池和测量池,然后测得样品池和参比池吸光度之差。而双波长分光光度计则是将同一光源发出的光分为两束,分别经过两个单色器,从而可以同时得到两个波长(λ_1和λ_2)的单色光,这两个波长的单色光交替地照射同一溶液,然后经过光电倍增管和电子控制系统检测信号,其简化光路图如图 3-20所示。

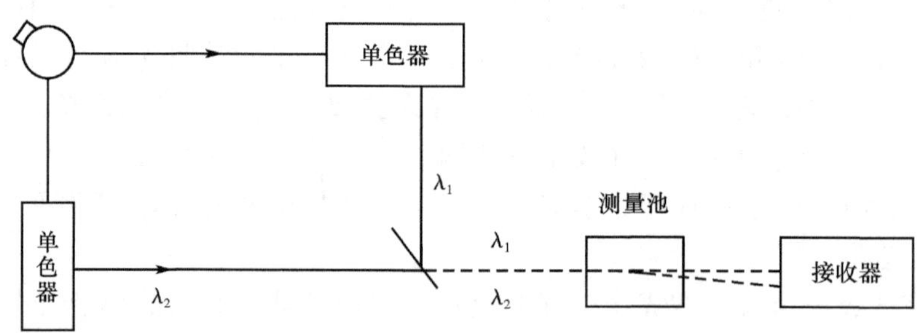

图 3-20 双波长分光光度计简化光路图

双波长分光光度计的特点是不仅能测定高浓度试样、多组分混合试样,而且能测定一般分光光度计不宜测定的浑浊试样。用双波长法测量时,两个波长的光通过同一吸收池,这样可以消除因吸收池的参数不同、位置不同、污垢及制备参比溶液等带来的误差,使测定的准确度显著提高,而且操作简便。另外,双波长分光光度计是用同一光源得到的两束单色光,故可以减小因光源电压变化产生的影响,得到高灵敏度和低噪声的信号。

4. 二极管阵列检测的分光光度计　二极管阵列检测的分光光度计是一种具有全新光路系统的仪器,其光路原理如图3-21所示。由光源发出并经消色差聚光镜聚焦后的复色光通过样品池,聚焦于入光狭缝,其透射光经全息光栅表面色散并投射到二极管阵列检测器上,从而得到样品的紫外-可见光谱信息。

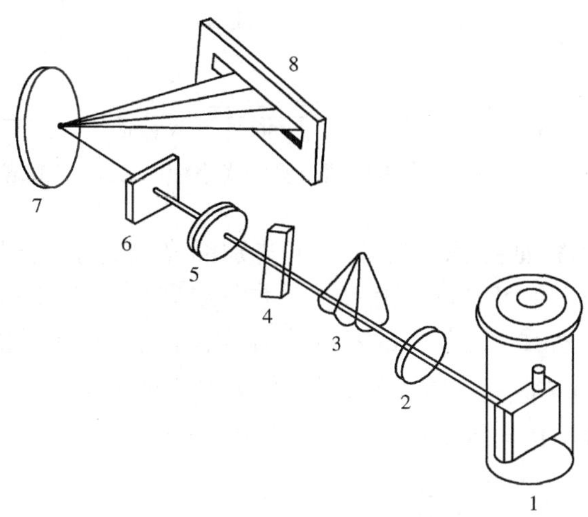

图3-21　二极管阵列检测分光光度计简化光路图

1. 光源(钨灯或氘灯);2、5.消色差聚光镜;3. 光闸;4. 吸收池;6. 入光狭缝;7. 全息光栅;8. 二极管阵列检测器

第5节　分析方法

一、定性方法

利用紫外光谱对有机化合物进行定性鉴别的主要依据是多数有机化合物都具有各自的吸收光谱特征,如吸收光谱的形状、吸收峰的数目、各吸收峰的波长、强度和相应的吸收系数等。因为有机化合物选择吸收的波长和强度,主要决定于分子中的生色团、助色团及其共轭情况。所以结构完全相同的化合物应具有完全相同的吸收光谱特征;但吸收光谱特征完全相同的化合物不一定为同一个化合物。利用化合物的紫外可见吸收光谱进行定性鉴别,通常采用比较的方法进行,即将测定样品与对照品的紫外光谱进行对照、比较;也可以将测定样品与文献所载的紫外标准图谱进行比较。

1. 比较吸收光谱　两个化合物如果相同,则其吸收光谱应完全一致。依据这一特性,可将试样与对照品用同样的方法配制成相同浓度的溶液,分别测定其吸收光谱,然后比较光谱图是否完全一致,从而加以判断。

例1　醋酸可的松、醋酸氢化可的松与醋酸泼尼松的λ_{max}(240nm)、ε值(1.57×10^4)与$E_{1cm}^{1\%}$值(390),几乎完全相同,但从它们的吸收曲线(图3-22)上可以看出其中的某些差别,据此可以得到鉴别。

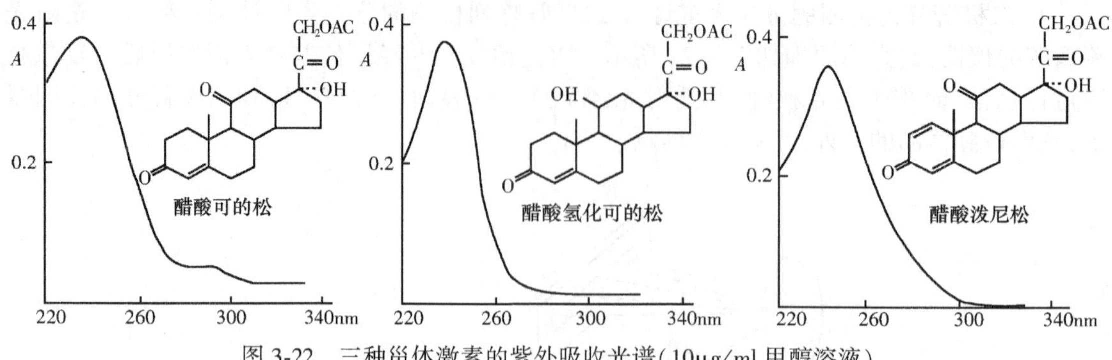

图 3-22 三种甾体激素的紫外吸收光谱（10μg/ml 甲醇溶液）

2. 比较吸收光谱的特征数据 最常用于鉴别的光谱特征数据是吸收峰所在的波长 λ_{max}。若一个化合物中有几个吸收峰，并存在吸收谷或肩峰，可同时作为鉴定依据。

具有不同或相同发色团与助色团的不同化合物，可能具有相同的 λ_{max} 值。但由于它们的分子量不同，所以 ε 或 $E_{1cm}^{1\%}$ 存在着差别，可以作为鉴别的依据。

例 2 安宫黄体酮（M_r = 386.5）和炔诺酮（M_r = 298.4）

安宫黄体酮

λ_{max}(240±1)nm, $E_{1cm}^{1\%}$=408

炔诺酮

λ_{max}(240±1)nm, $E_{1cm}^{1\%}$=571

3. 比较吸光度比值 有些化合物不只一个吸收峰，可用在不同吸收峰（或峰与谷）处测得吸光度的比值 A_1/A_2 或 $\varepsilon_1/\varepsilon_2$ 作为鉴别的依据。

例 3 《中国药典》（2005 年版）对维生素 B_{12} 采用下述方法鉴别：将检品按规定方法配成 25μg/ml 的溶液，分别测定 278nm、361nm 和 550nm 处的吸光度 A_1、A_2 和 A_3，A_2/A_1 应为 1.70～1.88；A_2/A_3 应为 3.15～3.45。

二、结构分析

有机化合物的紫外吸收光谱主要取决于分子中的发色团、助色团及它们的共轭情况，并不能表现整个分子的特性。所以单独应用紫外光谱不能完全确定化合物的分子结构，而是必须与红外光谱、磁共振谱和质谱等配合才能发挥较大的作用。紫外吸收光谱在化合物结构分析的研究中可以用来推测分子骨架、判断发色团之间的共轭关系、估计共轭体系中取代基的种类、位置及数目等。此外，还可广泛地应用于有机物的各种异构体的判断，如顺反异构体、互变异构体等。

1. 从吸收光谱中初步推断官能团　紫外光谱提供的结构信息如下：

(1) 化合物在 220～700nm 内无吸收，说明该化合物是脂肪烃、脂环烃或它们的简单衍生物(氯化物、醇、醚、羧酸类等)，也可能是非共轭烯烃。

(2) 220～250nm 范围有强吸收带($\lg\varepsilon$ 4，K 带)说明分子结构中存在一个共轭体系(共轭二烯或 α、β-不饱和醛、酮)。

(3) 200～250nm 范围有强吸收带($\lg\varepsilon$ 3～4)，结合 250～290nm 范围的中等强度吸收带($\lg\varepsilon$2～3)或显示不同程度的精细结构，说明分子结构中有苯基存在。前者为 E 带，后者为 B 带。

(4) 250～350nm 范围有弱吸收带(R 带)，说明分子结构中含有醛、酮羰基或共轭羰基。

(5) 300nm 以上的强吸收带，说明化合物具有两个以上较大的共轭体系。若吸收强且具有明显的精细结构，说明为稠环芳烃、稠环杂芳烃或其衍生物。

2. 判断顺反异构体　应用紫外光谱法，可以判断一些化合物的构型和构象。一般来说，顺式异构体(cisoid)的最大吸收波长比反式异构体(transoid)短且 ε 小，这是由于立体障碍的缘故。如前文所分析的顺-1，2-二苯乙烯的两个苯环在双键的同一侧，由于立体障碍影响了两个苯环与乙烯的 C＝C 共平面，因此不易发生共轭，吸收波长短、强度小；而反式异构体的两个苯环不存在上述立体障碍，较易与乙烯双键共平面，形成大共轭体系，因此吸收波长长且强度大。所以，仅根据紫外吸收光谱就能判断该化合物的顺反异构体。表 3-5 的几个例子可说明这个问题。

表 3-5　部分有机物顺反异构体的吸收特征

化合物	顺式异构体		反式异构体	
	λ_{max}/nm	ε	λ_{max}/nm	ε
1，2 二苯乙烯	280	10500	295.5	29000
1-苯基丁二烯	265	14000	280	28300
甲基-1，2-二苯乙基	260	11900	270	20100
肉桂酸	280	13500	295	27000
β-胡萝卜素	449	92500	452	152000
丁烯二酸	198	26000	214	34000
phHC＝CHCOOH	264	9500	273	20000

3. 判断互变异构体　某些有机物在溶液中可能有两个或两个以上容易互变的异构体处于动态平衡之中。这种异构体的互变过程中常伴随有双键的转移。最常见的互变异构现象是某些含氧化合物的酮式与烯醇式的互变异构，这类具有酮式和烯醇式互变异构体的化合物在不同溶剂中的紫外吸收光谱特征相差很大。例如，乙酰乙酸乙酯是比较典型的具有酮式和烯醇式互变异构的化合物：

$$\underset{\text{酮式}}{CH_3-\underset{\underset{O}{\|}}{C}-CH_2-\underset{\underset{O}{\|}}{C}-OC_2H_5} \rightleftharpoons \underset{\text{烯醇式}}{CH_3-\underset{\underset{OH}{|}}{C}=CH-\underset{\underset{O}{\|}}{C}-OC_2H_5}$$

由结构式可知,酮式没有共轭双键,所以它在 204nm 处仅有弱吸收;而烯醇式由于有共轭双键,因此在 245nm 处有强的 K 吸收带。因此应用紫外光谱法,可以判断某些化合物的互变异构现象。

三、纯度检查

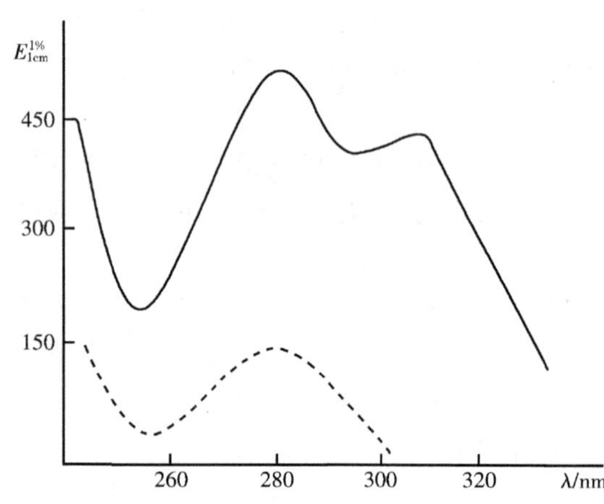

图 3-23 肾上腺素(虚线)与肾上腺酮的吸收光谱

利用待测物与杂质在紫外-可见光区吸收的差异,选用适当波长可以进行待测物的纯度检查。如肾上腺素为苯乙胺类药物,其紫外-可见光谱显示为孤立苯环的吸收特征,在大于 300nm 处没有吸收峰,而其氧化形式肾上腺酮结构中存在共轭体系,因此在 310nm 处有最大吸收,如图 3-23 所示。因此可以依据上述的差异,检查肾上腺素中存在的肾上腺酮。如对肾上腺素中检查肾上腺酮,《中国药典》(2005 年版)中规定 2mg/ml 的样品溶液在 310nm 处的吸收度不得超过 0.05,已知肾上腺酮在 310nm 处的吸收系数为 453,故限量为 0.06%。

四、定量分析

(一)单组分分析

常用的单组分定量分析方法有标准曲线法、标准对照法、吸收系数法等。

1. 标准曲线法 标准曲线法又称工作曲线法或校正曲线。本法在药物分析中应用广泛,简便易行,而且对仪器精度的要求不高。

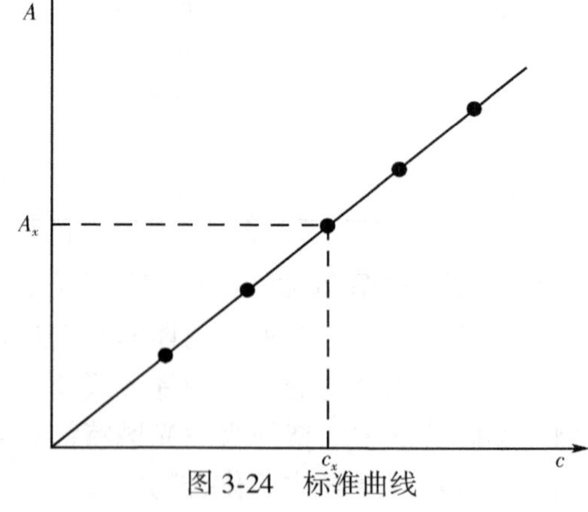

图 3-24 标准曲线

首先配制一系列不同浓度的标准溶液,在相同条件下分别测定吸光度。以浓度为横坐标,相应的吸光度为纵坐标,绘制标准曲线,如图 3-24,或计算吸光度与浓度的回归方程。然后在相同的条件下测定供试液的吸光度,从标准曲线或回归方程中求出被测组分的浓度。

制备一条标准曲线至少需要 5~7 个点,并不得随意延长;待测液浓度必须包括在标准曲线浓度范围内,否则应进行适当调整;供试品溶液和对照品溶液必须在相同的操作条件下进行测定。

理想的标准曲线应该是一条通过原点的直线。实际上,有的标准曲线可能不通过原点。其原因主要有空白溶液的选择不当、显色反应的灵敏度不够、吸收池的光学性能不一致等有几方面，应当采取适当措施加以改善。

2. 标准对照法　在相同条件下配制对照品溶液和供试品溶液，在选定波长处，分别测定其吸光度，根据 Beer 定律计算供试品溶液中被测组分的浓度。

计算公式为：

$$A_{标} = abc_{标}$$

$$A_{样} = abc_{样}$$

因对照品溶液和供试品溶液是同种物质，两者在同台仪器及同一波长处且于厚度相同的吸收池中进行测定，故 a 和 b 均相等，所以：

$$\frac{A_{标}}{A_{样}} = \frac{c_{标}}{c_{样}} \tag{3-15}$$

$$c_{样} = \frac{A_{样}\ c_{标}}{A_{标}} \tag{3-16}$$

标准对照法应用的前提是方法学考察时制备的标准曲线应通过原点。

3. 吸收系数法　根据 Beer 定律 $A = abc$，若 b 和吸收系数 $E_{1cm}^{1\%}$ 已知，且 $E_{1cm}^{1\%}$ 大于 100，即可根据供试品溶液测得的 A 值求出被测组分的浓度。

$$c_{样} = \frac{A_{样}}{E_{1cm}^{1\%} \cdot b} \tag{3-17}$$

例 4　维生素 B_{12} 的水溶液在 361nm 处的 $E_{1cm}^{1\%}$ 值是 207，盛于 1cm 吸收池中，测得溶液的吸光度为 0.457，则溶液浓度为：

$$c = 0.457/(207 \times 1) = 0.002\text{g}/100\text{ml}$$

应注意计算结果是 100ml 中所含质量（g），这是由百分吸收系数的定义所决定的。

通常 $E_{1cm}^{1\%}$ 可以从手册、文献或药典中查到；也可将供试品溶液吸光度换算成样品的百分吸收系数 $(E_{1cm}^{1\%})_{样}$，然后与纯品（对照品）的吸收系数相比较，求算样品中被测组分含量。

例 5　维生素 B_{12} 样品 25.0mg 用水溶成 1000ml 后，盛于 1cm 吸收池中，在 361nm 处测得吸光度 A 为 0.516，则：

$$(E_{1cm}^{1\%})_{样} = \frac{A}{cb} = \frac{0.516}{0.0025 \times 1} = 206.4$$

$$样品\ B_{12}\% = \frac{(E_{1cm}^{1\%})_{样}}{(E_{1cm}^{1\%})_{标}} \times 100\% = \frac{206.4}{207} \times 100\% = 99.71\%$$

（二）多组分分析

若样品中有两种或两种以上的组分共存时，可根据吸收光谱相互重叠的情况分别采用不同的测定方法。最简单的情况是各组分的吸收峰不重叠，如图 3-25（1）所示。我们可按单组分的测定方法分别在 λ_1 处测 a 组分的浓度而在 λ_2 处测 b 组分的浓度。

第二种情况是 a、b 两组分的吸收光谱有部分重叠，如图 3-25（2）所示。在 a 组分的吸收峰 λ_1 处 b 组分没有吸收，而在 b 组分的吸收峰 λ_2 处 a 组分有吸收。我们可先在 λ_1 处按单组分测定法测出混合物中 a 组分的浓度 c_a，然后在 λ_2 处测得混合物的吸光度 A_2^{a+b}，最后根据吸光度具加和性原理计算出 b 组分的浓度 c_b。

$$A_2^{a+b}=A_2^a+A_2^b=E_2^a bc_a+E_2^b bc_b$$

$$c_b=\frac{1}{E_2^b}b(A_2^{a+b}-E_2^a\cdot c_a) \tag{3-18}$$

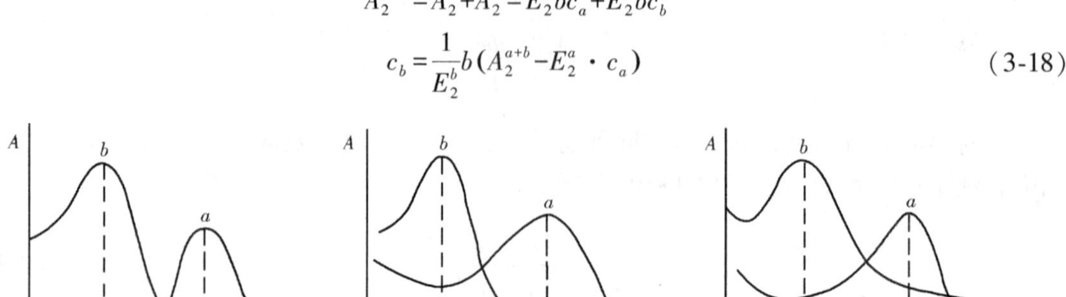

图 3-25 混合组分吸收光谱的三种相关情况示意图

在混合物的测定中最常见的情况是各组分的吸收光谱间相互重叠，如图 3-25(3) 所示。原则上，根据吸光度具有加和性的原理，只要各组分的吸收光谱有一定的差异，都可以设法进行测定。特别是近年来计算分光光度法的推广运用及计算机技术的普及，各种测定新技术不断出现，为药物分析提供了行之有效的测试手段和方法。下面介绍几种已在药物及其制剂含量测定方面得到广泛应用的方法。

1. 解线性方程组法 吸收光谱相互重叠的两组分，若事先测出 λ_1 与 λ_2 处两组分各自的吸收系数 E 或 ε，再在两波长处分别测得混合溶液吸光度 A_1^{a+b} 与 A_2^{a+b}，当 b 为 1cm 时，即可通过解线性方程组法计算出两组分的浓度，如图 3-25(3)。

$$\lambda_1\text{处}:A_1^{a+b}=A_1^a+A_1^b=E_1^a c_a+E_1^b c_b \tag{3-19}$$

$$\lambda_2\text{处}:A_2^{a+b}=A_2^a+A_2^b=E_2^a c_a+E_2^b c_b \tag{3-20}$$

解得：

$$c_a=\frac{A_1^{a+b}\cdot E_2^b-A_2^{a+b}\cdot E_1^b}{E_1^a\cdot E_2^b-E_2^a\cdot E_1^b} \tag{3-21}$$

$$c_b=\frac{A_2^{a+b}\cdot E_1^a-A_1^{a+b}\cdot E_2^a}{E_1^a\cdot E_2^b-E_2^a\cdot E_1^b} \tag{3-22}$$

采用这种方法进行定量分析时，要求两个组分浓度宜相近，否则误差较大。

2. 双波长分光光度法 吸收光谱重叠的 a、b 两组分混合物中，若要消除组分 b 的干扰以测定 a，可从干扰组分 b 的吸收光谱上选择两个吸光度相等的波长 λ_1 和 λ_2，然后测定混合物的吸光度差值，最后根据 ΔA 值来计算 a 的含量。

$$\because A_2=A_2^a+A_2^b \qquad A_1=A_1^a+A_1^b \qquad A_2^b=A_1^b$$

$$\therefore \Delta A=A_2-A_1=A_2^a-A_1^a=(E_2^a-E_1^a)c_a\cdot b \tag{3-23}$$

等吸收点法的关键之处是两个测定波长的选择，其原则是必须符合以下两个基本条件：①干扰组分 b 在这两个波长应具有相同的吸光度，即 $\Delta A^b=A_1^b-A_2^b=0$；②被测组分在这两个波长处的吸光度差值 ΔA^a 应足够大。下面用作图法说明两个波长的选定方法。如图3-26所示，a 为待测组分，可以选择组分 a 的最大吸收波长作为测定波长 λ_2，在这一波长位置作 x 轴的垂线，此直线与干扰组分 b 的吸收光谱相交于某一点，再从这一点作一条平行于 x 轴的直线，此直线可与干扰组分 b 的吸收光谱相交于一点或数点，则选择与这些交点相对应的波长作为参比波长 λ_1。当 λ_1 有若干波长可供选择时，应当选择使待测组分的 ΔA 尽可能大的波长。若待测组分的最大吸收波长不适合作为测定波长 λ_2，也可以选择吸收光谱上其他波长，关键是要能满足上述两个基本条件。

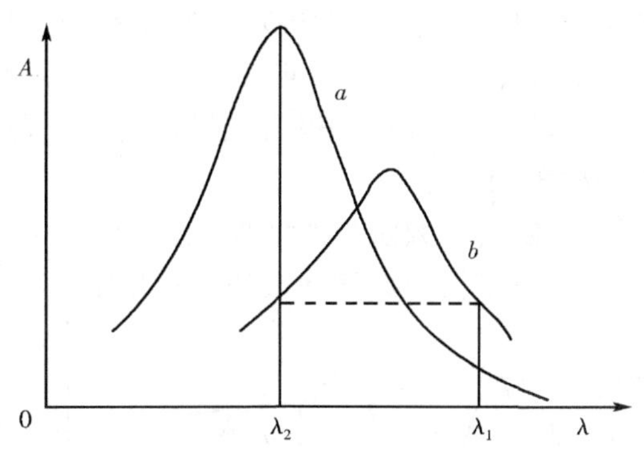

图 3-26　作图法选择等吸收点法中 λ_1 和 λ_2

根据式(3-23)被测组分 a 在两波长处的 ΔA 值愈大愈有利于测定。同样方法可消去组分 a 的干扰，测定 b 组分的含量。

3. 导数光谱法　导数光谱是指对吸收光谱曲线进行一阶或高阶求导，从而得到的各种导数光谱曲线的简称。因为任何一个幂函数通过求导均可变成一个线性函数或常数，因此可以利用导数光谱法有效消除共存组分的干扰。

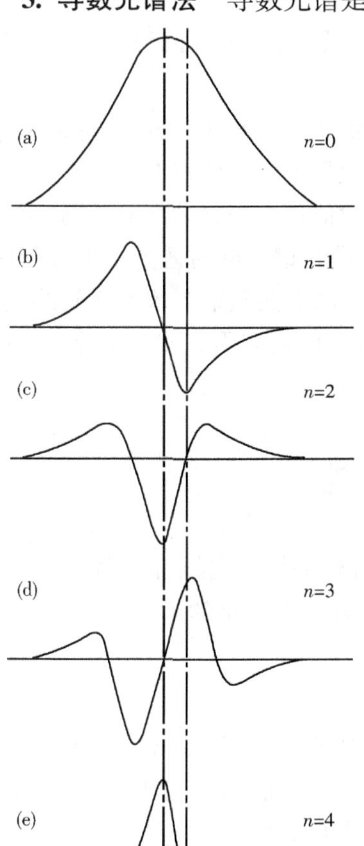

图 3-27　高斯曲线及其 1～4 阶导数曲线

（1）基本原理：根据 Lambert-Beer 定律 $A=\varepsilon bc$，因仅只有 A_λ 和 ε_λ 是波长 λ 的函数，故对波长 λ 进行 n 阶求导后可得：

$$\frac{\mathrm{d}^n A_\lambda}{\mathrm{d}\lambda^n}=\frac{\mathrm{d}^n \varepsilon_\lambda}{\mathrm{d}\lambda^n}bc \tag{3-24}$$

从式(3-24)可知，经 n 次求导后，吸光度的导数值仍与试样中被测组分的浓度成正比。这是导数光谱应用于定量分析的理论依据。

导数光谱法中有三个重要参数，即导数阶数(n)、波长间隔($\Delta\lambda$)及中间波长(λ_m)。n 的选择主要根据干扰组分吸收曲线形状而定，通常 n 越大，分辨率越高，但信噪比会降低。$\Delta\lambda$ 越大，灵敏度越高，但分辨率降低，一般为1～5nm。λ_m 选择原则上是干扰吸收在 λ_{m1}、λ_{m2} 的导数值相等或接近相等，而待测组分的导数曲线在该处的形状较特别，容易辨认。

若用高斯曲线模拟一个吸收峰，则其 1～4 阶导数光谱如图 3-27 所示。其波形具有以下特征：

1）零阶导数曲线的极大值，在其相应的奇阶导数($n=1,3,5,\cdots$)曲线中为曲线与横轴的交点；零阶曲线的两拐点，在其奇阶曲线中各为极大和极小。该特征有助于对零阶曲线峰值的确定和判断是否有"肩峰"存在。

2) 偶阶导数($n=2,4,6,\cdots$)曲线具有零阶曲线的类似形状,零阶曲线的峰值对应于偶阶曲线的极值,极小和极大随导数阶数交替出现。零阶曲线的拐点在偶阶导数曲线中为曲线与横轴的交点。

3) 随着导数阶数的增加,谱带变窄,峰形变锐,这有助于谱带的分辨。

4) 谱带极值数随导数的阶数增加而增大,极值数$=n+1$。

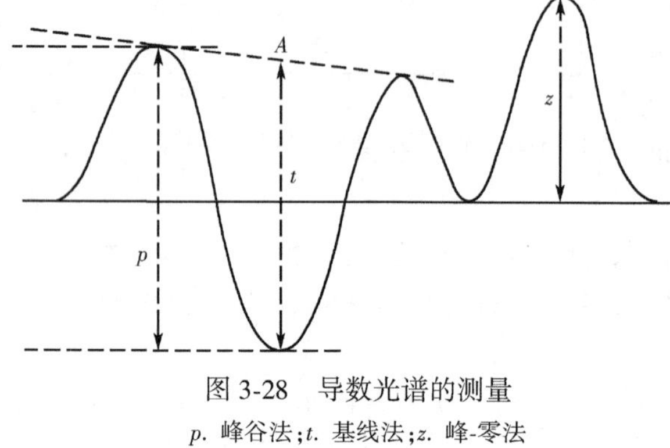

图 3-28 导数光谱的测量

p. 峰谷法;t. 基线法;z. 峰-零法

(2) 定量数据的测量:导数光谱中定量数据的测定方法目前应用最广泛的是几何法,它是以导数光谱上适宜的振幅作为定量信息。常用的有以下几种(如图 3-28):

1) 基线法(切线法):测量相邻两峰(或谷)中间极值到其公切线的距离(t)。

2) 峰谷法:测量相邻峰谷间的距离 p。

3) 峰零法:测量极值到零线之间的垂直距离(z)。

导数信号与待测物浓度成正比,因此根据从导数光谱上测出的定量用数据,就可采用标准对照法、标准曲线法或建立回归方程等方法对被测组分进行定量测定。但在实际工作中,由于受仪器的性能与精度所限,测定中波长、谱带宽度、吸光度等数值都有一定的变动范围;而这些数值的变动会引起导数光谱很灵敏的变异,尤其是对高阶导数光谱。同时还由于求导条件不同,例如所取的 $\Delta\lambda$ 值不同,使导函数的值变异。因此,导数光谱上的数值与浓度之间的比值,不能像吸收系数那样求出一个能通用的常数,随时用来计算浓度,而需用标准对照的方法对导数光谱进行定量。

第 6 节 应用与示例

紫外-可见分光光度法是对物质进行定量分析的一种重要手段,而且还能测定某些化合物的物理化学常数,是中药材及其制剂、化学药及生物制品分析中常用的手段。

1. 在中药材分析中的应用

例 6 槐花(米)中芦丁含量的测定

对照品溶液的制备:精密称取在 120℃减压干燥至恒重的芦丁对照品 50mg,置 25ml 量瓶中,加甲醇适量,置水浴上微热使溶解,放冷,加甲醇至刻度,摇匀。精密吸取 10ml,置 100ml 量瓶中,加水至刻度,摇匀,即得(每 1ml 中含无水芦丁 0.2mg)。

标准曲线的制备:精密量取对照品溶液(0.2mg/ml)0.0ml、1.0ml、2.0ml、3.0ml、4.0ml、5.0ml、6.0 ml,分别置于 25ml 量瓶中,各加水至成 6.0ml,加 5%亚硝酸钠溶液 1ml,充分摇匀,放置 6min。加入 10%硝酸铝溶液 1ml,充分摇匀,放置 6min。加 1mol/L 氢氧化钠溶液 10ml,再加水至刻度,充分摇匀,放置 15min,于分光光度计上,以第一份溶液为空白,在

510nm 波长下测定吸光度。以吸光度为纵坐标,浓度为横坐标,绘制标准曲线。

测定法:取本品粗粉约1g,精密称定,置索氏提取器中,加乙醚适量,加热回流至提取液无色,放冷,弃去乙醚液。再加甲醇90ml,加热回流至提取液无色,移置100ml量瓶中,用甲醇少量洗涤容器,洗液并入量瓶中,加甲醇至刻度,摇匀。精密量取10ml,置100ml量瓶中,加水至刻度,摇匀。精密量取3ml,置25ml量瓶中,照标准曲线制备项下的方法,自“各加水至成6.0ml”起依法操作直至测定出样品的吸光度,从标准曲线上读出或由回归方程计算出样品溶液中芦丁的重量(μg),即得。

本品按干燥计,含总黄酮以无水芦丁计,槐花不少于8.0%,槐米不少于20.0%。

2. 在中药制剂分析中的应用

例7 灯盏细辛注射液中总咖啡酸酯的含量测定

对照品溶液的制备:取1,5-氧-二咖啡酰奎宁酸对照品适量,精密称定,加0.1mol/L碳氢钠溶液制成1ml含总咖啡酸酯以1,5-氧-二咖啡酰奎宁酸10μg的溶液,即得。

供试品溶液的制备:精密量取本品1ml,置200ml量瓶中,加水至刻度,摇匀,即得。

测定法:分别取对照品溶液与供试品溶液,照紫外-可见分光光度法,在305nm波长处测定吸光度,即得。

本品每1ml含总咖啡酸酯以1,5-氧-二咖啡酰奎宁酸计,应为2.0~3.0mg。

3. 酸碱离解常数的测定 酸碱离解常数可用可见分光光度法测定,其原理是酸和碱的离解常数依赖于溶液pH。对于弱酸HL,只要它们的酸式(HL)和碱式(L^-)有最大吸收波长,且在吸收曲线最大波长处不重叠,记得进行测定。

例如,一元弱酸HL,按下式离解:

$$HL = H^+ + L^-$$

$$K_a = \frac{[H^+][L^-]}{[HL]} \text{或} \ pK_a = pH + \lg\frac{[HL]}{[L^-]}$$

由上式可知:只要在某一确定pH下,知道[HL]和[L]比值,就可以计算pK_a。HL和L^-互为共轭酸碱,它们的平衡浓度之和等于弱酸HL的分析浓度c。只要两者都遵从Beer定律,就可以通过测定溶液的吸收度求得[HL]和[L^-]的比值。

具体的做法是,配制一系列的总浓度(c)相等,而pH不相等的溶液,用酸度计测定各溶液pH。在酸式(HL)或碱式(L^-)有最大吸收波长处,用1cm比色皿测定各溶液的吸收度A,则$A=\varepsilon_{HL}[HL]+\varepsilon_{L^-}[L^-]$。

由 $K_a = \frac{[H^+][L^-]}{[HL]}$ 和 $c=[HL]+[L^-]$,可得 $A=\varepsilon_{HL}\frac{[H^+]\cdot c}{K_a+[H^+]}+\varepsilon_{L^-}\frac{K_a\cdot c}{K_a+[H^+]}$

假设高酸度时,弱酸全部以酸式形式存在($c=[HL]$),测得的吸收度为A_{HL},则$A_{HL}=\varepsilon_{HL}\cdot c$;在低酸度时,弱酸全部以碱式形式存在($c=[L^-]$),测得的吸收度为$A_{L^-}$,则$A_{L^-}=\varepsilon_{L^-}\cdot c$。

将 $A_{HL}=\varepsilon_{HL}\cdot c$ 和 $A_{L^-}=\varepsilon_{L^-}\cdot c$ 代入得 $A=\frac{A_{HL}[H^+]}{K_a+[H^+]}+\frac{A_{L^-}\cdot K_a}{K_a+[H^+]}$,整理得 $K_a=\frac{A_{HL}-A}{A-A_{L^-}}[H^+]$,

取负对数 $pK_a=pH-\lg\frac{A_{HL}-A}{A-A_{L^-}}$。

上式是分光光度法测定一元弱酸离解常数的基本公式。式中 A_{HL}、A_{L^-}分别为弱酸定量的以 HL、L^-型体存在时溶液的吸收度,该两值是不变的;A 为某一确定 pH 时溶液的吸收度;上述各值均可由实验测得。对于一系列(n 个)c 相等,而 pH 不同的 HL 溶液,就测得 n 个 pK_a值,然后取其平均值,或根据图解法求得 pK_a值。

思考与练习

一、思考题

1. 物质对光的吸收程度可用哪几种符号表示,各代表什么含义?

2. 什么是朗伯-比尔定律?其物理意义是什么?

3. 简述导致偏离朗伯-比尔定律的原因。

4. 推测下列化合物含有哪些跃迁类型和吸收带。

(1) ph—CH_2═$CHCH_2OH$

(2) CH_2═$CHCH_2CH_2$ CH_2OCH_3

(3) CH_2═CH—CH═CH_2—CH_2—CH_3

(4) CH_2 CH═CH—CO—CH_3

5. 解释下列化合物在紫外光谱图上可能出现的吸收带及其跃迁类型。

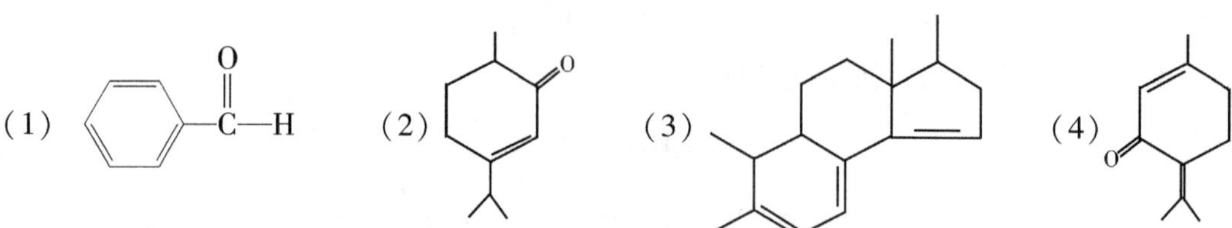

6. 紫外-可见光谱中常见的跃迁类型及吸收带各有哪些?

二、计算题

1. 将下列各百分透光率(T%)换算成吸光度(A)

(1) 38%　(2) 7.8%　(3) 67%　(4) 55%　(5) 0.01%

2. 每 100ml 中含有 0.705mg 溶质的溶液,在 1.00cm 吸收池中测得的百分透光率为 40%,试计算:

(1) 此溶液的吸光度;　(0.398)

(2) 如果此溶液的浓度为 0.420mg/100ml,其吸光度和百分透光率各是多少?

(0.237, 57.9%)

3. 取 1.000g 钢样溶解于 HNO_3,其中的 Mn 用 KIO_3氧化成 $KMnO_4$并稀释至 100ml,用 1.0cm 吸收池在波长 545nm 测得此溶液的吸光度为 0.720。用 1.64×10^{-4}mol/L $KMnO_4$作为标准,在同样条件下测得的吸光度为 0.360,计算钢样中 Mn 的百分含量。　(0.18%)

4. 已知某溶液中 Fe^{2+}浓度为 150μg/100ml,用邻菲罗啉显色测定 Fe^{2+},比色皿厚度为 1.0cm,在波长 508nm 处测得吸光度 $A=0.297$,计算 Fe^{2+}-邻菲罗啉络合物的摩尔吸收系数。

(1.1×10^4)

5. 某化合物的摩尔吸收系数为 13000 L/(mol·cm),该化合物的水溶液在 1.0cm 吸收

池中的吸光度为 0. 425，试计算此溶液的浓度。　　(3.27×10^{-5}mol/L)

6. 已知石蒜碱的相对分子质量为 287，用乙醇配制成 0. 0075%的溶液，用 1cm 吸收池在波长 297nm 处，测得 A 值为 0. 622，其摩尔吸收系数为多少？　　(2380)

7. 某中药制剂有效成分的 $E_{1cm}^{1\%}$356nm = 766，在相同条件下分析某厂生产的该制剂 $E_{1cm}^{1\%}$(356nm) = 759，试计算其含量。　　(99. 0%)

8. 某中药提取物分析其成分之一，浓度为 2.0×10^{-4}mol/L，用 1cm 吸收池，在最大吸收波长 248nm 处测得其透光度 T=20%，试计算其 ε_{max} 及 $E_{1cm}^{1\%}\lambda_{max}$($M$=108g/mol)。

(3495, 324)

9. 配制某弱酸的 HCl 0. 5mol/L，NaOH 0. 5mol/L 和邻苯二甲酸氢钾缓冲液(pH=4. 00)的三种溶液，其浓度均为含该弱酸 0. 001g/100ml，在 λ = 500nm 处分别测出其吸光度如下表，求该弱酸的 pK_a。

(4. 22)

pH	$A(\lambda_{max}500nm)$	主要存在形式
4	0. 380	[HIn]和[In^-]
碱	0. 715	[In^-]
酸	0. 176	[HIn]

(张　丽)

第4章　荧光分析法

物质分子吸收光子能量而被激发,然后从激发态的最低振动能级返回到基态时所发射出的光称为荧光(fluorescence)。根据物质分子发射的荧光波长及其强度进行鉴定和含量测定的方法称为分子荧光分析法(molecular fluorometry),简称荧光分析法(fluorometry)。荧光分析法最主要的优点是测定灵敏度高和选择性好。一般紫外-可见分光光度法的检出限约为 10^{-7}g/ml,而荧光分析法的检出限可达到 10^{-10}g/ml 甚至 10^{-12}g/ml,所以荧光分析法在医药和临床分析中有着特殊的重要性。

第1节　基本原理

一、分子荧光的产生

(一) 分子的电子能级与激发过程

如前所述,物质的分子中存在着一系列紧密相隔的电子能级,而每个电子能级中又包含一系列的振动能级和转动能级(如图 4-1 所示,转动能级未在图中表示)。

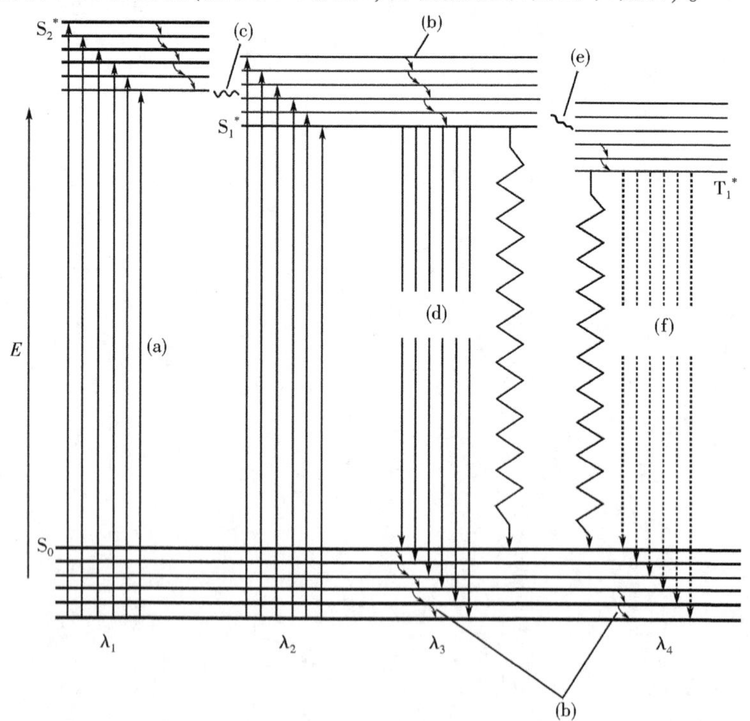

图 4-1　荧光与磷光产生示意图

(a) 吸收;(b) 振动弛豫;(c) 内部能量转换;(d) 荧光;(e) 体系间跨越;(f) 磷光

大多数分子含有偶数个电子，在基态时，这些电子成对地填充在能量最低的各轨道中。根据 Pauli 不相容原理，一个给定轨道中的两个电子，应当具有相反方向的自旋，即自旋量子数分别为 1/2 和 −1/2，其总自旋量子数 S 等于 0，因此基态电子能态的多重性 $M=2S+1=1$，此时分子所在电子能态的单线态。

当基态分子的一个电子吸收光辐射被激发而跃迁至较高的电子能态时，通常电子不发生自旋方向的改变，即两个电子的自旋方向仍相反，总自旋量子数 S 仍等于 0，分子处于激发的单线态（$M=2S+1=1$）；如果电子在跃迁的过程中同时伴随着自旋方向的改变，这时分子具有两个自旋不配对的电子，其两个电子的自旋量子数均为 1/2，因而总自旋量子数 S 等于 1（$S=1/2+1/2$），这时分子处于激发的三线态（$M=2S+1=3$）。

图 4-1 中，S_0、$S_1{}^*$、$S_2{}^*$ 分别表示分子的基态、第一和第二电子激发的单线态，$T_1{}^*$ 表示第一电子激发的三线态。激发单线态与相应三线态的区别在于电子自旋方向不同以及三线态的能级稍低一些，因此单线态至三线态跃迁所需能量较单线态至单线态的跃迁小，但因单线态至三线态是禁阻跃迁，因而其摩尔吸收系数常常很小。

（二）荧光的产生

根据 Boltzmann 分布，分子在室温时基本上处于电子能级的基态。当吸收了紫外-可见光后，基态分子中的电子只能跃迁到激发单线态的各个不同振动-转动能级。

处于激发态的分子是不稳定的，它可以通过辐射跃迁和无辐射跃迁等多种过程释放多余的能量而返回至基态，具体描述如下：

1. 振动弛豫　在溶液中，激发态分子通过与溶剂分子的碰撞而将部分振动能量传递给溶剂分子，其电子返回到同一电子激发态的最低振动能级的过程称为振动弛豫（vibrational relexation）。由于能量是以热的形式损失，故振动弛豫属于无辐射跃迁，振动弛豫只能在同一电子能级内进行，其发生时间约为 $10^{-13}\sim10^{-11}$ s 数量级。

2. 内部能量转换　内部能量转换简称内转换（internal conversion），当两个电子激发态之间的能量差较小以致其振动能级有部分重叠时，激发态分子常由高电子能级以无辐射跃迁方式转移至低电子能级。图 4-1 中，激发态 $S_1{}^*$ 的较高振动能级与激发态 $S_2{}^*$ 的较低振动能级的势能非常接近，因此极易发生内转换过程。

3. 荧光发射　无论分子最初处于哪一个激发单线态，通过内转换及振动弛豫，均可返回到第一激发单线态的最低振动能级，然后再以辐射形式向外发射光量子而返回到基态的任一振动能级上，此过程即为荧光发射。由于振动弛豫和内转换损失了部分能量，因此荧光的能量小于激发能量，发射荧光的波长总比激发光波长要长。发射荧光的过程约为 $10^{-9}\sim10^{-7}$s。由于电子返回到基态时可以停留在任一振动能级上，因此得到的荧光谱线有时呈现几个非常靠近的峰。此时再通过进一步的振动弛豫，而回到基态的最低振动能级。

4. 外部能量转换　激发态分子在溶液中通过与溶剂分子及其他溶质分子之间相互碰撞而失去能量，常以热能的形式放出，这个过程称为外部能量转换，简称外转换（external conversion）。外转换也是一种热平衡过程，常发生在第一激发单线态或第一激发三线态的最低振动能级向基态转换的过程中，所需时间也为 $10^{-9}\sim10^{-7}$s。外转换可降低荧光强度，有时也称为荧光猝灭或荧光熄灭。

5. 体系间跨越　体系间跨越(intersystem crossing)是指处于激发态分子的电子发生自旋反转而使分子的多重性发生变化的过程。图 4-1 中,如果激发单线态 S_1^* 的最低振动能级同三线态 T_1^* 的最高振动能级重叠,则有可能发生电子自旋反转的体系跨越。分子由激发单线态跨越到三线态后,荧光强度减弱甚至熄灭。含有重原子如碘、溴等的分子及溶液中存在氧分子等顺磁性物质者容易发生体系间跨越,从而使荧光减弱。

6. 磷光发射　经过体系间跨越的分子再通过振动弛豫降至三线态的最低振动能级,分子在三线态的最低振动能级,可以存活一段时间,然后返回至基态的各个振动能级而发出光辐射,这种光辐射称为磷光。从紫外线照射到发射荧光的时间约为 $10^{-8} \sim 10^{-14}$s,而发射磷光则更迟一些,约在照射后的 $10^{-4} \sim 10$s。由于荧光物质分子与溶剂分子间相互碰撞等因素的影响,处于三线态的分子常常通过无辐射过程失活转移至基态,因此在室温下溶液较少呈现磷光,常须在液氮冷冻条件下才能检测到磷光,所以磷光法不如荧光分析法应用普遍。

总之,处于激发态的分子可通过上述几种不同途径回到基态,其中以速度最快、激发态寿命最短的途径占优势。

二、激发光谱与发射光谱

由于荧光属于被激发后的发射光谱,因此它具有两个特征光谱,即激发光谱和发射光谱。激发光谱(excitation spectrum)指不同激发波长的辐射引起物质发射某一波长荧光的相对效率。激发光谱的具体测绘方法是,固定荧光发射波长,扫描荧光激发波长,以荧光强度(F)为纵坐标,激发波长(λ_{ex})为横坐标作图,即可得到激发光谱。荧光发射光谱又称为荧光光谱(fluorescence spectrum),表示在所发射的荧光中各种波长组分的相对强度,即固定荧光激发波长,扫描荧光发射波长,记录荧光强度(F)对发射波长(λ_{em})的关系曲线,所得到的图谱称为荧光光谱。

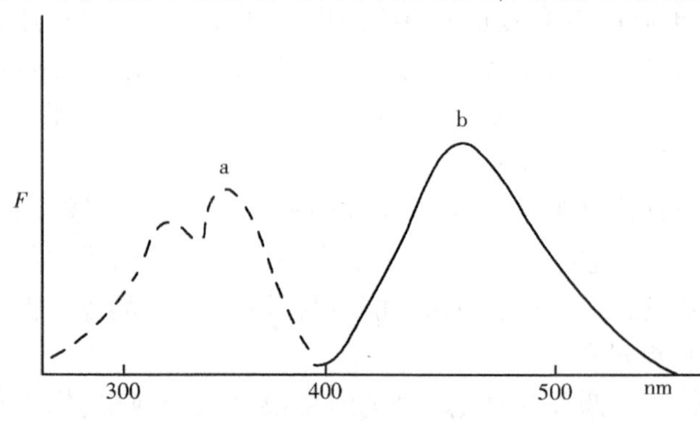

图 4-2　硫酸奎宁的激发光谱(a)及荧光光谱(b)

激发光谱和荧光光谱可用来鉴别荧光物质,并作为进行荧光测定时选择适当测定波长的根据。图 4-2 是硫酸奎宁的激发光谱及荧光光谱。由图 4-2 看到硫酸奎宁的激发光谱(或吸收光谱)有两个峰,而荧光光谱仅有一个峰。

荧光光谱通常具有如下特征:

(1) 荧光光谱的形状与激发波长无关:虽然分子的电子吸收光谱可能含有几个吸收带,但其荧光光谱却只有一个发射带,即使分子被激发到高于 S_1^* 的电子激发态的各个振动能级,然而由于内转换和振动弛豫的速率很快,最终都会下降至激发态 S_1^* 的最低振动能级,所以荧光发射光谱只有一个发射带。由于荧光发射通常发生于第一电子激发态的最低振动能级,而与激发至哪一个电子激发态无关,所以荧光光谱的形态通常与激发波长无关。

(2) 荧光光谱与激发光谱的镜像关系:如果将某一物质的激发光谱和它的荧光光谱进行比较,就可发现这两种光谱之间存在着“镜像对称”的关系,如图4-3所示的是蒽的激发光谱和荧光光谱。

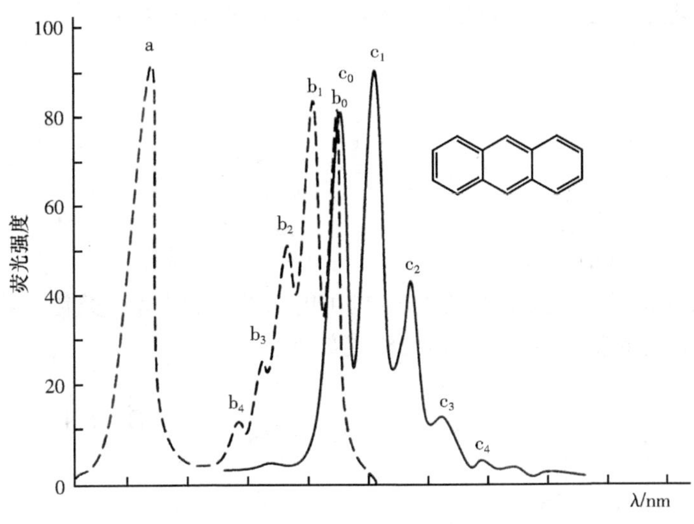

图4-3　蒽的激发光谱和荧光光谱

三、荧光与分子结构的关系

物质分子结构与荧光的发生及荧光强度密切相关,根据物质的分子结构可以判断物质的荧光特性。

(一) 荧光效率

荧光效率是荧光物质的重要发光参数。荧光效率(fluorescence efficiency)又称荧光产率(fluorescence quantum yield),是指物质激发态分子发射荧光的光子数与基态分子吸收激发光的光子数之比,常用ϕ_f表示,

$$\phi_f = \frac{\text{发射荧光的光子数}}{\text{吸收激发光的光子数}} \tag{4-1}$$

荧光效率ϕ_f在0~1之间。例如荧光素钠在水中$\phi_f=0.92$;荧光素在水中$\phi_f=0.65$;蒽在乙醇中$\phi_f=0.30$;菲在乙醇中$\phi_f=0.10$。荧光效率低的物质虽然有较强的紫外吸收,但所吸收的能量都以无辐射跃迁形式释放,所以没有荧光发射。

(二) 荧光与分子结构的关系

1. 产生荧光的必备条件　物质发射荧光应同时具备两个条件:即分子必须有强的紫外-可见吸收和一定的荧光效率。分子结构中具有$\pi\rightarrow\pi^*$跃迁或$n\rightarrow\pi^*$跃迁的物质都有紫外-可见吸收,但$n\rightarrow\pi^*$跃迁引起的R带是一个弱吸收带,电子跃迁概率小,由此产生的荧光极弱。所以实际上只有分子结构中存在共轭的$\pi\rightarrow\pi^*$跃迁,也就是强的K吸收带时,才

可能产生荧光。

2. 影响荧光强度的结构因素

(1) 共轭效应:绝大多数能产生荧光的物质都含有芳香环或杂环,因为芳香环或杂环分子具有长共轭的 $\pi\to\pi^*$ 跃迁。π 电子共轭程度越大,荧光强度(荧光效率)越大,而荧光波长也长移。如苯、萘、蒽三个化合物的共轭结构与荧光的关系如下:

苯　　　　萘　　　　蒽

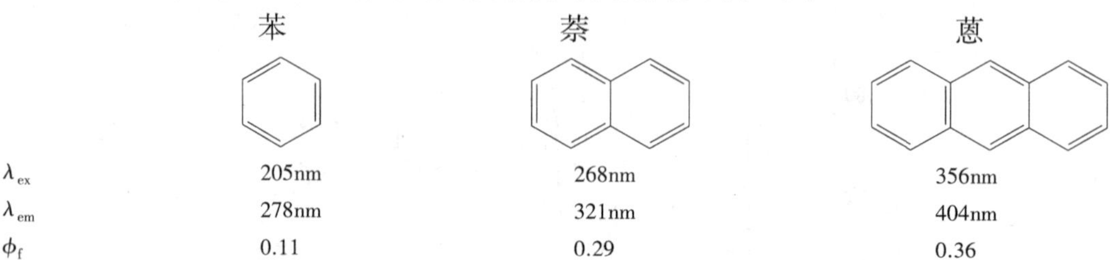

除芳香烃外,含有长共轭双键的脂肪烃也可能有荧光,但这一类化合物的数目不多。维生素 A 是能发射荧光的脂肪烃之一,其结构式如下:

CH_2OCOCH_3

(2) 刚性和共平面性效应:在同样的长共轭分子中,分子的刚性和共平面性越大,荧光效率越大,并且荧光波长产生长移。例如,在相似的测定条件下,联苯和芴的荧光效率 ϕ_f 分别为 0.2 和 1.0,两者的结构差别在于芴的分子中加入亚甲基成桥,使两个苯环不能自由旋转,成为刚性分子,共轭 π 电子的共平面性增加,使芴的荧光效率大大增加。

联苯　　　　芴

同样情况还有酚酞和荧光素,它们分子中共轭双键长度相同,但荧光素分子中多一个氧桥,使分子的三个环成一个平面,随着分子的刚性和共平面性增,π 电子的共轭程度增加,因而荧光素有强烈的荧光,而酚酞的荧光很弱。

本来不发生荧光或发生较弱荧光的物质与金属离子形成配位化合物后,如果刚性和共平面性增强,那么就可以发射荧光或增强荧光。例如,8-羟基喹啉是弱荧光物质,与 Mg^{2+}、Al^{3+} 形成配位化合物后,荧光就增强。

8-羟基喹啉　　　　8-羟基喹啉镁

相反,如果原来结构中共平面性较好,但在分子中取代了较大基团后,由于位阻的原因使分子共平面性下降,则荧光减弱。例如,1-二甲氨基萘-7-磺酸盐的 $\phi_f = 0.75$,而 1-二甲氨基萘-8-磺酸盐的 ϕ_f 为 0.03,这是因为二甲氨基与磺酸盐之间的位阻效应,使分子发生了扭转，两个环不能共平面，因而使荧光大大减弱。

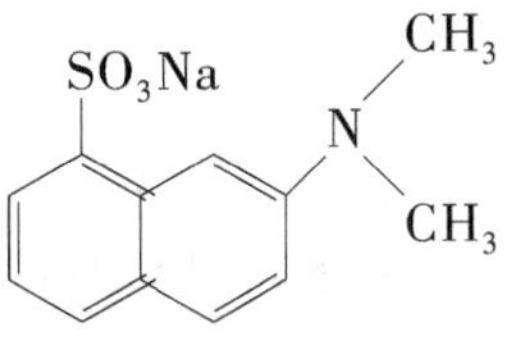

1-二甲氨基萘-7-磺酸盐 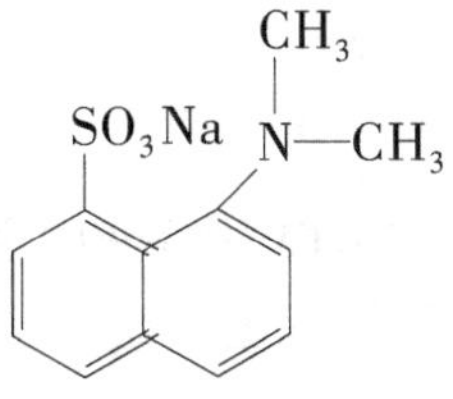　　1-二甲氨基萘-8-磺酸盐

同理，对于顺反异构体，顺式分子的两个基团在同一侧，由于位阻原因使分子不能共平面而没有荧光。例如，1，2-二苯乙烯的反式异构体有强烈荧光，而其顺式异构体没有荧光。

（3）取代基效应：荧光分子上的各种取代基对分子的荧光光谱和荧光强度都产生很大影响。取代基可分为三类：第一类取代基能增加分子的 π 电子共轭程度，常使荧光效率提高，荧光波长长移，这一类基团包括—NH_2、—OH、—OCH_3、—NHR、—NR_2、—CN 等；第二类基团减弱分子的 π 电子共轭性，使荧光减弱甚至猝灭，如—COOH、—NO_2、—C═O、—NO、—SH、—$NHCOCH_3$、—F、—Cl、—Br、—I 等；第三类取代基对 π 电子共轭体系作用较小，如—R、—SO_3H、—NH_3^+等，对荧光的影响不明显。

四、影响荧光强度的外部因素

分子所处的外界环境，如温度、溶剂、pH、荧光猝灭剂等都会影响荧光效率，甚至影响分子结构及立体构象，从而影响荧光光谱的形状和强度。了解和利用这些因素的影响，可以提高荧光分析的灵敏度和选择性。

1. 温度　温度对于溶液的荧光强度有显著的影响。在一般情况下，随着温度的升高溶液中荧光物质的荧光效率和荧光强度将降低。这是因为，当温度升高时，分子运动速度加快，分子间碰撞几率增加，使无辐射跃迁增加，从而降低了荧光效率。例如荧光素钠的乙醇溶液，在 0℃以下，温度每降低 10℃，ϕ_f增加 3%，在-80℃时，ϕ_f为 1。

2. 溶剂　同一物质在不同溶剂中，其荧光光谱的形状和强度都有差别。一般情况下，荧光波长随着溶剂极性的增大而长移，荧光强度也有所增强。这是因为在极性溶剂中，$\pi\to\pi^*$ 跃迁所需的能量差 ΔE 小，而且跃迁概率增加，从而使紫外吸收波长和荧光波长均长移，强度也增强。

溶剂黏度减小时，可以增加分子间碰撞机会，使无辐射跃迁增加而荧光减弱，所以荧光强度随溶剂黏度的减小而减弱，故水是荧光测定中最适合的溶剂。由于温度对溶剂的黏度有影响，一般是温度上升，溶剂黏度变小，因此温度上升，荧光强度下降。

3. pH 的影响　当荧光物质本身是弱酸或弱碱时，溶液的 pH 对该荧光物质的荧光强度有较大影响，这主要是因为弱酸（碱）分子和它们的离子结构有所不同，在不同酸度中分子和离子间的平衡改变，因此荧光强度也有差异。每一种荧光物质都有它最适宜的发射荧光的存在形式，也就是有它最适宜的 pH 范围。例如苯胺在不同 pH 下有下列平衡关系：

$$C_6H_5-NH_3^+ \underset{H^+}{\overset{OH^-}{\rightleftharpoons}} C_6H_5-NH_2 \underset{H^+}{\overset{OH^-}{\rightleftharpoons}} C_6H_5-NH^-$$

pH<2　　　　pH7~12　　　　pH>13

苯胺在 pH 7~12 的溶液中主要以分子形式存在，由于—NH_2为提高荧光效率的取代基，故苯胺分子会发生蓝色荧光。但在 pH<2 和 pH>13 的溶液中均以苯胺离子形式存在，故不能发射荧光。

4. 荧光猝灭剂的影响　荧光猝灭是指荧光物质分子与溶剂分子或溶质分子相互作用引起荧光强度降低的现象。引起荧光猝灭的物质称为荧光猝灭剂(quenching medium)。如卤素离子、重金属离子、氧分子以及硝基化合物、重氮化合物、羰基和羧基化合物均为常见的荧光猝灭剂。

荧光物质中引入荧光猝灭剂会使荧光分析产生测定误差，但是，如果一个荧光物质在加入某种猝灭剂后，荧光强度的减小和荧光猝灭剂的浓度呈线性关系，则可以利用这一性质测定荧光猝灭剂的含量，这种方法称为荧光猝灭法(fluorescence quenching method)。如利用氧分子对硼酸根-二苯乙醇酮配合物的荧光猝灭效应，可进行微量氧的测定。

当荧光物质的浓度超过 1g/L 时，由于荧光物质分子间相互碰撞的几率增加，产生荧光自猝灭现象。溶液浓度越高，这种现象越严重。

5. 散射光的干扰　当一束平行光照射在液体样品上，大部分光线透过溶液，小部分由于光子和物质分子相碰撞，使光子的运动方向发生改变而向不同角度散射，这种光称为散射光(scattering light)。

光子和物质分子发生弹性碰撞时，不发生能量的交换，仅仅是光子运动方向发生改变，这种散射光叫做瑞利光(Reyleigh scattering light)，其波长与入射光波长相同。

光子和物质分子发生非弹性碰撞时，在光子运动方向发生改变的同时，光子与物质分子发生能量交换，光子把部分能量转给物质分子或从物质分子获得部分能量，而发射出比入射光波长稍长或稍短的光，这两种光均称为拉曼光(Raman scattering light)。

散射光对荧光测定有干扰，尤其是波长比入射光波长更长的拉曼光，因其波长与荧光波长接近，对荧光测定的干扰更大，必须采取措施消除。

选择适当的激发波长可消除拉曼光的干扰。以硫酸奎宁为例，从图 4-4(a)可见，无论选择 320nm 或 350nm 为激发光，荧光峰总是在 448nm。将空白溶剂分别在 320nm 及 350nm 激发光照射下测定荧光光谱(此时实际上是散射光而非荧光)，从图 4-4(b)可见，当激发光波长为 320nm 时，瑞利光波长是 320nm，拉曼光波长是 360nm，360nm 的拉曼光对荧光无影响；当激发光波长为 350nm 时，瑞利光波长是 350nm，拉曼光波长是 400nm，400nm 的拉曼光对荧光有干扰，因而影响测定结果。

表 4-1 为水、乙醇、环己烷及四氯化碳四种常用溶剂在不同波长激发光照射下拉曼光的波长，可供选择激发光波长或溶剂时参考，从表中可见，四氯化碳的拉曼光与激发光的波长极为相近，所以其拉曼光几乎不干扰荧光测定。而水、乙醇及环己烷的拉曼光波长较长，使用时必须注意。

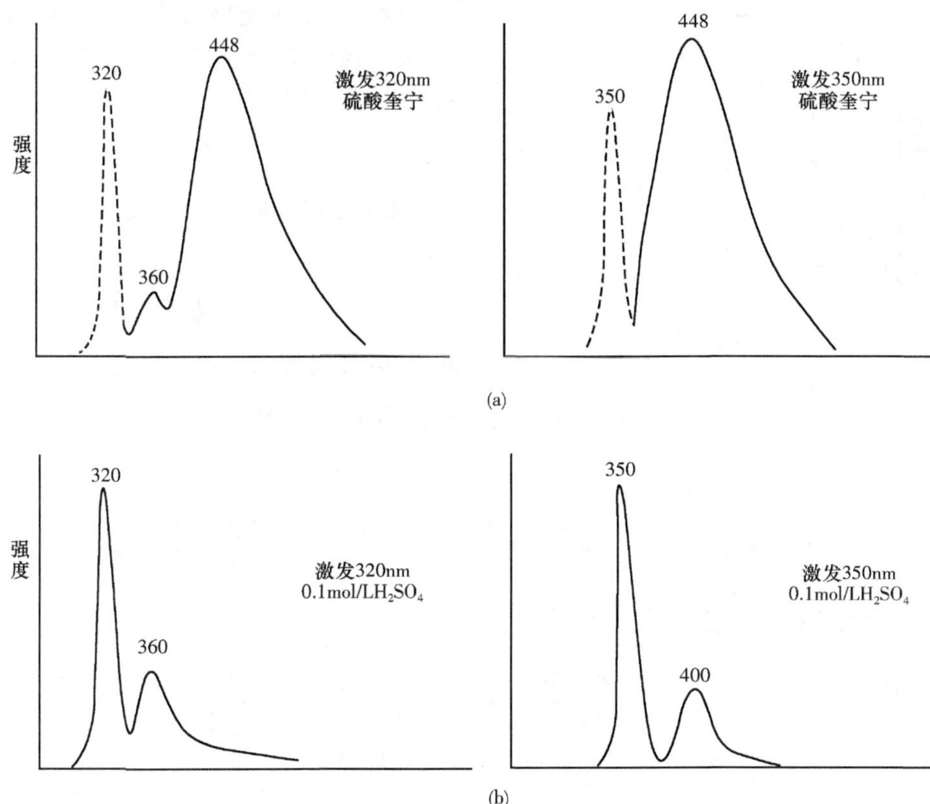

图 4-4　硫酸奎宁在不同波长激发下的荧光与散射光谱

表 4-1　在不同波长激发光下主要溶剂的拉曼光波长(nm)

λ_{ex}	248	313	365	405	436
水	271	350	416	469	511
乙醇	267	344	409	459	500
环己烷	267	344	408	458	499
四氯化碳	–	320	375	418	450

第2节　定量分析方法

一、荧光强度与物质浓度的关系

由于荧光物质是在吸收光能、被激发之后才发射荧光的，因此，溶液的荧光强度与该溶液中荧光物质吸收光能的程度以及荧光效率有关，溶液中荧光物质被入射光(I_0)激发后，可以在溶液的各个方向观察荧光强度(F)。但为了避免入射光的干扰，一般是在与激发光源垂直的方向观测，如图 4-5 所示。

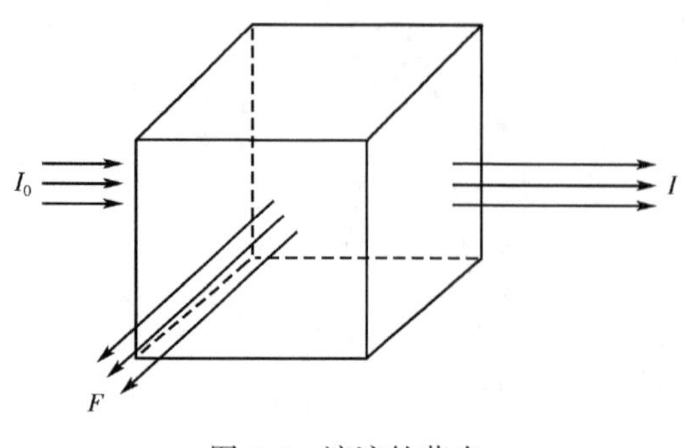

图 4-5 溶液的荧光

设溶液中荧光物质浓度为 c,液层厚度为 b。荧光强度 F 正比于被荧光物质吸收的光强度,即 $F \propto (I_0 - I_t)$,

$$F = K'(I_0 - I_t) \tag{4-2}$$

K' 为常数,其值取决于荧光效率。根据 Beer 定律:

$$I_t = I_0 10^{-abc} \tag{4-3}$$

将式(4-3)代入式(4-2),得到:

$$F = K'I_0(1 - 10^{-abc}) = K'I_0(1 - e^{-2.3abc}) \tag{4-4}$$

将式中 $e^{-2.3abc}$ 展开,得:

$$e^{-2.3abc} = 1 + \frac{(-2.3abc)^1}{1!} + \frac{(-2.3abc)^2}{2!} + \frac{(-2.3abc)^3}{3!} + \cdots \tag{4-5}$$

将式(4-5)代入式(4-4)得:

$$\begin{aligned} F &= K'I_0\left\{1 - \left[1 + \frac{(-2.3abc)^1}{1!} + \frac{(-2.3abc)^2}{2!} + \frac{(-2.3abc)^3}{3!} + \cdots\right]\right\} \\ &= K'I_0\left[2.3abc - \frac{(-2.3abc)^2}{2!} - \frac{(-2.3abc)^3}{3!} - \cdots)\right] \end{aligned} \tag{4-6}$$

若浓度 c 很小,abc 之值也很小,当 $abc \leqslant 0.05$,式(4-6)括号中第二项以后的各项可以忽略。所以

$$F = 2.3K'I_0\, abc = Kc \tag{4-7}$$

在低浓度时,溶液的荧光强度与溶液中荧光物质的浓度呈线性关系;当 $abc > 0.05$ 时,式(4-6)括号中第二项以后的数值就不能忽略,此时荧光强度与溶液浓度之间不呈线性关系。

荧光分析法定量的依据是荧光强度与荧光物质浓度的线性关系,而荧光强度的灵敏度取决于检测器的灵敏度,即只要改进光电倍增管和放大系统,使极微弱的荧光也能被检测到,就可以测定很稀的溶液浓度,因此荧光分析法的灵敏度很高。紫外-可见分光光度法定量的依据是吸光度(或透光率的负对数)与吸光物质浓度的线性关系,所测定的是透过光强和入射光强的比值,即 I_t/I_0,因此即使将光强信号放大,由于透过光强和入射光强都被放大,比值仍然不变,对提高检测灵敏度不起作用,故紫外-可见分光光度法的灵敏度不如荧光分析法高。

二、定量分析方法

1. 标准曲线法 荧光分析一般采用标准曲线法,即用已知量的标准物质经过和试样相同的处理之后,配成一系列标准溶液,测定这些溶液的荧光强度,以荧光强度为纵坐标,标准溶液的浓度为横坐标绘制标准曲线。然后在同样条件下测定试样溶液的荧光强度,由标准曲线求出试样中荧光物质的含量。

2. 比例法　如果荧光分析的标准曲线通过原点，就可选择其线性范围，用比例法进行测定。取已知量的对照品，配制一标准溶液（c_s），使其浓度在线性范围之内，测定荧光强度（F_s），然后在同样条件下测定试样溶液的荧光强度（F_x）。按比例关系计算试样中荧光物质的含量（c_x）。在空白溶液的荧光强度调不到0%时，必须从F_s及F_x值中扣除空白溶液的荧光强度（F_0），然后计算。

$$F_s - F_0 = Kc_s$$
$$F_x - F_0 = Kc_x$$

对于同一荧光物质，其常数K相同，则：

$$\frac{F_s - F_0}{F_x - F_0} = \frac{c_s}{c_x} \qquad c_x = \frac{F_x - F_0}{F_s - F_0} \times c_s$$

3. 多组分混合物的荧光分析　荧光分析法也可像紫外-可见分光光度法一样，从混合物中不经分离就可测得被测组分的含量。

如果混合物中各个组分的荧光峰相距较远，而且相互之间无显著干扰，则可分别在不同波长处测定各个组分的荧光强度，从而直接求出各个组分的浓度。如果不同组分的荧光光谱相互重叠，则利用荧光强度的加和性质，在适宜的荧光波长处，测定混合物的荧光强度，再根据被测物质各自在适宜荧光波长处的荧光强度，列出联立方程式，分别求算它们各自的含量。

第3节　荧光分光光度计与新技术

一、荧光分光光度计组成

荧光分光光度计的种类很多，但一般都有5个主要部件，即激发光源、激发和发射单色器、样品池、检测系统及读出装置。其结构如图4-6所示。

1. 激发光源　荧光分光光度计所用的光源应具有强度大、适用波长范围宽两个特点，常用的有汞灯、氙灯。氙灯所发射的谱线强度大，而且是连续光谱，连续分布在250~700nm波长范围内，并且在300~400nm波长之间的谱线强度几乎相等。

2. 单色器　荧光分光光度计有两个单色器。置于光源和样品池之间的单色器称为激发单色器，用于获得单色性较好的激发光；置于样品池后和检测器之间的单色器称为发射单色器，用于分出某一波长的荧光，消除其他杂散光干扰。

3. 样品池　测定荧光用的样品池必须用低荧光的玻璃或石英材料制成。其形状以散射光较少的方形为宜，并且适用于90°测量，以消除入射光的背景干扰。

4. 检测器　荧光分光光度计多采用光电倍增管检测，为了改善信噪比，常用冷却检测器的方法。二极管阵列和电荷转移检测器也可用于荧光分光光度计，它们可以迅速地记录激发和发射光谱，特别适用于色谱法和电泳法。此外，可以记录二维有关光谱图。

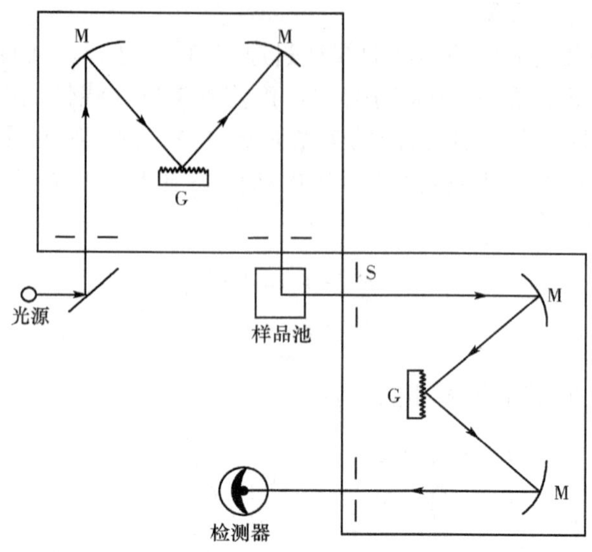

图 4-6 荧光分光光度计的光路示意图

5. 读出装置 荧光分光光度计的读出装置有数字电压表、记录仪等。现在常用的是带有计算机控制的读数装置。

二、荧光分析新技术简介

随着仪器分析的日趋发展，分子荧光法的新技术发展亦很迅速。现简述如下：

1. 激光荧光分析 激光荧光法与一般荧光法的主要差别在于使用了单色性极好、强度更大的激光作为光源，大大提高了荧光分析法的灵敏度和选择性。高压汞灯仅能发出有限的几条谱线，而且各条谱线的强度相差悬殊。氙弧灯在紫外区输出功率较小，只有用大功率氙弧灯才有显著输出，但目前大功率氙弧灯在稳定性和热效应方面还存在不少问题。激光光源可以克服上述缺点，特别是可调谐激光器用于分子荧光法具有很突出的优点。另外，普通的荧光分光光度计一般用两个单色器，而以激光为光源仅用一个单色器即可。目前，激光分子荧光分析法已成为分析超低浓度物质的灵敏而有效的方法。

2. 时间分辨荧光分析 由于不同分子的荧光寿命不同，可在激发和检测之间延缓一段时间，使具有不同荧光寿命的物质得以分别检测的目的，这就是时间分辨荧光分析。时间分辨荧光分析采用脉冲激光作为光源。激光照射样品后所发射的荧光是一混合光，它包括待测组分的荧光、其他组成或杂质的荧光和仪器的噪声。如果选择合适的延缓时间，可测定被测组分的荧光而不受其他组分、杂质的荧光及噪声干扰。该法在测定混合物中某一组分时的选择性比用化学法处理样品时更好，而且省去前处理的麻烦。目前已将时间分辨荧光法应用于免疫分析，发展成为时间分辨荧光免疫分析法（time-resolved fluorimmunoassay）。

3. 同步荧光分析 同步荧光分析（synchronous fluorometry）是在荧光物质的激发光谱和荧光光谱中选择一适宜的波长差值 $\Delta\lambda$（通常选用 λ_{ex}^{max} 与 λ_{em}^{max} 之差），同时扫描发射波长和激发波长，得到同步荧光光谱。若 $\Delta\lambda$ 值相当于或大于斯托克斯位移，能获得尖而窄的同步荧光峰。因荧光物质浓度与同步荧光峰峰高呈线性关系，故可用于定量分析。同步荧光光谱的信号 $F_{sp}(\lambda_{em},\lambda_{ex})$ 与激光信号 F_{ex} 及荧光发射信号 F_{em} 间的关系为：$F_{sp}(\lambda_{em},\lambda_{ex})=KcF_{ex}F_{em}$，$K$ 为常数。可见，当物质浓度 c 一定时，同步荧光信号与所用的激发波长信号及发射波长信号的乘积成正比，所以此法的灵敏度较高。

第 4 节　应用与示例

荧光分析法的灵敏度高，选择性较好，取样量少，方法快速，已成为医药学、生物学、农业和工业等领域进行科学研究工作的重要手段之一。

一、无机化合物的荧光分析

用荧光法测定溶液中的无机离子，一般有三种方法：①将无机离子溶液加适当的无机试剂中，直接检测离子的化学荧光。②无机离子与一种无荧光的有机配位体化合，生成高荧光的金属配合物。这种方法最常用，有超过 70 多种的金属离子可用该法测定。常用的有机配合体荧光试剂有：8-羟基喹啉（用于 Al、Zn、Be 等）、茜素紫酱 R（用于 Al、F 等）、二苯乙醇酮（用于 B、Zn、Ge、Si 等）。③利用荧光猝灭法，间接测定金属离子。如有的有机配位体本身会发荧光，它与金属离子配合后使配位体荧光强度减弱，测量荧光减弱的程度，即可间接测出离子浓度，如，2，3-萘氮杂茂的水溶液有强烈紫色荧光，但荧光强度可随溶液中银离子含量的增大而减弱，以此建立银的荧光分析方法。

二、有机化合物的荧光分析

具有高共轭体系的非芳香族、芳香族和杂环化合物大多数能成为荧光物。有时为了提高测定方法的灵敏度和选择性，常使弱荧光物与某些荧光剂作用，以得到强荧光性产物。常用的几种重要荧光剂有：①荧胺（试剂），能与脂肪族或芳香族伯胺形成强荧光衍生物。荧胺及其水解产物本身不显荧光；②1，2-萘醌-4-磺酸钠（NAS），它与含伯胺或仲胺的化合物作用后，在 $NaBH_4$ 的还原下生成氢醌类荧光物。常用来测定脂肪族及芳香族胺类、氨基酸及磺胺等药物；③1-二甲氨基-5-氯化磺酰萘，它与含有伯胺、仲胺及酚基的生物碱反应生成荧光性产物；④邻苯二甲醛，在 2-巯基乙醇存在下，在 pH 9～10 的缓冲液中能与伯胺类，特别是与大多数的 α-氨基酸产生灵敏的荧光。

思考与练习

一、思考题

1. 何谓荧光效率？具有何种分子结构的物质有较高的荧光效率？
2. 为什么荧光分析法的灵敏度比紫外-可见分光光度法高？

3. 在紫外-可见分光光度法定量分析时只需用空白溶液校正零点，而荧光定量分析时除了校正零点外，为什么还需用标准溶液校正仪器刻度？
4. 下列化合物哪个的荧光最强？

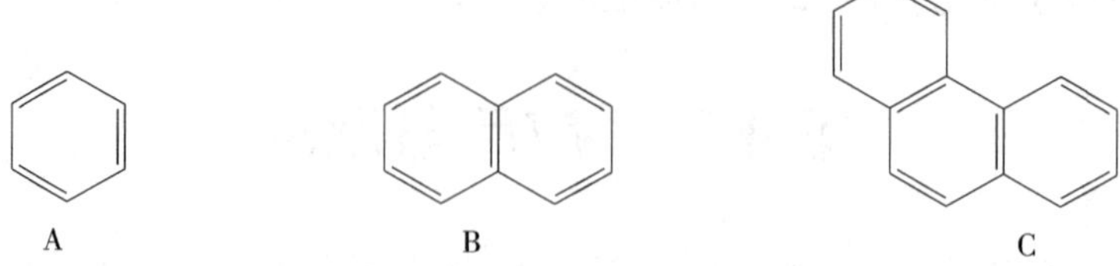

二、计算题

用荧光法测定某片剂中维生素 B_1 的含量时，取供试品 10 片（每片含维生素 B_1 应为 34.8 ~ 46.4μg），研细溶于盐酸溶液中，稀释至 1000ml，过滤，取滤液 5ml，稀释至 10ml，在激发波长 365nm 和发射波长 435nm 处测定荧光强度。如维生素 B_1 对照品的盐酸溶液（0.2μg/ml），在同样条件下荧光强度为 56，则合格的荧光读数应在什么范围内？（49 ~ 65）

（曹雨诞）

第 5 章　原子吸收分光光度法

原子吸收分光光度法(atomic absorption spectrometry, AAS)又称为原子吸收光谱法。该方法是基于被测元素的基态原子在蒸气状态下对特征电磁辐射吸收进行元素定量分析的方法。原子吸收光谱法具有灵敏度高、选择性好、准确度高、精密度高、抗干扰能力强、分析速度快、应用范围广、仪器简单、操作方便等特点。目前能够直接测定的元素达 70 余种,它已成为一种常规的分析测试手段,得到广泛的应用。该分析法示意图见图 5-1。

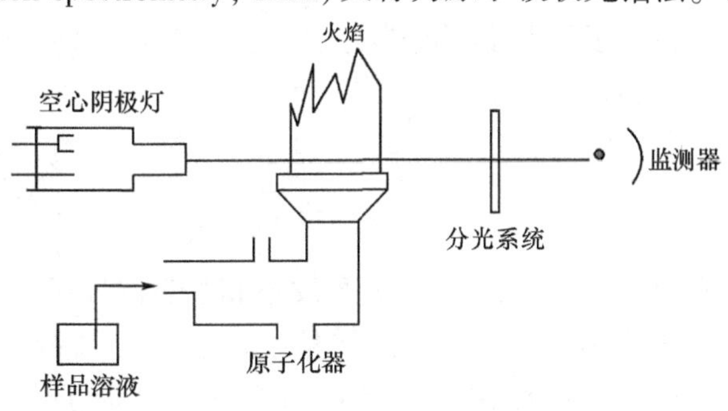

图 5-1　原子吸收光谱法示意图

第 1 节　基本原理

一、原子吸收线的产生

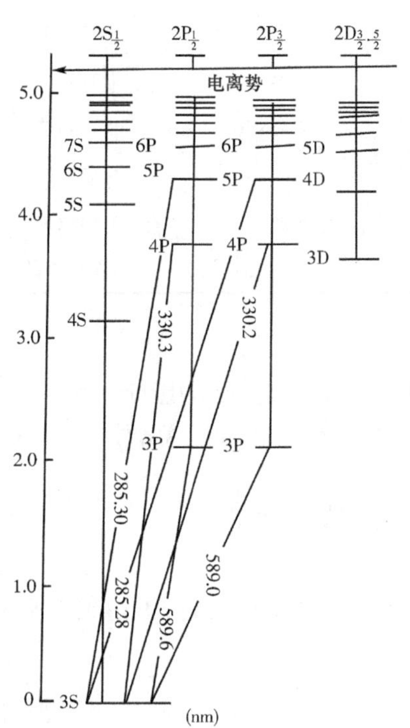

图 5-2　钠原子部分电子能级图

原子吸收是一个受激吸收跃迁过程。当基态原子吸收了一定辐射后,被激发跃迁到不同的较高能态,产生相应不同的原子吸收线。如果吸收的辐射能使电子从基态跃迁到能量最低的激发态,即第一激发态时,所产生的吸收谱线称为共振吸收线(简称共振线)。各种元素的原子结构和外层电子排布不同,电子从基态跃迁至第一激发态时,吸收的能量亦不相同,因此各元素的共振线不同并各有其特征性,这种共振线称为元素的特征谱线。元素的电子从基态到第一激发态的跃迁最容易发生,因此,元素的共振线是所有谱线中最灵敏的谱线,在原子吸收分析中常用此吸收线的强度进行定量分析。例如,图 5-2 是钠原子部分电子能级图,当钠原子的价电子从基态向第一激发态 3P 轨道跃迁时,可产生两种跃迁,因此钠原子最强的钠 D 成为双线,即共振线波长为 589.6nm 的 D_1线和 589.0nm 的 D_2线。

二、原子在各能级的分布

原子吸收分析法是利用待测元素的原子蒸气中基态原子与其共振线吸收为基础来测定的。所以需要讨论原子化(即被测元素由试样转入气相并解离为基态原子)过程中,待测元素在原子蒸气中基态原子与原子总数之间的关系。

在原子化温度下的热力学平衡状态时,物质基态与激发态原子数符合波尔兹曼(Boltzmann)分布定律:

$$\frac{N_j}{N_0}=\frac{g_j}{g_0}e^{\frac{E_j-E_0}{KT}}=\frac{g_j}{g_0}e^{\frac{-\Delta E}{KT}}=\frac{g_j}{g_0}e^{\frac{-h\nu}{KT}} \tag{5-1}$$

式中:N_j、N_0和 g_j、g_0分别为激发态和基态的原子数目和统计权重;E_j和 E_0分别是激发态和基态原子的能量($E_j>E_0$);T 为热力学温度,K(1.38×10^{-23} JK)为 Boltzmann 常量。表 5-1 列出了几种元素共振线在不同温度下的激发态原子数 N_j 与基态原子数 N_0 的比值。

表 5-1　几种元素共振线的 N_j/N_0的值

共振线波长/nm		g_j/g_0	激发能/eV	N_j/N_0		
				2000K	2500K	3000K
K	766.49	2	1.617	1.68×10^{-4}	1.10×10^{-3}	3.84×10^{-3}
Na	589.0	2	2.104	0.99×10^{-5}	1.14×10^{-4}	5.83×10^{-4}
Ba	553.56	3	2.239	6.83×10^{-6}	3.19×10^{-5}	5.19×10^{-4}
Ca	422.67	3	2.932	1.22×10^{-7}	3.67×10^{-6}	3.55×10^{-5}
Fe	371.99	–	3.332	2.29×10^{-5}	1.04×10^{-7}	1.31×10^{-6}
Ag	328.07	2	3.778	6.03×10^{-10}	4.48×10^{-8}	8.99×10^{-7}
Cu	324.75	2	3.817	4.82×10^{-10}	4.04×10^{-8}	6.65×10^{-7}
Mg	285.21	3	4.346	3.35×10^{-11}	5.20×10^{-9}	1.50×10^{-7}
Zn	213.86	3	5.795	7.45×10^{-15}	6.22×10^{-12}	5.50×10^{-10}

由式(5-1)和表 5-1 可见:

(1) 激发态原子 N_j 随温度按指数规律变化,温度 T 对基态原子数 N_0的影响不大。

(2) 在火焰温度低于 3000K,N_j可以忽略不计,故认为 N_0近似等于原子总数。

三、原子吸收线的形状及谱线变宽

实验证明,当一束强度为 I_0的平行光,通过厚度为 L 的基态原子蒸气时,透过光的强度减弱为 I_ν,其原子蒸气对光的吸收亦服从 Lambert 定律:

$$I_\nu=I_0e^{-K_\nu L} \tag{5-2}$$

I_ν对频率 ν 的关系曲线及吸收系数 K_ν 对频率 ν 曲线,见图 5-3。

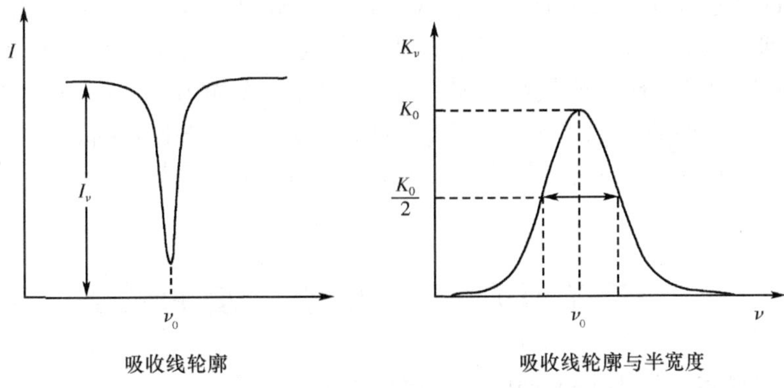

图 5-3　吸收线轮廓与半宽度

图 5-3 左图表示出吸收线强度 I_ν 大小随频率 ν 而变，并在中心频率 ν_0 处透过光最小，即吸收最大；右图表示了 $K_\nu-\nu$ 关系曲线，即为吸收线轮廓（形状）图。在中心频率 ν_0 处有最大的中心吸收系数。

原子光谱理论上产生线状光谱，吸收线应是很尖锐的。但实际上由于种种原因造成谱线具有一定的宽度，一定的形状，即谱线的轮廓。吸收线轮廓的表征参数是中心吸收系数 K_0（或极大称吸收系数）、中心频率 ν_0 和 半宽度 $\Delta\nu$。中心频率 ν_0（峰值频率）是指最大吸收系数对应的频率，半宽度 $\Delta\nu$ 是指峰高一半（$K_0/2$）时所对应的频率范围。

谱线变宽会影响原子吸收的灵敏度和准确度。因此分析谱线变宽的因素，并设法控制谱线变宽是非常重要的。

1. 自然宽度（natural width）　无外界条件影响时的谱线固有宽度称为自然宽度，以 $\Delta\nu_N$ 表示。它与激发态原子的平均寿命有关，激发态原子的平均寿命越短，谱线的自然宽度越大。对于大多数元素而言，自然宽度在 10^{-5}nm 数量级，一般可以忽略不计。

2. 多普勒（Doppler）**变宽**　多普勒变宽是由于原子的无规则热运动所引起的变宽，又称温度变宽，用 $\Delta\nu_D$ 表示。当原子向着检测器做热运动时，被检测到的频率较静止辐射的频率高，波长紫移；反之，则被检测到的频率较静止辐射的频率低，波长红移，于是引起谱线变宽，即产生多普勒效应。它是谱线变宽的主要因素。谱线多普勒变宽由下式决定：

$$\Delta\nu_D = 7.16 \times 10^{-7} \cdot \nu_0 \sqrt{\frac{T}{M}} \tag{5-3}$$

式中：T 是热力学温度；M 是吸光原子的相对原子质量；ν_D 是谱线的中心频率。$\Delta\nu_D$ 与 $T^{1/2}$ 成正比，温度越高，$\Delta\nu_D$ 越大。一般 $\Delta\nu_D$ 多在 10^{-4}～10^{-3}nm 内，是谱线变宽的主要因素。

3. 压力变宽　在一定蒸气压力下，原子之间的相互碰撞导引起谱线变宽称为压力变宽。压力变宽可以分为两种：由同种原子碰撞而引起的变宽叫共振变宽，或称为赫鲁兹马克（Holtsmark）变宽（$\Delta\nu_R$）；由被测元素的原子与蒸气中其他原子或分子等碰撞而引起的谱线轮廓变宽称为洛伦兹（Lorentz）变宽（$\Delta\nu_L$）。通常 $\Delta\nu_L$ 为 10^{-4}～10^{-3}nm 内；$\Delta\nu_R$ 随着待测元素原子密度升高而增大，在原子吸收分析中，待测元素浓度较低，$\Delta\nu_R$ 常被忽略。压力变宽随气体压力增大和温度升高而增大，是谱线变宽的主要因素之一。

4. 自吸变宽　由自吸现象引起的谱线变宽称为自吸变宽。光源阴极发射的共振线被灯内被测元素的基态原子所吸收而产生自吸收现象。灯电流越大,自吸现象越严重。

5. 其他变宽 斯塔克(Stark)变宽是由外界电场或带电粒子作用导致谱线变宽;塞曼(Zeemann)变宽是由外界磁场作用导致谱线变宽。Stark 变宽和 Zeemann 变宽,两者均为场致变宽。通常在原子吸收光谱测定条件下,谱线的宽度主要是由 Doppler 效应和 Lorentz 效应引起。当用火焰原子化器时,以压力变宽($\Delta\nu_L$)为主;用无火焰原子化器时,以多普勒变宽($\Delta\nu_D$)为主。

四、原子吸收值与原子浓度的关系

1. 积分吸收系数 根据 Lambert 定律,吸收值有:

$$A = -\lg \frac{I}{I_0} = 0.4343 K_\nu L \tag{5-4}$$

式中:K_ν是基态原子对频率 ν 单色光的吸收系数。

在原子吸收光谱分析条件下,基态原子数 N_0正比于吸收曲线下面所包括的整个面积。用吸收线轮廓内的吸收系数 K_ν进行积分来代表总吸收,称为积分吸收系数,简称为积分吸收,它表示吸收的全部能量,其值由下式表示:

$$\int K_\nu \mathrm{d}\nu = \frac{\pi e^2}{mc} \cdot f \cdot N_0 \tag{5-5}$$

式中:e 为电子电荷;m 为电子质量;c 为光速;N_0为单位体积内基态原子数;f 为振子强度,代表每个原子中能够吸收或发射特定频率光的电子数。式(5-5)表明,积分吸收与吸收辐射的基态原子数成正比,这是原子吸收的理论基础。但在实际工作中,要测定半宽度很窄的原子吸收线的吸收系数积分值存在一定的困难。

2. 峰值吸收系数 峰值吸收系数法是直接测量吸收线中心频率所对应的峰值吸收系数 K_0来确定待测的原子浓度的方法,简称峰值吸收。在一般的原子吸收光谱分析条件下,吸收谱线展宽主要是多普勒变宽($\Delta\nu_D$),吸光系数为:

$$K_\nu = K_0 \cdot \mathrm{e}^{-\left[\frac{2(\nu-\nu_0)\sqrt{\ln 2}}{\Delta\nu_D}\right]^2} \tag{5-6}$$

对式(5-6)积分,得:

$$\int_0^0 K_\nu \mathrm{d}_\nu = \frac{1}{2}\sqrt{\frac{\pi}{\ln 2}} K_0 \Delta\nu_D \tag{5-7}$$

联合式(5-6)和(5-7),得:

$$K_0 = \frac{2}{\Delta\nu_D}\sqrt{\frac{\ln 2}{\pi}} \cdot \frac{\pi e^2}{mc} \cdot f \cdot N_0 \tag{5-8}$$

在原子发射线中心频率 ν_0的很窄频率变化 $\Delta\nu$ 范围内,可用 K_0代替式(5-4)中 K_ν,得:

$$A = 0.4343 \times \frac{2}{\Delta\nu_0}\sqrt{\frac{\ln 2}{\pi}} \cdot \frac{\pi e^2}{mc} \cdot f \cdot N_0 \cdot L \tag{5-9}$$

在一定条件下，$\Delta\nu_D$、f 都是定值，令：

$$0.4343 \times \frac{2}{\Delta\nu_D}\sqrt{\frac{\ln 2}{\pi}} \cdot \frac{\pi e^2}{mc} \cdot f = K \tag{5-10}$$

并近似地将 N_0 视为 N，则得：

$$A = KNL \tag{5-11}$$

在稳定的原子化条件下，试液中被测组分浓度 c 与蒸气中原子总数 N 成正比，即：

$$N = \beta c \tag{5-12}$$

式中：β 是比例常数，与原子化条件有关。结合式(5-11)和式(5-12)，令 $K' = KL\beta$，则：

$$A = K'c \tag{5-13}$$

式(5-13)为原子吸收光谱分析的定量基础。在实际工作中与分光光度法一样，只要测得中心波长处吸光度，就可以求出待测元素的浓度和含量。

第2节 原子吸收分光光度计

原子吸收分光光度计又称原子吸收光谱仪，国内外生产厂家很多，仪器型号也很多，但其组成结构及工作原理基本相似。

一、仪器组成

原子吸收分光光度计是由光源、原子化器、单色器、检测器等几个部分组成（见图5-4）。

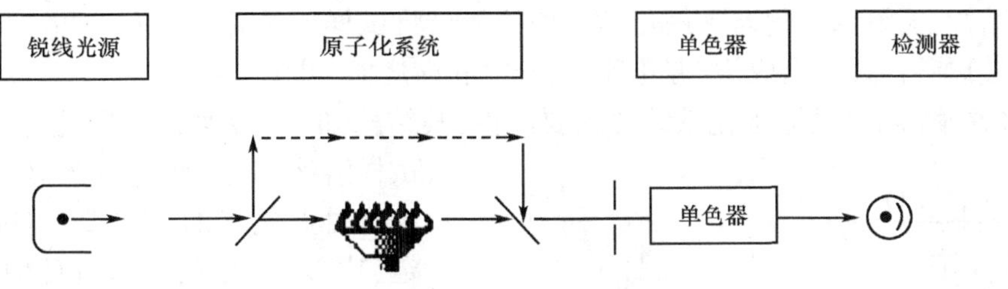

图5-4 原子吸收流程示意图

二、光 源

光源的作用是发射出能被待测元素吸收的特征波长谱线。作为原子吸收法对光源的基本要求是：发射的特征波长比吸收线宽度更窄的共振线；辐射强度大，稳定性好，连续背景低；操作方便、噪声小以及使用寿命长。最常用的光源为空心阴极灯。

1. 结构 空心阴极灯又称元素灯，其结构如图5-5所示。它包括一个阳极（粘有吸气剂，如钽片或钛丝）及一个由待测元素材料制成的空心圆筒形成的阴极（故称空心阴极）。充有0.1~0.7kPa压力的惰性气体，如氖或氩等。惰性气体作为载气其作用是载带电流。

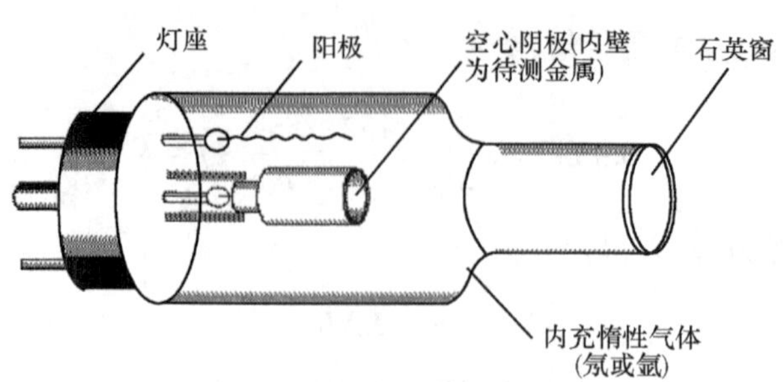

图 5-5　空心阴极灯的结构

2.工作原理　空心阴极灯是辉光放电,放电集中在阴极空腔内。当在两极施加一定的电压后在电场的作用下,电子将从阴极内壁流向阳极做加速运动,在运动中经常与充入的惰性气体原子发生非弹性碰撞,产生能量交换,在其原子引起电离并放出二次电子,使电子与正离子数目增加。正离子向阴极内壁猛烈轰击,使阴极表面的金属原子溅射出来,溅射出来的金属原子再与电子、惰性气体原子、离子等发生非弹性撞碰而被激发,当返回基态时,发射出相应元素(阴极物质和内充惰性气体)的特征共振辐射。用不同待测元素作阴极材料,可制成相应空心阴极灯。

空心阴极灯辐射光强度大且稳定,谱线宽度窄,灯易于更换。

三、原子化系统

原子化系统的作用是提供能量,将试样中的分析物干燥、蒸发并转变为气态原子。主要分为火焰原子化、非火焰原子化两大类。

1. 火焰原子化器

(1) 结构:火焰原子化器是用化学火焰的能量将试样原子化的一种装置。常用的火焰原子化器是预混合式。组成为:雾化器、混合室和燃烧器,见图 5-6。

雾化器(喷雾器)是原子化系统的主要部件,其结构如图 5-7 所示。雾化器的作用是将试样溶液雾化,使它成为微米级的气溶胶。对雾化器的主要要求:喷雾速度稳定、喷雾多、雾粒要细微且均匀、雾化效率要高。为了提高喷雾效率和提高喷雾质量,可在喷雾器前增设附件:撞击球(细化雾粒)和节流管(加大气流的运动速度)。最常用的雾化器是同心型气动雾化器。

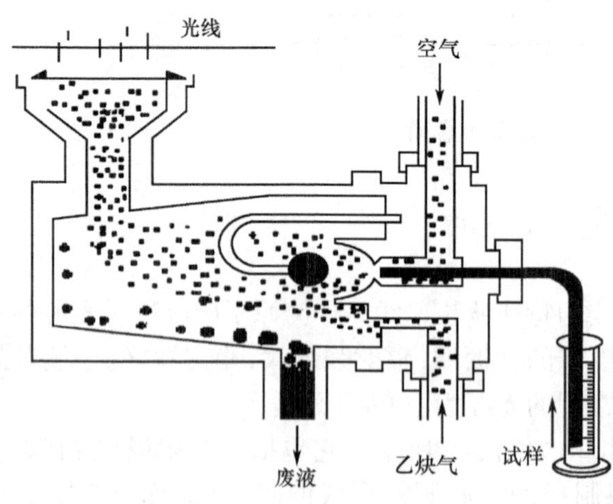

图 5-6　火焰原子化示意图

混合室的作用是使进入火焰的气溶胶更小、更均匀,使燃气与助燃气和气溶胶充分混合后进入燃烧器。较大的气溶胶在室内凝聚为大的溶胶,并沿室壁流入泻液管排走,这样进入火焰的气溶胶更为均匀，同时燃气与助燃气和气溶胶也得到充分混合以减少它们进入火焰时对火焰的扰动。

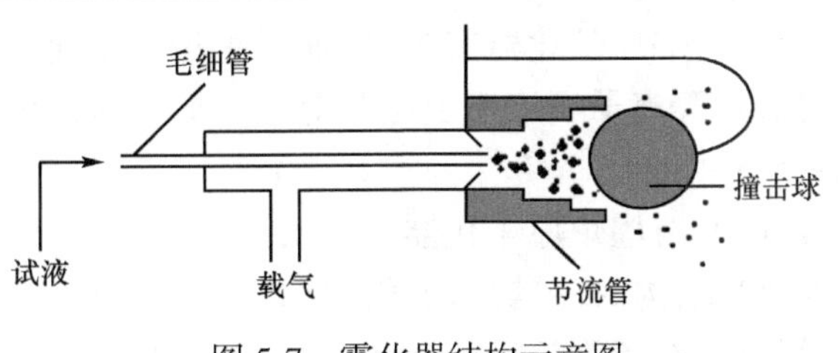

图 5-7　雾化器结构示意图

燃烧器的作用是产生火焰，使进入火焰的气溶胶蒸发和原子化。对燃烧器的要求：首先不“回火”；其次喷口不容易被试样沉积堵塞，火焰平稳，没“记忆效应”；燃烧器高度和位置应能上下调节和旋转一定角度，以便选择合适的火焰部位。对于常用的单缝型燃烧器，缝长有 5cm 和 10cm 两种规格。

（2）火焰：利用化学火焰产生的热能蒸发溶剂、解离分析物分子、产生待测元素的原子蒸气，是一种开发最早、应用广泛及适应性较强的原子化器。

火焰是使试样中待测元素原子化的能源，故要求火焰有足够高的温度，火焰燃烧速度适中，稳定性好，以保证测试有较高的灵敏度和准确度。火焰温度是表征火焰特性的主要指标。火焰温度取决于燃气与助燃气类型，空气-乙炔火焰是应用最广泛的化学火焰，能测 35 种元素，由于火焰温度不够高，不能用于高温元素原子化。几种常用的火焰组成及温度见表 5-2。

表 5-2　各种火焰的特性

火　焰	化学反应	温度/K
丙烷-空气焰	$C_3H_8+5O_2 \rightarrow 3CO_2+4H_2O$	2200
氢气-空气焰	$H_2+\frac{1}{2}O_2 \rightarrow H_2O$	2300
乙炔-空气焰	$C_2H_2+\frac{5}{2}O_2 \rightarrow 2CO_2+H_2O$	2600
乙炔-氧化亚氮(笑气)焰	$C_2H_2+5N_2O \rightarrow 2CO_2+H_2O+5N_2$	3200

同一火焰其燃气和助燃气的流量比不同，表现出性质方面的差异，见表 5-3 所示。当燃气与助燃气之比与化学反应计量关系相近时称为化学计量火焰，又称中性火焰，这类火焰的特点：温度高、干扰小、稳定、背景低，大多数元素都适用。当燃气流量大于化学计量时，形成富燃火焰（具有还原性），适用于易生成难溶氧化物的元素的测定，但它的干扰较多，背景值高。当助燃气流量大于化学计量的火焰时，形成贫燃火焰（具有氧化性），它的温度较低，有利于测定易解离、易电离元素，如碱金属的测定。在实际测量时应通过实验确定燃气和助燃气的最佳流量比。

表 5-3　火焰的种类和性能

火焰类型	燃助比	温度/℃	性　能	适用性
化学计量火焰	1：4	~2400	火焰层次清晰，温度高，稳定	多数元素
富燃火焰	3：1	~2400	燃烧不完全，含碳多，具有还原性	难解离的氧化物
贫燃火焰	1：6	~2400	燃烧完全，氧化性强，温度低	碱金属元素

2. 非火焰原子化器　火焰原子化器结构简单，易于操作、重现性好、造价低廉，故应用普遍。但原子化效率低（大约只有 10%），所以它的灵敏度的提高受到限制。

非火焰原子化器有多种,如石墨炉原子化器、化学原子化器、激光原子化器、阴极溅射原子化器、等离子喷焰原子化器等。下面对应用较多的石墨炉原子化器和化学原子化器作简要介绍。

(1) 石墨炉原子化器

1) 结构:石墨炉原子化器如图 5-8 所示。由加热电源、保护气控制系统、石墨管炉三部分组成。石墨管长 20~60mm,外径 6~9mm,内径 4~8mm,管中央开一小孔,用于加样和使保护气体流通。外电源加于石墨管两端,供给原子化器能量,电流通过石墨管可在 1~2s 内产生高达 3000℃的温度。原子化器的外气路中的氩气沿石墨管外壁流动,以保护石墨管,内气路中的氩气由管两端流向管中心,从管中心孔流出,用来除去干燥和灰化过程中产生的基体蒸气,同时保护已原子化的原子不被氧化。

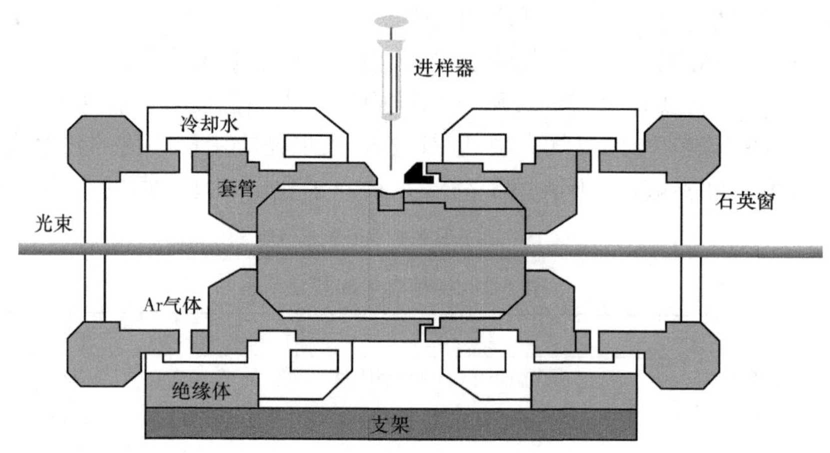

图 5-8 石墨炉原子化器

2) 原子化过程:石墨炉原子化过程可大致分为干燥、灰化(分解)、高温原子化及高温净化四个阶段。干燥时温度一般在 110℃左右,每微升溶液的干燥时间需 1.5s,其目的是蒸发除去样品溶液的溶剂;灰化阶段的温度可根据待测元素及其化合物的性质在 1800~3000℃选择,时间 5~10s,其目的是尽可能把样品中的共存物质全部或大部分除去,并保证没有待测元素的损失;原子化温度与时间取决于待测元素的性质,一般在 1800~3000℃,5~10s,其作用是使待测元素在高温下成为自由状态的原子;最后升温至 2700~3500℃,3~5s,以除去石墨炉的残留,消除记忆效应。

表 5-4 列出了火焰原子化法与石墨炉原子化法的一些特点。

表 5-4 火焰法与石墨炉法比较

项 目	火焰原子化法	石墨炉原子化法
能源	火焰	电热
进样量	~1ml	10~100μl
稀释	10000 倍	40 倍
原子停留时间	10^{-4}s	1~2s

续表

项　目	火焰原子化法	石墨炉原子化法
原子化效率	~10%	~90%
分析周期	短	长
灵敏度	10^{-6}级	10^{-9}级

(2) 低温原子化方法(化学原子化法):是利用还原反应使被测元素直接原子化,或者使其还原为易挥发的氢化物,再在低温下原子化的方法,常用的有氢化物原子化法及冷原子蒸气测汞法。

1) 氢化物原子化法:是在一定的酸性条件下,将待测元素与强还原性物质(如硼氢化物)反应而生成极易挥发的氢化物,这些氢化物用载气经石英管引入电热或火焰加热使其原子化。

原子化温度 700~900℃,主要用于 As、Sb、Bi、Sn、Ge、Se、Pb、Te 等元素的测定。

例如:$AsCl_3+4NaBH_4+HCl+8H_2O=AsH_3+4NaCl+4HBO_2+13H_2$

$$2AsH_3 = 2As + 3H_2 (\text{加热})$$

这种方法可以从溶液中分离出被测元素,故灵敏度高,选择性好,干扰也少。具有原子化温度低,但氢化物有毒,应在良好的通风条件下进行。

2) 冷原子蒸气测汞法:用强还原剂将无机汞和有机汞都还原为金属汞,产生的汞蒸气用载气(Ar 或 N_2)带入原子吸收池内进行测定。

冷原子蒸气测汞法具有常温测量,灵敏度高,准确度较高的特点。

四、单　色　器

单色器就是原子吸收分光光度计的分光系统,由色散元件、准直镜和狭缝等组成。其主要作用是将待测元素的光源共振线与邻近的非吸收谱线分开。单色器的分光元件常用光栅,光栅配置在原子化器之后的光路中,这是为了阻止来自原子化器内的所有不需要的辐射进入检测器。

五、检 测 系 统

检测系统主要由检测器、放大器、对数转换器、显示器所组成。

检测器通常是光电倍增管,其特点是放大倍数高,信噪比大,线性关系好;工作波段在 190~900nm 之间,用以满足原子吸收光谱分析。光电倍增管的供电电压一般在 -1000~-200V可调,通过改变电压来改变增益。为了使光电倍增管输出的信号稳定,就要求光电倍增管的负高压电源必须稳定。

现代原子吸收光谱仪都有计算机工作站,具有自动点火、自动调零、自动校准、自动增益、自动取样及自动处理数据,火焰原子化系统与石墨炉原子化系统自动切换等装置。

第3节 实验技术

一、样品的处理

1. 被测试样的处理 原子吸收光谱法分析一般是溶液进样,被测样品应转化为溶液。无机固体试样通常采用稀酸、浓酸或混合酸处理样品,常用的酸主要有盐酸、硝酸和高氯酸,有时也用磷酸与硫酸的混合酸,如果将少量的氢氟酸与其他酸混合使用,有助于试样成为溶液状态;酸不溶时可采用碱熔融法,目前微波溶样法得到广泛应用。有机试样一般先进行灰化处理,有干法或湿法两种方法消化有机物,消化后的残留物溶解在合适的溶剂中,被测元素如果是易挥发元素如 Hg、As、Gd、Pd、Sb、Se 等则不宜采用干法灰化,因为这些元素在灰化过程中损失严重。

在样品制备过程中,要特别防止污染,污染是限制灵敏度和检出限量的重要原因之一。主要污染来源是水、容器、试剂和大气。避免被测元素的损失是样品制备过程中另一关键问题,一般来说,作为储备液,配制浓度应较大(例如 1000μg/ml 以上),浓度小于 1μg/ml 的溶液不宜作为储备液,无机溶液宜放在聚乙烯容器内,并维持一定的酸度。有机溶液在储存过程中,应避免与塑料、胶木瓶盖等直接接触。

如果使用非火焰原子化法,例如石墨炉原子化法,则可直接进固体试样,采用程序升温,以分别控制试样干燥、灰化和原子化过程,使易挥发或易热解基体在原子化阶段之前除去。

2. 标准溶液的制备 标准溶液的组成要尽可能接近未知样品。溶液中总含盐量对喷雾过程和蒸发过程有重要影响,因此,当样品中含盐量大于 0.1%以上时,在标准溶液中也应加入等量的同一盐类,以使在喷雾时和在火焰中发生的过程相似。对于用来配制标准溶液的试剂纯度要有一个合理的要求,用量大的试剂,例如溶解样品的酸碱、光谱缓冲剂、电离抑制剂、萃取剂、释放剂、配制标准溶液的基体等,必须是高纯度的,尤其不能含被测元素。对于被测元素来说,由于它在标准溶液中的浓度很低,用量少,不需要特别高纯度的试剂,分析纯试剂已能满足实际工作需要。

二、测定条件的选择

1. 分析线的选择 一般选待测元素的共振线作为分析线。但当测量元素浓度较高(避免过度稀释),或为了避免相邻光谱线的干扰时,也可选次灵敏线作为分析线;当被测元素的共振线附近有其他谱线干扰时,也不宜采用。此外,稳定性差时,也不宜选用共振线作为分析线,如 Pb 的灵敏线为 217.0nm,稳定性较差,若用 283.3nm 次灵敏线作为分析线,则可获得稳定结果。

选择分析线应根据具体情况由实验决定,检验方法是:首先扫描空心阴极灯的发射光谱,了解有哪些可供选用的谱线,然后喷入试液,观察谱线吸收和受干扰的情况,选择出不受干扰且吸收强的谱线作为分析线。

2. 通带宽度的选择　单色器光谱通带是指单色仪出口狭缝每毫米距离内包含的波长范围,狭缝宽度直接影响光谱通带宽度与检测器接收的能量。狭缝宽度影响光谱通带宽度与检测器接收的能量。在原子吸收分析中,无相邻干扰线(如测碱金属、碱土金属元素谱线)时,选较大的通带,以提高信噪比。反之(如测过渡及稀土金属),宜选较小通带,以提高灵敏度。

3. 灯电流的选择　空心阴极灯的发射光谱特征与灯电流有关,一般需要预热10~30min,才能达到稳定输出。灯电流小,放电不稳定,光谱输出的强度小,灵敏度高;灯电流大,发射谱线强度大,灵敏度下降,信噪比小,灯的寿命缩短。所以,在保证有稳定输出和足够的辐射光强度情况下,尽量选用较低的电流(碱金属、碱土金属、Zn、Cd最多选10mA,Fe、Co、Ni可高达20mA)。通常选用灯上标出的最大电流的1/2~2/3为工作电流。

4. 原子化条件的选择　火焰类型和状态是影响原子化效率的主要因素。据不同试样元素选择不同火焰类型。一般元素,使用空气-乙炔火焰;Si、Al、Ti、V、稀土等选用高温火焰如氧化亚氮-乙炔火焰;对于极易电离和挥发的碱金属可使用低温火焰如空气-丙烷火焰。火焰中燃气与助燃气的比例要通过绘制吸光度与燃气、助燃气流量曲线,得到最佳值。

在石墨炉原子化法中,合理选择干燥、分解、高温原子化及高温净化的温度与时间是十分重要的。干燥温度应稍低于溶剂的沸点,分解一般在不易发生损失的前提下尽可能使用较高的分解温度,原子化宜选用能达到最大吸收信号的最低温度作为原子化温度,原子化时间是以保证完全原子化为准,净化温度应高于原子化温度,目的是为了消除残留物产生的记忆效应。

5. 测量高度的选择　燃烧器高度直接影响测量的灵敏度、稳定性及干扰程度。调节到最佳的测量高度,可使测量光束从自由原子浓度最大的火焰区通过,此时,测定稳定性好,并获得较高的灵敏度。

6. 光电倍增管负高压的选择　光电倍增管的工作电压是根据空心阴极灯的谱线强度和光谱带宽而定。一般,光电倍增管的工作电压应在最大工作电压的1/3~2/3范围内。如果用增加电压来提高灵敏度,此时信噪比不好,测量稳定性不佳。故在分析实践中,应通过实验来选择最好的测定条件。

三、干扰及其抑制

相对于其他分析方法,原子吸收光谱法为一种选择性好,干扰较少的检测技术。但在实际工作中仍有不能忽略的干扰问题。按照干扰的性质和产生的原因,可以分为四类:光谱干扰、物理干扰、化学干扰和电离干扰等。

1. 光谱干扰及抑制　光谱干扰(spectral interference)是由于分析元素的吸收线与其他吸收线或辐射不能完全分离所引起的干扰。主要有以下几种情况。

(1) 光谱线通带内存在多于一条吸收线,可以用减小狭缝的方法来抑制这种干扰。

(2) 谱线重叠:在光谱通带内如有其他物质(空心阴极灯材料中的杂质、灯内填充气)以及光谱元素本身发射的谱线,单色器不能分开,产生谱线重叠干扰。消除方法可另选分析线或用化学方法分离。

(3) 分子吸收:是指在原子化过程中生成的气体分子、氧化物等对辐射的吸收,分子吸收是连续光谱,会在一定波长范围内形成干扰。如 NaCl、KCl 在紫外区有吸收带;在波长小于 250nm 时,H_2SO_4和 H_3PO_4有很强的吸收,而 HNO_3 和 HCl 的吸收很小,因此,原子吸收分析中多用 HNO_3、HCl 及它们的混合物来配制溶液。

(4) 光的散射和折射:主要是原子化过程中产生的微小的固体颗粒对光产生的散射和折射,使光不能被检测器完全检测,导致透过光减小,吸收度值增加。消除光的散射和折射可进行背景校正扣除。

2. 物理干扰及抑制 物理干扰(physical interference)是指试样在转移、蒸发和原子化过程中,由于试样任何物理特性(例如密度、压力、黏度、表面张力)的变化而引起的原子吸收强度下降的效应,主要影响试样喷入火焰的速度、雾化效率、雾滴大小等。物理干扰是一种非选择性干扰,对试样中各元素的影响基本上是相似的。消除物理干扰的主要方法:配制与被测试样相似组成的标准样品;采用标准加入法进行分析;稀释样品溶液以减小黏度的变化。

3. 化学干扰及抑制 化学干扰(chemical interference)是原子吸收分光光度法中常见的一种干扰,为选择性干扰,它是由待测元素与其他组分之间的化学作用所引起的干扰效应,主要影响到待测元素的原子化效率。

(1) 化学干扰的类型

1) 待测元素与其他共存物质作用生成热力学上更稳定的化合物,使参与吸收的基态原子数减少,这是引起化学干扰的主要原因之一。如:磷酸盐、硅酸盐与铝酸盐,对碱土金属易产生化学干扰。

2) 生成难溶氧化物,是火焰原子吸收分析中常见现象,一般电离电位大于 5 eV 的氧化物在火焰中稳定,难以解离。

3) 在石墨表面形成难解离碳化物:如 B、Si、Zr、Ta、W 等在石墨表面形成稳定的碳化物,使原子化率降低,产生严重记忆效应。

4) 分析元素生成易挥发化合物而引起挥发损失。

(2) 化学干扰的抑制:消除化学干扰,一般采取下列抑制方法。

1) 加入释放剂:释放剂的作用是与干扰组分形成更稳定或更难挥发的化合物,以使被测元素释放出来。例如,在溶液中加入锶和镧可有效地消除磷酸根对测定钙的干扰,此时锶或镧能与磷酸根形成更稳定的磷酸锶或磷酸镧,而将钙释放出来。

2) 加入保护剂:保护剂的作用是与被测元素生成稳定的配合物,防止被测元素与干扰组分的反应。保护剂通常是有机配合剂。例如,测定 Ca 时,加入 EDTA 可与钙形成 EDTA-Ca,避免钙与磷酸根作用。

3) 加入饱和剂:饱和剂的应用是在标准溶液和试样溶液中加入足够的干扰元素,使干扰趋于恒定(即达到饱和)。例如,用 N_2O -C_2H_2 火焰测钛时,在试样和标准溶液中加入 300mg/L 以上的铝盐,使铝对钛的干扰趋于稳定。

4. 电离干扰及抑制 电离干扰(ionization interference)是指待测元素在原子化过程中发生电离而引起的干扰效应,如果元素的电离电位低于 6eV,则这些元素在火焰中易发生电离,生成离子,这种离子不能吸收共振线,影响测量结果,在碱金属及碱土金属元素中比较显著。火焰温度越高,干扰越严重。因此采用低温火焰和加入消电离剂可以有效地抑制和消除电离干扰。常用的消电离剂是易电离的碱金属元素如铯盐等。

5. 背景干扰及校正方法

(1) 背景干扰:主要是原子化过程中所产生的连续光谱干扰,前面光谱干扰中已详细介绍,它主要包括分子吸收、光的散射及折射等,是造成光谱干扰的重要原因。

(2) 背景干扰校正方法

1) 邻近非吸收线校正背景:用分析线测量总吸光度(包括原子吸收与背景吸收),再用与吸收线邻近的非吸收线测量背景吸光度,因为非吸收线不产生原子吸收,然后两次测量值相减即得到校正背景之后的原子吸收的吸光度。

2) 氘灯背景校正:在测定时,使氘灯提供的连续光谱和空心阴极灯提供的共振线交替通过原子化器,当空心阴极灯照射时,得到被测元素吸收与背景吸收的总合;氘灯辐射的连续光谱通过时,测定的是背景吸收(此时被测元素共振线吸收相对于总吸收可忽略),两者进行差减,即得校正背景后的被测元素的吸光度值。装置见图 5-9。

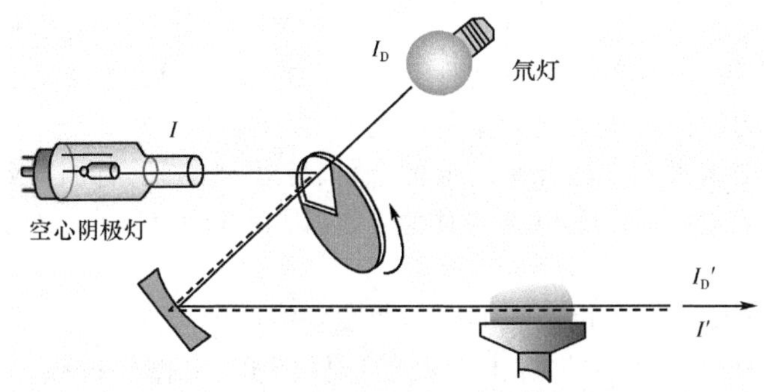

图 5-9　氘灯连续光谱背景校正示意图

3) 塞曼(Zeeman)效应背景校正法:塞曼效应是指在外磁场的作用下,谱线发生分裂的现象,为一种磁光效应。塞曼效应背景校正法是强磁场将吸收线分裂成偏振方向不同、波长相近的三条谱线,利用这些分裂的偏振谱线分离被测原子吸收和背景吸收从而进行背景校正。平行磁场的偏振光通过火焰时,能被待测原子吸收,故作为测量光;背景吸收与偏振方向无关,作为参比光,由此可以扣除背景。

塞曼效应校正可在 190~900nm 背景波长范围内进行,准确度高,校正能力比氘灯校正强。

四、定量分析的方法

原子吸收法的定量分析方法很多,如标准曲线法、标准加入法、插入法、内标法以及浓度直读法等,前两种方法最为常用。

1. 标准曲线法　配制与样品溶液相近的一系列不同浓度的标准试样,按从低到高的浓度顺序依次分析,以空白为参考(选择合适的参比溶液),测定其吸光度,将获得的吸光度 A

数据对相应的浓度作标准曲线;在相同条件下测定未知试样的吸光度,由标准曲线上查出对应的浓度值。为了减少测量误差,吸光度值应在 0.2~0.8 范围内。

2. 标准加入法 当试样的基体比较复杂,干扰不易消除,又无纯净的基体空白,待测元素含量较低时,可采用标准加入法(standard addition method),来消除基体效应或干扰元素(化学干扰)的影响,但不能消除分析中的背景干扰。

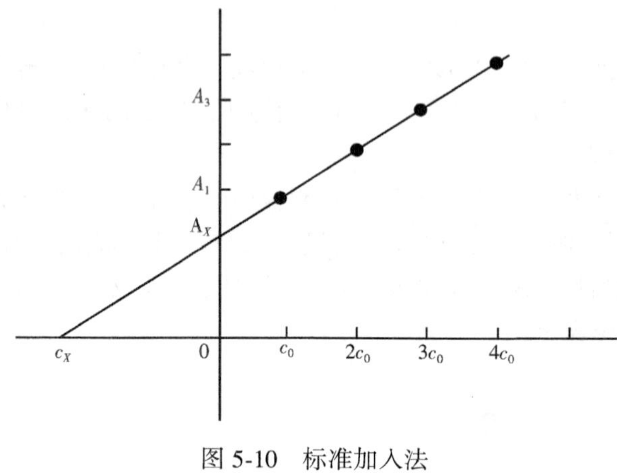

图 5-10 标准加入法

(1) 作图法:取若干份(如四份)体积相同的试样溶液(c_x),从第二份开始,依次按比例加入不同量的待测物的标准溶液(c_0),然后用溶剂稀释至一定体积,定容后浓度依次为:c_x, c_x+c_0, c_x+2c_0, c_x+3c_0, c_x+4c_0,…,分别测得吸光度为:A_x, A_1, A_2, A_3, A_4,…。

以吸光度 A 对标准溶液浓度 c 做图得一直线,如图 5-10 所示,直线与横坐标相交于 c_x,c_x点则为待测元素溶液的浓度。即直线反向延长线与横坐标相交,其对应的浓度为测试液中待测元素的浓度。

标准加入法中,测量吸光度的几个溶液的条件,除了待测元素的含量不同外,其他条件都完全相同,故它能消除仪器因素以外的其他干扰,因而准确度较高。使用标准加入法应注意以下几点:

1) 被测元素的浓度应在通过原点的标准曲线的线性范围内。

2) 最少采用四个点(包括不加标准溶液的试样溶液)来作外推线,并且要求第一份加入的标准溶液浓度与被测元素的浓度差别不能太大(即尽可能使 $c_x \approx c_0$),以免引入较大误差。

3) 标准加入法应该进行试剂空白的扣除。

4) 此法只能消除基体效应和化学干扰,不能消除分子吸收、背景吸收等引起的干扰。所以使用标准加入法时,要考虑背景的影响。

(2) 计算法:由于原子吸收光谱分析法的实验条件比较稳定,所以有时可以用计算法定量。取相同体积的实验溶液两份,其中一份加入被测元素的标准溶液(c_0)(c_0与试样含量 c_x 相近),稀释到体积相同,在相同条件下测定两溶液的吸光度。则有:

$$A_x = kc_x; \quad A_0 = k(c_x + c_0)$$

合并两式得:

$$c_x = c_0 \cdot A_x / (A_0 - A_x) \tag{5-14}$$

由于 A_x, A_0, c_0均为已知数,故可通过式(5-14)求得 c_x。计算法虽然简单,但不及作图法准确。

3. 内标法 在原子吸收分析中,还常用内标法(internal standard method)来消除燃气与助燃气流量、基体组成、表面张力、火焰状态等因素变动所造成的误差,以提高分析的精密度和准确度。内标法是在标准溶液和试样中,分别加入一定量的试样中不存在的内标元素。

同时测定被测元素和内标元素的吸光度，以它们的比值对被测的浓度绘制(A/A_0-c)标准曲线。A 和 A_0 分别为标准溶液中被测元素和内标元素的吸光度，从标准曲线上可以求得试样中待测元素的含量。内标法所选内标元素应与被测元素在原子化过程中具有相同的特性。通常在双道(或多道)型仪器上进行。

五、分析方法的评价

1. 灵敏度(S)(sensitivity)　是用工作曲线的斜率评价元素的灵敏度。它表示当被测元素浓度或含量改变一个单位时吸收值的变化量。

$$S = \mathrm{d}A/\mathrm{d}c \tag{5-15}$$

用浓度单位表示的灵敏度称为相对灵敏度，用质量单位表示的灵敏度称为绝对灵敏度。火焰原子分析法为溶液进样，用相对灵敏度，而在石墨炉原子分析法中，吸收值取决于石墨管中被测元素的绝对量，用绝对灵敏度更为方便。S 越大，灵敏度越高。

2. 特征浓度(S^*)(characteristic concentration)　是指产生1%吸收或0.0044吸光度时，所对应待测元素的浓度或质量。

在火焰原子吸收法中计算式为：

特征浓度[μg/(ml·1%)]　$S^* = 0.0044c/A$　(5-16)

在石墨炉原子吸收法中计算式为：

特征含量(g或μg/1%)　$S^* = 0.0044cV/A$　(5-17)

式中：c 为被测元素的质量浓度；V 为进样量；A 为吸光度。

3. 检出极限(D)(detection limit)　是指能以适当的置信度检出的待测元素的最低浓度(相对检出限 c_L)或最低含量(绝对检出限 q_L)。用接近于空白的溶液，经足够多次(如20次)测定所得吸光度的标准差的3倍求得。

最低浓度(μg/ml)　$c_L(\text{或 } D_L) = c \times 3\sigma/A$　(5-18)

最低质量(μg)　$q_L = c \times V \times 3\sigma/A$　(5-19)

式中：c 为待测溶液的质量浓度；A 为待测溶液多次测得的平均吸光度；V 为待测溶液用量(ml)。

检出限不但与影响灵敏度的诸因素有关，而且与仪器的噪声有关，它反映出包括仪器及其使用方法和分析技术在内的极限性能。检出限越低，说明仪器的性能越好，对元素的检测能力越强。

第4节　应用与示例

由于原子吸收分光光度法在试样中元素含量的测定方面，不仅灵敏度高、选择性和重现性好、干扰少、操作简便快速、应用范围广，而且不论样品是固体、液体、气体，是无机物还是有机物，都可进行测定。在药物分析中，该法已得到广泛应用，中药制剂及中药材中杂质金属离子的限度检查,重金属及有害元素的检测等。

《中国药典》(2005 版)收载了采用原子吸收测定重金属及有害元素的方法。其中,西洋参、白芍、甘草、丹参、金银花、黄芪等就是采用上述方法测定的品种,并且首次规定上述药材含重金属铅(Pb)≤5.0mg/kg,镉(Cd)≤0.3mg/kg,汞(Hg)≤0.2mg/kg,砷(As)≤2.0mg/kg,铜(Cu)≤20.0mg/Kg。

例 中药柴胡中微量铬的测定

测定条件

波长(分析线) 357.87nm　　灯电流 6mA

通带 0.4nm　　空气流量 5L/min

燃烧器高度 6.5nm　　乙炔流量 1.6L/min

主要试剂

1) HNO_3(超纯)、盐酸(G.R.)、H_2O_2(30%)(G.R.)、NH_4Cl(G.R.)、溴化十六烷基吡啶(CPB,G.R.)、$CaCl_2$(G.R.)。

2) 铬标准储备液:1mg/ml。

3) 铬标准系列:0.2μg/ml、0.4μg/ml、0.8μg/ml、1.2μg/ml(各标准液系列中均含3% HCl、3%H_2O_2、0.25%CPB、1%的NH_4Cl、1.6%的$CaCl_2$)。

4) 干扰抑制液:称取2.5g CPB,加入20ml无水乙醇温热溶解,再加入10g NH_4Cl和16.5g $CaCl_2$,用二次蒸馏水溶解并定容为100ml,此液为混合干扰抑制液。

试样处理 洗净烘干药材、粉碎、置烘箱95℃ 2~3h,冷后置于干燥器中备用。

试样消化和试液制备 取试样2g,精密称定,于100ml高型烧杯中,加入约30ml HNO_3,盖上表皿,让试样在室温下过夜,次日在电热板上小心加热,缓慢消化样品液至5ml,分次滴加4~8ml H_2O_2,继续缓慢消化蒸发至干,将HNO_3赶尽,再用适量二次蒸馏水温热溶解残渣并定容为5ml,得淡黄色原始试样溶液。吸取该试样溶液2ml,加入混合干扰抑制液0.3ml,补加0.7ml含3%HCl、H_2O_2的介质溶液,摇匀即得待测溶液。

标准曲线绘制和试液的测定 按测定条件同时测定标准系列和试样的吸光度,绘制标准曲线,求出试样中铬的浓度(μg/g),进而求出中药柴胡中铬的含量。

其他中药材中铬元素的含量也可按本法测定。

思考与练习

一、词语解释

原子吸收光谱法　共振吸收线　半宽度　多普勒变宽　洛伦兹变宽　空心阴极灯

二、简答题

1. 解释原子吸收分析采用锐线光源的理由。
2. 叙述火焰原子化装置的主要部件及作用。
3. 说出石墨炉原子化器的程序升温的4个阶段和作用。

三、计算题

用原子吸收分光光度法测定镍,获得了如下数据:

Ni 标准溶液/(μg/ml)	2	4	6	8	20
A	0.205	0.400	0.585	0.754	1.089

(1) 绘制溶液浓度-吸光度曲线;

(2) 某一试液,在同样条件下测得 $T=20.4\%$,问其浓度多大?

(7.2μg/ml)

(彭晓霞)

第6章 红外分光光度法

第1节 概　　述

红外线(infrared ray)是波长为0.76~500μm的电磁波。红外分光光度法(infrared spectrophotometry)又称为红外吸收光谱法(infrared spectroscopy),是依据物质对红外辐射的特征吸收而建立的一种分析方法。与紫外-可见吸收光谱一样,红外光谱也属于分子吸收光谱。

一、红外光谱区的划分

习惯上按红外线的波长,将红外光谱区分成三个区域。这三个区域所包含的波长(波数)范围以及能级跃迁类型如表6-1所示。

表6-1　红外光区分类

名称	波长/μm	波数/cm^{-1}	能级跃迁类型
近红外	0.76~2.5	13158~4000	O—H，N—H及C—H键的倍频吸收
中红外	2.5~25	4000~400	分子中原子的振动及分子转动
远红外	25~1000	400~10	分子转动,晶格振动

其中,中红外区是研究、应用最多的区域。通常,红外光谱是指中红外吸收光谱,即振动-转动光谱,简称振-转光谱。

近年来,近红外光谱(NIR)分析技术越来越引起国内外分析专家的注目,近红外区域是指波长在760~2526nm范围内的电磁波,目前NIR研究日益增多,应用扩展到许多领域,如制药工业及临床医学等领域。近红外光谱更适用于对原料药纯度、包装材料等的分析与检测,以及生产工艺的监控,利用不同的光纤探头可实现生产工艺的在线连续分析监控。本章主要研究中红外吸收光谱。

二、红外吸收光谱的表示方法

一般多用透光率-波数(T-σ)曲线或透光率-波长(T-λ)曲线来描述红外吸收光谱。纵坐标采用透光率时,无吸收部分的曲线在图的上部,所谓吸收峰实际上是向下的谷。通常红外吸收光谱的横坐标都有波长及波数两种标度,光栅光谱以波数为等间距,棱镜光谱以波长为等间距。同一样品,以波数为等间距和以波长为等间距的两张光谱图的外貌是有差异的,即除峰的位置一致外,峰的强度和形状往往不同。在红外光谱中,由于在低波数区峰多而密,高波数区峰少而疏,因此,光谱的横坐标以2000cm^{-1}为界,有两种不同的比例尺。2000~400cm^{-1}波数区为100cm^{-1}/大格,4000~2000cm^{-1}波数区为200cm^{-1}/大格。聚苯乙烯的红外光栅光谱见图6-1。

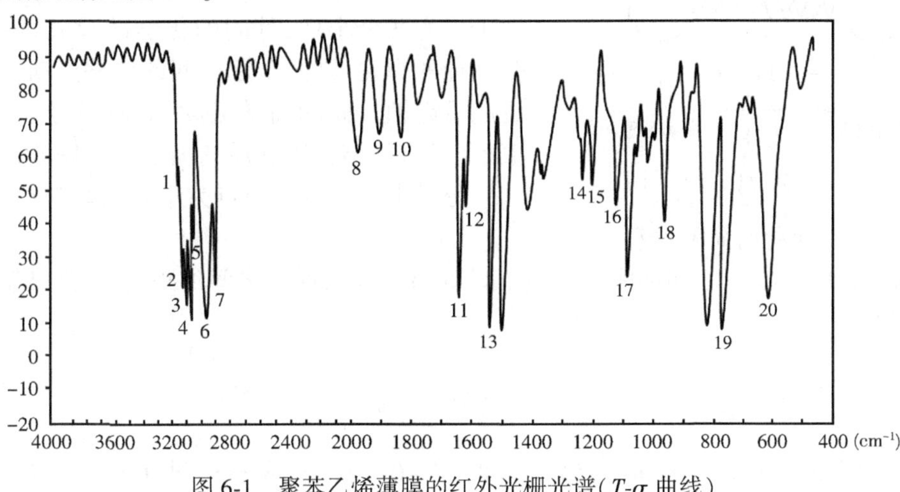

图6-1　聚苯乙烯薄膜的红外光栅光谱（T-σ 曲线）

波数是波长的倒数，常用 σ 表示，单位是 cm^{-1}，它表示每厘米长光波中波的数目。若波长以 μm 为单位，则波数与波长的关系是：

$$\sigma(cm^{-1}) = 10^4/\lambda(\mu m)$$

三、与紫外吸收光谱的比较

1. 起源不同　紫外吸收光谱属于电子能级的跃迁，波长短，频率高；红外吸收光谱，波长大，能量小，只能引起振-转能级的跃迁。

2. 适用范围不同　紫外光谱适用于芳香族、具有共轭结构的化合物和某些无机物的分析，不适用于饱和有机物。而红外光谱，几乎适用于所有有机物和某些无机物的分析。

3. 特征性不同　紫外光谱主要为 π 与 n 电子能级的跃迁（π-π，n-π 跃迁），光谱简单，特征性差，主要用于含量测定，鉴定化合物类别（官能团）等。而红外光谱，一个官能团，有几种振动形式，光谱复杂，特征性强，主要用于定性鉴别，分子结构解析。

第2节　基本原理

红外吸收曲线的特征主要由吸收峰的位置、个数及强度来描述。本节主要讨论吸收峰的产生原因、峰位、峰数、峰强及其影响因素。

一、振动能级与振动频率

分子的振动能级大于转动能级，在分子发生振动能级跃迁时，不可避免地有转动能级跃迁，因而无法测得纯振动光谱，为了学习方便，先讨论双原子分子的纯振动光谱。

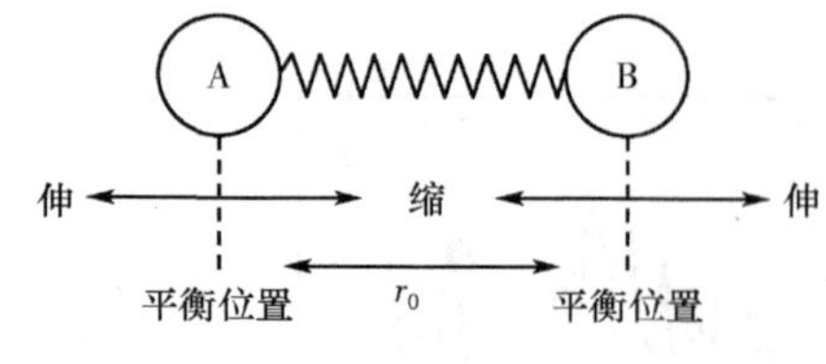

图 6-2　谐振子振动示意图

1. 振动能级　若把双原子分子中 A 与 B 两个原子视为两个小球，其间的化学键看成质量可以忽略不计的弹簧，则两个原子间的伸缩振动，可近似地看成沿键轴方向的简谐振动，双原子分子可视为谐振子（具有简谐振动性质的振子），见图 6-2。

分子中原子以平衡点为中心以非常小的振幅做周期性的振动，即所谓简谐振动。

r_0 为平衡时两原子之间的距离，r 为振动时某瞬间两原子之间的距离，U 为谐振子位能，三者之间的关系为：

$$U = \frac{1}{2}k(r - r_0)^2 \tag{6-1}$$

式中：k 为化学键力常数（N/cm）。当 $r=r_0$ 时，$U=0$；当 $r>r_0$ 或 $r<r_0$ 时，$U>0$。谐振子模型的位能曲线如图 6-3 中 a-a′所示。

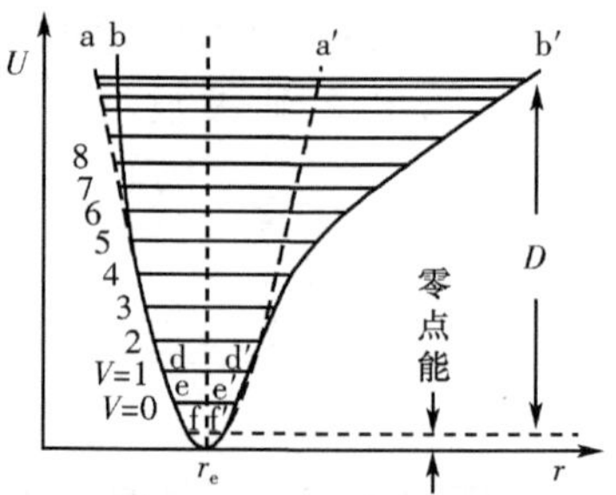

图 6-3　双原子分子位能曲线
a-a′谐振子；b-b′真实分子；
r 原子间距离；D 解离能

分子在振动时总能量 $E_V=U+T$，T 为动能。当 $r=r_0$ 时，$U=0$，则 $E_V=T$。在 A、B 两原子距离平衡位置最远时，$T=0$，$E_V=U$。

即为了讨论问题的方便，首先将微观物体宏观化，然后用经典力学的理论来研究宏观物体在振动过程中势能随 r 的变化，并按式(6-1)绘制势能曲线。

现在再把宏观物体应用量子力学理论向微观物体逼近，通过解薛定谔方程，得微观物体在振动过程中势能随振动量子数 V 的变化，见式(6-2)。

$$E_V = \left(V + \frac{1}{2}\right)h\nu \tag{6-2}$$

式中：ν 是分子振动频率；V 是振动量子数，$V=0,1,2,3,\cdots$。当 $V=0$ 时分子振动能级处于基态，$E_V=\frac{1}{2}h\nu$，为振动体系的零点能；当 $V\neq 0$ 时，分子的振动能级处于激发态。双原子分子（非谐振子）的振动位能曲线如图 6-3 中 b-b′所示。

分子吸收适当频率的红外辐射（$h\nu_L$）后，可以由基态跃迁至激发态，其所吸收的光子能量必须等于分子振动能量之差，即：

$$h\nu_L = \Delta E_V = \Delta Vh\nu \quad 或 \quad \nu_L = \Delta V\nu \tag{6-3}$$

当分子吸收某一频率的红外辐射后，由基态（$V=0$）跃迁到第一激发态（$V=1$）时所产生的吸收峰称为基频峰，为红外光谱主要吸收峰。

由于在常温下，分子的振动能级都处于基态，即使受到外能的作用，振动量子数的变化（ΔV）也很小（通常为 1~3）。由图 6-3 可见，当势能变化不大时，两条曲线的重合性较好，因此，仍然可用经典力学的理论与方法来处理微观物体所遇到的问题，如振动频率公式的导出等。

2. 振动频率　分子中每个谐振子的振动频率（ν）可由 Hooke 定律导出

$$\nu = \frac{1}{2\pi}\sqrt{\frac{k}{\mu}} \tag{6-4}$$

式中：ν 为化学键的振动频率；k 为化学键的力常数，即两原子由平衡位置伸长0.1nm后的恢复力；μ 为双原子的折合质量，即 $\mu=\frac{m_A m_B}{m_A+m_B}$，$m_A$、$m_B$ 分别为化学键两端的原子A、B的质量。

因为
$$\sigma=\frac{1}{\lambda}=\frac{\nu}{c}$$

所以
$$\sigma=\frac{1}{2\pi c}\sqrt{\frac{k}{\mu}}$$

为应用方便，用原子A、B的折合相对原子质量（简称原子量）μ′代替折合质量μ，于是可得：

$$\sigma = 1307\sqrt{\frac{k}{\mu'}} \tag{6-5}$$

式(6-5)说明双原子基团的基本振动频率的大小取决于键两端原子的折合相对原子质量和键力常数，即取决于分子的结构特征。某些键的伸缩力常数见表6-2。

表6-2　某些键的伸缩力常数（N/cm）

键	分子	k	键	分子	k
H—F	HF	9.7	H—C	$CH_2=CH_2$	5.1
H—Cl	HCl	4.8	C—Cl	CH_3Cl	3.4
H—Br	HBr	4.1	C—C		4.5~5.6
H—I	HI	3.2	C=C		9.5~9.9
H—O	H_2O	7.8	C≡C		15~17
H—S	H_2S	4.3	C—O		5.0~5.8
H—N	NH_3	6.5	C=O		12~13
C—H	CH_3X	4.7~5.0	C≡N		16~18

折合相对原子质量相同时，如 $\mu_{C\equiv C}=\mu_{C=C}=\mu_{C-C}$，而 $k_{C\equiv C}>k_{C=C}>k_{C-C}$，则 $\sigma_{C\equiv C}>\sigma_{C=C}>\sigma_{C-C}$，分别约为2060cm^{-1}、1680cm^{-1}和1190cm^{-1}。

化学键相同时，随着折合相对原子质量μ′的增大，其吸收频率变低。如：

C—H	C—C	C—O	C—Cl	C—Br	C—I	
3000	1200	1100	800	550	500	(cm^{-1})

例1　由表中查知C=C键的 k=9.5~9.9，令其为9.6，计算波数值。

解：
$$\sigma = 1307\sqrt{\frac{k}{\mu'}} = 1307\sqrt{\frac{9.6}{12\times12/(12+12)}} = 1650\text{cm}^{-1}$$

正己烯中C=C键伸缩振动频率实测值为1652cm^{-1}。

二、振动形式与振动自由度

(一) 振动形式

双原子分子只有一种伸缩振动,而多原子分子有两种或两种以上的振动形式。讨论振动形式以了解吸收峰的起源、数目及其变化规律。分子的振动形式分为伸缩振动和弯曲振动两大类。亚甲基的基本振动形式见图 6-4。

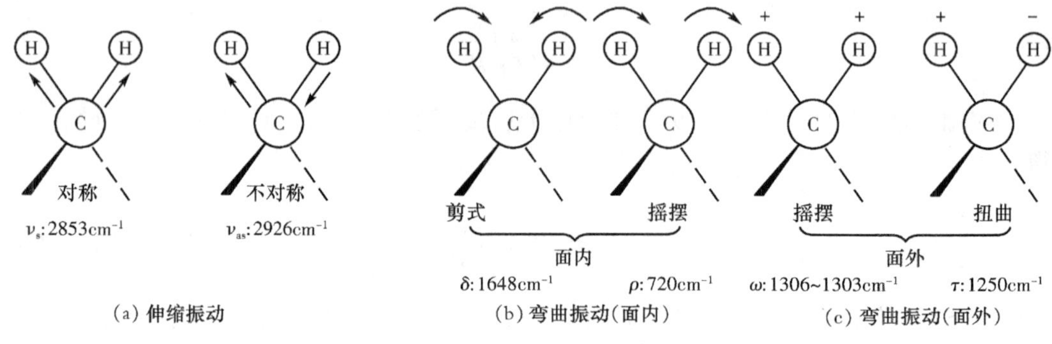

图 6-4 亚甲基的基本振动形式

1. 伸缩振动(又叫拉伸振动) 分子中原子沿着化学键方向的振动,称为伸缩振动,凡含 2 个或 2 个以上键的基团,都有对称伸缩振动(符号为 ν_s或 ν^s)和不对称伸缩振动(符号为 ν_{as}或 ν^{as})。

对称伸缩振动是指振动时,各键同时伸长或缩短(基团沿键轴的运动方向相同);不对称伸缩振动(简称反称伸缩)是指振动时某些键伸长而另外的键则缩短(基团沿键轴的运动方向相反),见图 6-4(a)。

除 CH_2、CH_3以外,NH_2、NO_2及 SO_2基团,都有对称伸缩振动与反称伸缩振动频率。如 NH_2为 3300cm^{-1}与 3400cm^{-1}。

化合物中含有两个相邻相同的官能团,也有对称和反称伸缩振动。如乙酸酐的两个羰基的伸缩振动频率为:1760cm^{-1}和 1800cm^{-1}。

2. 弯曲振动 弯曲振动是指使键角发生周期性变化的振动,又称为变角振动。弯曲振动分为面内、面外及变形振动等形式。弯曲振动的吸收频率相对较低,受分子结构的影响十分敏感。

(1) 面内弯曲振动(β):在由几个原子构成的平面内进行的弯曲振动,称为面内弯曲振动。分为剪式及面内摇摆振动两种。组成为 AX_2 的基团或分子易发生此类振动,如图 6-4(b)。

1) 剪式振动(δ):在振动过程中键角的变化类似剪刀的“开”、“闭”的振动。

2) 面内摇摆振动(ρ):基团作为一个整体,在平面内摇摆。

(2) 面外弯曲振动(γ):在垂直于几个原子所构成的平面外进行的弯曲振动,称为面外弯曲振动。分为面外摇摆和扭曲振动两种,如图 6-4(c)。

1）面外摇摆振动（ω）：两个原子同时向面上（+）或同时向面下（-）的振动。

2）扭曲振动（τ）：一个原子向面上（+），另一个原子向面下（-）的来回扭动。

（3）变形振动：AX_3基团或分子的弯曲振动，分为对称和不对称变形振动两种，如图6-5。

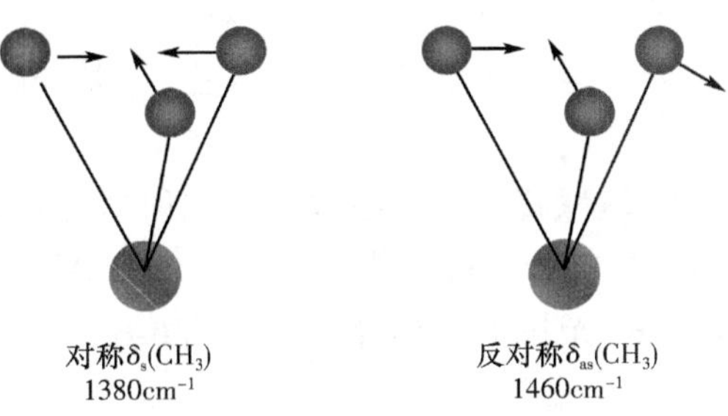

图6-5　甲基的对称与不对称变形振动

1）对称变形振动（δ_s）：在振动过程中，3个A-X键与轴线组成的夹角对称地缩小或增大，形如花瓣开、闭的振动。

2）不对称变形振动（δ_{as}）：在振动过程中，有的夹角缩小，有的夹角增大。

（二）振动的自由度（f）

振动自由度是分子基本振动的数目，即分子的独立振动数。双原子分子只有一种振动形式，组成分子的原子越多，基本振动的数目就越多。

在中红外区，光子的能量较小，不足以引起分子的电子能级跃迁，所以只有分子中的三种运动形式的变化：平动、振动与转动的能量变化。分子的平动能改变，不产生振-转光谱；分子的转动能级跃迁产生远红外光谱。因此，应扣除平动与转动两种运动形式，即在中红外区，只考虑分子的振动能级跃迁。

在含有N个原子的分子中，若先不考虑化学键的存在，则在三维空间内，每个原子都能向x、y、z三个坐标方向独立运动。那么含有N个原子的分子就有$3N$个独立运动的方向，即有$3N$个自由度。而这个$3N$自由度为分子的振动自由度、分子的转动自由度与分子的平动自由度之和。所以分子的振动自由度f为：

$$\text{振动自由度} f = 3N - \text{转动自由度} - \text{平动自由度}$$

对于非线性分子，除平动外，整个分子可以绕三个坐标轴转动，有3个转动自由度。从总自由度$3N$中扣除3个平动自由度及3个转动自由度。则：$f=3N-6$。

对于线性分子，由于绕自身键轴转动的转动惯量为零，所以线性分子只有2个转动自由度。则：$f=3N-5$。

由振动自由度数，可以估计基频峰的可能数目。

如　非线性分子H_2O，其振动自由度为3，故H_2O三种基本振动形式。

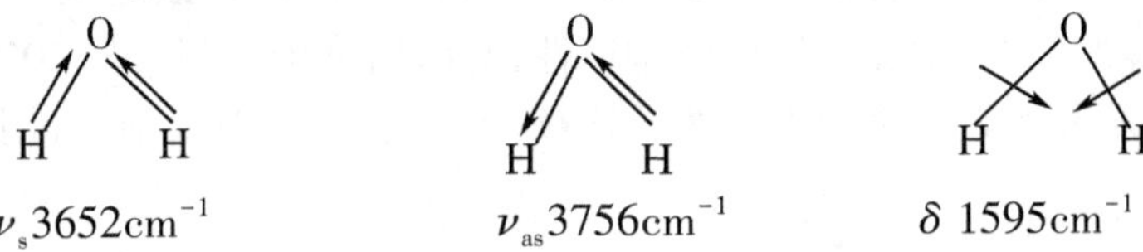

又如　线性分子CO_2，其振动自由度4为，故CO_2有四种基本振动形式。

$\overleftarrow{O}=C=\overrightarrow{O}$　　$\overrightarrow{O}=\overleftarrow{C}=\overrightarrow{O}$　　$\overset{\uparrow}{O}=\underset{\downarrow}{C}=\overset{\uparrow}{O}$　　$\overset{+}{O}=\overset{-}{C}=\overset{+}{O}$

ν_s1388cm^{-1}　　ν_{as}2349cm^{-1}　　δ667cm^{-1}　　τ667cm^{-1}

三、基频峰与泛频峰

1. 基频峰 分子吸收红外辐射后，由振动能级的基态（$V=0$）跃迁至第一激发态（$V=1$）时所产生的吸收峰称为基频峰。此时 $\Delta V=1, \nu_L=\nu$，吸收红外线的频率等于振动频率。4000～400cm^{-1}范围的基频峰分布见图 6-6。

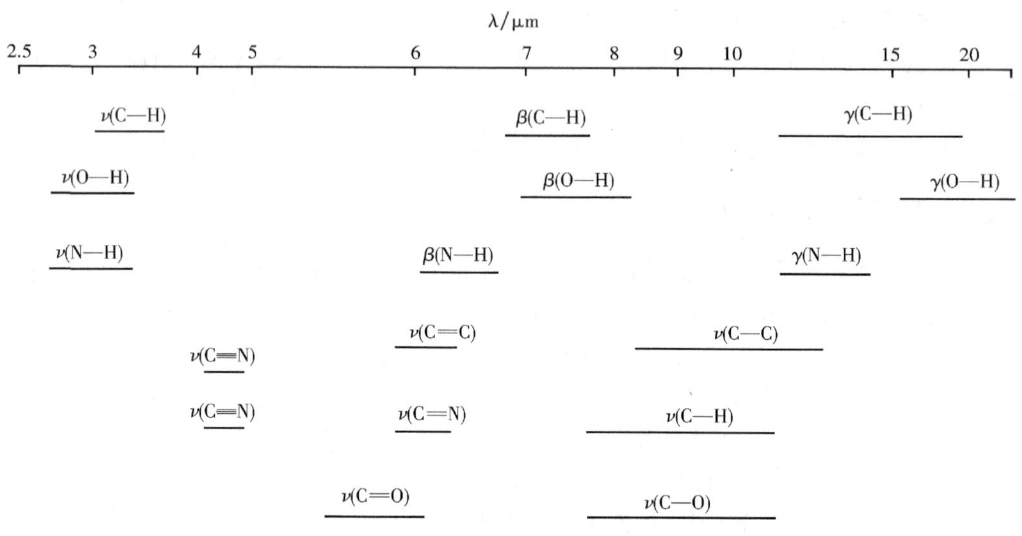

图 6-6 基频峰分布略图

2. 泛频峰 分子吸收红外辐射后，由振动能级的基态（$V=0$）跃迁至第二激发态（$V=2$）、第三激发态（$V=3$）、…，所产生的吸收峰称为倍频峰。由于分子的非谐振性质，位能曲线中的能级差并非等距，V 越大，间距越小（见图 6-3）。因此倍频峰的频率并非是基频峰的整数倍，而是略小一些。

此外，还有组频峰，包括合频峰（$\nu_1+\nu_2$，$2\nu_1+\nu_2$，…）和差频峰（$\nu_1-\nu_2$，$2\nu_1-\nu_2$，…）。

倍频峰、合频峰与差频峰统称为泛频峰。泛频峰多为弱峰（跃迁概率小），一般谱图上不易辨认。泛频峰的存在，增加了光谱的特征性，对结构分析有利。如 2000～1667cm^{-1}区间的泛频峰，主要由苯环上碳氢键面外弯曲的倍频峰构成，特征性很强，可用于鉴别苯环上的取代位置。

四、特征峰与相关峰

1. 特征峰 凡能证明某官能团的存在又易辨认的吸收峰称为特征吸收峰，简称特征峰。

如正癸烷、正癸腈和 1-正癸烯的红外光谱如图 6-7。

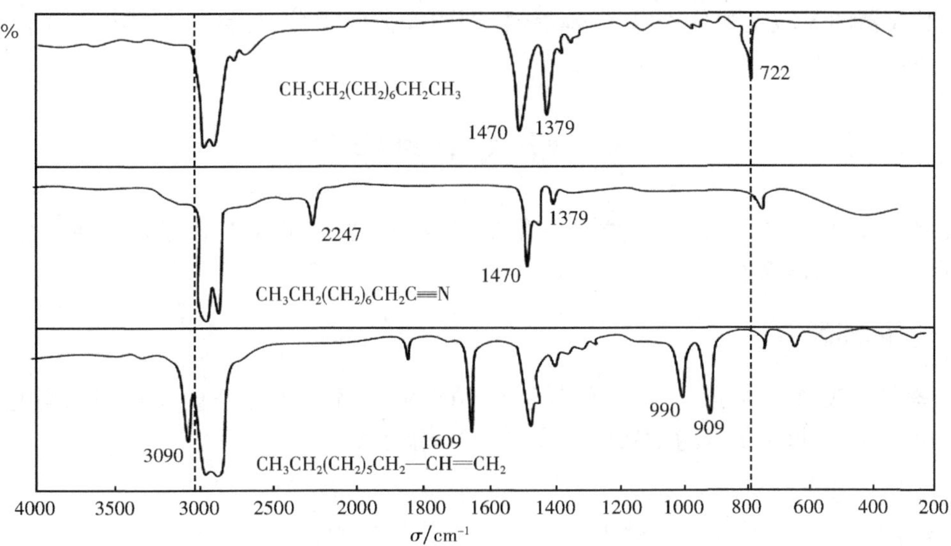

图 6-7　正癸烷、正癸腈、1-正癸烯的红外吸收光谱

与正癸烷相比，正癸腈在 $2247cm^{-1}$处有一吸收峰，为—C≡N 的伸缩振动所产生的基频峰，记为 $\nu_{C\equiv N}$。$2247cm^{-1}$的吸收峰即是氰基的特征峰。

1-正癸烯的光谱中，由于有—CH═CH_2 基团的存在，能明显观察到 4 个特征峰：

$\nu_{as}(=CH_2)$	$\nu(C=C)$	$\gamma(=CH)$	$\gamma(=CH_2)$
$3090cm^{-1}$	$1639cm^{-1}$	$990cm^{-1}$	$909cm^{-1}$

2. 相关峰　由一个官能团所产生的一组相互依存的特征峰，互称为相关吸收峰，简称相关峰。上述—CH═CH_2基团的 4 个相互依存的特征峰即组成一组相关峰。通常用一组相关峰来确定一个官能团的存在，是光谱解析的一条重要原则。

主要基团的特征峰和相关峰详见附录一。

五、吸收峰的峰数

1. 产生红外吸收的条件　分子吸收红外辐射产生吸收必须同时满足以下两个条件：

（1）辐射能等于振动跃迁所需要的能量，即 $\nu_L=\Delta V\nu$。

（2）振动前后偶极矩产生变化，即 $\Delta\mu\neq0$。我们把振动周期内发生偶极距变化的振动，称为红外活性振动，反之，则称为红外非活性振动。如 CO_2分子的 $\nu_s(1388cm^{-1})$为对称伸缩振动，偶极距变化为零，属红外非活性振动，不产生吸收峰。

2. 吸收峰的峰数　实际观察到的红外吸收峰数目并不等于分子振动自由度即基本振动数，其主要原因是：

（1）泛频峰的出现使吸收峰多于基本振动数。

（2）红外非活性振动使吸收峰少于基本振动数。

（3）吸收峰简并使吸收峰减少于基本振动数。简并是指分子中振动形式不同，但其振动吸收频率相等的现象。如 CO_2分子中 $\delta(C=O)667cm^{-1}$与 $\gamma(C=O)667cm^{-1}$频率相同，发生简并，仅出现一个峰。

(4) 仪器的灵敏度和分辨率。吸收峰特别弱或彼此十分接近时,仪器检测不出或分辨不出而使吸收峰减少。

六、吸收峰的峰位

根据式(6-2)可知,吸收峰峰位可由化学键两端的原子质量和化学键的键力常数来预测,但存在下列影响因素。

(一) 内部因素

1. 诱导效应(I 效应) 不同取代基具有不同的电负性,通过静电诱导作用,引起电荷分布的变化,从而引起化学键力常数的改变,导致峰位改变。

如: R—C(=O)—R′ $\nu_{C=O}$ 1715cm^{-1}　R—C(=O)—H $\nu_{C=O}$ 1730cm^{-1}　R—C(=O)→Cl $\nu_{C=O}$ 1800cm^{-1}

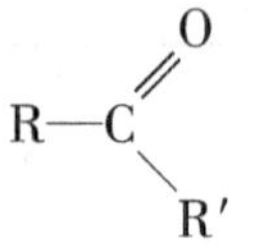

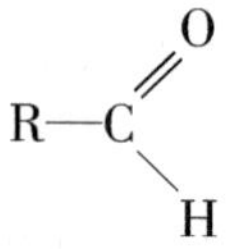

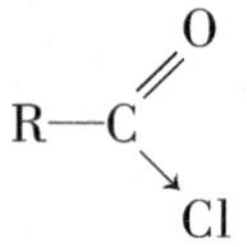

当电负性较强的元素与羰基相连时,由于诱导效应,使氧原子上的电子转移,电子云密度增大,键力常数增大,从而使吸收峰向高频移动。

2. 共轭效应(M 效应) 共轭体系使电子云密度平均化,使双键的吸收峰向低频方向移动。

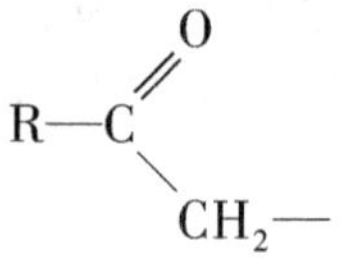

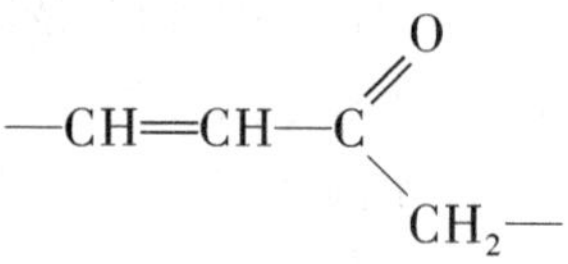

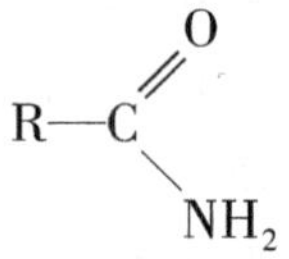

R—C(=O)—CH$_2$— $\nu_{C=O}$ 1715cm^{-1}　—CH=CH—C(=O)—CH$_2$— $\nu_{C=O}$ 1685~1665cm^{-1}　R—C(=O)—NH$_2$ $\nu_{C=O}$ 1650cm^{-1}

π-π 共轭、p-π 共轭均使羰基的 π 电子离域,其双键性减弱,键的力常数减小,使羰基向低频方向移动。

3. 氢键效应 氢键效应分为分子内氢键与分子间氢键,氢键的形成使伸缩振动频率降低。

分子内氢键是缔合作用的一种形式,对吸收峰位置产生明显影响,但其作用不受浓度的影响,有助于结构分析。

如 2-羟基-4-甲氧基苯乙酮: (结构式:苯环上 C(=O)CH$_3$ 与邻位 O—H 形成分子内氢键 O···H—O,对位 —O CH$_3$)

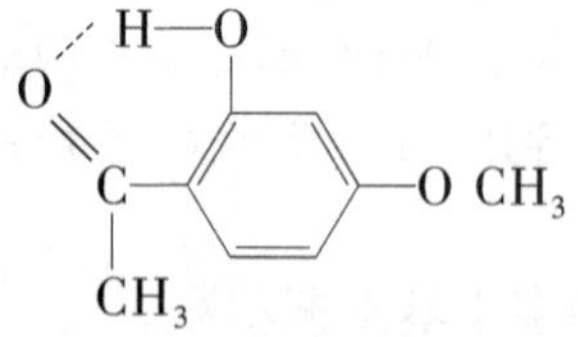

由于分子内氢键的存在,羰基和羟基的伸缩振动的基频峰大幅度地向低频方向移动。分子中 ν_{OH} 为 2835cm^{-1}(通常酚羟基 ν_{OH} 为 3705~3200cm^{-1}),$\nu_{C=O}$ 为 1623cm^{-1}(通常苯乙酮 $\nu_{C=O}$ 为 1700~1670cm^{-1})。

分子间氢键受浓度的影响较大,随浓度的稀释,吸收峰位置改变。可借观测稀释过程的峰位是否变化，来判断是分子间氢键还是分子内氢键。

如，乙醇在极稀溶液中呈游离状态，随浓度增加而形成二聚体、多聚体，它们的 ν_{OH} 分别为 3640cm^{-1}、3515cm^{-1} 及 3350cm^{-1}。

4. 空间位阻　由于立体障碍，使羰基与烯键或苯环不能处于共平面上，结果使共轭效应减弱，羰基的双键性增强，使 C ═O 的伸缩振动频率向高频移动。

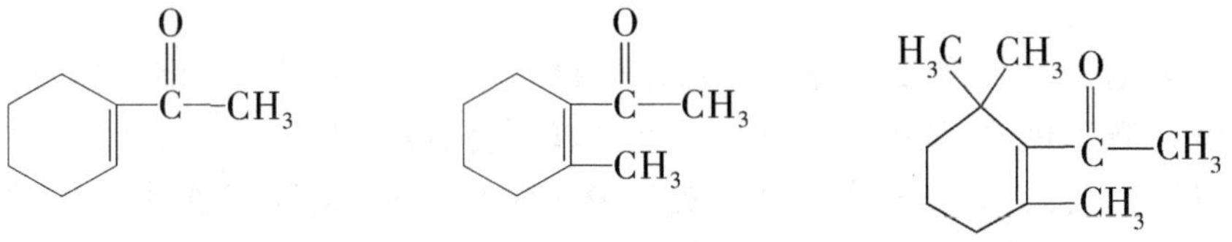

$\nu_{C=O}$ 1663cm^{-1}　　$\nu_{C=O}$ 1686cm^{-1}　　$\nu_{C=O}$ 1693cm^{-1}

5. 杂化影响　在碳原子的杂化轨道中 s 成分增加，键能增加，键长变短，C—H 伸缩振动频率增加，见表 6-3。

表 6-3　杂化对峰位的影响

键	—C—H	═C—H	≡C—H
杂化类型	sp^3	sp^2	sp
C—H 键长/nm	0.112	0.110	0.108
C—H 键能/(kJ/mol)	423	444	506
ν_{CH}/cm^{-1}	~2900	~3100	~3300

碳-氢伸缩振动频率是判断饱和氢与不饱和氢的重要依据。ν_{CH} 在 3000cm^{-1} 左右，大体以 3000cm^{-1} 为界。不饱和碳氢的伸缩振动频率 ν_{CH} 大于 3000cm^{-1}；饱和碳氢的伸缩振动频率 ν_{CH} 小于 3000cm^{-1}。

6. 振动耦合效应　当两个相同的基团在分子中靠的很近或共用一个原子时，其相应的特征吸收峰常发生分裂，形成两个峰，这种现象称为振动的耦合。基团的对称与反对称伸缩振动频率就是这种耦合效应的典型例子。又如酸酐、丙二酸、丁二酸及其酯类，由于两个基频羰基振动的耦合，使羰基分裂成双峰。

还有一种振动耦合是倍频与基频之间的耦合（如苯甲醛），当倍频峰（或泛频峰）出现在某强的基频峰附近时，弱的倍频峰（或泛频峰）的吸收强度常常被增强，甚至发生分裂，这种倍频峰（或泛频峰）与基频峰之间的振动耦合现象称为费米共振（Fermi resonance）。

除上述因素外，内部因素尚有分子结构中环的大小效应、互变异构等因素的影响。

（二）外部因素

在测定红外光谱时，由于溶剂种类、溶液浓度和测定时的温度不同，同一物质所得的红外光谱不尽相同。其中溶剂的极性影响最大，极性基团的伸缩频率，常随溶剂的极性增大而降低。极性越大，形成氢键的能力越强，降低越多。如丙酮的羰基伸缩振动在非极性烃类溶剂中为 1727cm^{-1}，在 $CHCl_3$、$CHCl_3$ 或 CH_3CN 中，则为 1705cm^{-1}。

此外，色散元件的种类与性能也影响峰的位置。

七、吸收峰的强度

1. 峰强的表示 绝对强度用摩尔吸收系数 ε 表示，分为 5 级：
极强峰(vs)：$\varepsilon \approx 200$；强峰(s)：$\varepsilon = 75 \sim 200$；中强峰(m)：$\varepsilon = 25 \sim 75$；弱峰(w)：$\varepsilon = 5 \sim 25$；很弱峰(vw)：$\varepsilon = 0 \sim 5$ 。

2. 跃迁概率 跃迁过程中激发态分子占总分子的百分数，称为跃迁概率。吸收峰强度与振动过程中的跃迁概率相关，跃迁概率越大，则吸收峰的强度越大。而跃迁概率取决于振动过程中分子偶极矩的变化，偶极矩变化又取决于分子结构的对称性，对称性越差，偶极矩变化越大，跃迁概率越大，则吸收峰越强。

如 C ═O 和 C ═C，碳原子和氧原子的相对原子质量接近，又都是以双键连接，因此基本振动频率相近，吸收峰的位置相近，但 C ═O 吸收峰强度远比 C ═C 吸收峰大。

第3节　典型光谱

由典型光谱了解不同类别化合物的光谱特征。对比典型光谱，可以识别某些基团的特征峰。

一、脂肪烃类

(一) 烷烃

烷烃的主要特征峰是 ν_{CH} 3000～2850cm^{-1}(s)，δ_{CH_2} 1465cm^{-1}(m)，$\delta^{as}_{CH_3}$ 1450cm^{-1}(s)，$\delta^{s}_{CH_3}$ 1375cm^{-1}，见图 6-8(a)。

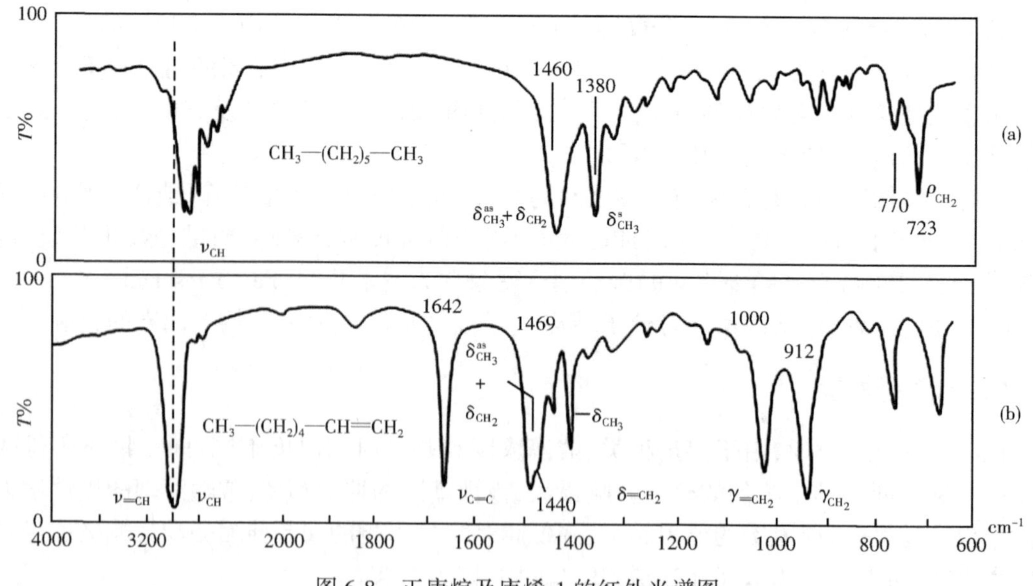

图 6-8　正庚烷及庚烯-1 的红外光谱图

1. 碳-氢伸缩振动

(1) $\nu_{CH_3}^{as}(2962\pm10)cm^{-1}>\nu_{CH_2}^{as}(2926\pm10)cm^{-1}$。

(2) $\nu_{CH_3}^{s}(2872\pm10)cm^{-1}>\nu_{CH_2}^{s}(2852\pm10)cm^{-1}$。

(3) 次甲基(CH),只有一个碳-氢伸缩振动峰 $\nu_{C-H}(2890\pm10)cm^{-1}$,较弱,不易检出。

2. 甲基与亚甲基弯曲振动

(1) 孤立甲基 CH_3:$\delta_{CH_3}^{as}1450cm^{-1}$(s),$\delta_{CH_3}^{s}1375cm^{-1}$,其中 $1375cm^{-1}$常作为鉴定甲基的依据。

(2) $—CH(CH_3)_2$:反称与对称变形振动峰的峰位分别约为 $1385cm^{-1}$和 $1375cm^{-1}$,裂距为 $10cm^{-1}$。

(3) $—C(CH_3)_3$:反称与对称变形振动峰的峰位分别约为 $1395cm^{-1}$(s)和 $1365cm^{-1}$(w),裂距为 $30cm^{-1}$。

(4) 亚甲基 CH_2:$\delta_{CH_2}1465cm^{-1}$(m),链状烷烃亚甲基的弯曲振动,由于相邻亚甲基的耦合,谱带位置变动较大,在$\text{+}CH_2\text{+}_n$ 中,$n\geqslant4$ 时,振动吸收频率稳定在 $722cm^{-1}$。

(二) 烯烃

主要特征峰有 $\nu_{=C-H}3100\sim3000cm^{-1}$(m), $\nu_{C=C}\sim1650cm^{-1}$(w),面外 $\gamma_{=CH}$ $1010\sim650cm^{-1}$(s),见图 6-8(b)。

1. $\nu_{=C—H}$　凡是未全部取代的双键在 $3000cm^{-1}$以上区域应有═C—H 键的伸缩振动吸收峰。

2. $\nu_{C=C}$　烯烃的 $\nu_{C=C}$大多在 $1650cm^{-1}$附近,一般强度较弱。若有共轭效应,则其C ═C 伸缩振动频率降低 $10\sim30cm^{-1}$。若取代基完全对称,则吸收峰消失。

3. $\gamma_{=CH}$　烯烃的 $\gamma_{=CH}$受其他基团的影响较小,峰较强,具有高度特征性,可用于确定烯烃化合物的取代模式。如端乙烯基 $\gamma_{=C-H}$在$(990\pm5)cm^{-1}$、$(909\pm5)cm^{-1}$出现双峰;单烯双取代反式结构出现在$(960\pm10)cm^{-1}$,顺式则出现在$(690\pm10)cm^{-1}$。

(三) 炔烃

主要特征峰有:$\nu_{\equiv CH}3300cm^{-1}$,$\nu_{C\equiv C}2270\sim2100cm^{-1}$,$\gamma_{\equiv CH}665\sim625cm^{-1}$,见图 6-9。

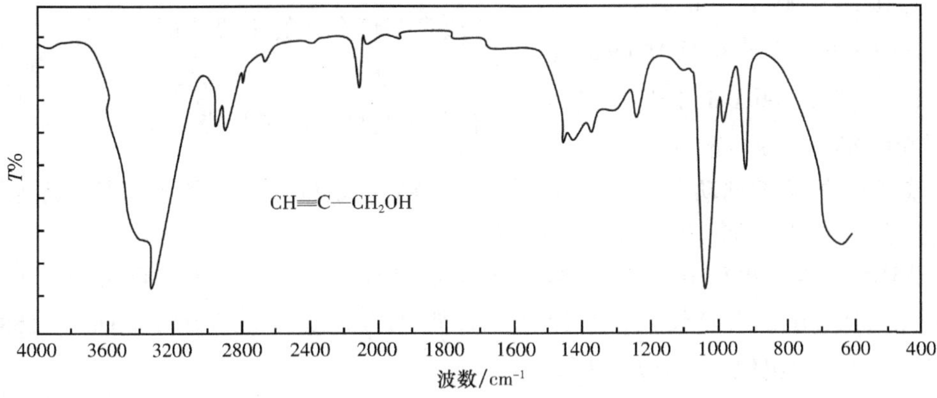

图 6-9　炔丙醇的红外光谱图

1. $\nu_{\equiv CH}$　在 $3300cm^{-1}$附近有吸收,强度大,形状尖锐。

2. $\nu_{C\equiv C}$ 在单取代乙炔(R—C≡C—H)中,由于分子对称性较差,$\nu_{C\equiv C}$吸收峰较强,吸收频率偏低(2140~2100cm^{-1});在双取代乙炔中,由于分子对称性增强,吸收带变弱,振动频率升高至2260~2190cm^{-1};在对称结构中,不产生吸收峰。

3. $\gamma_{\equiv CH}$ 在665~625cm^{-1}间有吸收峰,偶尔在1250cm^{-1}附近出现二倍频吸收,呈强宽吸收。

二、芳香烃类

取代苯的主要特征峰有(见图6-10):

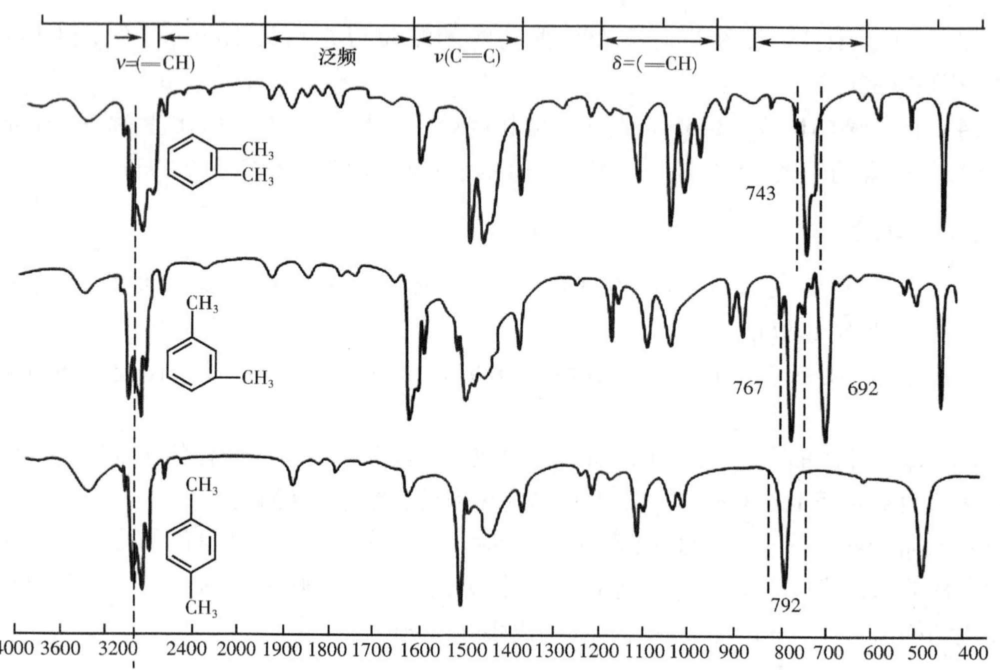

图6-10 邻、间及对位二甲苯的红外光谱图

$\nu_{=CH}$3100~3000cm^{-1}(m)
$\nu_{C=C}$(骨架振动)1600及1500cm^{-1}(m-s) } 决定苯环存在的主要特征峰

面外$\gamma_{=CH}$910~665cm^{-1}(s)
泛频峰:2000~1667cm^{-1}(w,vw) } 决定取代位置与数目的特征峰

1. 苯环碳-氢伸缩振动 $\nu_{=CH}$ 大多出现在3070~3030cm^{-1},常和苯环骨架振动的合频峰在一起形成数个吸收峰,尖锐,弱至中等强度。

2. 苯环骨架伸缩振动 $\nu_{C=C}$ 非共轭苯环骨架伸缩振动($\nu_{C=C}$)吸收峰在~1600cm^{-1}及~1500cm^{-1},一般1500cm^{-1}峰较强。共轭苯环骨架伸缩振动($\nu_{C=C}$)在1600cm^{-1}、1580cm^{-1},1500cm^{-1}、1430cm^{-1}出现3~4个吸收峰。

3. 苯环氢面外弯曲振动 $\gamma_{=CH}$ 苯环氢面外弯曲振动($\gamma_{=CH}$)峰与取代位置高度相关,而且峰很强,是确定苯环上取代位置及鉴定苯环存在的重要特征峰。如二甲苯:邻:$\gamma_{=CH}$ 743;间:767,692(双峰);对:792cm^{-1}。

4. 泛频峰　取代苯的泛频峰(图6-1中的8、9、10号峰)也是苯环取代位置的特征峰。峰位和峰形与取代基的位置、数目相关,而与取代基的性质关系很小。但泛频峰的峰强一般都很弱,在有极性取代基时更弱,如图6-11。

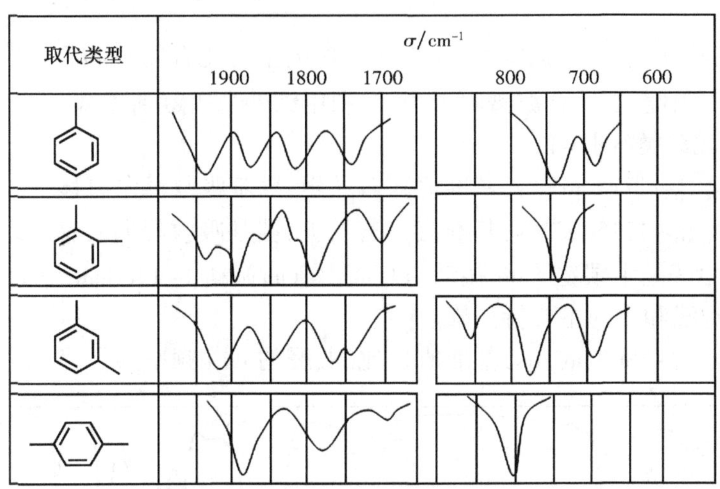

图6-11　苯环取代类型对红外光谱的影响

三、醚、醇与酚类

1. 醇与酚　均含—OH,相同的特征峰为ν_{OH}和ν_{C-O},但峰位不同(图6-12)。此外酚具有苯环的特征。ν_{OH}在气态和非极性稀溶液中,都以游离方式存在,峰较锐,醇ν_{OH}3650~3610cm^{-1}(s),酚ν_{OH} 3650~3590cm^{-1}(s);在二聚、多聚缔合氢键状态下醇与酚ν_{OH} 3550~3200cm^{-1},峰钝。

ν_{C-O}峰较强,在1320~1050cm^{-1},是该区域最强的峰,易识别。

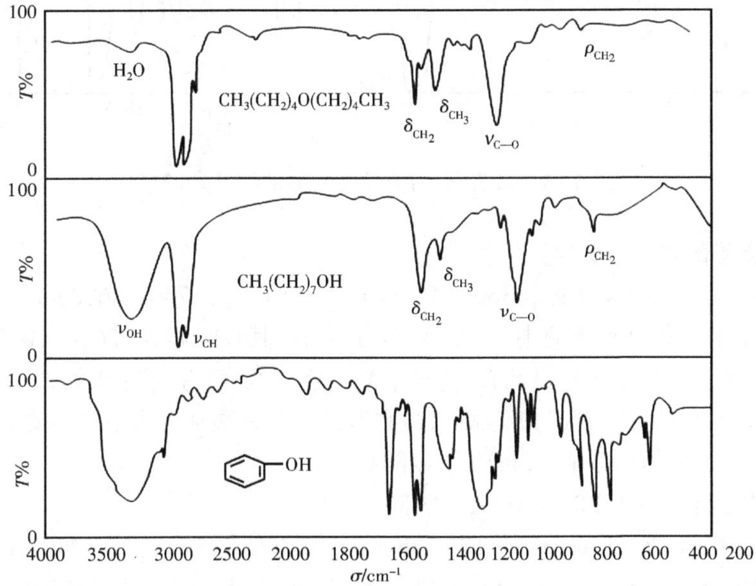

图6-12　正戊醚、正辛醇与苯酚的红外光谱图

2. 醇与醚 均有 ν_{C-O} 峰。醚不具有 ν_{OH} 峰,是与醇的主要区别。

四、羰基化合物

均含有羰基峰 $\nu_{C=O}$,峰的强度大,易辨认。含羰基的化合物种类较多,且在核磁共振谱中不呈现羰基峰,因此,在综合波谱解析中,常利用红外光谱鉴别羰基。

1. 醛、酮及酰氯类(图 6-13)

(1)酮类:$\nu_{C=O}$ ~ 1715cm^{-1}(s,基准值),若共轭,羰基吸收峰向右移。

(2)醛类:$\nu_{C=O}$ ~ 1725cm^{-1}(s,基准值),若共轭,羰基吸收峰向右移。$\nu_{CH(O)}$ 双峰,~2820 及 2720cm^{-1},是由醛基中碳-氢伸缩振动与其面内弯曲振动(~1400cm^{-1})的倍频峰发生费米共振所致,是鉴别醛和酮的主要特征峰。

(3)酰氯:$\nu_{C=O}$ ~ 1800cm^{-1}(s,基准值),比酮、醛的 $\nu_{C=O}$ 频率大。

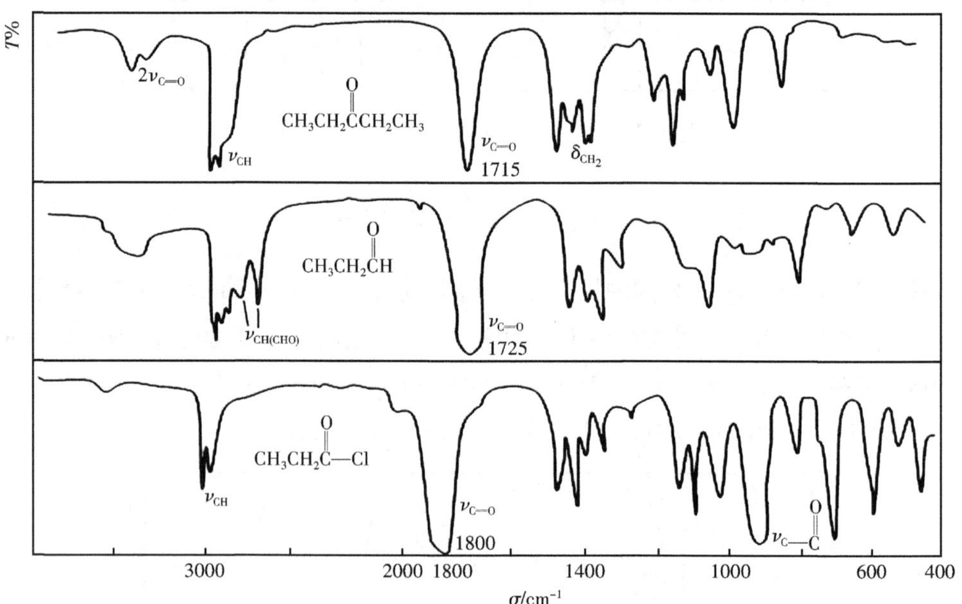

图 6-13 二乙酮、丙醛及丙酰氯的红外光谱图

2. 酸、酯及酸酐类(图 6-14)

(1)羧酸:主要特征峰为 ν_{OH}(3600~2500cm^{-1})与 $\nu_{C=O}$(1740~1680cm^{-1})。

ν_{OH} 峰在气态和非极性稀溶液中,酸以游离方式存在,其吸收峰为 3560~3500cm^{-1}(s),峰形尖锐。液态或固态的脂肪酸由于氢键缔合,使羟基伸缩峰变宽,通常呈现以 3000cm^{-1} 为中心的特征的强宽吸收峰,饱和碳-氢伸缩振动吸收峰常被它淹没。芳香酸则常为不规则的宽强多重峰。

$\nu_{C=O}$ 比酮、醛、酯的羰基峰钝,是较明显的特征。

ν_{C-O} 峰较强,出现在 1320~1200cm^{-1} 区间。

(2)酯类:主要特征峰:$\nu_{C=O}$ 峰~1735cm^{-1}(s,基准值)及 ν_{C-O} 峰 1280~1100cm^{-1}。

ν_{C-O} 峰出现 ν^{as}_{C-O-C} 和 ν^{s}_{C-O-C},通常前者形状宽,强度大,只能看到反称伸缩振动峰。

(3)酸酐类:主要特征峰:$\nu_{C=O}$ 峰,双峰,$\nu^{as}_{C=O}$ 1850~1800cm^{-1}(s);$\nu^{s}_{C=O}$ 1780~1740cm^{-1}

(s);ν_{C-O}峰 1170~1050cm^{-1}(s)。酸酐羰基峰分裂为双峰,是鉴别酸酐的主要特征峰。酸酐与酸相比不含羟基特征峰。

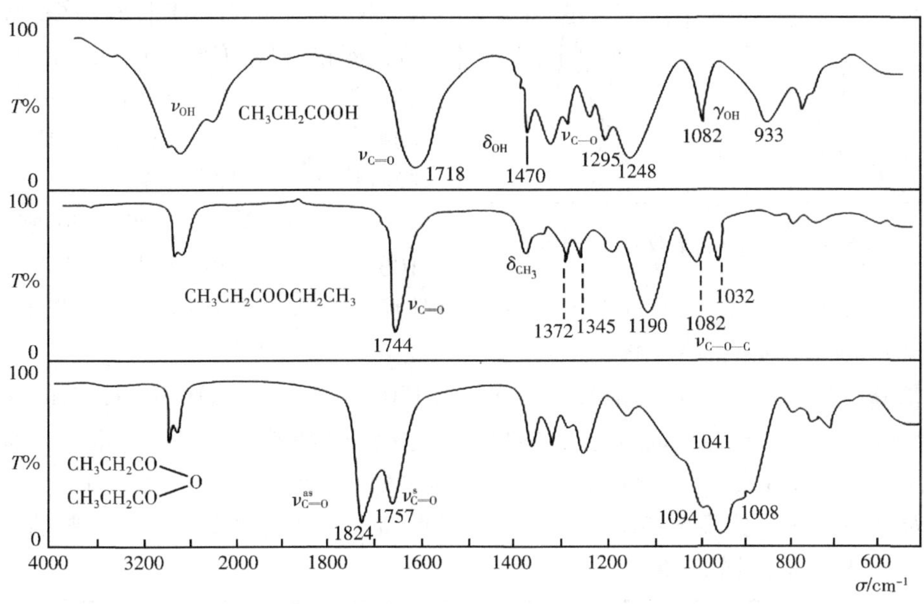

图 6-14　正丙酸、丙酸乙酯及丙酸酐的红外光谱图

五、含氮化合物

1. 胺类化合物(图 6-15)　主要特征峰 ν_{NH}(3500~3300cm^{-1})和 β_{NH};ν_{C-N}(1340~1020cm^{-1})及 γ_{NH}(900~650cm^{-1})峰次要。

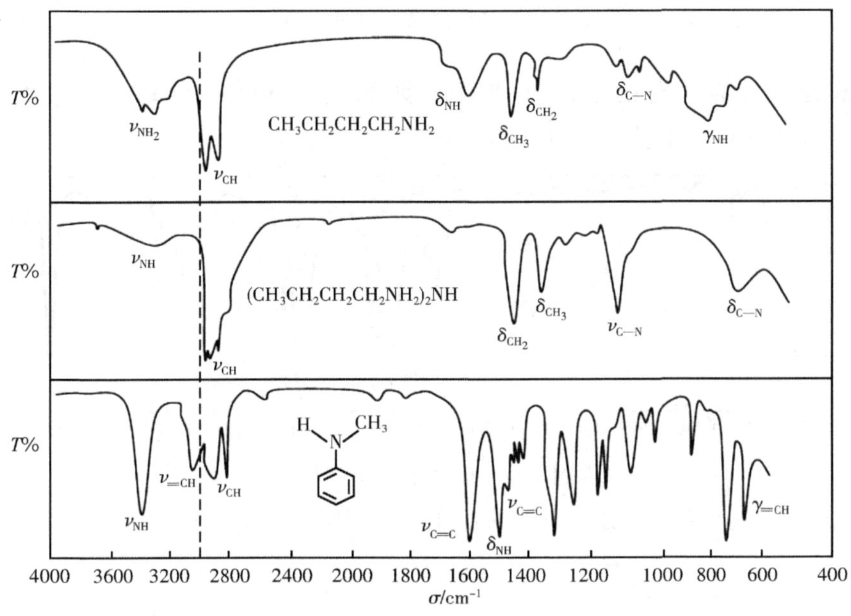

图 6-15　正丁胺、正二丁胺及 *N*-甲基苯胺的红外光谱图

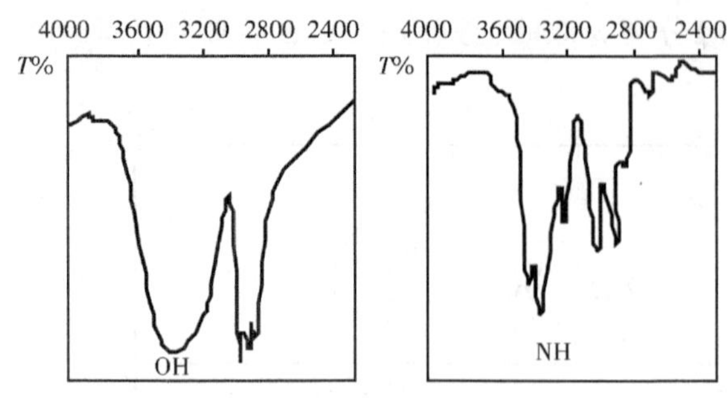

图 6-16 ν_{OH}和ν_{NH}吸收峰的比较

ν_{NH}峰：伯胺（—NH_2）为双峰（强度大致相等），仲胺（—NH—）为单峰，叔胺（—N═）无此峰。脂肪胺峰弱；芳香胺峰强。不论游离的还是缔合的N—H伸缩振动的峰都比相应氢键缔合的O—H伸缩振动峰弱而尖锐。O—H和N—H伸缩振动吸收峰的比较见图6-16。

脂肪胺的$\nu_{C—N}$吸收峰在1235～1065cm^{-1}区域，峰较弱，不易辨别。芳香胺的$\nu_{C—N}$吸收峰在1360～1250cm^{-1}区域，其强度比脂肪胺大，较易辨认。与酰胺相比，胺类化合物无1700cm^{-1}附近的羰基峰。

2. 酰胺类化合物 主要特征峰ν_{NH}3500～3100cm^{-1}(s)；$\nu_{C=O}$1680～1630cm^{-1}(s)；β_{NH} 1640～1550cm^{-1}，见图6-17。ν_{NH}峰：在稀的非极性溶剂中，酰胺以游离态为主，伯酰胺ν_{NH}峰为双峰，ν_{NH}^{as}～3350cm^{-1}，ν_{NH}^{s}～3180cm^{-1}；仲酰胺为单峰，约3270cm^{-1}；叔酰胺无ν_{NH}峰。酰胺的$\nu_{C=O}$及β_{NH}峰，分别为酰胺谱带Ⅰ和酰胺谱带Ⅱ，是酰胺的主要特征峰。酰胺的$\nu_{C—N}$吸收峰很弱，一般只作基团识别的旁证。

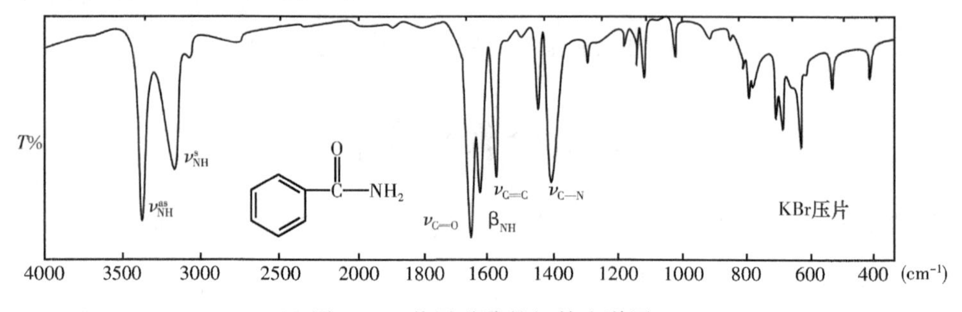

图 6-17 苯甲酰胺的红外光谱图

3. 硝基类化合物 有两个硝基伸缩振动峰，$\nu_{NO_2}^{as}$ 1590～1510cm^{-1}(s)及$\nu_{NO_2}^{s}$ 1390～1330cm^{-1}(s)，强度很大，很易辨认，见图6-18。

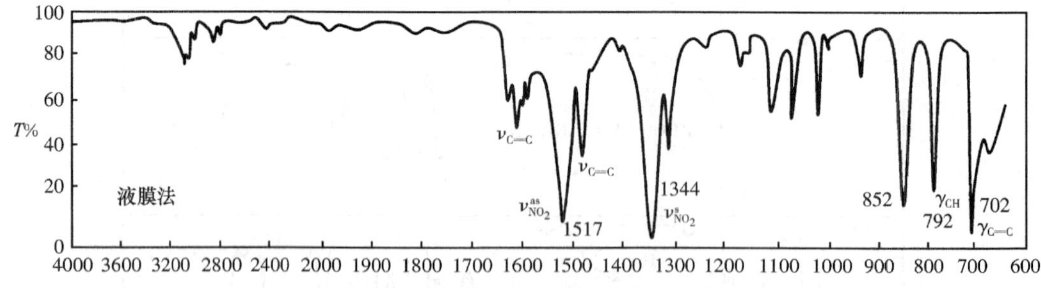

图 6-18 硝基苯的红外光谱

在芳香族硝基化合物中，由于硝基的存在，使苯环的$\nu_{=CH}$及$\nu_{c=c}$峰明显减弱。

第4节　红外分光光度计及制样

常见的红外分光光度计的波数范围为4000~400cm^{-1}。仪器的发展大体经历了3个阶段:
第一代:棱镜红外光度计,岩盐棱镜,易吸潮损坏,分辨率低,已淘汰。
第二代:光栅红外光度计,对环境要求不高,价格便宜,但扫描速度慢。
第三代:傅里叶变换红外光谱仪,有很高的分辨率,极快的扫描速度。
红外分光光度计通常可以分为两类:
(1) 色散型:习惯上称红外分光光度计;
(2) 干涉型:傅里叶变换红外光谱仪。

一、色散型红外光谱仪主要部件

(一) 光源

红外光源是能够发射高强度连续红外辐射的物体。常用的主要有能斯特灯和硅碳棒。

1. 能斯特灯　能斯特灯是由锆、钇和钍或铈的氧化物烧结制成的中空或实心圆棒,直径1~3mm,长20~50mm;两端绕以铂丝作为电极;室温下,是非导体,使用前预热到800℃。工作温度在1500℃左右,功率50~200W。其特点是发光强度大,尤其在高于1000cm^{-1}的区域;但性脆易碎,机械强度差。

2. 硅碳棒　硅碳棒是由碳化硅烧结而成,一般制成两端粗,中间细的实心棒,直径约5mm,长20~50mm;工作温度在1300℃左右,功率200~400W,不需预热。它在低波数区发光较强,工作波段为400~4000cm^{-1}。其特点是坚固、使用寿命长、发光面积大。

3. 特殊线圈　特殊线圈也称为恒温式加热线圈,由特殊金属丝制成,通电热灼产生红外线。

(二) 单色器

早期用NaCl、KBr等的大晶体制作棱镜,因易吸潮变坏,现已淘汰。代之以光栅单色器,它不仅对恒温恒湿要求不高,且具有线性色散、分辨率高和光能量损失小等优点。

(三) 检测器

分为热检测器和光检测器两大类。

1. 真空热电偶　热检测器常用的有真空热电偶;利用不同导体构成回路时的温差电现象,将温差转变为电位差,涂黑金箔接受红外辐射。一个好的热电偶检测器可响应10^{-6}℃的温度变化。

2. 光检测器　光检测器的敏感元件是锑化铟、砷化铟、硒化铅以及掺杂痕量铜或汞的锗半导体小晶片,小晶片受光照后导电性发生变化而产生信号。光检测器比热检测器灵敏。

(四) 吸收池

吸收池分为气体池与液体池两种。液体池常用可拆卸池:窗片间距离不固定,取决于垫片厚度。主要用于测定高沸点液体或糊剂。

气体池用减压法将气体装入样品池中测定，主要用于测定气体及沸点较低的液体样品。

固体样品不用吸收池，一般采用压片机压片后直接测定。

（五）记录系统

红外分光光度计一般由记录仪自动记录光谱图。傅里叶变换红外分光光度计用微机处理检测结果并自动显示光谱图。

二、傅里叶(Fourier)变换红外光谱仪

1. 基本组成 傅里叶变换红外光谱仪简称 FTIR，是 20 世纪 70 年代出现的一种新型非色散型红外光谱仪。它由光源、迈克尔逊干涉仪、检测器和计算机组成（图 6-19）。

由图 6-19 可知，光源发出的红外辐射，经干涉仪转变为干涉光，再让干涉光照射样品，经检测器得到含样品信息的干涉图。由计算机解出干涉图函数的 Fourier（傅里叶）余弦变换，就得到样品的红外光谱。

2. Michelson 干涉仪的工作原理（图 6-20） 干涉仪是使光源发出的两束光，经过不同路程后，再聚焦到某一点上，这时发生干涉现象。

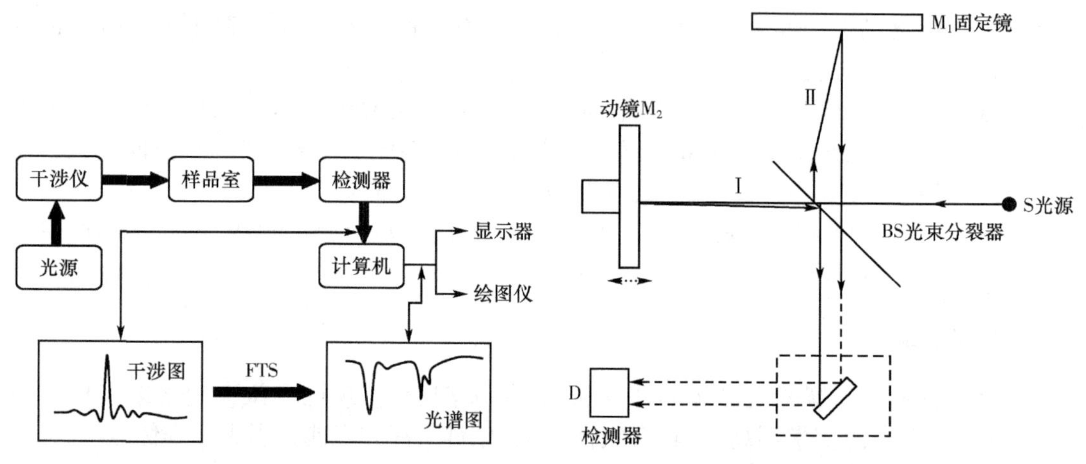

图 6-19 傅里叶变换红外光谱仪基本结构

图 6-20 Michelson 干涉仪工作原理图

Michelson 干涉仪由固定镜（M_1）、动镜（M_2）及光束分裂器（BS）（或称分束器）组成。M_2沿图示方向移动，故称动镜。在 M_1与 M_2间放置呈 45°角的半透明光束分裂器。由光源发出的光，经准直镜后其平行光射到分束器上，分束器可使 50%的入射光透过，其余 50%的光反射，被分裂为透过光 Ⅰ 与 Ⅱ。Ⅰ 与 Ⅱ 两束光分别被动镜与固定镜反射而形成相干光。因定镜的位置固定，而动镜的位置是可变的，因此，可改变两光束的光程差，即可以得到干涉图。

3. 检测器 由于 FTIR 的全程扫描<1s，一般检测器的响应时间不能满足要求。所以傅里叶变换红外光谱仪多采用热电型硫酸三苷肽单晶（TGS）或光电导型汞镉碲（MCT）检测器，这些检测器的响应时间为 1μs。

光源、吸收池等部件与色散型仪器通用。

4. 傅里叶变换红外光谱仪的特点

(1) 扫描速度极快：傅里叶变换仪器是在整个扫描时间内同时测定所有频率的信息，一般只要 1s 左右即可。因此，它可用于测定不稳定物质的红外光谱。是实现色谱-光谱联用较为理想的仪器。

(2) 具有很高的分辨率：通常傅里叶变换红外光谱仪分辨率达 $0.1 \sim 0.005\text{cm}^{-1}$。

(3) 灵敏度高：因傅里叶变换红外光谱仪不用狭缝和单色器，反射镜面又大，故能量损失小，到达检测器的能量大，可检测 10^{-8}g 数量级的样品。

除此之外，还有光谱范围宽；测量精度高，重复性可达 0.1%；杂散光干扰小；样品不受红外聚焦而产生的热效应的影响；特别适合于与气相色谱联机或研究化学反应机理等。

傅里叶红外光谱仪应用非常广泛，是近代化学研究不可缺少的基本设备之一。

三、仪器性能

红外分光光度计的性能指标有：分辨率、波数的准确度与重复性、透过率或吸光度的准确度与重复性。I_0(100%)线的平直度、检测器的满度能量输出、狭缝线性及杂散光等项，前两项为仪器的最主要指标。波数准确性指标很重要，关系测得光谱峰位的正确性，直接影响光谱解析。

一般情况下用聚苯乙烯薄膜(厚度约为 0.04mm) 绘制光谱图，测试傅里叶变换红外光谱仪的性能。

1. 仪器的分辨率　红外分光光度计的分辨率，多采用在某波数处恰能分开两个吸收峰的波数差为指标。也可采用一些简便的表示法，如用测某一样品在某一波数区间能分辨出的峰数或用一定波数处相邻峰的分离深度表示。通常用聚苯乙烯薄膜为试样，正常仪器在 $3110 \sim 2850\text{cm}^{-1}$范围内应能清晰地分辨出碳氢伸缩振动的 7 个峰，并且在 2924cm^{-1}峰谷与 2850.7cm^{-1}的峰尖之间距应大于 $18\%T$；1601.4cm^{-1}的峰谷与1583.1cm^{-1}峰尖之间距大于 $12\%T$。

2. 波数准确度与重现性　仪器测定所得的波数与文献值比较之差称为波数准确度，多次重复测量(3~5 次)同一样品，所得同一吸收峰的最大值与最小值之差称为波数重现性。

波数准确度：用 3027cm^{-1}，2851cm^{-1}，1601cm^{-1}，1028cm^{-1}，907cm^{-1}处的吸收峰对仪器的波数进行校正，在 3000cm^{-1}附近，波长误差通常应不大于$\pm 5\text{cm}^{-1}$；在 1000cm^{-1}附近应不大于 1cm^{-1}。

波数重现性：在 $4000 \sim 2000\text{cm}^{-1}$区间，通常波数误差应不大于$\pm 3\text{cm}^{-1}$，在 $2000 \sim 500\text{cm}^{-1}$区间波数误差应不大于$\pm 1.5\text{cm}^{-1}$。

四、制样方法

气、液及固态样品均可测定其红外光谱，但以固态样品最为方便。

1. 对样品的主要要求　样品应满足：①样品应不含水分。若含水(结晶水、游离水)，则对羟基峰有干扰，而且会侵蚀吸收池的盐窗(KBr 光窗用毕应立即放入干燥器中保存)。样品更不能是水溶液。若需制成溶液,则应使用符合所测光谱波段要求的有机溶剂配制。应在红外灯下将样品与 KBr 在研钵中研细混匀,以尽量减少空气中水分的干扰。②样品的纯度一般需大于98%。

2. 样品的制备

(1) 气体样品:可用气体池测定。方法是先将玻璃气槽内空气抽尽,再将试样注入。

(2) 液体和试样溶液

1) 液体池法(溶液法):沸点较低,挥发性较大的试样,可注入封闭液体池中,液层厚度一般为 0.01~1mm。

2) 液膜法:沸点较高的试样,直接滴在两片盐片之间,形成液膜。最简便的液膜法是在测定背景(空白)后的 KBr 片上,用药棉轻轻涂抹上一薄层液态样品,进行测定。

对于一些吸收很强的液体,当用调整厚度的方法仍然得不到满意的谱图时,可用适当的溶剂配成稀溶液进行测定。常用溶剂为 CCl_4、CS_2 等。

(3) 固体试样

1) 压片法:将 1~2mg 试样与 200mg 光谱纯 KBr 研细均匀,置于模具中,用 5×10^7~10×10^7Pa压力在油压机上压成透明薄片,即可用于测定。试样和 KBr 都应经干燥处理,研磨到粒度小于 2μm,以免散射光影响。

2) 石蜡糊法(研糊法):将干燥处理后的试样研细,与液状石蜡或全氟代烃混合,调成糊状,夹在盐片中测定。

3) 薄膜法:主要用于高分子化合物的测定。可将它们直接加热熔融后涂制或压制成膜。也可将试样溶解在低沸点的易挥发溶剂中,涂在盐片上,待溶剂挥发后成膜测定。

当样品量特别少或样品面积特别小时,采用光束聚光器,并配有微量液体池、微量固体池和微量气体池,采用全反射系统或用带有卤化碱透镜的反射系统进行测量。

第5节 应用与示例

一、定性鉴别

红外光谱特征性强,每个化合物都有其特征的红外光谱图,是定性鉴别的有力手段。

1. 官能团鉴别 根据化合物红外光谱的特征吸收峰,确定该化合物含有哪些官能团。如~1700cm^{-1}有强吸收峰,表示羰基存在。

2. 未知化合物鉴别

(1) 与已知物对照:将试样与已知标准品在相同条件下分别测定其红外光谱,核对其光谱的一致性。光谱图完全一致,才可认定是同一物质。

(2) 核对标准光谱:若化合物的标准光谱已被收载,如 SADTLER 光谱图(或药典),则可按名称或分子式查对标准光谱对照判断。判断时,要求峰数、峰位和峰的相对强度均一致。

二、纯度检查

每个化合物(除极个别情况,如高阶相邻的两个同系物)都有各自特征的红外光谱。若化合物含有杂质时,其杂质的红外光谱叠加在化合物光谱上,使化合物的谱图面貌发生变化。因此,用红外光谱可以检查化合物的纯度。

三、定量分析

红外光谱定量分析时,由于准确度低、重现性差,一般不用于定量分析。

四、结构分析

红外光谱的解析就是根据实验所测红外光谱图的吸收峰位置、强度和形状,利用基团振动频率与分子结构的关系,确定吸收峰的归属,确认分子中所含的基团和化学键,进而推定分子的结构。

图谱的解析主要是靠长期的实践、经验的积累,至今仍没有一个特定的方法和程序。首先需要对整个红外光谱有概括地了解,在此基础上才能较好地进行结构分析。

(一) 特征区与指纹区

绝大多数有机化合物的基频振动出现在红外光谱 4000~400cm^{-1} 区域。各种基团都有其特征的红外吸收频率,按照光谱特征与分子结构的关系,红外光谱可分为特征区(官能团区或基频区)和指纹区两大区域。

1. 特征区　习惯上将红外光谱中 4000~1250cm^{-1} 区间称为特征区,又称基频区或官能团区。其特点是:吸收峰的数目少,有鲜明特征,易鉴别,可用于鉴定官能团(包括含 H 原子的单键,各种三键、双键伸缩基频峰,部分含 H 单键面内弯曲基频峰)。

2. 指纹区　红外光谱中 1250~600cm^{-1} 的低频区称为指纹区。此区源于各种单键(C—C、C—O、C—X)的伸缩振动以及多数基团的弯曲振动,其特点是吸收峰密集,峰位、峰强及形状对分子结构的变化十分敏感,只要在化学结构上存在细小的差异(如同系物、同分异构体和空间异构等),在指纹区就有明显的反映,犹如人的指纹,因而指纹区能够识别不同的化合物。

通常将红外光谱划分为 9 个重要区段,见表 6-4。

表 6-4　红外光谱的九个重要区段

波数/cm^{-1}	波长/μm	振动类型
3750~3000	2.7~3.3	ν_{OH}、ν_{NH}
3300~3000	3.0~3.4	$\nu_{\equiv CH} > \nu_{=CH} \approx \nu_{Ar-H}$
3000~2700	3.3~3.7	ν_{CH}(—CH_3,—CH_2及 CH,—CHO)
2400~2100	4.2~4.9	$\nu_{C\equiv C}$、$\nu_{C\equiv N}$

续表

波数/cm^{-1}	波长/μm	振动类型
1900~1650	5.3~6.1	$\nu_{C=O}$(酸酐、酰氯、酯、醛、酮、羧酸、酰胺)
1675~1500	5.9~6.2	$\nu_{C=C}$、$\nu_{C=N}$
1475~1300	6.8~7.7	β_{CH}、β_{OH}(各种面内弯曲振动)
1300~1000	7.7~10.0	ν_{C-O}(酚、醇、醚、酯、羧酸)
1000~650	10.0~15.4	$\gamma_{=CH}$(不饱和碳氢面外弯曲振动)

(二) 光谱解析的一般程序

1. 求出或查出化学式,计算不饱和度 不饱和度是表示有机分子中碳原子的不饱和程度。即每缺 2 个一价元素时,不饱和度为一个单位($U=1$)。

$$U = 1 + n_4 + \frac{n_3 - n_1}{2} \tag{6-6}$$

式中:n_4、n_3、n_1分别为分子中所含的四价、三价和一价元素原子的数目。二价原子如 S、O 等不参加计算。

$U=0$,表示分子是饱和的,为链状烃及其不含双键的衍生物;双键、饱和环状结构:$U=1$;三键:$U=2$;苯环:$U=4$;若 $U=5$,则可能含苯环及双键。

例 2 计算正丁腈(C_4H_7N)的不饱和度。

解:
$$U=1+n_4+\frac{n_3-n_1}{2}=1+4+\frac{1-7}{2}=2$$

2. 图谱解析 通常采用四先、四后、相关法。即按先特征区,后指纹区;先最强峰,后次强峰;先粗查(查红外光谱的 9 个重要区段或基频峰分布略图),后细找(查附录一主要基团的红外特征吸收频率);先否定,后肯定的顺序及由一组相关峰确认一个官能团存在的原则。峰的不存在对否定官能团的存在,比峰的存在而肯定官能团的存在更确凿有力。

3. 对照验证 如查对标准光谱或与标准品的红外光谱图对照。

注意事项:

(1) 绘制样品红外谱图的仪器条件与测定条件应与绘制标准谱图的条件一致或相近。

(2) 识别杂质峰:

1) 水峰:水分或来源于样品或来源于溴化钾,因溴化钾易吸水,在用含有水分的溴化钾压片制样时,谱图中可能出现水的吸收峰。

2) 溶剂峰:洗涤吸收池残留的溶剂或溶液中的溶剂。

(3) 不可能解释谱图中所有吸收峰,因为有些吸收峰是某些峰的倍频峰或组频峰,有的则是多种振动耦合的结果,还有分子作为一个整体产生吸收而形成的吸收峰。

(4) 了解样品来源和物理常数:了解样品来源有助于样品及杂质范围的估计;知道物理常数如沸点、熔点、折射率、旋光度等可作为光谱解析的旁证。

（三）解析示例

例3　用红外光谱鉴别下列化合物

1. $CH_3CH_2CH_2CH_2CHO$　　　　$CH_3COCH_2CH_3$

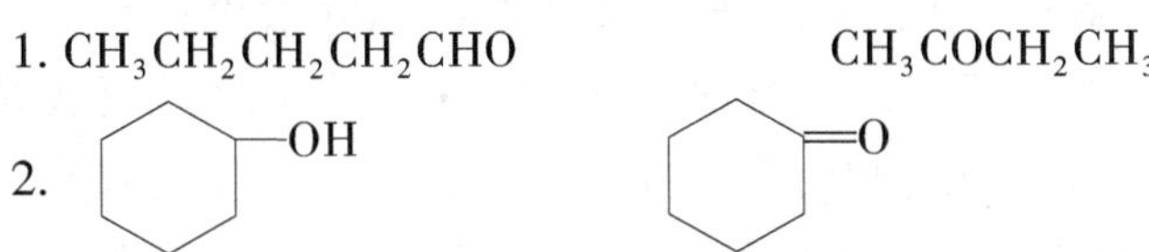

解：题1中两个化合物的区别主要在于前者为饱和醛，后者为饱和酮。在IR图上前者在2720和2820cm^{-1}处应有双峰，较弱；后者则无。此外，前者的$\nu_{C=O}$应在～1725cm^{-1}，而后者在～1715cm^{-1}。

题2中两个化合物的区别主要在于前者为醇（官能团为—OH）；后者为酮（官能团为C═O）。在IR图上前者在二聚、多聚缔合氢状态下～3400cm^{-1}处应有较强峰；而后者则在～1700cm^{-1}处有强峰，较钝。

例4　某化合物$C_9H_{10}O$，其IR光谱主要吸收峰位为3080，3040，2980，2920，1690（s），1600，1580，1500，1370，1230，750，690cm^{-1}，试推断分子结构。

解：$U=1+n_4+\frac{n_3-n_1}{2}=1+9+\frac{0-10}{2}=5$（可能含有苯环）

1690cm^{-1}，强吸收，为$\nu_{C=O}$；1600，1580，1500cm^{-1}三处可能为苯环的$\nu_{C=C}$；750，690cm^{-1}（双峰），可能为苯环的$\gamma_{\phi\text{-}H}$（单取代）；2980cm^{-1}可能为$\nu^{as}_{CH_3}$；2920cm^{-1}可能为$\nu^{s}_{CH_3}$；1370cm^{-1}可能为$\delta^{s}_{CH_3}$；所以可能的结构为C_6H_5—CO—C_2H_5。

例5　某化合物在4000～600cm^{-1}的红外光谱如图6-21，试判断是下述5个化合物中的哪一个？

（Ⅰ）H_3C—⟨苯环⟩—C≡N　　　　（Ⅱ）$(H_3C)_2$CH—CH_2—OH

（Ⅲ）H_3C—⟨苯环⟩—NH_2　　　　（Ⅳ）⟨苯环⟩—C(=O)—NH_2

（Ⅴ）⟨苯环⟩—CH_2—CH_2—⟨苯环⟩

T%　3090　3060　3030　1630　1600　1500　1450　990　905　780　690

4000　3500　3200　2800　2400　2000　1800　1600　1400　1200　1000　800　600

图6-21　某未知物的红外吸收光谱

解:化合物中有4个含有苯环,其中3个还分别具有—C≡N,—NH,C=O,只有化合物Ⅱ无苯环,但具有—OH。从图6-22中看,可见苯环的特征峰:3060,3040和3020cm^{-1}为苯环的$\nu_{=CH}$;1600,1584和1493cm^{-1}为苯环的$\nu_{C=C}$;756和702cm^{-1}(双峰)为苯环的$\gamma_{=CH}$(单取代形式)。

图6-21中3600~3200cm^{-1}无吸收峰,即无ν_{OH}峰,结构中无—OH,且化合物Ⅱ无苯环,故可否定化合物(Ⅱ)。2240~2220cm^{-1}无吸收峰,即无$\nu_{-C\equiv N}$;~1375cm^{-1}无吸收峰,即无δ_{CH_3};且图谱中无芳环对位取代特征吸收,故可否定化合物(Ⅰ)、(Ⅲ)。1680~1630cm^{-1}无吸收峰,即无$\nu_{C=O}$,故可否定化合物(Ⅳ)。该化合物应为结构(Ⅴ)。

思考与练习

一、思考题

1. 红外光谱法与紫外光谱法有什么区别?
2. 红外光谱产生的条件是什么?
3. 如何利用红外光谱区别脂肪族与芳香族化合物?怎样区别脂肪族饱和与不饱和碳氢化合物?
4. 怎样利用红外光谱区别醇与酚、醇与醚、酚与羧酸、酯与羧酸?
5. 测定样品的UV光谱时,甲醇是良好的常用溶剂,而测定IR光谱时,不能用甲醇做溶剂,为什么?
6. 了解样品的来源和相关性质对结构解析有什么意义?
7. 预测 HO—C$_6$H$_4$—C(=O)—H 在哪些区段中有吸收峰,各属于何种振动类型?
8. 下列化合物能否用IR光谱区别?为什么?

A:邻位取代苯,—C(=O)—CH$_3$ 与 —OH

B:邻位取代苯,—C(=O)—OH 与 —CH$_3$

9. 为什么倍频峰的频率小于基频峰振动频率的整数倍?
10. 下列化合物的红外光谱有何不同?

$CH_3—CH_2—CH=CH—CH_3$ (A)　　　$CH_3—CH_2—CH=CH_2$ (B)

二、计算题

1. 计算樟脑($C_{10}H_{16}O$)的不饱和度。 (樟脑) ($U=3$)
2. 将羧基(—COOH),分解为C=O、C—O、O—H单元,若不考虑它们之间的相互影响,试计算:C=O、C—O、O—H的基频峰的峰位。(C=O、O—H及C—O的力常数分别为:11.1,7.12及5.8 N/cm)

($\nu_{C=O}$1700cm^{-1},ν_{O-H}3580cm^{-1},ν_{C-O}1200cm^{-1})

三、光谱解析

1. 图6-22是含有C、H和O的有机化合物红外光谱图，试问：

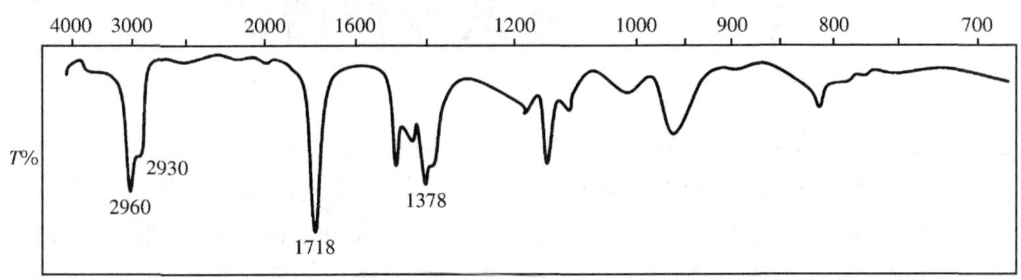

图6-22　未知物红外光谱图

（1）该化合物是脂肪族还是芳香族？

（2）是醇吗？

（3）是醛、酮、羧酸吗？

（4）是否含有双键或三键？

（脂肪族，不是醇类，不是醛，也不是羧酸，不含有双键或三键，该化合物应是脂肪族酮类）

2. 某化合物分子式为C_6H_{14}，红外光谱如图6-23，试推断其结构。

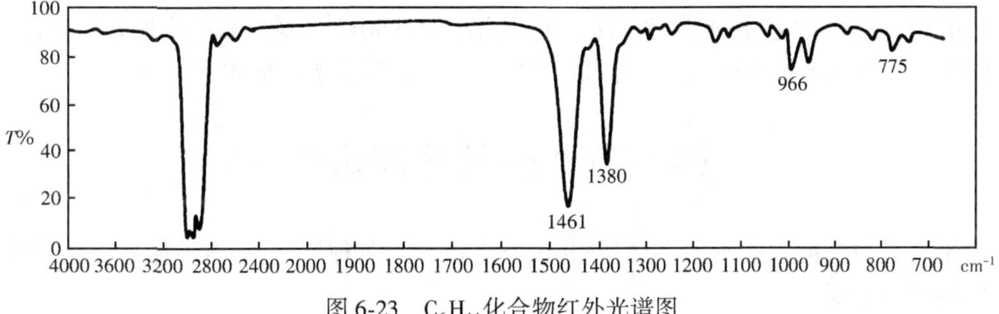

图6-23　C_6H_{14}化合物红外光谱图

［CH_3—$CH_2CH(CH_3)CH_2$—CH_3］

3. 某化合物分子式为C_9H_{12}，IR光谱如图6-24，推断其结构。

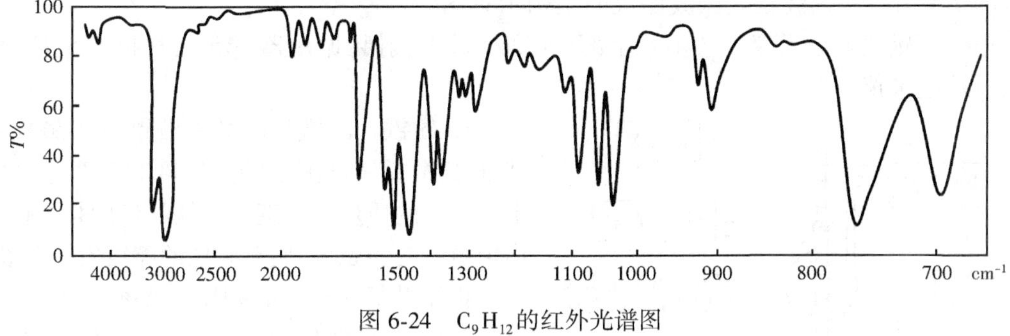

图6-24　C_9H_{12}的红外光谱图

［C_6H_5—$CH(CH_3)_2$］

（刘养清）

第 7 章　磁共振波谱法

磁共振(nuclear magnetic resonance,NMR)与紫外-可见、红外吸收光谱一样,本质上都是微观粒子吸收电磁波后在不同能级上的跃迁。紫外和红外吸收光谱是分子吸收了波长为200~400nm 和 2.5~25μm 的辐射后,分别引起分子中电子能级和分子振转能级的跃迁。磁共振波谱是用波长很长(约 1~100m)、频率很小(兆赫数量级,射频区)、能量很低的射频电磁波照射分子,这时不会引起分子的振动或转动能级跃迁,更不会引起电子能级的跃迁,但这种电磁波能与处在强磁场中的磁性原子核相互作用,引起磁性的原子核在外磁场中发生核磁能级的共振跃迁,而产生吸收信号。这种原子核对射频电磁波辐射的吸收就称为磁共振。

1946 年哈佛大学的 Purcell 及斯坦福大学的 Bloch 所领导的实验室几乎同时观察到磁共振现象,因此他们分享了 1952 年的诺贝尔物理奖。而自 20 世纪 50 年代出现第一台磁共振商品仪器以来,磁共振波谱法在仪器、实验方法、理论和应用等方面取得了飞跃式的进步。所应用的领域也已从物理、化学逐步扩展到生物、制药、医学等多个学科,在科研、生产和医疗中的地位也越来越重要。

目前应用最多的是氢磁共振谱(简称氢谱,^{1}H-NMR)和碳-13 磁共振谱(简称碳谱,^{13}C-NMR),两种方法互相补充。本章将着重介绍氢谱,对碳谱作简单介绍。

第 1 节　磁共振波谱仪

按照仪器的扫描方式不同,可将磁共振波谱仪分为两种类型:连续波磁共振仪和脉冲傅里叶变换磁共振仪。

一、连续波磁共振仪

图 7-1 为一连续波磁共振波谱仪的结构示意图。

连续波磁共振波谱仪一般由 6 个部分组成:磁铁、射频振荡器、探头、扫描发生器、射频接收器及记录仪。

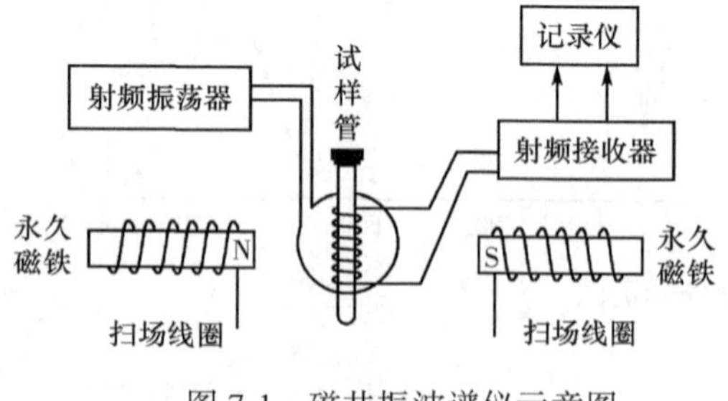

图 7-1　磁共振波谱仪示意图

1. 磁铁　磁铁是磁共振波谱仪中最重要的部分,磁共振波谱测定的灵敏度和分辨率主要决定于磁铁的质量和强度。磁铁的作用是提供一个均匀恒定的强磁场,使自旋核的能级发生分裂。

根据共振条件,可以固定磁场,依次改变照射频率以获得磁共振信号,这种方法称为扫频法。也可以固定频率,连续改变磁场强度,这种获得磁共振信号的方法称为扫场法。

2. 射频振荡器　射频振荡器是用来提供固定频率电磁辐射的部件。若为氢核提供 60MHz(则匹配的磁场为 1.4092T)或 100MHz(则匹配的磁场为 2.3487T)的射频辐射等。

3. 扫描发生器　通过在扫描线圈内施加上一定的直流电,产生约 10^{-5}T 的附加磁场来进行磁场扫描。在连续波磁共振波谱中,扫描方式采用最多的是扫场,也可以进行扫频,目前大多数仪器都配有扫频工作方式。

4. 探头　由试样管座、发送线圈、接收线圈、预放大器和变温元件等组成。用来装待测溶液的试样管一般是外径为 5mm(测定碳谱的试样管外径更粗,一般为 10mm)的硼硅酸盐玻璃管。在检测过程中,试样管通过试样管座中的小风轮推动以每分钟数百转的速度旋转,目的是使管内样品均匀地接受到磁场,提高分辨率。

5. 信号检测及记录处理系统　射频接收器的作用是接收氢核共振时所产生的吸收信号(几个毫伏的电压变化),经过放大后记录成磁共振波谱图。

共振核产生的射频信号通过探头上的三组相互垂直的接收线圈加以检测。现代磁共振波谱仪都配有一套积分装置,可以在图谱上以阶梯的形式显示出积分数据。由于积分信号不像峰高那样易受其他条件影响,可以通过它来估计各类核的相对数目及含量,有助于定量分析。随着计算机技术的发展,一些连续波磁共振波谱仪配有多次重复扫描并将信号进行累加的功能,从而有效地提高仪器的灵敏度。但由于仪器的稳定性(噪声)影响,一般累加次数在 100 次左右为宜。

二、脉冲傅里叶变换磁共振波谱仪(PFT-NMR)

连续波磁共振波谱仪在进行频率扫描时,是单频发射和单频接收的,扫描时间长,单位时间内的信息量少,信号弱。虽然也可以进行扫描累加,以提高灵敏度,但累加的次数有限,因此灵敏度仍然不高。脉冲傅里叶变换磁共振仪不是通过改变扫描频率(或磁场)的方法找到共振条件,而是采用在恒定的磁场中,在所选定的频率范围内施加具有一定能量的脉冲,使所选范围内的所有自旋核同时发生共振,即从低能态激发到高能态。各种高能态核经过一系列非辐射途径又重新回到低能态,在这个过程中产生的感应电流信号,称为自由感应衰减信号(FID)。检测器检测到的 FID 信号是一种时间域函数的波谱图。一种化合物有多种共振吸收频率时,时域谱是多种自由感应衰减信号的信号叠加,图谱十分复杂,不能直接观测。FID 信号经计算机快速傅里叶变换后,而得到常见的磁共振谱(频域谱)。

脉冲傅里叶变换磁共振仪获得的光谱背景噪声小,灵敏度及分辨率高,分析速度快,可用于动态过程、瞬时过程及反应动力学方面的研究。而且由于灵敏度高,所以脉冲傅里叶变换磁共振仪成为对 ^{13}C、^{14}N 等弱共振吸收信号的测量必不可少的工具。

第 2 节　基本原理

一、原子核的自旋

1. 自旋分类　磁共振的研究对象是具有自旋的原子核。1924 年 Pauli 预言,某些原子核具有自旋的性质,尔后被证实除了一些原子核中质子数和中子数均为偶数的核以外,其他核都可以绕着某一个轴作自身旋转运动,即核的自旋运动。

由于原子核本身具有质量,所以原子核自旋运动的同时会产生一个自旋角动量 P。原子核又是个带正电荷的粒子,核的自旋引起电荷运动,产生磁矩。角动量和磁矩都是矢量,其方向平行。核的自旋可用自旋量子数 I 来描述,依据 I 取值的不同可将原子核分成三类。

(1) $I=0$。其中子数、质子数均为偶数,如 ^{12}C、^{16}O、^{32}S 等。核磁矩为零,不产生磁共振信号。

(2) I 为半整数。中子数与质子数其一为偶数,另一为奇数,如:

$I=1/2$:^{1}H、^{13}C、^{15}N、^{19}F、^{31}P、^{37}Se 等;

$I=3/2$:^{7}Li、^{9}Be、^{11}B、^{33}S、^{35}Cl、^{37}Cl 等;

$I=5/2$:^{17}O、^{25}Mg、^{27}Al、^{55}Mn 等。

这类核是磁共振研究的主要对象,特别是 $I=1/2$ 的核,这类核在外场中能级分裂数目少,共振谱线简单,且电荷均匀分布于原子核表面,磁共振的谱线窄,最宜于磁共振检测,因此被研究的最多。

(3) I 为整数。其中子数、质子数均为奇数,如:

$I=1$:$^{2}H(D)$、^{6}Li、^{14}N 等;

$I=2$:^{58}Co 等;

$I=3$:^{10}B 等。

这类核有自旋现象,也是磁共振的研究对象。但由于这类核在外场中能级分裂数目多,共振谱线复杂,所以目前研究得较少。

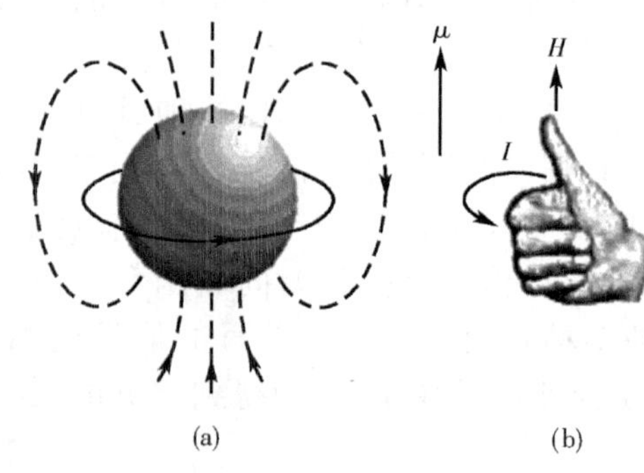

图 7-2　氢核的自旋

(a) 核自旋方向与核磁矩方向;(b) 右手法则

2. 核磁矩　根据量子力学理论,原子核的自旋角动量 P 的值为:

$$P = \frac{h}{2\pi}\sqrt{I(I+1)} \tag{7-1}$$

式中:h 为普朗克常量;I 为核的自旋量子数。

自旋量子数不为零的原子核都有磁矩,核磁矩的方向服从右手法则(如图 7-2 所示),其大小与自旋角动量成正比。

$$\mu = \gamma P \tag{7-2}$$

式中:γ 为核的磁旋比。γ 是原子核的一种属性,不同核有其特征的 γ 值。

如:^{1}H 的 $\gamma_{1_H}=2.68\times10^{8}/(T\cdot s)$,$^{13}C$ 的 $\gamma_{13_C}=6.73\times10^{7}/(T\cdot s)$,等等。

二、自旋取向与核磁能级

无外磁场时,核磁矩的取向是任意的,并无规律可言,原子核只有一个简并的能级。但若将原子核置于定向的外磁场中,核磁矩就会相对于外磁场发生定向排列(原先简并的能级就会分裂成几个不同能级,见图 7-4),具有了明显的量子化特征,这种现象称为空间量子化。

按照量子力学理论,原子核在外磁场中的自旋取向数为:

$$自旋取向数 = 2I + 1 \tag{7-3}$$

例如^{1}H 的 $I=1/2$,在外磁场中的自旋取向数$=2I+1=2\times1/2+1=2$,^{1}H 在外磁场中核磁矩只有两种取向,每一种取向可用磁量子数 m 来表示。m 的取值为 $I,I-1,I-2,\cdots,-I+1,-I$,共 $2I+1$ 个。因此,^{1}H 的 m 取值有两个:$m=\frac{1}{2}$和$-\frac{1}{2}$。同样,当 $I=1$ 时,例如^{2}H 的 m 可取 $2\times1+1=3$ 个值,$m=1$、0、-1,核磁矩在外磁场中有三种取向,见图 7-3。

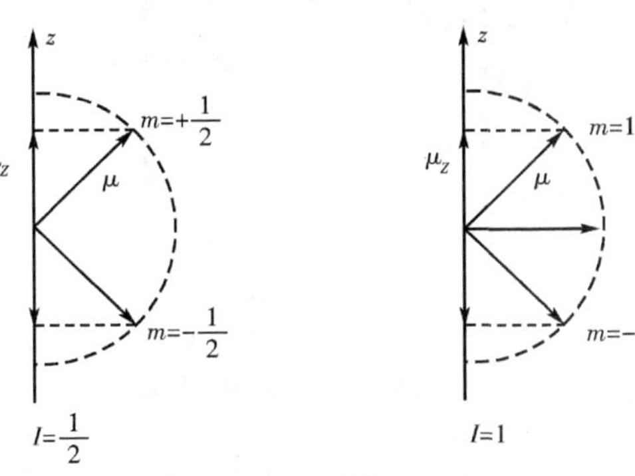

图 7-3　磁场中不同 I 的原子核的核磁矩空间取向

由于每一种取向都对应于一定的核磁能级,其能级的能量 E 为

$$E=-\mu_Z H_0=-\gamma\cdot m\cdot\frac{h}{2\pi}H_0 \tag{7-4}$$

式中:$\mu_Z=\gamma\cdot m\cdot\frac{h}{2\pi}$($\mu_Z$ 为核磁矩在磁场方向上的分量),$\frac{h}{2\pi}m=P_Z$(P_Z 为角动量在 Z 轴上的分量)。

对于氢核,$m=-\frac{1}{2}$和$\frac{1}{2}$的核磁能级的能量分别为

$$m=-\frac{1}{2}\qquad E_{-\frac{1}{2}}=-\left(-\frac{1}{2}\right)\cdot\gamma\cdot\frac{h}{2\pi}H_0\qquad \text{高能态}$$

$$m=\frac{1}{2}\qquad E_{\frac{1}{2}}=-\frac{1}{2}\cdot\gamma\cdot\frac{h}{2\pi}H_0\qquad \text{低能态}$$

两个取向间的能量差

$$\Delta E=E_{-\frac{1}{2}}-E_{\frac{1}{2}}=\gamma\cdot\frac{h}{2\pi}H_0 \tag{7-5}$$

由式(7-5)可见,ΔE 正比于 H_0,见图 7-4。

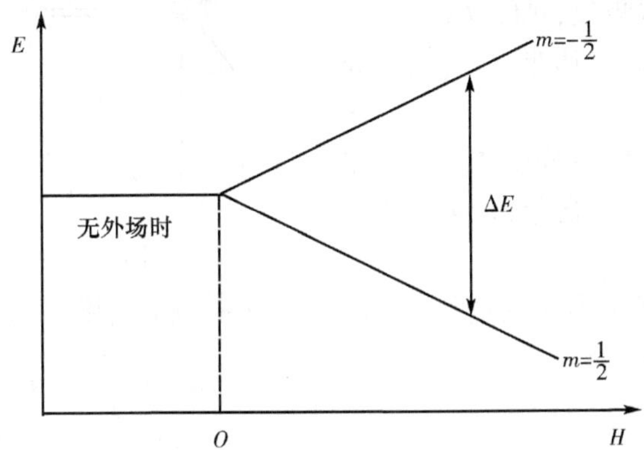

图 7-4　$I=1/2$ 的自旋核的能级分裂图

三、进动与共振

当核磁矩的方向与外加磁场方向成一夹角时，核磁矩就会受到外磁场的磁力矩的作用，按说受到磁力矩的作用以后，其夹角应该发生变化，以至于核磁矩的方向与外场方向完全平行，但实验证明夹角并没有发生变化，而是核磁矩矢量（自旋轴）在垂直于外磁场的平面上绕外场轴作旋进运动，我们把原子核的这种旋进运动称为拉莫尔（Larmor）进动。这种情况与在地面上旋转的陀螺类似，具有一定转速的陀螺不会倾倒，其自旋轴围绕与地面垂直的轴以一定夹角旋转，如图 7-5。

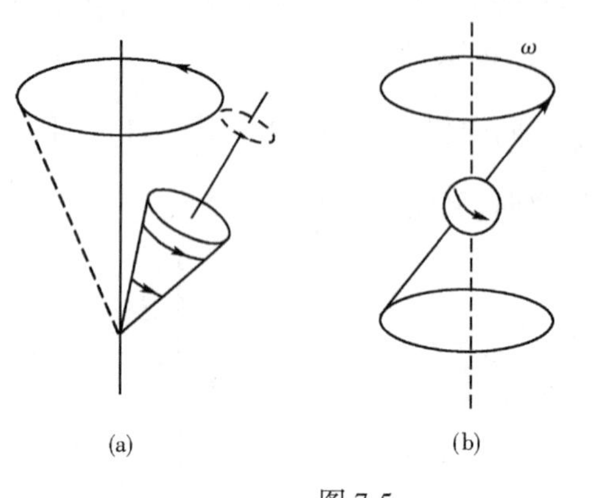

图 7-5
（a）地球重力场中陀螺的进动；
（b）磁场中磁性核的进动

进动频率 ν_0 与外磁场强度 H_0 的关系可用 Larmor 方程表示。

$$\nu_0 = \frac{\gamma}{2\pi} \cdot H_0 \qquad (7\text{-}6)$$

从式(7-6)可以看出，对于给定的原子核，如果外磁场强度 H_0 增大，则进动频率随之增加。如果固定外磁场强度，磁旋比小的原子核，进动频率也小，见表 7-1。

表 7-1　几种原子核的进动频率（H_0 = 2.35T）

核	磁旋比 $\gamma/(T^{-1}\cdot s^{-1})$	ΔE/J	ν/MHz	核	磁旋比 $\gamma/(T^{-1}\cdot s^{-1})$	ΔE/J	ν/MHz
^{1}H	2.68×10^{8}	6.6×10^{-26}	100	^{19}F	2.52×10^{8}	6.6×10^{-26}	94
^{13}C	6.73×10^{7}	1.7×10^{-26}	25	^{31}P	1.08×10^{8}	2.7×10^{-26}	40.5

如果在外磁场 H_0 存在的同时，再加上一个方向与之垂直并且强度远小于 H_0 的射频交变磁场 H_1 照射样品，当射频交变磁场的频率 ν 与原子核的 Larmor 进动频率 ν_0 一致时，原子核就会吸收射频交变磁场的能量，从低能态向高能态跃迁，产生磁共振吸收，见图 7-6。

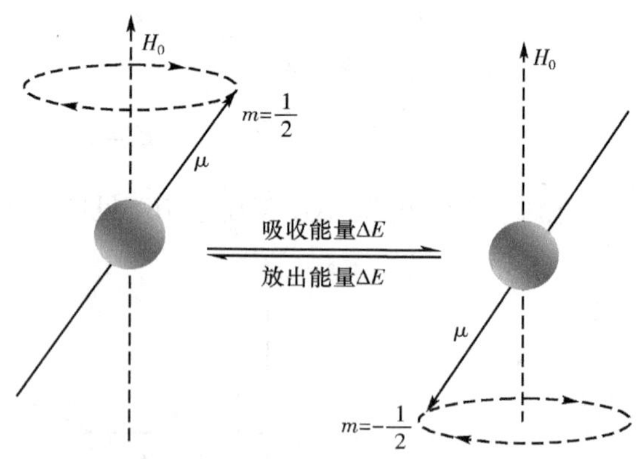

图 7-6　能级跃迁示意图

简单来说，产生磁共振吸收需要两个条件。

（1）$\nu=\nu_0$。在外磁场中若使核发生自旋能级跃迁，所吸收的电磁波能量 $h\nu$ 必须等于能级能量差，即 $h\nu=\Delta E$。

（2）$\Delta m=\pm1$。由量子力学的选律可知，只有 $\Delta m=\pm1$ 的跃迁才是允许的，即跃迁只能发生在两个相邻能级间。

四、核的弛豫

自旋核在外磁场 H_0 中平衡时，处于不同能级的核数目服从玻尔兹曼(Boltzmann)分布：

$$\frac{n_+}{n_-}=e^{\frac{\Delta E}{kT}} \tag{7-7}$$

式中：n_+为低能态核数；n_-为高能态核数；k 为玻尔兹曼常数。

例如，当 $H_0=1.4092\text{T}$，温度为 27℃时，根据式(7-5)，可以得到低能态($m=1/2$)和高能态($m=-1/2$)的^{1}H 核数之比为：

$$\frac{n_{(+1/2)}}{n_{(-1/2)}}=e^{\frac{6.63\times10^{-34}\times2.68\times10^{8}\times1.4092}{2\times3.14\times1.38\times10^{-23}\times300}}=1.00000099$$

也就是说，低能态的核数仅仅比高能态核数多十万分之一。根据玻尔兹曼方程，提高外磁场强度核或降低工作温度，可增加低能态核数与高能态核数的比值，提高观察 NMR 信号的灵敏度。

但由于高低能态的氢核数相差很少，随着磁共振吸收不断进行，低能态的核就会越来越少。一定时间后，高能态与低能态的核在数量上就会相等，也就不会有射频吸收，磁共振信号就会消失，这种现象称为"饱和"。在测量过程中，为防止出现饱和，即始终保持低能态的核在数量上所存在的微弱优势，要求高能态的核迅速回到低能态，因此，必须考虑高能态核迅速回到低能态的方式。经过研究高能态核是通过一些非辐射途径回到低能态的，这个过程称为自旋弛豫。自旋弛豫有两种形式：自旋-晶格弛豫(纵向弛豫)、自旋-自旋弛豫(横向弛豫)。

1. 自旋-晶格弛豫　自旋-晶格弛豫是指高能态的核将能量转移给核周围的分子，如固体的晶格、液体同类分子或溶剂分子，而自旋核自己返回低能态。由于核外被电子包围着，所以这种能量的传递不像分子间那样通过热运动的碰撞传递，而是通过所谓的晶格场来实现的。这种弛豫从自旋核的全体而言，总能量降低了，被转移的能量在晶格中变为平动或转动能，所以也称为纵向弛豫。弛豫过程可以用弛豫时间(也称为半衰期)用 T_1 来表示，它是高能态核寿命的量度。纵向弛豫时间 T_1 取决于样品中磁核的运动，样品流动性降低时，T_1 增大。气、液(溶液)体的 T_1 较小，一般在 1 秒至几秒左右；固体或黏度大的液体，T_1 很大，可达数十、数百甚至上千秒。因此，在测定磁共振波谱时，通常采用液体试样。

2. 自旋-自旋弛豫　自旋-自旋弛豫是指两个进动频率相同而进动取向不同(即能级不同)的磁性核，在一定距离内，发生能量交换而改变各自的自旋取向。交换能量后，高、低能态的核数目未变，总能量未变(能量只是在磁核之间转移)，所以也称为横向弛豫。这种弛豫虽然不能有效地消除"饱和"现象，但由于磁核存在快速能量交换的平均化作用，事实上确实使高能态的寿命降低了。横向弛豫的时间用 T_2 表示。气、液的 T_2 与其 T_1 相似，约为 1s；固体试样中的各核的相对位置比较固定，利于自旋-自旋间的能量交换，T_2 很小，弛豫过程的速度很快，一般为 $10^{-5}\sim10^{-4}$s。

这里要特别注意的是，弛豫时间虽然有 T_1、T_2 之分，但对于一个自旋核来说，它在高能态所停留的平均时间只取决于 T_1、T_2 中较小的一个。因 T_2 很小，似乎应该采用固体试样，但由于共振吸收峰的宽度与 T 成反比，所以，固体试样的共振吸收峰很宽。为得到高分辨的图谱，且自旋-自旋弛豫并非为有效弛豫，因此，仍通常采用液体试样。

在脉冲傅里叶变换磁共振波谱中，可以测定每种磁核的 T_1 和 T_2，它们是解析物质化学结构的重要参数。

第3节 化学位移

一、化学位移的产生——核外电子的屏蔽效应

根据 Larmor 公式及共振条件 $\nu=\nu_0$，核外无电子的氢核在 1.4092T 的磁场中，应该只吸收 60MHz 的电磁波，即可发生自旋能级跃迁，产生磁共振信号。也就是说，无论怎样的氢核处于分子的何种位置或处于何种基团中，在磁共振图谱中，只产生一个共振吸收峰，这种图谱用于研究有机化合物结构毫无用处。实际上处于不同化学环境中的氢核所产生的共振吸收峰，会出现在图谱的不同位置上。这种因化学环境的变化而引起的共振谱线在图谱上的位移称为化学位移，如图 7-7 所示。

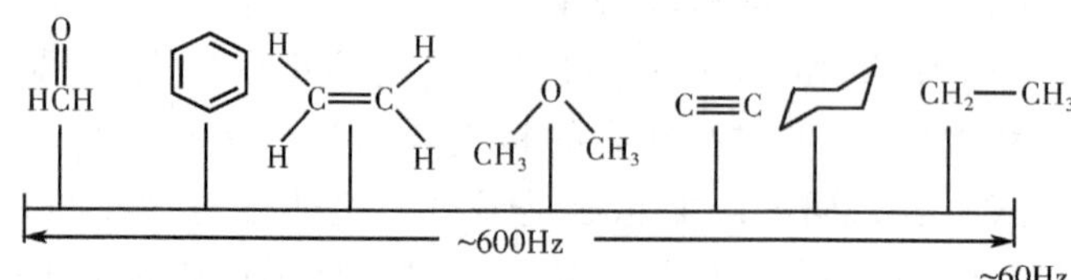

图 7-7 在 1.4092T 磁场中各种^{1}H 的共振吸收频率

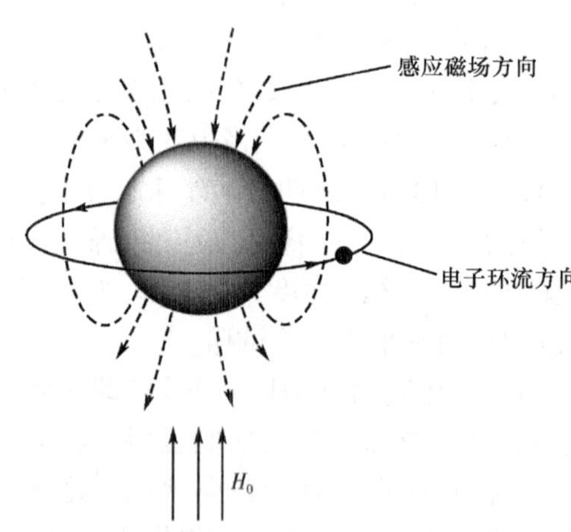

图 7-8 原子核外电子对核的屏蔽效应示意图

这是因为氢核在分子中并不是孤立存在的，而是处于核外电子包围的环境里。核外电子在外加磁场 H_0 的诱导下，产生一个与外加磁场方向相反的感应磁场 H_e，见图 7-8。其强度为：

$$H_e=-\sigma H_0 \tag{7-8}$$

式(7-8)中，“-”表示感应磁场的方向与外磁场的方向相反；σ 为屏蔽常数（其数量级为 10^{-6}，差值约为百万分之十），σ 的大小与氢核外围的电子云密度有关，电子云密度越大，σ 越大。

此时，氢核实际受到的磁场强度 $H_{实}$ 为：

$$H_{实}=(1-\sigma)H_0 \tag{7-9}$$

显然 $H_{实}<H_0$，我们把这种核外电子所产生的感生磁场削弱外场的效应称为屏蔽效应。因为屏蔽效应的存在，Larmor 公式应修正为：

$$\nu=\frac{\gamma}{2\pi}(1-\sigma)H_0 \tag{7-10}$$

由式(7-10)可以看出：若固定射频电磁波的频率，连续变化附加磁场强度(扫场)，使 $H_{实} \Rightarrow H_0$，且附加磁场强度的变化与记录仪的驱动装置同步，则处于不同化学环境中的氢核，由于具有不同的屏蔽常数，削弱外场的程度不同，要使它们都发生共振，补偿的附加磁场的强度不同，于是在图谱的不同位置上出现了共振吸收峰，即产生了(化学)位移。

二、化学位移的测量与表示方法

由于屏蔽常数的差值很小，因此，不同化学环境中氢核的共振频率的差异也只有百万分之十左右，要精确测量其绝对差值较为困难。所以，在实际测定中通常采用相对测量法，即选一标准物作为参照。测定被测物核与标准物核共振频率的差值 $\Delta\nu$，并以此差值作为化学位移的第一种表示方法，符号为 $\Delta\nu$，单位为 H_Z。

$$\Delta\nu = \nu_{试样} - \nu_{标准} \tag{7-11}$$

由于在相对测量时，通常把标准物的共振吸收峰调整到图谱的原点(图谱的最右端，见图 7-9)，即所谓人为地规定 $\nu_{标准}=0$，因此 $\Delta\nu=\nu_{试样}$。

又由于 $\Delta\nu$ 与外场强度成正比，同一质子在磁场强度不同的仪器中测得 $\Delta\nu$ 值不同，为了消除这种因素的影响，通常采用相对差值 δ 来表示，于是就有了化学位移的第二种表示方法。

$$\delta = \frac{\nu_{试样} - \nu_{标准}}{\nu_{标准}} \times 10^6 = \frac{\Delta\nu}{\nu_{标准}} \times 10^6 \tag{7-12}$$

式中：$\nu_{试样}$ 和 $\nu_{标准}$ 分别为被测试样及标准物的共振频率，乘以 10^6 是为了使数值便于读取。

若固定射频电磁波的频率 ν_0，连续变化附加磁场强度(扫场)，则式(7-12)可改为：

$$\delta = \frac{H_{标准} - H_{试样}}{H_{标准}} \times 10^6 \tag{7-13}$$

式中：$H_{标准}$、$H_{试样}$ 分别为标准物及试样共振时的场强。

选用的标准物一般为四甲基硅烷(TMS)。之所以选择 TMS 作为标准物，主要是因为 TMS 具有如下特点：

(1) TMS 分子中的 12 个氢核处于完全相同的化学环境中，它们的共振条件完全一致，因此在磁共振谱中只有一个峰。

(2) TMS 分子中氢核外的电子云密度最大，受到的屏蔽效应比大多数其他化合物中的氢核都大，所以其他化合物的 ^1H 峰大都出现在 TMS 峰的左侧，便于谱图解析。

(3) TMS 是化学惰性物质，易溶于大多数有机溶剂中，且沸点低(27℃)，易于从样品中除去。

例如，分别在 1. 4092T 和 2. 3487T 的外磁场中，测定 CH_3Br 中 CH_3 的化学位移 δ 值：

在 $H_0=1.4092T$，$\nu_{TMS}=60MHz$($\nu_{TMS} \approx 60MHz$)仪器上，测得 $\Delta\nu_{CH_3}=162Hz$，即 $\nu_{试样}=\nu_{CH_3}=162Hz$，则：

$$\delta = \frac{162}{60 \times 10^6} \times 10^6 = 2.70$$

在 $H_0=2.3487T$，$\nu_{TMS}=100MHz$($\nu_{TMS} \approx 100MHz$)仪器上，测得 $\Delta\nu_{CH_3}=270Hz$，即 $\nu_{试样}=\nu_{CH}=270Hz$，则

$$\delta = \frac{270}{100 \times 10^6} \times 10^6 = 2.70$$

磁共振谱的横坐标用 δ 表示时，规定 TMS 的 δ 为 0（为图右端）。向左，δ 值增大。一般氢谱横坐标 δ 值为 0~10，见图 7-9。

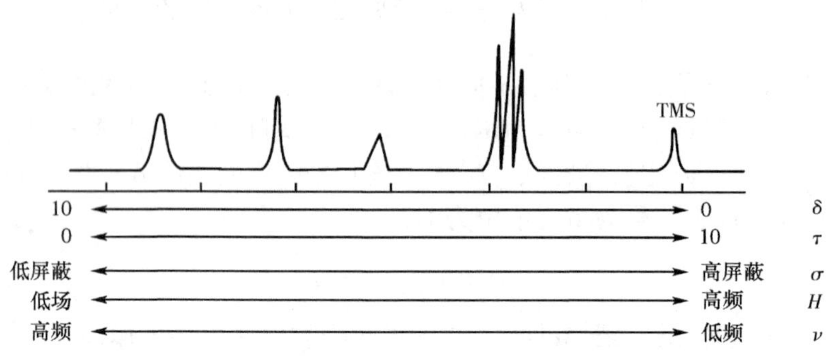

图 7-9　NMR 谱图中各物理量及参数关系图

三、影响化学位移的因素

化学位移是由氢核外围电子对氢核的屏蔽作用而引起的，凡是能使氢核外围电子云密度改变的因素都将影响化学位移。例如结构上的变化或化学环境的影响使氢核外层电子云密度降低，将使峰的位置移向低场（图左侧），化学位移值增大，我们把这种效应称为去屏蔽效应。反之，若某种因素使氢核外层电子云密度增加，将使峰的位置移向高场（图右侧），化学位移值减小，称为正屏蔽效应。影响化学位移的因素主要有质子周围原子或原子团电负性、磁的各向异性效应、形成氢键及溶剂效应等。

（一）取代基电负性

如果化合物分子中含有某些具有强电负性的原子或原子团，如卤素原子、硝基、氰基，由于其诱导（吸电子）作用，使与其连接或邻近的磁核周围电子云密度降低，屏蔽效应减弱，δ 变大，即共振信号移向低场或高频。在没有其他影响因素的情况下，屏蔽效应随电负性原子或基团电负性的增大及数量的增加而减弱，δ 随之相应增大。如甲烷中氢核的化学位移受取代元素的电负性影响就很明显，见表 7-2。

表 7-2　甲烷中氢核的化学位移与取代元素电负性关系

化学式	CH_3F	CH_3OH	CH_3Cl	CH_3Br	CH_3I	CH_4	TMS	CH_2Cl_2	$CHCl_3$
取代元素	F	O	Cl	Br	I	H	Si	2×Cl	3×Cl
电负性	4.0	3.5	3.1	2.8	2.5	2.1	1.8	–	–
氢核的 δ	4.26	3.40	3.05	2.68	2.16	0.23	0	5.33	7.24

电负性原子离共振磁核越远，诱导效应越弱。如溴甲烷、溴乙烷、1-溴丙烷和 1-溴丁烷中甲基上氢核的化学位移分别为 2.68、1.7、1.0 和 0.9。

(二) 化学键的磁各向异性

在外磁场的作用下,核外的环电子流产生了次级感生磁场,由于磁力线的闭合性质,感生磁场在不同部位对外磁场的屏蔽作用不同,在一些区域中感生磁场与外磁场方向相反,起抵抗外磁场的屏蔽作用,这些区域为正屏蔽区。处于此区的 ^1H 化学位移 δ 变小,共振吸收在高场(低频)。而另一些区域中感生磁场与外磁场的方向相同,起去屏蔽作用,这些区域为去(负)屏蔽区,位于此区的 ^1H 化学位移 δ 变大,共振吸收在低场(高频)。这种由于感生磁场使氢核实际感受到外磁场强度的不同的作用称为磁的各向异性效应。磁的各向异性效应主要只发生在具有 π 电子的基团,它是通过空间感应磁场起作用的,涉及的范围大。

1. 苯环　苯分子是一个六元环平面,π 电子云对称地分布在苯环平面的上、下方。当苯环平面与外磁场 H_0 垂直时,在苯环平面的上、下方形成环电子流,产生次级感生磁场,因此在苯环平面的上、下方形成了正屏蔽区(用"+"表示)和苯环平面的周围形成了去屏蔽区(用"-"表示),如图 7-10(a)所示。苯环上的 ^1H 刚好处于苯环平面的周围,受到的是去屏蔽效应,共振吸收峰移向低场,δ 值较大(6~8)。

2. 双键(C═C 和 C═O)　乙烯分子中的 π 电子对称地分布在双键所在平面的上、下方,π 电子环流所产生的感生磁场的方向在平面的上、下方与外场的方向相反,为正屏蔽区,平面的周围为去屏蔽区,如图 7-10(b)所示。处于一个平面上的四个 ^1H 位于去屏蔽区,与乙烷相比,δ 较大(约为 5.25),共振信号出现在低场。醛的情况与乙烯类似,而加上氧的诱导效应,使醛基上 ^1H 的 δ 很大(约为 9.7)。

3. 叁键(C≡C)　叁键的 π 电子云围绕键轴呈圆筒状对称分布,在外磁场诱导下,叁键的键轴与外场方向平行,π 电子环流产生的感生磁场的方向,在键轴上与外场方向相反,为正屏蔽区,与键轴垂直方向为负屏蔽区,如图 7-10(c)所示。由于乙炔中的氢核恰好处于正屏蔽区,与乙烯相比,δ 较小(约为 2.88)。

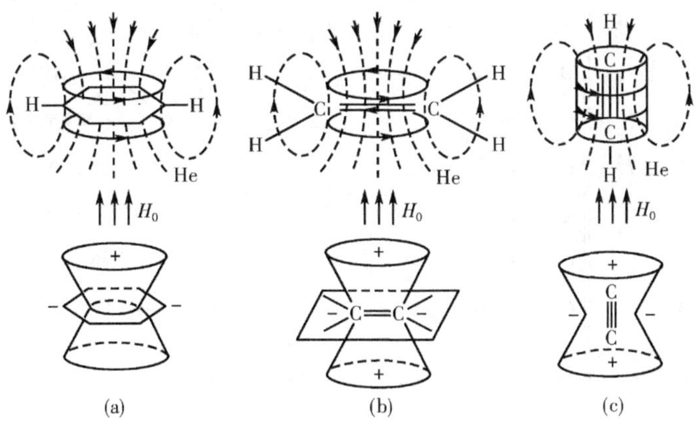

图 7-10　苯环(a)、乙烯(b)、乙炔(c)的磁各向异性效应

（三）氢键的影响

当分子形成氢键时，质子周围的电子云密度降低，氢键中质子的共振信号明显地移向低场，δ 增大。对于分子间形成的氢键，化学位移的改变还与溶剂的性质及浓度有关；而分子内的氢键，其化学位移的变化与浓度无关，只与自身结构有关。

在磁共振波谱法中，溶剂选择十分重要，对于氢谱来讲，不仅溶剂分子中不能含有质子，而且要考虑溶剂极性的影响。同时要注意，不同溶剂可能具有不同的磁各向异性，可能以不同方式作用于溶质分子而使化学位移发生变化。

四、各基团质子的特征化学位移

一些较常见基团中的^{1}H 核的化学位移 δ 值如表 7-3 所示。

表 7-3　一些常见基团氢核的化学位移 δ 值

质子	δ 值	质子	δ 值	质子	δ 值
C—CH_3	0.8~1.5	C—CH_2—F	~4.36	R_2—C ═CH_2	4.5~6.0
C ═C—CH_3	1.6~2.7	C—CH_2—Cl	3.3~3.7	R—CH ═CH—R′	4.5~8.0
O ═C—CH_3	2~2.7	C—CH_2—Br	3.2~3.6	R—C≡CH	2.4~3.0
C≡C-CH_3	1.8~2.1	C ═C—CH_2—C ═C	2.7~3.9	Ar—H	6.5~8.5
Ar—CH_3	2.1~2.8	N—CH_2—Ar	3.2~4.0	R—CHO	9.0~10.0
S—CH_3	2.0~2.6	Ar—CH_2—Ar	3.8~4.1	R—OH	0.5~5.5
N—CH_3	2.1~3.1	O—CH_2—Ar	4.3~5.3	Ar—OH	4~8
O—CH_3	3.2~4.0	C ═C—CH_2—Cl	4.0~4.6	Ar—OH（缔合）	10~16
C—CH_2—C	1.0~2.0	O—CH_2—O	4.4~4.8	R—SH	1~2.5
C—CH_2—C ═C	1.9~2.4	Ar—CH_2—C ═O	3.2~4.2	Ar—SH	3~4
C—CH_2—C≡C	2.1~2.8	O ═C—CH_2—C ═O	2.7~4.0	R—NH_2，R—NHR′	0.5~3.5
C—CH_2—C ═O	2.1~3.1	C—CH—C	~2	ArNH_2，Ar_2NH，ARNHR	3~5
C—CH_2—Ar	2.6~3.7	C—CH—C ═O	~2.7	RCONH_2，ArCONH_2	5~6.5
C—CH_2—S	2.4~3.0	C—CH—Ar	~3.0	RCONHR，ArCONHR	6~8.2
C—CH_2—N	2.3~3.6	C—CH—N	~2.8	（Ar）RCONHAr	7.8~9.4
C—CH_2—O	3.3~4.5	C—CH—O	3.7~5.2	R—COOH	10~13
C—CH_2—OAr	3.9~4.2	C—CH—X	2.7~5.9		

由化学位移的数值就可以推断分子中有无某一基团存在。自 20 世纪 50 年代末高分辨率的磁共振波谱仪问世以来，人们测量出大量化合物各种基团中氢核的化学位移值，并初步得到化学位移与分子结构的经验关系，在许多书籍资料上都有化学位移表可查。尽管现在对化学位移的理论研究已经相当深入，但在一般情况下，还是不能预先提供一个精确而定量的化学位移计算值。只有通过某些经验公式进行估算，本章不作介绍。

第4节　自旋耦合与自旋系统

一、自旋耦合与峰的裂分

以上在讨论化学位移时，考虑的只是氢核所处的电子环境，而未考虑同一分子中各核磁矩间的相互作用。事实上，这种作用虽然不会影响质子的化学位移，但对谱图的峰形却有着重要的影响。如在 CH_3CH_2Cl 的 NMR 图谱中：$—CH_3$的吸收峰被裂分为三重峰、$—CH_2—$的吸收峰被裂分为四重峰。

1. 自旋耦合与自旋裂分的产生　分子中邻近自旋核的核磁矩之间的相互干扰，称为自旋-自旋耦合，简称自旋耦合。由于自旋耦合引起的共振吸收峰增多的现象，称为自旋-自旋裂分，简称为自旋裂分。相邻碳原子上两个氢原子耦合示意图，见图 7-11。

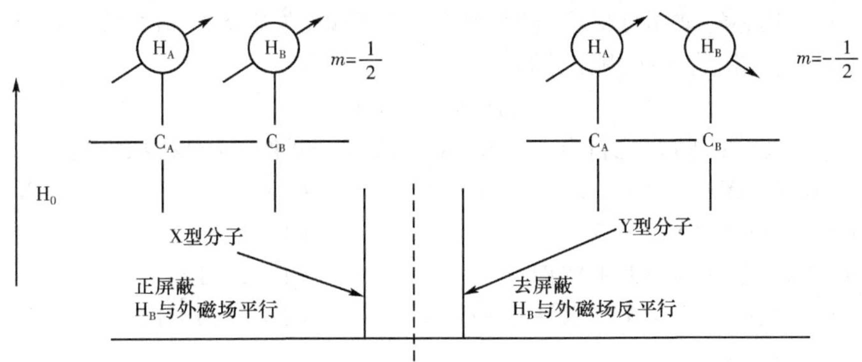

图 7-11　相邻碳上氢核间的自旋耦合

又如 CH_3CH_2Cl ，其分子结构为：

$$\begin{array}{ccccc} & H_a'' & & H_b' & \\ & | & & | & \\ H_a'— & C_a & — & C_b & —Cl \\ & | & & | & \\ & H_a & & H_b & \end{array}$$

C_a 上的三个质子 H_a、H_a'、H_a''及 C_b 上的两个质子 H_b、H_b'是两组各自化学环境完全相同的质子。先分析 C_b 上的质子对 C_a 上的质子的影响，如图 7-12 所示。

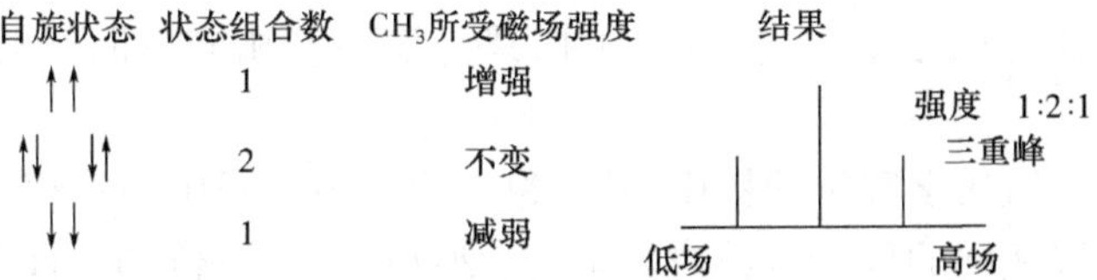

图 7-12　CH_3CH_2Cl 中甲基上氢核的自旋裂分

由于 C_b 上的两个质子的有 4 种取向组合(↑↑,↑↓,↓↑,↓↓),产生三种不同的局部磁场,使 C_a 上的质子共振吸收峰被裂分为三重峰,其强度比为状态组合数之比(1∶2∶1)。

同理, C_a 上三个氢有 8 种取向组合,分别为↓↓↓,↑↑↓、↑↓↑、↓↑↑,↑↓↓、↓↑↓、↓↓↑和↑↑↑,产生四种不同的局部磁场,所以 C_b 上的质子共振吸收峰被裂分为四重峰,其强度比为 1∶3∶3∶1。

磁性核的耦合作用是通过成键电子传递的,所以磁性核之间的距离越大,耦合的程度越弱,我们通常只考虑相隔两个或三个键的核间的耦合,即超过三个单键的耦合可忽略不计。

事实上这种耦合作用不仅发生在氢核与氢核之前,其他磁性核也可能引起氢核的自旋裂分。如 ^{19}F 核,其 $I=\pm1/2$,有两种取向,所以 F 核会对邻近的质子产生自旋耦合作用。例如 HF 中质子的共振峰被分裂为两重峰。

2. 裂分规律 从上面的讨论中可以看出,峰的自旋裂分是有一定规律可循的。当某基团的氢核与 n 个相邻的全同氢核耦合时,其共振吸收峰被裂分成 $n+1$ 条,而与该基团本身的氢核个数无关,这就是 $n+1$ 规律,即:

$$裂分峰数 = n + 1 \tag{7-14}$$

各裂分峰强度(峰高)之比符合二项式 $(X+1)^n$ 展开式的各项系数之比。

例如:$n=0$ 时,$(X+1)^0=1$ (1) 单峰(s)

$n=1$ 时,$(X+1)^1=X+1$ (1∶1) 二重峰(d)

$n=2$ 时,$(X+1)^2=X^2+2X+1$ (1∶2∶1) 三重峰(t)

$n=3$ 时,$(X+1)^3=X^3+3X^2+3X+1$ (1∶3∶3∶1) 四重峰(q)

… …

对于 $I\neq1/2$ 的核,峰的裂分服从 $2nI+1$ 规律。例如:^2D,其 $I=1$,在一氘碘甲烷分子(H_2DCl)中,^1H 受一个 ^2D 核的磁性干扰,裂分成三重峰。

如果被耦合氢核与几组数量分别为 n、n'、…的氢核相邻,有以下两种情况:

(1) 峰裂距相等(几组氢的耦合能力相同),峰被裂分为$(n+n'+L)+1$ 重峰。

(2) 峰裂距不等(几组氢的耦合能力不同),则峰被裂分为$(n+1)(n'+1)L$ 重峰。

一般来说,按照 $n+1$ 规律裂分的谱图叫做一级氢谱。不符合 $n+1$ 裂分规律、裂分峰强度也不符合 $(X+1)^n$ 展开式的各项系数之比的谱图,叫做二级谱图或高级谱图。

二、核的等价性质

1. 化学等价 在有机分子中,若有一组核其化学环境相同,即化学位移相同,则这组核称为化学等价的核。

2. 磁等价 在一组化学等价的核中,其中每一个与该分子中另一组化学等价的核中的每一个自旋核,如果都以相同的耦合常数进行耦合,则这组化学等价的核被称为磁等价的核或称磁全同的核。

磁等价的核一定是化学等价的核,而化学等价的核不一定是磁等价的核。表 7-4 讨论了一些氢核之间的等价关系。

表 7-4　一些分子中氢核的等价关系

结构	说明
F_1, H_1—C—F_2, H_2	因为 $J_{H_1F_1}=J_{H_2F_1}$，$J_{H_1F_2}=J_{H_2F_2}$，所以 H_1、H_2 是化学等价，也是磁等价
H_3 H_5, H_2—C—C—Cl, H_1 H_4	H_1、H_2、H_3 和 H_4、H_5 分别是两组化学等价的核，也是磁等价的核
H_1 F_1, C═C, H_2 F_2	因为 H_1、H_2 的化学环境一样，但 $J_{H_1F_1}\neq J_{H_2F_1}$，$J_{H_1F_2}\neq J_{H_2F_2}$，所以 H_1、H_2 是化学等价，而不是磁等价
NO_2, H_1 H_2, H_3 H_4, OCH_3（苯环）	H_1、H_2 及 H_3、H_4 分别是化学等价，而不是磁等价

应该指出，在同一碳原子上的质子，不一定都是磁等价的，除了像上述的 1，2-二氟乙烯外，与手性 C 原子直接相连的—CH_2—上的两个氢核，是磁不等价的，例如：2-氯丁烷中，H_a、H_b 是磁不等价的。

$$
\begin{array}{ccccccc}
 & & H_a & & H & & \\
 & & | & & | & & \\
H_3C & — & C & — & C & — & CH_3 \\
 & & | & & | & & \\
 & & H_b & & Cl & &
\end{array}
$$

三、耦合常数与耦合类型

一级图谱中两裂分峰之间的距离（以 Hz 为单位）称为耦合常数，用 J 表示。J 的大小表明自旋核之间耦合程度的强弱。与化学位移的频率差不同，J 不因外磁场的变化而变化，受外界条件（如温度、浓度及溶剂等）的影响也比较小，它只是化合物分子结构的一种属性。耦合的强弱与耦合核间的距离有关，根据耦合核之间相距的键数分为同碳（偕碳）耦合、邻碳耦合和远程耦合三类。

1. 同碳耦合　分子中同一个 C 上氢核的耦合为同碳耦合，用 ^2J 表示（左上角的数字为两氢核相距的单键数）。同碳耦合常数变化范围非常大，其值与结构密切相关。如乙烯中同碳耦合 $J=2.3$Hz，而甲醛中 $J=42$Hz。同碳耦合一般观察不到裂分现象，要测定其裂分常数，需采用放射性核素取代等特殊方法。

2. 邻碳耦合　相邻两个碳原子上的氢核之间的耦合作用称为邻碳耦合，用 ^3J 表示。在饱和体系中的邻碳耦合是通过三个单键进行的，耦合常数大约范围为 0～16Hz。邻碳耦合在磁共振谱中是最重要的，在结构分析上十分有用，是进行立体化学研究最有效的信息之一。^3J 与邻碳上两个氢核所处平面的夹角 ϕ 有关，称为 Karplus 曲线，如图 7-13 所示。

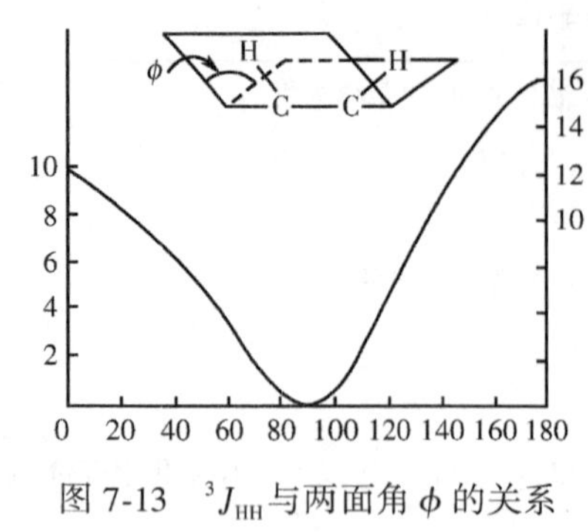

图 7-13 $^3J_{HH}$与两面角 ϕ 的关系

由图 7-13 可见，ϕ 为 0～30°及 150°～180°范围内时，^3J 较大，特别是在 150°以上时邻碳耦合最强烈。而当 ϕ 为 60°～120°时，邻碳耦合最弱，^3J 的数值最小，在 ϕ=90°时达到极点，大小约为 0.3Hz。

碳原子的取代基电负性增加时，^3J 减小。如 $CH_3—CH_3$ 的$^3J_{HH}$为 8.0，而 $CH_3—CH_2Cl$ 的$^3J_{HH}$则变为 7.0。对于"H—C ═C—H"型的邻碳耦合，由于质子处于同一平面，两面角中只能是 0°（顺式）或 180°（反式），而$^3J_{HH}$（180°）>$^3J_{HH}$（0°），所以$^3J_{HH}$（顺式）>$^3J_{HH}$（反式）。

3. 远程耦合 相隔四个或四个以上键的质子耦合，称为远程耦合。一般中间插有 π 键，耦合常数较小，通常 0～3Hz。

根据耦合常数的大小，可以判断相互耦合氢核的键的连接关系，帮助推断化合物的结构。目前尚无完整的理论来说明和推算，而人们已积累了大量耦合常数与结构关系的经验数据，供使用时查阅，见表 7-5。

表 7-5 质子自旋-自旋耦合常数表

类型	J_{ab}/Hz	类型	J_{ab}/Hz
H_a—C—H_b（同碳）	10～15	H_a—C═C—H_b（环）	5 元环 3～4 6 元环 6～9 7 元环 10～13
H_a—C—C—H_b	6～8	C═C(H_a)(H_b)（同碳烯氢）	0～2
H_a—C—C—C—C—C—H_b	0	苯环上 H_a、H_b	邻位 6～10 间位 1～3 对位 0～1
H_a—C═C—C—H_b	0～2	C═C(H_a)—C(H_b)═C	9～12

四、自旋系统

通常按照$\frac{\Delta\nu}{J}$的比值对耦合体系进行分类，这里 $\Delta\nu$ 为 $\Delta\nu_{试样}$，是两组耦合核化学位移之差（H_Z）；J 为耦合常数。一般来说，$\frac{\Delta\nu}{J}$>10 时为弱耦合，谱图较为简单，所以称为一级耦合；$\frac{\Delta\nu}{J}$<10 时为强耦合，谱图复杂，称为二级耦合或高级耦合。

1. 自旋系统的分类、命名原则　分子中相互耦合的很多核组成一个自旋系统，系统内部的核相互耦合，系统与系统之间的核不发生耦合。例如，在化合物 CH_3CH_2—O—CH$(CH_3)_2$ 中，CH_3CH_2—就构成了一个自旋系统，而氧原子另一侧的—CH$(CH_3)_2$ 构成另一个自旋系统。根据耦合的强弱，可以把磁共振划分为不同的自旋系统，其命名原则如下：

(1) 化学位移相同的核构成一个核组，以一个大写英文字母标注，如 A。

(2) 若核组内的核磁等价，则在大写字母右下角用阿拉伯数字注明该核组的核的数目。比如一个核组内有三个磁等价核，则记为 A_3。

(3) 几个核组之间分别用不同的字母表示，若它们化学位移相差很大($\frac{\Delta\nu}{J}>10$)，用相隔较远的英文字母表示，如 AX 或 AMX 等。反之，如果化学位移相差不大($\frac{\Delta\nu}{J}<10$)，则用相邻的字母表示。比如 AB、ABC、KLM 等。

(4) 若核组内的核仅化学位移等价但磁不等价，则要在字母右上角标撇、双撇等加以区别。如一个核组内有三个磁不等价核，则可标为 AA′A″。

根据以上的命名原则，列出一些典型化合物的自旋体系名称，见表 7-6。

表 7-6　一些典型化合物中氢核的自旋体系

化合物	自旋体系	化合物	自旋体系
CH_2=CCl_2	A_2	$CH_3CH_2NO_2$	A_3X_2
CH_2=CHCl	ABX	(环氧丙烷：H、H—C—CH(CH_3)，O 桥)	$ABCX_3$
(苯环：H、H、H、H，Cl、Cl 相邻)	AA′BB′	(苯环：H、H、H、H，NO_2、COOH 相邻)	ABCD
(苯环：H、H、H、H，Cl、Cl 间位)	A_2BC	(苯环：H、H、H、H，NO_2、COOH 间位)	ABCD
(苯环：H、H、H、H，Cl、Cl 对位)	A_4	(苯环：H、H、H、H，NO_2、COOH 对位)	AA′BB′

续表

化合物	自旋体系	化合物	自旋体系
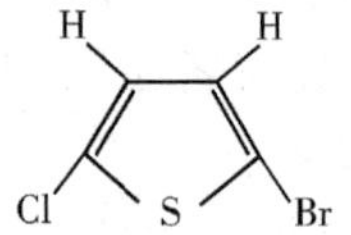	AB	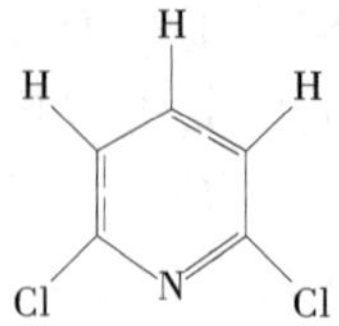	AB_2
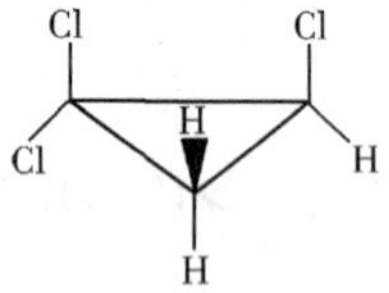	A_3	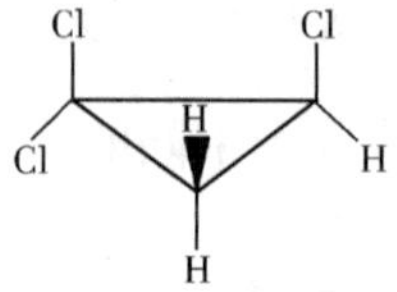	ABX
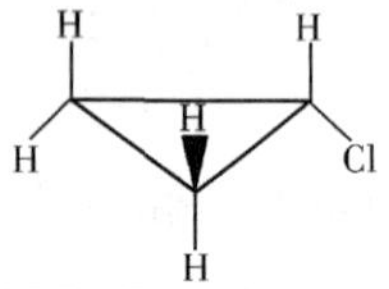	AA′XX′	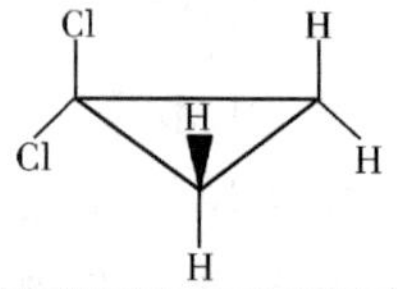	AA′A″A‴

2. 一级图谱和二级图谱 磁共振氢谱根据谱图的复杂程度可分为一级图谱和二级图谱,或称为初级图谱和高级图谱。

(1)一级图谱:产生一级图谱的条件是:两组相互耦合氢核化学位移之差远大于它们之间的耦合常数,即$\frac{\Delta\nu}{J}>10$;同一核组(化学位移相同)内各个质子均为磁等价的。

符合上述条件的一级图谱,具有以下几个基本特征:

1)磁等价核之间,虽然 $J\neq0$,但对图谱不发生影响,比如 CH_3—O—只表现出一个峰。

2)相邻氢核耦合后产生的裂分峰数符合 $n+1$ 规律。

3)多重峰的中心即为化学位移 δ 值。

4)裂分的峰大体左右对称,各裂分峰间距离相等,等于耦合常数 J。

5)各裂分峰的强度比符合$(X+1)^n$ 展开式各项系数比。

(2)二级图谱:不能满足一级图谱的两个条件时的谱图,称为二级图谱或者高级图谱。二级图谱的图形复杂,与一级图谱相比具有以下几个特征:

1)裂分峰数不符合 $n+1$ 规律。

2)裂分峰的强度相对关系复杂,不再符合$(X+1)^n$ 展开式各项系数比。

3)各裂分峰的间距不一定相等,裂分峰的间距不能代表耦合常数,多数裂分峰的中心位置也不再是化学位移。

二级图谱不能用解析一级图谱的方法来处理,高级耦合的理论比较复杂,不在本书要求范围之内。

第5节 应用与示例

一、样品溶液的制备

磁共振波谱法的样品通常都配制溶液,在配制溶液应注意:

1. 选择适当的溶剂　研究[1]H-NMR 谱时，溶剂不应含质子，常用的溶剂有 CCl_4、CS_2 及氘代溶剂，见表 7-7。氘代溶剂对样品的溶解能力一般比 CCl_4 和 CS_2 好，但价格较贵。常用的氘代溶剂有 $CDCl_3$，也有 C_6D_6、$(CD_3)_2CO$、$(CD_3)_2SO$（氘代二甲亚砜，DMSO）等，水溶性的样品可以用 D_2O，不含[1]H 的溶剂还有 CF_2Cl_2，SO_2FCl 等。

表 7-7　某些氘代溶剂中残留[1]H 的共振吸收位置

溶　剂	含 H 基团	化学位移
$CDCl_3$	CH	7.28（单峰）
$(CD_3)_2CO$	CD_2H	2.05（五重峰）
C_6D_6	$CH(C_6D_5H)$	7.20（多重峰）
D_2O	HDO	~5.30（单峰）
$(CD_3)_2SO$	CD_2H	2.5（五重峰）
CD_3OD	CD_2H	3.3（五重峰）
C_2D_5OD	CHD_2	1.17（五重峰）
	CHD	3.59（三重峰）
	OH	不定（单峰）
$(CD_3)_2NCDO$	CD_2H	2.76（五重峰）
	CHO	8.06（单峰）

2. 样品溶液的浓度　浓度一般为 2%～10%，纯样品一般需要 15～30mg。在用 PFT-NMR 法时，样品需要量较少，一般只需 1mg，甚至更少。

二、磁共振氢谱的解析

1. 谱图峰面积与氢核数目的关系　在 NMR 仪上都装配有自动电子积分仪，吸收峰的面积在图谱上用阶梯式的积分曲线高度表示。这种积分曲线的画法是从左到右，从低场到高场。从积分曲线起点到终点总高度与分子中氢核总数成正比，而每一个阶梯的高度与该吸收峰的氢核数目成正比。因为分子的对称性，各阶梯的积分高度只能定量地说明每组氢核的相对比例，并不能代表分子中氢核的绝对数目。当知道被测物质分子式，根据积分曲线高度便可确定各峰所对应的氢核数目；假如不知道分子式，但谱图中有能很容易判断氢原子数目的基团，如甲基、羟基、单取代苯环等，以此为基准可以判断各含氢官能团的氢核数目。

如图 7-14 中 δ 值为 7.7、4.4 和 2.4 的吸收峰的积分曲线高度比为 2∶2∶3，分别代表了苯环、亚甲基和甲基上氢核数之比。

2. 谱图中化合物的结构信息

（1）共振吸收峰的组数：提供化合物中有几种类型磁核，即有几种不同化学环境的氢核，一般表明有几种带氢基团。

（2）每组峰的面积比（相对强度）：提供各类型氢核（各基团）的数量比。

（3）峰的化学位移（δ）：提供每类质子所处的化学环境信息，用来判断其在化合物中的位置。

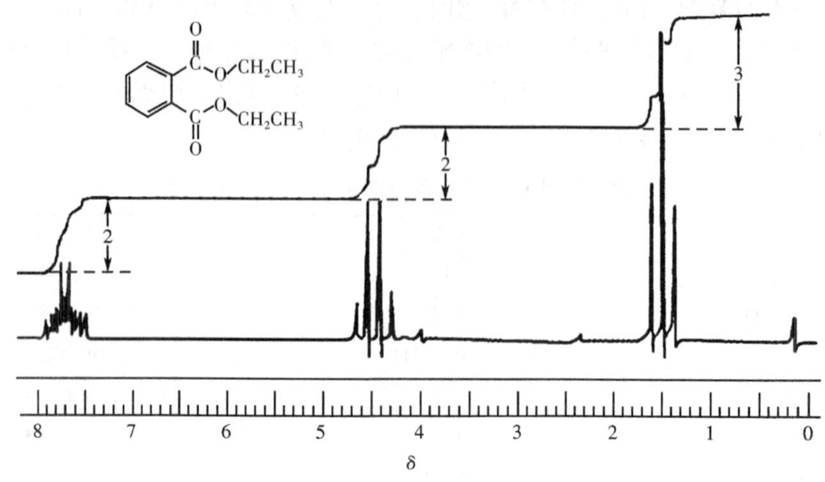

图 7-14 邻二苯甲酸乙酯磁共振谱

(4) 峰的裂分数:判断相邻碳原子上的氢核数。

(5) 耦合常数(J):用来确定化合物构型。

3. 解析的一般程序

(1) 尽可能了解清楚样品的一些来源情况,以便对样品有一些大概的认识;检查基线是否平稳,区别溶剂峰、杂质峰。

(2) 通过元素分析获得化合物的化学式,计算不饱和度 U。

(3) 根据积分曲线高度,计算每组峰对应的氢核数。同时考虑分子对称性,当分子结构中具有对称因素时,可能会使谱图中出现的峰组数减少,强度叠加。

(4) 根据化学位移、耦合常数等特征,识别一些强单峰及特征峰。即不同基团的^{1}H 之间距离大于三个单键的基团。如,CH_3—Ar,CH_3—O—、CH_3—N—、CH_3CO—、RO—CH_2CN 等孤立的甲基或亚甲基共振信号;在低场区(化学位移大于 10)出现的—COOH、—CHO 信号;含活泼氢的未知物,可对比 D_2O 交换前后光谱的改变,以确定活泼氢的峰位及类型。

(5) 若在化学位移 δ 6.5~8.5 范围内出现强的单峰或多重峰,往往要考虑是苯环上氢的信号。根据这一区域氢的数目,可以判断苯环的取代数。

(6) 解析比较简单的多重峰,根据每组峰的化学位移及相对应的质子数,推测本身及相邻的基团结构。

通过以上几个步骤,一般可初步推断出可能的一种或几种结构式。然后从可能的结构式按照一般规律预测产生的 NMR 谱,与实际谱图对照,看其是否符合,进而推断出某种最可能的结构式。

对难解析的高级耦合系统,如有必要,可换用不同的溶剂再测定一次,有时由于化学位移的变化,共振谱会简化。如果条件允许,可换用高场强仪器或运用其他去偶技术测定。

三、解析示例

例 1 某一有机物分子式为 $C_5H_{10}O_2$,^{1}H NMR 谱如图 7-15 所示,试推测其结构。

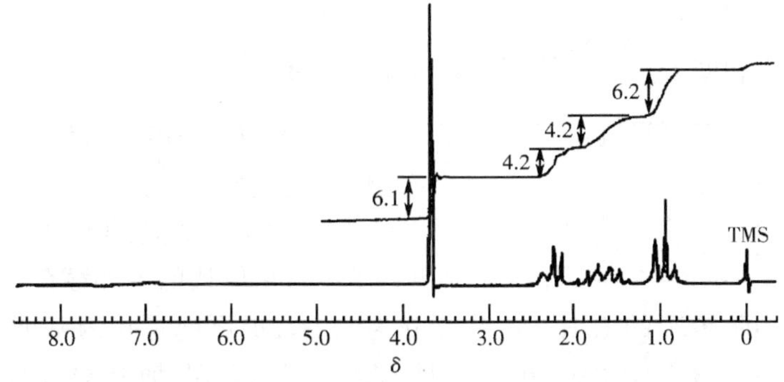

图 7-15　化合物 $C_5H_{10}O_2$ 的磁共振氢谱图

解：

（1）计算不饱和度 $U=\dfrac{2\times5-10+2}{2}=1$。

（2）根据谱图上的积分曲线高度计算每组峰代表的氢核数。

化学位移值 δ	峰裂分数	积分线高度	氢核数
3.7	1	6.1	3
2.2	3	4.2	2
1.6	6	4.2	2
0.9	3	6.2	3

（3）代表 7 个^{1}H 的 δ 0.9、δ 1.6、δ 2.2 三处吸收峰分别耦合裂分为三重峰、六重峰和三重峰，由此可初步判定分子中有丙基 $CH_3CH_2CH_2$—存在。

代表 3 个^{1}H 的 δ 3.7 为单峰，则可能是直接与高电负性原子相连的孤立的甲基峰。结合分子式，可判定有 $-\overset{\overset{\large O}{\|}}{C}-O-CH_3$ 结构存在。

（4）结合以上判断，此化合物可能的结构为：

$$H_3C-CH_2-CH_2-\overset{\overset{\large O}{\|}}{C}-O-CH_3$$

例 2　某化合物的分子式为 C_9H_{12}，^{1}H NMR 谱如图 7-16 所示，试推测其结构。

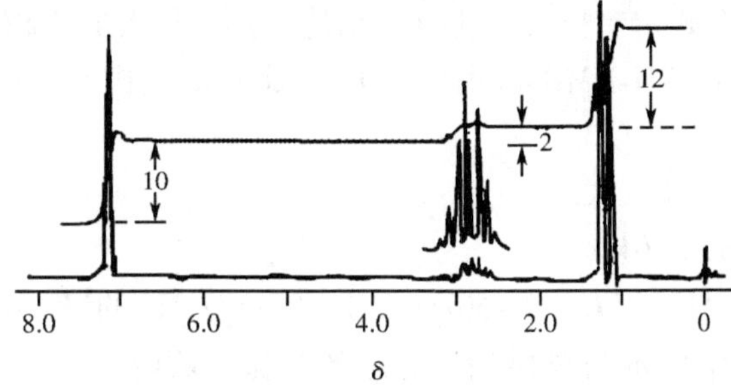

图 7-16　化合物 C_9H_{12}的磁共振氢谱图

解:

(1) 计算不饱和度 $U=\dfrac{2\times9-12+2}{2}=4$,可能有苯环。

化学位移值δ	峰裂分数	积分线高度	氢核数
7.2	1	10	5
2.9	7	2	1
1.2	2	12	6

(2) 根据谱图上的积分曲线高度计算每组峰代表的氢核数。

(3) δ 7.2 处的 5 个^{1}H 的单峰,证明分子中有单取代的苯环存在。

从分子式中扣除苯环的 C_6H_5,剩余部分为 C_3H_7,最可能是正丙基或异丙基。结合谱图,在 δ 1.2 处有代表 6 个^{1}H 的二重峰,证明有两个甲基存在,加上 δ2.9 处有一代表 1 个^{1}H 的七重峰,只能用异丙基的结构解释:

$$H_3C-\overset{\displaystyle H}{\overset{|}{\underset{|}{C}}}-CH_3$$

(4) 综上所述,此化合物的结构式为:

$$C_6H_5-\overset{\displaystyle CH_3}{\overset{|}{\underset{\displaystyle CH_3}{\underset{|}{C}}}}-H$$

第 6 节 磁共振碳谱简介

一、概 述

磁共振碳谱全称^{13}C 磁共振波谱法(carbon-13 nuclear magnetic resonance spectroscopy; ^{13}C-NMR),简称碳谱。

^{13}C 核的共振现象早在 1957 年就被发现,但由于^{13}C 的天然丰度很低,为 1.1%,且^{13}C 的磁旋比 γ 也仅仅是^{1}H 的 1/4,^{13}C-NMR 的相对灵敏度只相当于^{1}H-NMR的 1/5800,利用常规方法很难测定^{13}C-NMR,所以早期研究得并不多。直至 1970 年后,发展了 Fourier NMR(PFT-NMR)应用技术,有关^{13}C 的磁共振技术研究才开始增多。而且通过双照射技术的质子去偶作用(称为质子全去耦),大大提高了其灵敏度,使之逐步成为重要且常用的常规 NMR 方法。与^{1}H-NMR相比,^{13}C-NMR 在测定有机及生化分子结构中具有很大的优越性:

(1) 化学位移范围宽。^{1}H-NMR 常用的化学位移 δ 值范围在 0~10,^{13}C-NMR 的化学位移一般在 0~200 之间。

(2) ^{13}C 与^{1}H 的耦合常数大。

^{13}C—^{1}H 的$^1J_{CH}$:100~200Hz

远程耦合:^{13}C—C—^{1}H 的$^2J_{CH}$:0~60Hz;^{13}C—C—C—^{1}H 的$^3J_{CH}$:0~20Hz

(3) ^{13}C-NMR 可以给出不与氢核相连的碳的共振吸收峰。

(4) 碳谱具有多种实验方法,可以有效地将氢谱和碳谱中的峰对应起来。能初步得到分子中碳原子个数、基团归属及碳原子的级数等对结构解析由重要作用的信息。

（5）碳原子的弛豫时间较长，能被准确测定，可以帮助对碳原子进行指认，判断结构构象。

尽管如此，^{13}C-NMR 的缺点同样比较明显。碳谱的灵敏度比较低，^{13}C 的磁共振信号很弱，在测定过程中需要比较大的试样量，并多次扫描进行累加。此外，碳谱的峰面积与碳数不成正比（定量碳谱除外），也是^{13}C-NMR 的一个缺点。

二、去耦技术

由于^{13}C 的 NMR 灵敏度很低，且碳与其相连的氢核耦合常数很大，$^{1}J_{CH}$可达到 100～200Hz，再加上还有许多较小的远程耦合$^{2}J_{CH}$和$^{3}J_{CH}$，^{13}C 的共振信号常交错在一起，使谱图复杂。因此，在实验中往往需要消除耦合以获得简明的碳谱，这种消除耦合效应的过程就是去耦。目前所见到的碳谱几乎都是氢核去耦谱。常见的去耦方法有质子带宽去耦、偏共振去耦、质子选择性去耦、门控去耦及反门控去耦等。

1. 质子宽带去耦　质子宽带去耦谱为^{13}C-NMR的常规谱，是一种双共振技术，记作^{13}C{^{1}H}。简单地说，是指在用射频场照射各种碳核并使其激发产生^{13}C 磁共振吸收的同时，附加另一个去耦射频场，使其覆盖全部质子的共振频率范围，且用强功率照射使所有的质子达到饱和，从而使质子对^{13}C 的耦合全部去掉，每种碳核在谱图中均表现为单峰。同时，在去耦过程中会伴随着 NOE（nuclear overhauser effect）效应，使^{13}C 核信号增强，大大提高了^{13}C-NMR 的灵敏度。

在质子宽带去耦碳谱中，有多少种化学环境不同的碳就有多少条共振吸收峰。用于测定各碳的化学位移值。由于完全去耦，也失去了许多有用的结构信息，无法识别伯、仲、叔、季等不同类型的碳。

2. 偏共振去耦　采用一个频率范围很小、比质子宽带去耦功率弱很多的射频场，其频率略高于（off set，偏置）样品中所有氢核的共振频率，从而消除^{1}H 与^{13}C 之间的远程耦合，部分保留直接与碳相连的氢核（^{13}C—^{1}H）的耦合信息。所以应用这种技术可以得到甲基碳为四重峰（q）、亚甲基碳为三重峰（t）、次甲基碳为二重峰（d）、季碳单峰（s）等非常有用的特征信息。由于这种图谱仍然存在谱线间的重叠，所以后来又发展了 DEPT 谱。

3. 质子选择性去耦　是偏共振去耦的特例。当测一个化合物的^{13}C-NMR 谱，而又准确知道这个化合物的^{1}H NMR 各峰的 δ 值及归属时，就可测选择性去耦谱，以确定碳谱谱线的归属。

具体方法是调节去耦频率恰好等于某质子的共振吸收频率，且去耦场功率又控制到足够小（低于宽带去耦采用的功率）时，则与该质子直接相连的碳会发生全部去耦尔变成尖锐的单峰，并因 NOE 而使谱线强度增大，从而确定相应^{13}C 信号的归属。

4. DEPT 谱　又称无畸变极化转移增益实验（distortionless enhancement by polarization transfer），在 135°DEPT 谱中，甲基、次甲基显正峰，亚甲基显负峰，季碳无峰；在 90°DEPT 谱中，仅次甲基显正峰，余均无峰。在 45°DEPT 谱中，甲基、亚甲基与次甲基显正峰，季碳无峰。因此，通过 DEPT 谱，可辨认碳的级别，亦即碳原子上相连氢原子的数目。

三、化学位移

^{13}C 的化学位移与^{1}H 的化学位移表示方法一致，选用四甲基硅烷（TMS）标示化学位移

的零点。不同化学环境中碳原子的化学位移从高场到低场的顺序为：饱和碳出现在较高场、炔碳次之、烯碳和芳碳在较低场，而羰基碳会出现在最低场。

影响碳谱化学位移的因素主要有杂化效应、碳核周围电子云密度、磁各向异性等。碳谱中，化学位移的决定因素是顺磁屏蔽。

化合物中碳原子的轨道杂化状态，很大程度上决定了^{13}C的化学位移范围。各杂化态的屏蔽常数顺序为$\sigma_{sp^3}>\sigma_{sp}>\sigma_{sp^2}$。一般情况下，$sp^3$杂化碳的$\delta_C$在0~60之间；$sp^2$杂化碳的$\delta_C$值在100~220范围，需要特别指出的是，羰基碳的δ_C一般在160~220的低场；sp杂化碳的δ_C值在60~90范围。

图7-17为常见碳原子核化学位移分布简图，可作为谱图解析的参考。

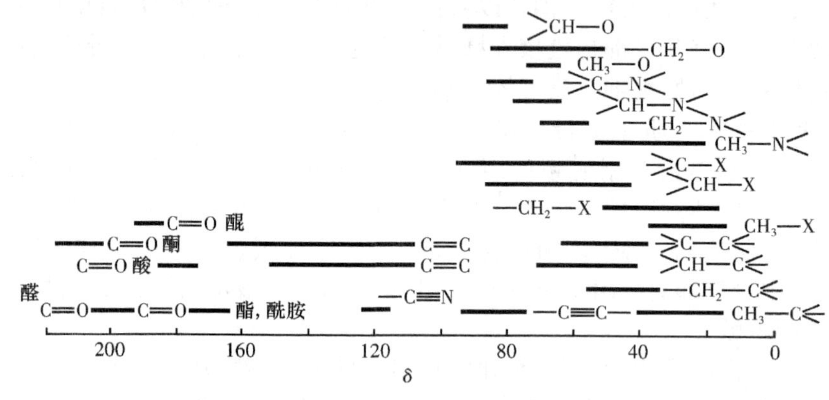

图7-17 重要官能团的^{13}C化学位移值

四、应 用

1. ^{13}C-NMR谱解析的一般程序

（1）由分子式计算不饱和度。

（2）分析^{13}C-NMR的质子宽带去耦谱，识别重氢溶剂峰，排除其干扰。

（3）由各峰的δ_C值，可分析sp^3、sp^2、sp杂化的碳各有几种，此判断应与不饱和度相符。若苯环碳或烯碳在低场位移较大，说明该碳与电负性大的氧或氮原子相连。由C=O的δ_C值，可判断是醛、酮类的羰基还是酸、酯、酰类的羰基。

（4）由偏共振谱分析与每种化学环境不同的碳直接相连的氢原子的数目，识别伯、仲、叔、季碳，结合δ_C值，推导出可能的基团及其结构单元。若与碳直接相连的氢原子数目之和与分子中氢数目相吻合，则化合物不含—OH、—COOH、—NH_2、—NH—等，因这些基团的氢是不与碳直接相连的活泼氢。若推断的氢原子数目之和小于分子中的氢原子，则可能有上述基团存在。

在sp^2杂化碳的共振吸收峰区，由苯环碳吸收峰的数目和季碳数目，判断苯环的取代情况。

（5）综合以上分析，推导出可能的结构，进行必要的经验计算以进一步验证结构。如有必要，进行偏共振谱的耦合分析及含氟、磷化合物宽带去耦谱的耦合分析。

（6）化合物结构复杂时，需其他谱（MS，^{1}H NMR，IR，UV）配合解析。

（7）化合物不含氟或磷，而谱峰的数目又大于分子式中碳原子的数目，可能有以下存在。

异构体：异构体的存在，会使谱峰数目增加。

溶剂峰：样品在处理过程中常用到溶剂，若未完全除去，在^{13}C-NMR中会产生干扰峰。

杂质峰：样品纯度不够，有其他组分干扰。

2. ^{13}C-NMR谱解析实例

例3 某有机化合物的分子式为$C_{10}H_{13}NO_2$，其质子宽带去耦^{13}C-NMR谱(a)及偏共振^{13}C-NMR谱(b)如图7-18所示，试推导其结构。

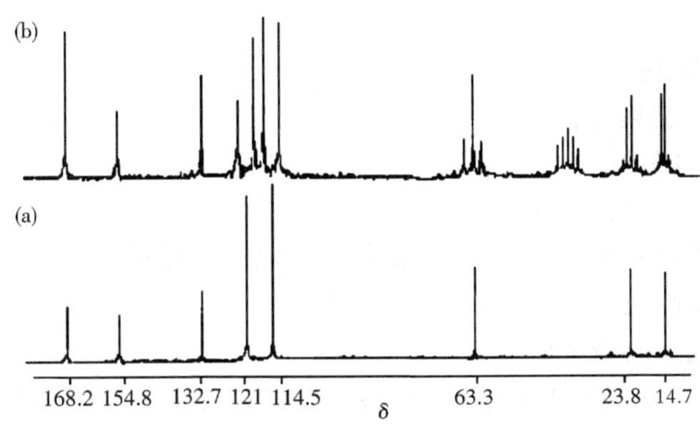

图7-18 化合物$C_{10}H_{13}NO_2$的质子宽带去耦谱(a)及偏共振去耦谱(b)

解：

(1) 计算不饱和度$U=\dfrac{2\times10+1-13+2}{2}=5$，分子中可能有苯基或吡啶基存在。

(2) 质子宽带去耦谱中δ40.9的多重峰为DMSO的溶剂峰。

(3) 谱图中有三种sp^3杂化的碳，五种sp^2杂化的碳，谱峰的数目小于碳数目，表明分子中有某些对称因素存在。由谱峰强度分析，sp^2杂化碳的峰区，有两条峰分别为两个等价碳的共振吸收峰。结合偏共振去耦信息，分子中可能存在以下基团：

	化学位移δ	可能基团		化学位移δ	可能基团
sp^3区	14.7	CH_3—C	sp^2区	114.5	2CH
	23.8	CH_3—C		121.0	2CH
	63.3	CH_2—O		132.7	C
				154.8	C—O
				168.2	C═O

δ值及基团分析表明分子中有CH_3CH_2O—、对位双取代的苯基及酸、酯或酰胺中的C═O。与分子式相比，碳的数目相符，氢数目少一个，可能为COOH或NH中的活泼氢(不与碳直接相连)。由于分子中只有两个氧原子，且一个与苯基相连，故不可能有COOH存在，结合δ168.2ppm的C═O吸收峰，判断为有CONH基存在。

(4) 综上，推导化合物的可能结构为以下两种：(由δ23.8的CH_3峰，判断结构应为b)。

$H_3C—NH—C(=O)—C_6H_4—OCH_2CH_3$ 或 $H_3C—C(=O)—NH—C_6H_4—OCH_2CH_3$

(a) (b)

（5）由于 δ 23.8 的 CH_3峰，判断结构应为（b）。

思考与练习

1. 解释下列词语
   （1）化学位移；
   （2）屏蔽效应和去屏蔽效应；
   （3）自旋耦合和自旋裂分；
   （4）化学等价和磁等价。
2. 产生磁共振的必要条件是什么？
3. 为什么用化学位移标示峰位，而不用共振频率的绝对值标示？
4. 氢磁共振谱可提供哪三大信息？
5. 影响化学位移的因素有哪些？
6. 两个氢核，化学位移分别为 3.8 和 3.92，耦合常数 10.0Hz，试问该两氢核属 AX 系统还是 AB 系统（60MHz）？
7. 在下列化合物中标记的氢核 a，b 在发生 NMR 时，何者 δ 值较大，何者较小？为什么？

Cl H H
H_a H_b Br

8. 在苯乙酮的氢谱中，苯环质子的信号都向低场移动，间位和对位质子的 δ 值 7.40，而邻位质子的 δ 值却是 7.85 左右，为什么？
9. 试解释 $CHCl_3$ 上氢核吸收峰，为何在用三乙胺稀释时，将移向较低磁场处？
10. 室温条件下，非常纯的 CH_3OH 的波谱中，OH 基质子为四重峰。试问随着温度升高，将对该精细结构有何影响？
11. 如何用 NMR 谱区别下列各对化合物？
    （1）对二甲苯和乙基苯 （2）丙醛和丙酮 （3）对二甲苯和间三甲苯
    （4）二苯醚和二苯甲烷 （5）甲乙醚的三种一氯代产物。
12. 试指出下列化合物分子中氢核之间的耦合系统个数和类型，并指出精细结构的多重性及强度比。

    （1）$Cl_2CHCHCl_2$ （2）H—C(=O)—C(H)Cl—Cl （3）Cl_2CHCH_2Cl （4）$CH_3OCHClCH_2Cl$

13. 为什么强射频波照射样品会使 NMR 信号消失，而 UV 与 IR 吸收光谱法则不消失？
14. 峰裂距是否是耦合常数？耦合常数能提供什么结构信息？
15. 磁等价与化学等价有什么区别，说明下述化合物哪些氢是磁等价、化学等价，并判断峰形（单峰、二重峰、……）。

    （1）Cl—CH ═CH—Cl （2）H_a, H_c, H_b, Cl 取代乙烯（H_a、H_b 同碳，H_c 与 Cl 同碳） （3）H_a, H_b 同碳，Cl, Cl 同碳的乙烯

(4) $CH_3CH{=}CCl_2$　(5) 对二氯苯　(6) 邻二氯苯　(7) 1,3,5-三氯苯

16. 一酯类化合物的分子式 $C_8H_{10}O$，磁共振氢谱数据为 δ1. 2 三重峰，δ3. 9 四重峰，δ6. 7-7. 3 多重峰，谱图从低场到高场质子面积比为 5 : 2 : 3，推测其结构。

(O CH_3)

17. 某一有机化合物经元素分析含有 C、H、O，红外光谱实验结果表明，除有苯环的特征外还有一个 $3300cm^{-1}$ 左右的吸收峰，它的相对分子质量为 122，它的磁共振谱如图 7-19 所示，试确定该化合物的结构。

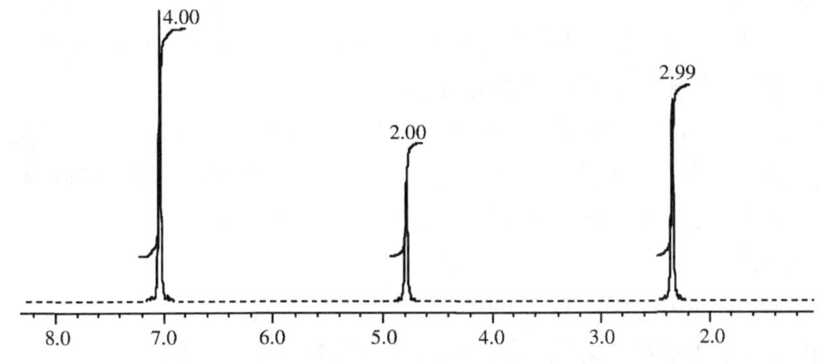

图 7-19　相对分子质量为 122 的 ^{1}H-NMR 谱

(H_3C OH)

18. 一个由 C、H、O 三种元素组成的化合物，相对分子质量为 138. 2，C 和 H 各占 69. 5% 和 7. 2%，红外光谱中 $3300cm^{-1}$ 左右有一宽吸收峰，指纹区还有 $750cm^{-1}$ 左右的吸收峰，其磁共振谱见图 7-20，推测其结构。

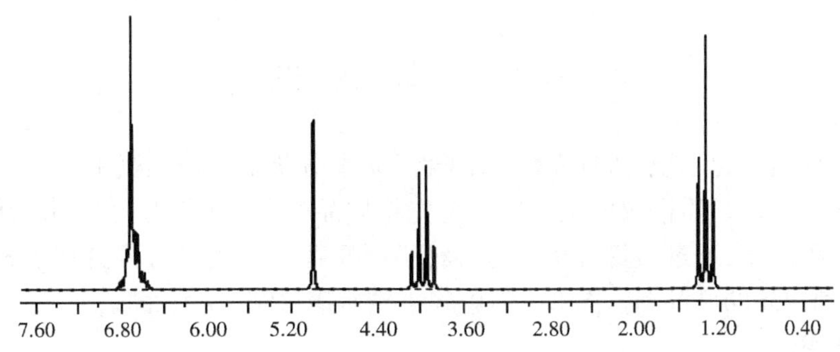

图 7-20　相对分子质量为 138. 2 的 ^{1}H-NMR 谱

(OH O CH_3)

（何淑华　许佳明）

第8章　质　谱　法

质谱法(mass spectrum ,MS)是采用一定手段使被测样品分子产生各种离子,通过对离子质量和强度的测定来进行分析的一种方法。其基本过程为:

(1) 将气化样品导入离子源,样品分子在离子源中被电离成分子离子,分子离子进一步裂解,生成各种碎片离子。

(2) 离子在电场和磁场综合作用下,按照其质荷比(m/z)的大小依次进入检测器检测。

(3) 记录各离子质量及强度信号即可得到质谱。

1913年J. J. Thomson研制成第一台质谱仪并运用质谱法首次发现元素的稳定同位素。经过数十年的发展,质谱法已成为一种重要的分析方法。主要作用有:精确测定物质的分子量、确定物质分子式、根据各种离子解析分子结构、鉴定化合物等。

质谱分析法的特点:

(1) 灵敏度高,样品用量少(样品的取样量为微克级)。

(2) 能同时提供物质的分子量、分子式及部分官能团结构信息。

(3) 响应时间短,分析速度快,数分钟之内即可完成一次测试。

(4) 能和各种色谱法进行在线联用,如GC/MS、HPLC/MS等。

目前,质谱法已成为有机化学、药物学、生物化学、毒物学、法医学、石油化工、地球化学、环境污染等研究领域中的重要分析方法之一。

第1节　质谱仪及其工作原理

一、仪 器 构 造

质谱仪主要由气化系统、进样系统、离子源、质量分析器、离子检测器、真空系统和数据处理系统等部分构成。质谱仪的工作原理是先将样品气化,再利用适合的电离方法将样品分子电离成各种离子,通过质量分析器将各种不同质荷比的离子分开并依次进入检测器中检测,从而得到样品的质谱图。图8-1为单聚集磁质谱仪结构示意图。

1. 进样系统

(1) 直接进样系统:直接进样系统适用于单组分、有一定挥发性的固体或高沸点液体样品。进样时将固体或液体样品置于坩埚中,放进可加热的套圈内,通过真空隔离阀将直接进样杆插入到高真空离子源附近,快速加热升温使固体样品挥发并进入离子源使离子化。加热的温度一般可达300~400℃,此方法测定的物质其相对分子质量可达2000左右,且所需的样品量很少(一般为几微克)。

(2) 色谱法进样:色谱法进样也是质谱分析中常用的进样方法之一,适用于多组分分析。其原理是将多组分样品先经色谱法分离成单一组分,分离后的组分依次通过色谱仪与

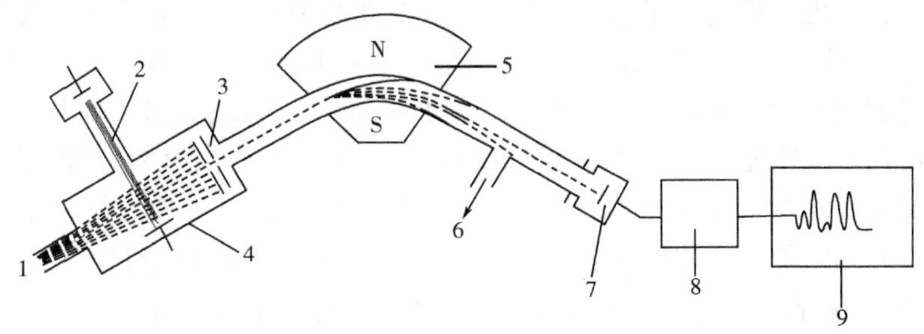

图 8-1 为单聚集磁质谱仪结构示意图

1. 样品分子;2. 电子束;3. 加速电极与狭缝;4. 离子源;5. 扇形磁场;
6. 抽真空;7. 检测器;8. 放大器;9. 记录器

质谱仪之间的“接口”进入到质谱仪中被检测。“接口”的作用主要是除去色谱中流出的大量流动相,并将被测组分导入高真空的质谱仪中。

2. 离子源 离子源的作用是提供能量使待测样品分子电离,并进一步得到各种离子。在质谱仪中,要求离子源产生的离子强度大、稳定性好、质量歧视效应小。质谱仪的离子源种类很多,其原理各不相同,下面介绍几种常见的离子源。

(1) 电子轰击离子源(electron impact source,EI):电子轰击离子源(EI)是目前应用最广泛、技术最成熟的一种离子源,主要用于挥发性样品的分析。其原理为:气化后的样品分子进入离子源中,受到炽热灯丝发射的电子束的轰击,生成包括正离子在内的各种碎片,其中正离子在推斥电极的作用下离开离子源进入加速区被加速和聚集成离子束。而阴离子、中性碎片则被离子源的真空泵直接抽走,不进入加速器。图 8-2 为电子轰击离子源的示意图。

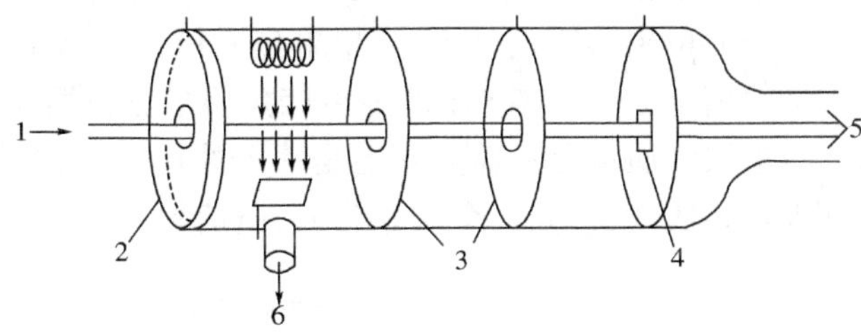

图 8-2 电子轰击离子源示意图

1. 样品分子; 2. 推斥电极;3. 加速电极;
4. 聚焦狭缝;5. 离子流;6. 抽真空

电子轰击离子源的电子能量常为 70eV,有机分子经轰击后先失去一个电子生成分子离子(用 $M^{+\cdot}$ 表示),分子离子可以进一步裂解形成“碎片”离子。采用电子轰击离子源得到的碎片离子信息比较丰富。EI 的优点是碎片离子信息丰富,有利于结构解析。另外,EI 法得到的离子流比较稳定,质谱图重现性好,目前商品质谱仪附带谱库中的质谱图一般是采用电子轰击离子源测定所得(电离电压一般为 70eV)。EI 法的缺点是不适宜检测一些热不稳定和挥发性低的样品,另外,由于轰击能量比较高,分子离子峰强度往往较低,不利于测定化合物的分子量。

(2) 化学电离离子源(chemical ionization,CI):化学电离离子源(CI)是先在离子源中送入反应气体(如 CH_4),反应气体在电子轰击下电离成离子,反应气体离子和样品分子碰撞发生离子-分子反应,最后产生样品离子。化学离子源常用的反应气体有 CH_4、N_2、He、NH_3 等。CI 的优点是对于大多数有机化合物都可得到较强的分子离子峰。缺点是质谱图中碎片离子峰较少,提供的结构信息不多,不利于解析化合物的结构。

(3) 快原子轰击离子源(fast atom bombardment,FAB):FAB 的工作原理是将试样溶解在黏稠的基质中(常用的基质有甘油、硫代甘油、3-硝基苄醇和三乙醇胺等高沸点极性溶剂),作用是保持样品的液体状态,减少轰击对样品的破坏,再将试样溶液涂布在金属靶上,直接插入FAB源中,用经加速获得较大动能的惰性气体离子对准靶心轰击,轰击后快原子的大量动能以各种方式消散,其中一些能量导致样品蒸发和电离,最后进入质量分析器被检测。在FAB法中,测得的主要是各种准分子离子$[M+H]^+$以及与基质分子复合形成的复合离子$[M+H+G]^+$、$[M+H+2G]^+$(G为基质分子),根据这些准分子离子及复合离子即可推测分子量。

FAB不需要对样品加热,易得到稳定的分子离子峰,故适合热不稳定、难气化的有机化合物的分析,可检测分子量较大的有机化合物如多肽、核苷酸、有机金属配合物等。在生物大分子研究领域内具有广阔的应用前景。

(4) 电喷雾电离(electron spray ionization,ESI):ESI是近年来发展起来的一种使用强静电场的软电离技术,其原理是使样品溶液发生静电喷雾并在干燥气流中(接近大气压)形成带电雾滴。随着溶剂不断蒸发,液滴不断变小,表面电荷密度不断增大从而形成强静电场使样品分子电离,并从雾滴表面"发射出来"。通常ESI法只形成准分子离子$[M+H]^+$或$[M-H]^+$,可能具有单电荷或多电荷。通常小分子得到单电荷的准分子离子,生物大分子则得到多种多电荷离子。由于ESI能检测多电荷离子,因此即使用低质量范围的质谱仪也可检测分子量大的化合物,从而大大提高质谱仪质量检测范围。

3. 质量分析器 作用是将离子源中产生的离子按质荷比(m/z)大小分离,相当于光谱仪器中的单色器。目前商品质谱仪使用的质量分析器种类较多,以下几种应用比较广泛。

(1) 单聚焦质量分析器:单聚焦质量分析器主要根据离子在磁场中的运动行为,将不同质量的离子分开。图8-1即为单聚焦质量分析器质谱仪。

单聚焦质量分析器实际上是一个处在扇形磁场中的真空管状容器。样品分子在离子源中被电离成离子,如一个质量为m,电荷数为z的离子经加速电压V加速后,获得动能zeV

$$\frac{1}{2}mv^2 = zeV(v\text{ 为离子的速度}) \tag{8-1}$$

加速后的离子垂直于磁场方向进入分析器,在洛伦兹力的作用下做圆周运动,离心力等于离子在磁场中所受到的洛伦兹力。

$$zeVB = \frac{mv^2}{r} \tag{8-2}$$

式中:B为磁场强度;r为离子偏转半径。

合并式(8-1)、(8-2),整理得:

$$\frac{m}{z} = \frac{B^2r^2}{2V} \tag{8-3}$$

从式(8-3)可以看出,离子在磁场中运动的半径r是由V、B和m/z三者决定,测定时,仪器的磁场强度和加速电压一般固定不变,因此离子的轨道半径就仅与离子的m/z有关。不同m/z的离子经过磁场后,由于偏转半径不同而彼此分开。但质量分析的半径一般固定不变,此时如固定磁场强度B而改变加速电压V,或者固定加速电压V而改变磁场强度B,都可以使不同m/z的离子按一定顺序依次通过狭缝到达检测器。前者称为电压扫描,后者称为磁场扫描。

单聚焦分析器的优点是结构简单、体积小。缺点是分辨率低,只适用于分辨率要求不高的质谱仪。

（2）四极杆质量分析器：四极杆质量分析器由四根截面呈双曲面的平行电极组成，在电极上加一个直流电压和一个射频电压。从离子源出来的离子流引入由四极杆组成的四极场（电场）中，在场半径限定的空间内 X、Y 方向发生振动，以恒定的速度沿平行于电极的方向前进。在一种条件下，只有一个“稳定振动”。可以使一种离子从四极一端到达另一端。因此只有一种 m/z 值的离子通过分析器全程。改变直流电压与射频电压并保持比率不变，就可做质量扫描。这种分析器体积小、重量轻、操作容易、扫描速度快，适用于 GC/MS 仪器，而且它的离子流通量大、灵敏度高，可用于残余气体分析、生产过程控制和反应动力学研究，它的主要缺点是分辨率低且有质量歧视效应。

（3）飞行时间质量分析器：飞行时间质量分析器不用电场也不用磁场，其核心部件是一个离子漂移管。离子源中产生的离子流被引入离子漂移管，离子在加速电压 V 的作用下得到动能：

$$\frac{1}{2}mv^2 = zeV \tag{8-4}$$

然后，离子进入长度为 L 的自由空间（漂移区），假定离子在漂移区飞行的时间为 T，则：

$$T = L\sqrt{\frac{m}{2zeV}} \tag{8-5}$$

而

$$T = \frac{L}{v} \tag{8-6}$$

合并式（8-4）、（8-5）、（8-6），整理得：

$$T^2 = \frac{m}{z}\left(\frac{L^2}{2Ve}\right) \tag{8-7}$$

由式（8-7）可看出，离子在漂移管中飞行的时间与离子质荷比（m/z）的平方根成正比，即对于能量相同的离子，m/z 越大，到达检测器所用的时间越长，m/z 越小，所用时间越短。根据这一原理，可以把不同 m/z 的离子分开。增加漂移管的长度 L，可以提高分辨率。使用这种分析器的质谱仪叫“飞行时间质谱仪”。

飞行时间质谱仪的特点是：

1）扫描速度快。这种仪器记录一个完整的质谱只要 10～100μs，适应研究极快的过程，如检测色谱流出物等。

2）仪器体积小、重量轻、结构简单，既不要求电场也不要求磁场。

3）分辨率低。分辨率低的原因是离子的初始能量分散和离子的空间位置不同造成的。

有机质谱仪常用的质量分析器除上述几种外，还有离子阱质量分析器、傅里叶变换离子回旋共振质量分析器等。

4. 检测器　离子检测器由收集器和放大器组成。打在收集器上的正离子流产生与离子流丰度成正比的信号。利用现代的电子技术能灵敏、精确地测量这种离子流。例如将离子流打在一个固体打拿极上或一个闪烁器上，产生电子或光子，再分别用电子倍增管或光电倍增极接收，得到电信号，放大并记录下来，就可以得到质谱图。

二、主要性能指标

1. 质量范围 质量范围即仪器所能测量的质量数的范围。通常采用原子质量单位(u)进行度量。例如某质谱仪质量范围为 1~2000u,表示该质谱能测定质量数为 1~2000u 间的离子。不同用途的质谱仪质量范围差别很大,四极杆质谱仪质量范围一般为 50~2000u,磁质谱仪的质量范围一般从几十到几千。

2. 分辨率 分辨率即表示仪器分开两个相邻质量 M 和 $M+\Delta M$ 离子的能力,通常用 R 表示。

$$R = \frac{M}{\Delta M} \tag{8-8}$$

例 1 CO 和 N_2 所形成离子,其质量分别为 27. 9949 和 28. 0061,若某仪器能够刚好分开这两种离子,则该仪器的分辨率为:

$$R = \frac{M}{\Delta M} = \frac{27.9949}{28.0061 - 27.9949} \approx 2500$$

在实际测量时,并不一定要求两个峰完全分开,可以有部分的重叠。一般最常用的是 10%峰谷定义,如图 8-3 所示。一般 R 在 10000 以下者称为低分辨,在 10000~30000 称为中分辨,在 30000 以上称为高分辨仪器。低分辨仪器只能给出离子的整数质量,高分辨仪器则可给出精密质量。

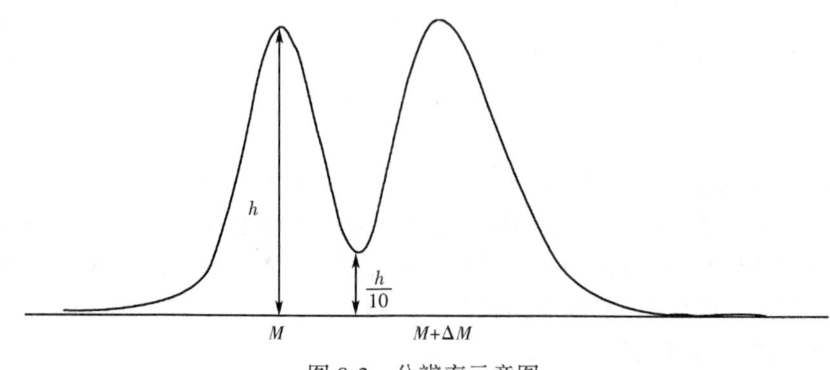

图 8-3 分辨率示意图

例 2 用分辨率为 15 万的质谱仪测量相对分子质量为 500 的化合物,则它能辨别质量数相差 0. 0033 的两个峰。

$$\Delta M = \frac{M}{R} = \frac{500}{150000} = 0.0033$$

三、质谱表示法

1. 质谱图 质谱仪记录下来的仅是各正离子的信号,而负离子及中性碎片由于不受磁场作用,或在电场中往相反方向运动,所以在质谱中均不出峰。不同质荷比的正离子经质量分析器分开,而后被检测,记录下来的谱图称为质谱图。通常见到的质谱图多是经过处理的棒图形式。在图中横坐标表示各正离子的质荷比(以 m/z 表示,因为 z 一般为1,故 m/z 多为离子的质量),纵坐标表示各离子峰的相对丰度(以质谱图中的最强峰作为基峰,其强度定义为100%,其他离子峰的强度与最强峰的强度的比值即为相对丰度)。图8-4为甲苯的质谱图。

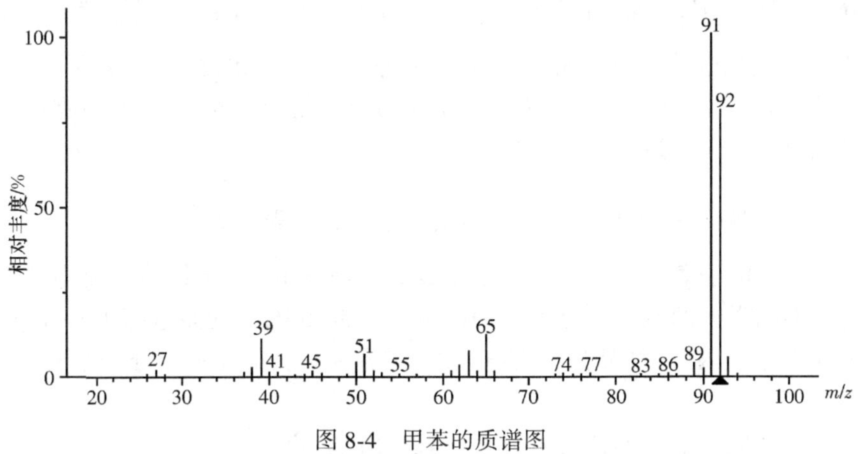

图8-4 甲苯的质谱图

2. 质谱表 质谱表指是以列表的形式表示质谱,表中列出各峰的 m/z 值和对应的相对丰度。表8-1为甲苯的质谱表。

表8-1 甲苯质谱表

m/z	相对丰度/%	m/z	相对丰度/%	m/z	相对丰度/%	m/z	相对丰度/%
26	0.50	46	0.90	63	7.40	86	4.50
27	1.70	49	0.60	64	4.30	87	0.40
28	0.20	50	4.10	65	12.10	89	3.90
37	1.00	51	6.40	66	1.40	90	2.10
38	2.40	52	1.50	73	0.10	91	100.00(基峰)
39	10.70	53	0.70	74	0.90	92	4.60
40	1.10	55	0.10	75	4.40	93	5.40
41	1.10	57	4.20	76	0.30	94	0.10
43	0.10	60	0.10	77	0.90		
44	0.10	61	1.40	83	0.10		
45	1.40	62	3.20	85	0.40		

3. 元素图表 元素图是将高分辨质谱仪所得结果,经计算机按一定程序运算而得。根据元素图表既可确定分子离子的元素组成,也可以确定每一个碎片离子的元素组成。

第2节 离 子 类 型

质谱中出现的离子类型主要包括:分子离子、同位素离子、碎片离子、亚稳离子、复合离子、多电荷离子等。识别这些离子和了解这些离子的形成规律对质谱的解析十分重要。下面介绍几种常见的离子。

一、分子离子

样品分子受高速电子轰击后，失去一个价电子后形成的正离子称为分子离子或母体离子，用 $M^{\dot{+}}$ 表示。其相应的质谱峰称为分子离子峰。与分子相比，分子离子仅少一个电子，而电子的质量相对整个分子而言可忽略不计，因此在质谱中，分子离子的质荷比 m/z 即为分子量。形成分子离子的过程如下：

$$M+e \longrightarrow M^{\dot{+}}+2e$$（e 表示轰击电子，$M^{\dot{+}}$ 表示分子离子）

有机分子受到电子轰击失去一个电子变成分子离子时，分子结构中易电离的部分最容易失去电子。不同类型的电子具有不同的能量。通常，n 电子的能量高于 π 电子，π 电子的能量又高于 σ 电子。因此，样品分子在电离时，最容易失去的是 n 电子，接下来分别是 π 电子、σ 电子。

某些分子离子失去电子的位置可以直接表示出来，如：

（1）失去杂原子上的 n 电子而形成的分子离子可表示为：

$$R—CH_2—\overset{+\bullet}{O}\ H \qquad R—CH═\overset{+\bullet}{O}$$

（2）失去 π 电子而形成的分子离子可表示为：

$$(R_1)(R_2)C \overset{+\cdot}{—} C(R_3)(R_4) \quad 或 \quad (R_1)(R_2)C \overset{+\cdot}{—} C(R_3)(R_4)$$

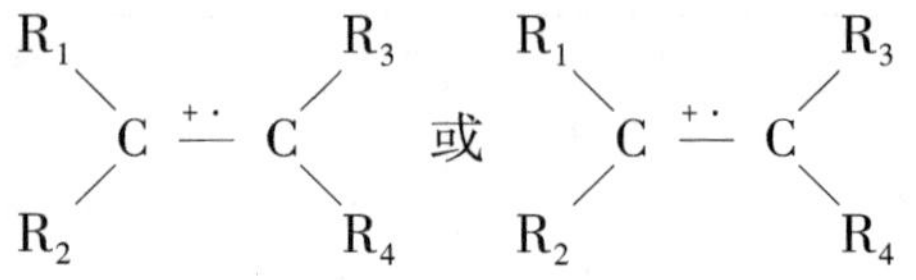

（3）失去 σ 电子而形成的分子离子可表示为：

$$R_1—CH_2 \ {+\cdot}\ CH_2—R_2 \ 或\ R_1—CH_2 \ {\cdot +}\ CH_2—R_2$$

对于有些化合物往往很难确定是分子中哪个电子被打掉，因此不能准确确定电荷的位置，此时可用$[M]^{\dot{+}}$或$\overline{M}|^{\dot{+}}$来表示，如：

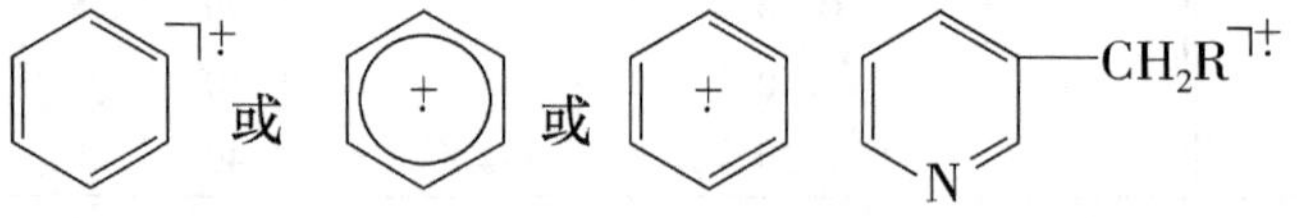

苯环 $\urcorner^{\dot{+}}$ 或 （环内 +） 或 （环内 +）　　吡啶-$CH_2R\urcorner^{\dot{+}}$

由于分子离子峰的强度与化合物的分子结构有着密切的关系，分子离子峰的强度取决于分子离子的稳定性，稳定性越高分子离子峰则越强。常见化合物在 EI 质谱中分子离子峰的强度大致有如下规律：

芳香族化合物>共轭多烯>脂环化合物>直链烷烃>酰胺>酮>醛>胺>脂>醚>羧酸>支链烷烃>腈>伯醇>仲醇>叔醇

二、碎片离子

质谱图中低于分子离子质量的离子都是碎片离子。大致分为两类：一类是简单裂解产生的，另一类是重排裂解产生的。例如甲苯质谱中（图 8-4），*m/z* 92 为分子离子峰，*m/z* 27~91的峰为碎片离子峰。碎片离子裂解的一般规律在本章第 3 节再作详细讨论。

三、同位素离子

自然界中，大多数元素都存在同位素，如碳原子具有^{12}C 和^{13}C 两种同位素。表 8-2 中列出了一些常见元素的同位素丰度比。通常，相对丰度最大的同位素称为该元素的轻同位素，而重同位素一般比轻同位素重 1~2 个质量单位，且相对丰度较小。

表 8-2 常见元素的同位素丰度比

同位素	$^{13}C/^{12}C$	$^{2}H/^{1}H$	$^{17}O/^{16}O$	$^{18}O/^{16}O$	$^{33}S/^{32}S$	$^{34}S/^{32}S$	$^{15}N/^{14}N$	$^{37}Cl/^{35}Cl$	$^{81}Br/^{79}Br$
丰度比/%	1.12	0.015	0.040	0.20	0.80	4.44	0.36	31.98	97.28

由于同位素的存在，质谱峰均表现为峰簇，即质谱中除了有由元素的轻质同位素构成的分子离子峰之外，往往在分子离子峰的右边 1~2 个质量单位处出现含重质同位素的离子峰，这些峰是由同位素引起的，故称为同位素离子峰。质量比分子离子峰大 1 个质量单位的同位素离子峰用 M+1 表示，大 2 个质量单位的峰用 M+2 表示。

例 3 在萘的质谱图（图 8-5）上可观察到分子离子峰区有一组簇峰：分别为 *m/z*128（100%）、*m/z*129（11.0%）、*m/z*130（0.5%）等三个峰，其中 *m/z*128 为分子离子峰，离子结构中所有的碳均为^{12}C，*m/z*129 离子中含有 1 个^{13}C，*m/z*130 离子中含有 2 个^{13}C（^{2}H 及^{3}H 在自然界的丰度太低，对 M+1，M+2 峰的影响可忽略不计）。*m/z* 大于 130 的同位素峰由于强度太低，在质谱图上观察不到。

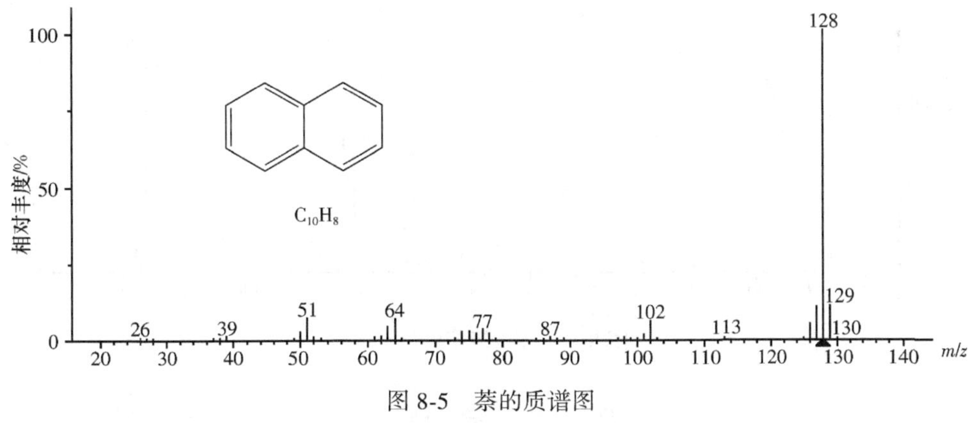

图 8-5 萘的质谱图

由于自然界中各元素的同位素丰度恒定，如^{13}C 的丰度约为^{12}C 的 1.12%，因此同位素离子峰的强度之比具有一定规律。根据这些规律，Beynon 在 1963 年计算了分子量在 250 以内的碳、氢、氧、氮的各种可能组合式的同位素丰度比，并编制成一个表（Beynon 表，见附录），表中列出各种组合式的（M+1）/M 和（M+2）/M 的数值。利用 Beynon 表和所测到的同位素峰丰度比可以确定化合物的分子式。

自然界中^{35}Cl 与^{37}Cl 的丰度比约为 3：1、^{79}Br 与^{81}Br 的丰度比约为 1：1，^{34}S 与^{32}S 的丰度比约为 100：4.44，因此它们的同位素峰非常明显，可以利用同位素峰强度比推断分子中是否含有 S、Cl、Br 原子以及含有的数目。如：

分子中含有 1 个氯原子，则 M ∶ M+2 = 100 ∶ 31.98≈3 ∶ 1

分子中含有 1 个溴原子，则 M ∶ M+2 = 100 ∶ 97.28≈1 ∶ 1

若分子中含有多个同位素离子时，各同位素峰丰度之比可用二项式$(a+b)^n$展开后的各项之比表示。a 与 b 分别为轻质及重质同位素的丰度，n 为原子数目。

如邻二氯苯分子中含有 2 个氯原子，其可能的结构如下：

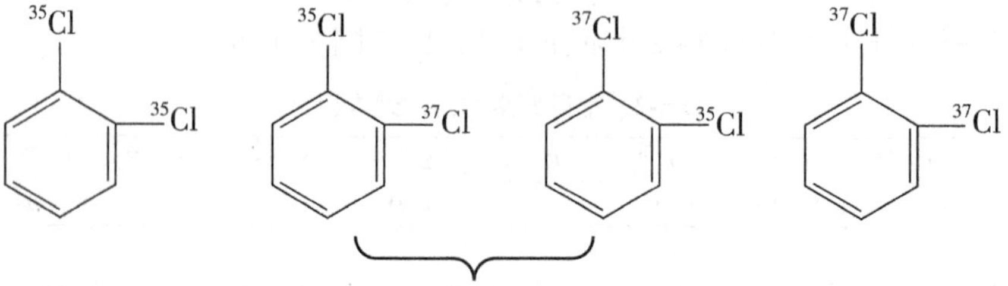

^{35}Cl，^{35}Cl　　^{35}Cl，^{37}Cl　　^{37}Cl，^{35}Cl　　^{37}Cl，^{37}Cl

M　　　　M+2　　　　M+4

$n=2, a=3, b=1$

$$(a+b)^2 = a^2+2ab+b^2 = 9 + 6 + 1$$

M　　M+2　　M+4

M、M+2、M+4 峰的丰度之比为 9 ∶ 6 ∶ 1

图 8-6 为邻二氯苯的质谱图。

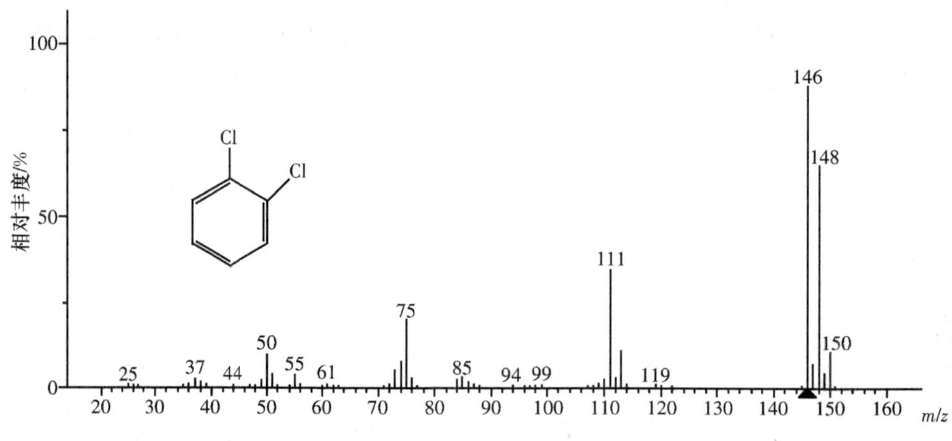

图 8-6　邻二氯苯的质谱图

四、亚稳离子

在离子源中生成的 m_1^+ 离子，如在离子源中没有裂解，但在进入检测器之前这一段飞行过程中发生裂解，失去一个中性碎片，生成 m_2^+。由于一部分动能要被中性碎片夺走，因此这种 m_2^+ 离子的动能比在离子源后中裂解得到的 m_2^+ 离子要低，其进入磁场后偏转的半径也相对较小。尽管两种 m_2^+ 离子的质荷比相同，但在质谱中出现在不同的位置。为了区别两种离子，将这种在飞行途中裂解形成的 m_2^+ 离子用称为亚稳离子，用 m^* 表示。m_1^+ 为母离子，m_2^+ 为子离子。形成过程为：

$$m_1^+ \rightarrow m_2^+ + \text{中性碎片}$$

亚稳离子峰的特点是：

(1) 强度很弱，仅为 m_1 峰的 1%～3%。

(2) 峰形很钝，一般可跨 2～5 个质量单位。

(3) 亚稳离子的质荷比一般都不是整数，与 m_1^+、m_2^+ 之间的关系为：

$$m^* = \frac{m_2^{+2}}{m_1^+} \quad (m_1^+ \text{ 称为母离子、} m_2^+ \text{ 称为子离子}) \tag{8-9}$$

亚稳离子峰的出现可以确定 $m_1^+ \rightarrow m_2^+$ 开裂过程的存在。但要注意并不是所有的开裂都会产生亚稳离子，没有亚稳离子峰出现并不能否定某种开裂过程的存在。

例 4 对氨基茴香醚在 m/z 94.8 及 59.2 处(图 8-7)，出现两个亚稳离子峰，根据 m^* 与 m_1^+、m_2^+ 之间的关系可得：

$$\frac{108^2}{123} = 94.8; \quad \frac{80^2}{108} = 59.2$$

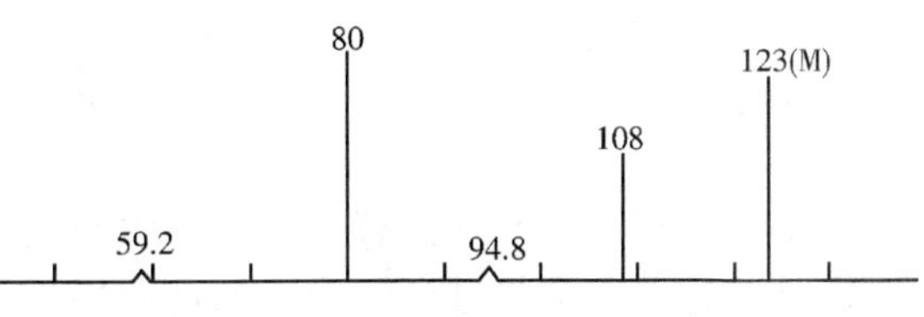

图 8-7 对氨基茴香醚的质谱图(部分)

因此，可以确定对氨基茴香醚存在如下裂解过程：

$$m/z\ 123 \rightarrow m/z\ 108 \rightarrow m/z\ 80$$

由此可知 m/z 80 离子是并非由分子离子直接裂解形成，而是经过两步裂解形成。

第 3 节 阳离子的裂解

分子离子在离子源中会进一步裂解生成质量较小的碎片离子，部分碎片离子还能进一步裂解生成质量更小的碎片离子。这种裂解并不是任意的，一般都遵循一定的规律。研究离子的裂解规律对质谱的解析具有十分重要的作用。

一、开 裂 方 式

1. 均裂 成键的一对电子向断裂的双方各转移一个，每个碎片各保留一个电子。如：

$$X—Y \longrightarrow X\cdot + Y\cdot$$

用鱼钩形的半箭头“⌒”表示一个电子的转移，有时省去其中一个单箭头。

有机分子中发生均裂的原因是自由基具有强烈的电子配对倾向，它提供孤电子与相邻原子上的电子形成新键，导致相邻原子的另一侧键断裂。裂解后正电荷的位置保持不变。

2. 异裂 成键的一对电子向断裂的一方转移，两个电子都保留在其中一个碎片上。如：

$$X—Y \longrightarrow X^+ + Y: \text{或} X—Y \longrightarrow X: + Y^+$$

用整箭头形式"⌒"表示一对电子的转移。

3. 半异裂 已电离的 σ 键的断裂，如：

$$X+\cdot Y \longrightarrow X^+ + Y\cdot \text{或} X+\cdot Y \longrightarrow X\cdot + Y^+$$

在成键的 σ 轨道上仅有一个电子，所以用单箭头表示。

二、简单裂解

简单裂解的特征是仅有一个键发生断裂。带奇数个电子的离子容易发生简单开裂。开裂后形成的子离子与母离子质量的奇偶性正好相反，即母离子的质量如为偶数，则子离子的质量应为奇数；母离子的质量如为奇数，子离子的质量就应为偶数。

1. α 裂解 化合物中若含有 C—X 或 C ═X（X 为杂原子）基团，则与这些基团相连的 α 键容易断裂，这种裂解称为 α 裂解，如

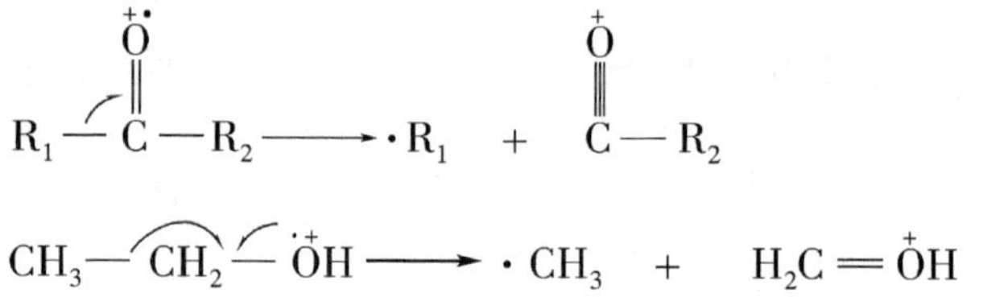

$$R_1—\overset{\overset{+\cdot}{O}}{\overset{\|}{C}}—R_2 \longrightarrow \cdot R_1 + \overset{\overset{+}{O}}{\overset{\|\|\|}{C}}—R_2$$

$$CH_3—CH_2—\overset{\cdot +}{O}H \longrightarrow \cdot CH_3 + H_2C═\overset{+}{O}H$$

2. β 裂解 含有双键的化合物以及含有杂原子的有机化合物（如胺、硫醚、卤化物等）容易在 β 键处断裂，称为 β 裂解。如：

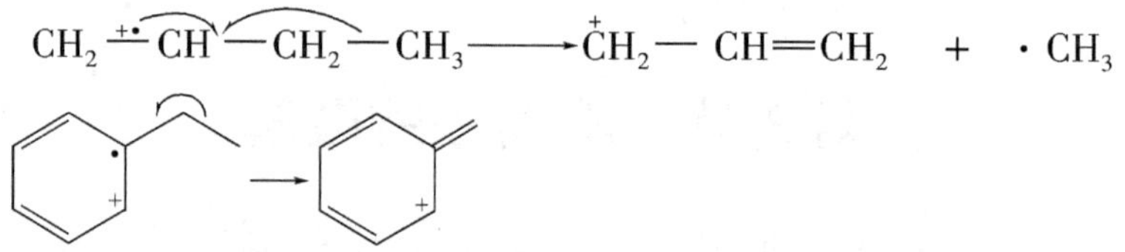

$$CH_2 \overset{+\cdot}{-} CH—CH_2—CH_3 \longrightarrow \overset{+}{C}H_2—CH═CH_2 + \cdot CH_3$$

3. γ 裂解 对于酮及其衍生物，以及含 N 杂环的烷基取代物，容易发生 γ 键的断裂生成稳定的四元环。如：

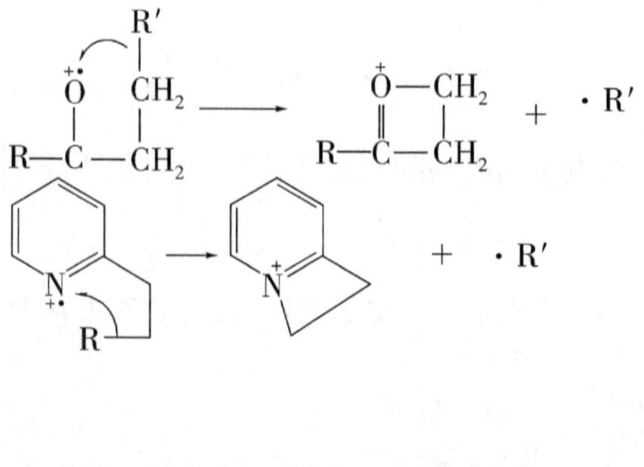

$$+ \cdot R'$$

$$+ \cdot R'$$

4. 诱导裂解 发生诱导裂解的原因是由于正电荷中心易吸引一对电子,造成单键断裂。而随着一对电子的转移,正电荷的位置发生改变。如:

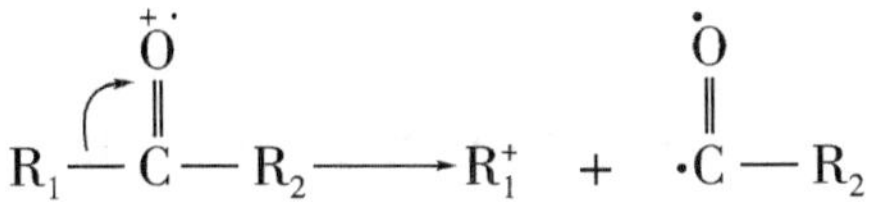

$$R_1-\overset{\overset{+\cdot}{O}}{\overset{\|}{C}}-R_2 \longrightarrow R_1^+ + \cdot\overset{\overset{\cdot}{O}}{\overset{\|}{C}}-R_2$$

三、重排裂解

有些离子不是由简单裂解产生,而是通过断裂两个或两个以上的键,结构重新排列形成的,这种裂解称为重排裂解,产生的离子称为重排离子。重排的类型有很多,其中比较重要的是 McLafferty 重排(麦氏重排)、逆 Diels-Alder 重排(RDA 重排)、四元环过渡态重排。

1. McLafferty 重排 化合物中如含有 C═X(X 为 O、N、S、C 等)基团,并且与这个基团相连的链上有 γ 氢原子时,可发生 McLafferty 重排。重排时,分子形成六元环过渡态,γ 氢原子转移到 X 原子上,同时 β 键发生断裂,脱去一个中性分子。该断裂过程是 McLafferty 在 1956 年首先发现的,因此称为 McLafferty 重排(麦氏重排)。McLafferty 重排规律性很强,对解析质谱很有意义。其基本通式为:

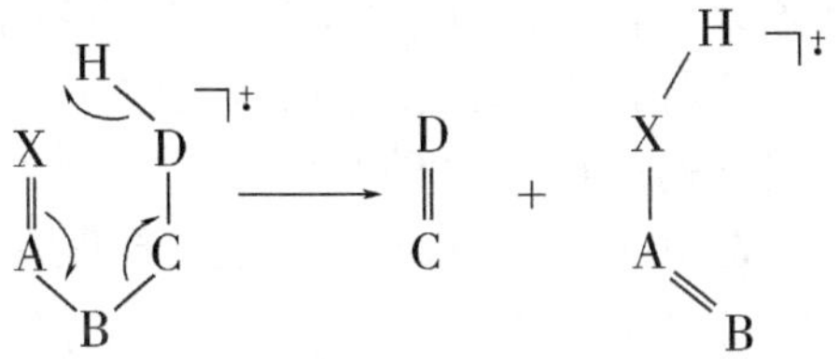

具有 γ 氢的醛、酮、酸、酯及烷基苯、长链烯烃均可以发生麦氏重排。如:

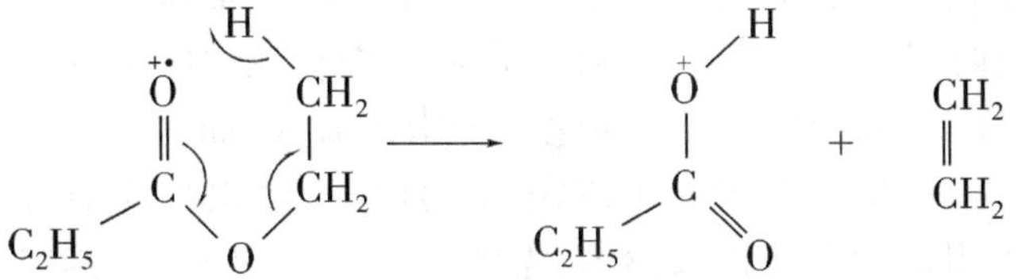

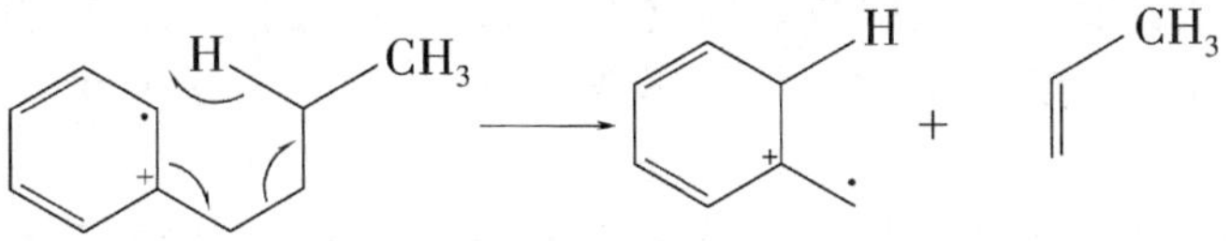

由简单裂解或重排产生的碎片若能满足麦氏重排条件,可以进一步发生麦氏重排。

2. 逆 Diels-Alder 重排(RDA 重排) 这种重排是由 Diels-Alder 反应的逆向过程。具有环己烯结构类型的化合物可发生 RDA 裂解,产物一般为一个共轭二烯阳离子自由基及一个烯烃中性碎片。如:

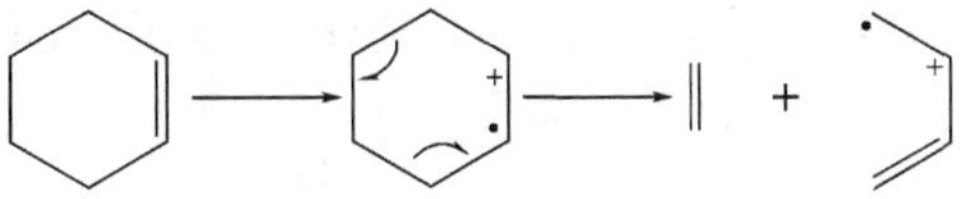

3. 4元环过渡态重排 这种重排的结果是氢原子重排到饱和杂原子上并伴随相邻键断裂,如:

$$R-\underset{|}{\overset{H}{C}}H-\overset{+\cdot}{X}-CH_2CH_2R' \longrightarrow R-CH=\overset{+}{X}-\underset{\underset{\underset{R'}{|}}{H-CH}}{CH_2} \longrightarrow R-CH=\overset{+}{X}H + \text{CH}_2=\text{CH}R'$$

第4节　分子式的测定

一、分子离子峰的确定

1. 分子离子峰的判断 质谱可用来测定化合物的分子量,而得到分子量的关键是在质谱中确认分子离子峰,根据分子离子峰的质荷比即可确定化合物的分子量。如果化合物的分子离子比较稳定,可正常到达检测器被检测,其质谱中质荷比最大的质谱峰即为分子离子峰(同位素离子峰除外)。但如果化合物的分子离子不稳定,容易进一步裂解,或者分子离子产生后即与其他离子或气体分子相碰撞,成为质量更高的离子。此时很容易将这些离子峰误认为是分子离子峰,从而得到错误的结论。而要确定质谱中最右端、m/z 最大的质谱峰是否是分子离子峰通常可根据下列几点来判断:

(1) 分子离子必须是一个奇电子离子。由于有机分子都是带有偶数个电子。因此失去一个电子生成的分子离子必定是奇电子离子。

(2) 不含氮原子或含有偶数个氮原子的有机分子,其分子量必为偶数;而含奇数个氮原子的分子,其分子量必为奇数,这个规律称为氮律。凡不符合氮律的质谱峰都不可能是分子离子峰。氮律的原理很简单:有机化合物主要由 C、H、O、N、S、Cl 、Br、I、F 等元素组成。C、O、S 等原子的相对原子质量和化合价均为偶数,而 H、Cl 、Br 等原子的相对原子质量和化合价均为奇数,N 则不同,N 的原子量为偶数,而化合价却为奇数(3 价或 5 价)。由 C、H、O、S 等元素组成的分子以及含有偶数个 N 原子的分子,其 H 原子和卤素原子总数必为偶数,故其分子量一定是偶数。而含有奇数个 N 原子的分子,其 H、卤素原子之和必为奇数,故分子量也一定是奇数。如甲苯的分子离子峰 m/z 为 92,而苯胺的分子离子峰的 m/z 为 93。

(3) 应有合理的碎片丢失。即 m/z 最大的离子与其他碎片离子之间的质量差是否合理。分子离子在发生裂解时,失去的游离基或中性小分子在质量上是有一定规律的。在质谱中与分子离子峰紧邻的碎片离子峰,必定是由分子离子失去某个基团或小分子形成的。分子离子峰的质量数和相邻的碎片离子峰质量数之差 Δm 是丢失碎片的质量。如 $\Delta m=15$ 为失去甲基的峰。$\Delta m=17$ 为丢失羟基的峰。如果 Δm 在 3～14 之间,则该峰不可能是分子离子峰,因为若 $\Delta m=14$ 则意味着丢失一个亚甲基或 N 原子。而要丢失亚甲基或氮原子分别要断裂两根键和三根键,这是几乎不可能发生的。丢失质量数为 3～14 碎片的情况也不可能发生,因为这需要丢失许多个氢原子。

(4) 注意加合离子峰和 M−1 峰。某些化合物(如醚、酯、胺等)的质谱中分子离子峰强度很低甚至不出现,而 M+1 峰的强度却很大。这是因为这些化合物的分子离子和中性分子发生碰撞结合成络合离子。解析此类化合物图谱时,其分子量应比此峰质量数小 1 个单位。而某些醛、醇或含氮化合物的分子离子峰较弱,但 M−1 峰较大,此时应根据氮律、丢失碎片是否合理加以确认。

2. 分子离子峰强度 当化合物的分子离子峰的强度太低而不能检出时,可采用下列几种方法来提高分子离子峰强度:

(1) 降低轰击电子流的能量,避免分子离子进一步裂解,增加分子离子的稳定性。此时,质谱图中分子离子峰的相对强度增加,而碎片离子的相对强度则下降。

(2) 制备易挥发的衍生物,分子离子峰就容易出现。例如,某些有机酸和醇的熔点相当高,不容易挥发,这个时候可以把酸变为酯,把醇变为醚再进行测定。

(3) 采用各种软电离技术如 CI、FAB 等,可得到很显著的分子离子峰。

二、分子量的测定

在质谱图中确认分子离子峰后,根据分子离子峰的质荷比(m/z)确定化合物的分子量。用低分辨率的质谱仪只能测得每一个质谱峰(包括分子离子峰)整数的质量数。而用高分辨质谱法能精确测定分子量,通常可记录到小数点后 4~6 位。质谱仪分辨率越高,测定越精确。

三、分子式的确定

在质谱分析中,常用的确定化合物分子式的方法主要有三种,分别为精确质量法、查 Beynon 表法以及计算法。

1. 精确质量法 利用高分辨质谱仪,可精确测定分子离子(包括碎片离子)的质荷比。如果离子的质荷比非常精确,则可以确定该化合物的惟一的分子式。

如用高分辨质谱仪测得某有机物的分子离子的精密质量为 78.0462,试确定该有机物的分子式。

查精密质量表可知,$M=78$ 的离子共有 14 个。质量比较接近的有五个,分别为 $H_4N_3O_2$(78.0304)、H_6N_4O(78.0542)、$CH_6N_2O_2$(78.0429)、$C_2H_6O_3$(78.0317)、C_6H_6(78.0470)。其中 $H_4N_3O_2$ 不服从氮律,故舍去。在剩下的几种离子中,C_6H_6(78.0470)的质量最接近,因此该化合物最可能的分子式为 C_6H_6。

目前,商品高分辨质谱仪附带的计算机系统均可以给出分子离子峰的元素组成、分子式,同时也可给出质谱图中各碎片峰的元素组成、分子式。

2. 查 Beynon 表法 Beynon 根据同位素峰强度比与离子的元素组成间的关系,编制了按离子质量为序,含 C、H、O、N 的分子离子及碎片离子的(M+1)/M%及(M+2)/M%数据表,称为 Beynon 表。使用时,只需将所测化合物的分子离子峰的质量、(M+1)/M 及(M+2)/M 等数据与 Beynon 表中各数据进行对比,找出数据最接近的化学式,即为该化合物的分子式。

例5 某化合物质谱中高质量端有三个峰,它们的丰度比如下:

m/z 122	M	100%
m/z 123	(M+1)/M%	8.68%
m/z 124	(M+2)/M%	0.56%

解:由 M+2/M%为0.56%可知该化合物不可能含有S、Cl、Br等元素。从Beynon表中查得分子量122的分子式共有24个,见表8-3。

表8-3 部分Beynon表(M=122部分)

分子式	M+1	M+2	分子式	M+1	M+2	分子式	M+1	M+2	分子式	M+1	M+2
$C_2H_6N_2O_4$	3.18	0.84	$C_4N_3O_2$	5354	0.53	$C_6H_2O_3$	6.63	0.79	$C_7H_{10}N_2$	8.49	0.32
$C_2H_8N_3O_3$	3.55	0.65	$C_4H_2N_4O$	5.92	0.35	$C_6H_4NO_2$	7.01	0.61	$C_8H_{10}O$	8.84	0.54
$C_2H_{10}N_4O_2$	3.93	0.46	C_5NO_3	5.90	0.75	$C_6H_6N_2O$	7.38	0.44	$C_8H_{12}N$	9.22	0.38
$C_3H_8NO_4$	3.91	0.86	$C_5H_2N_2O_2$	6.28	0.57	$C_6H_8N_3$	7.76	0.26	C_9H_{14}	9.95	0.44
$C_3H_{10}N_2O_3$	4.28	0.67	$C_5H_4N_3O$	6.65	0.39	$C_7H_6O_2$	7.74	0.66	C_9N	10.11	0.45
$C_4H_{10}O_4$	4.64	0.89	$C_5H_6N_4$	7.02	0.21	C_7H_8NO	8.11	0.49	$C_{10}H_2$	10.84	0.53

从表中可以看出,化合物的数据与表中C_8H_{10}的数据最接近,因此可以确定该化合物的分子式为C_8H_{10}。

3. 计算法 在质谱中,可以利用同位素离子峰的丰度比来推测化合物的分子式。化合物各同位素丰度比可按下列经验公式计算:

(1) 如果分子中只含有C、H、O原子

$$(M+1)\% = \frac{M+1}{M} \times 100\% = 1.12n_C\% \approx 1.1n_C \tag{8-10}$$

$$(M+2)\% = \frac{M+2}{M} \times 100\% = 0.006n_C^2 + 0.20n_O \tag{8-11}$$

(2) 分子中含C、H、O、N、S、F、I、P,不含Cl、Br、Si原子

$$(M+1)\% = 1.12n_C + 0.36n_N + 0.08n_S \tag{8-12}$$

$$(M+2)\% = 0.006n_C^2 + 0.20n_O + 4.44n_S \tag{8-13}$$

(3) 分子中含Cl、Br原子

$$(M+2)\% = 31.98n_{Cl} + 97.28n_{Br} \tag{8-14}$$

例6 某化合物质谱中各同位素峰丰度比如下,试推测该化合物的分子式。

m/z 164	M	100%
m/z 165	(M+1)/%	11.00%
m/z 166	(M+2)/%	1.00%

解:由(M+2)/%为11.00%可知该化合物不可能含有S、Cl、Br原子。又由于M为偶数,说明该化合物不含或含有偶数个N原子。

先假设化合物不含有N原子,只含有C、H、O。

含碳数:$n_C = \frac{(M+1)\%}{1.1} = \frac{11.00}{1.1} = 10$

含氧数：$n_O=\dfrac{(M+2)\%-0.006n_C^2}{0.20}=\dfrac{1.00-0.006\times10^2}{0.20}=2$

含氢数：$n_H=M-(12n_C+16n_O)=164-(12\times10+16\times2)=12$

再假设化合物分子式中含有两个 N 原子，将 $n_N=2$ 代入公式(8-12)、(8-13)可计算得 n_C 为 9，n_O 为 2，此时化合物中 N、C、O 的质量总和已超出了分子量 164，说明样品的分子中不可能含 2 个或 2 个以上 N 原子，故该化合物的分子式只能为 $C_{10}H_{12}O_2$

第5节 基本有机化合物质谱

各类有机化合物由于结构上的差异，在质谱中显示出特有的裂解方式和裂解规律，这些信息对未知化合物的结构解析具有重要作用。以下是各类有机化合物的裂解特征。

一、烷 烃

烷烃的质谱有以下特征(见图 8-8、图 8-9)：

(1) 分子离子峰较弱，且强度随碳链增长而降低。

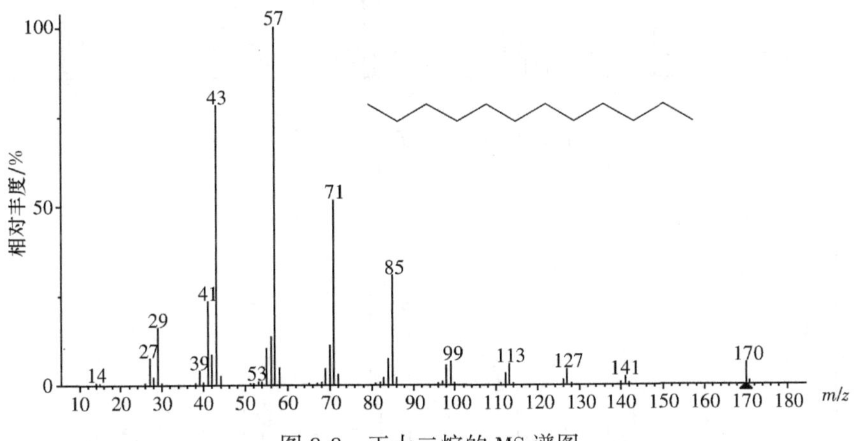

图 8-8 正十二烷的 MS 谱图

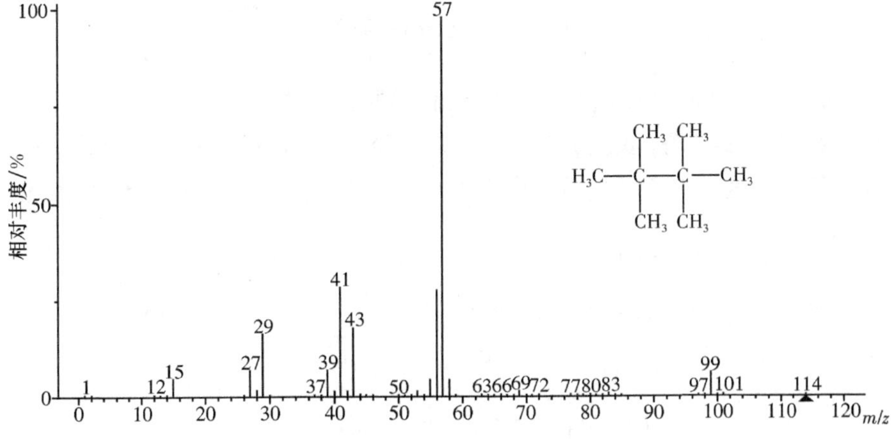

图 8-9 2,2,3,3-四甲基丁烷质谱图

（2）直链烷烃具有一系列 m/z 相差 14 的碎片离子峰，其中 m/z 43 或 m/z 57 峰很强（一般为基峰）。

（3）直链烷烃不易失去甲基，因此 M-15 峰一般不出现。

（4）具有支链的烷烃在分支处最易裂解，形成稳定的碳正离子结构，开裂时优先失去最大烷基。支链烷烃的分子离子峰强度比直链烷烃更低。

二、烯　　烃

烯烃的质谱有以下特征（见图 8-10、图 8-11）：

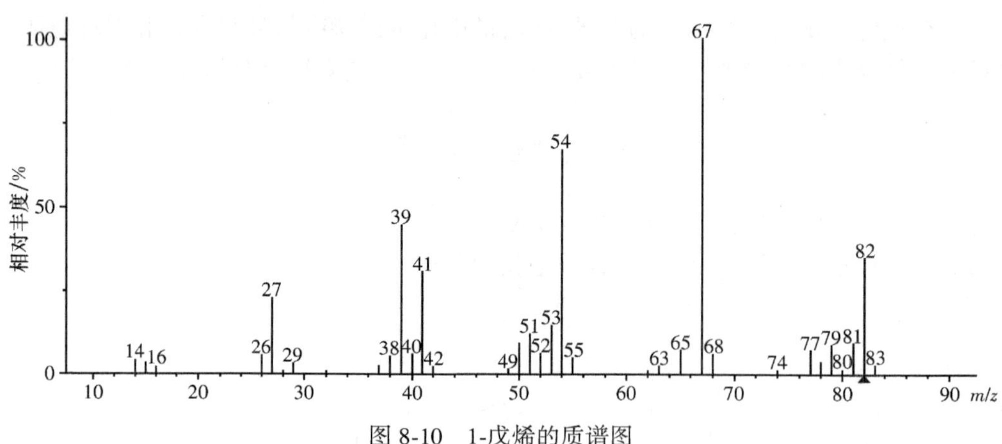

图 8-10　1-戊烯的质谱图

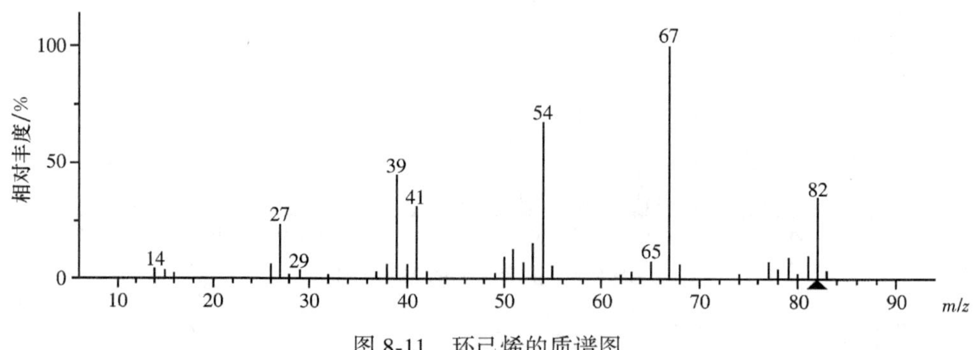

图 8-11　环己烯的质谱图

（1）分子离子峰较强，强度随分子量增加而减弱。

（2）烯烃易发生 β-裂解（双键 β 位 $C_\alpha—C_\beta$ 键断裂），电荷留在不饱和的碎片上，此碎片离子峰一般为基峰。这是由于断裂后生成的丙烯基碳正离子有利于电荷分散，因此非常稳定。

$$CH_2 \overset{+\cdot}{-} CH - CH_2 - CH_3 \longrightarrow \overset{+}{C}H_2 - CH = CH_2 \ + \ \cdot CH_3$$

（3）如果烯烃分子中含有 γ-H，则可发生麦氏重排。

H

$$\longrightarrow \quad + \quad CH_2 = CH_2$$

(4) 环己烯类易发生逆狄耳斯-阿尔德重排(RDA 重排)

三、芳　　烃

大多数芳烃的分子离子峰很强。原因是芳环结构能使分子离子稳定。芳烃类化合物的裂解方式主要有:

(1) 烷基取代苯易发生 β-裂解生成 m/z 91 的草鎓离子。草鎓离子非常稳定,一般为取代苯质谱中的基峰。草鎓离子的出现可确定苯环上有烷基取代。若基峰的 m/z 为 91+14n,则表明苯环 α-碳上有取代基,裂解后生成了有取代基的草鎓离子。

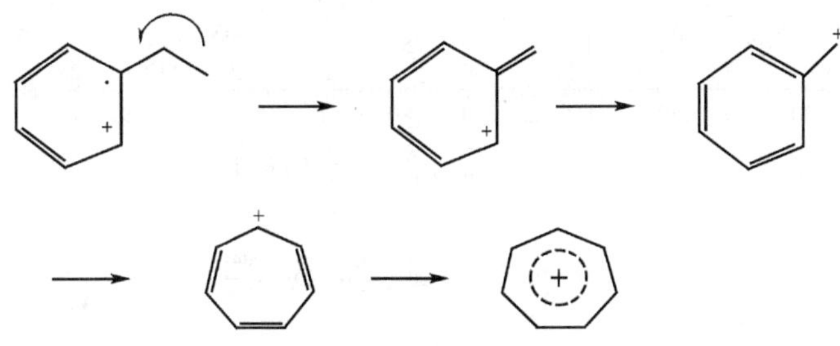

m/z 91(草鎓离子)

草鎓离子可进一步裂解生成环戊二烯及环丙烯正离子。

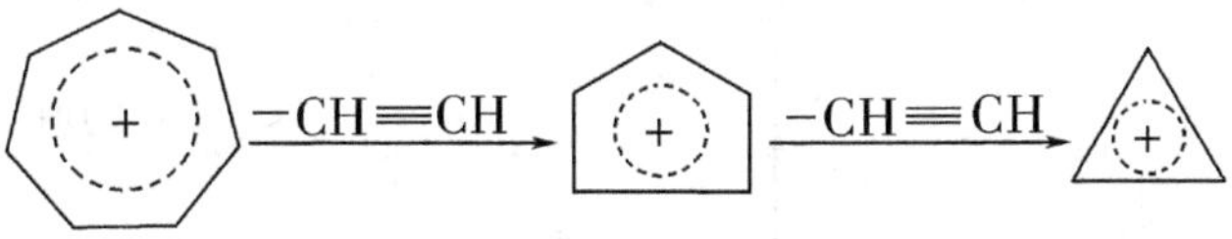

$-CH\equiv CH$　　$-CH\equiv CH$

m/z 91　　m/z 65　　m/z 39

(2) 烷基取代苯也能发生 α-裂解,生成苯基阳离子(m/z 77)

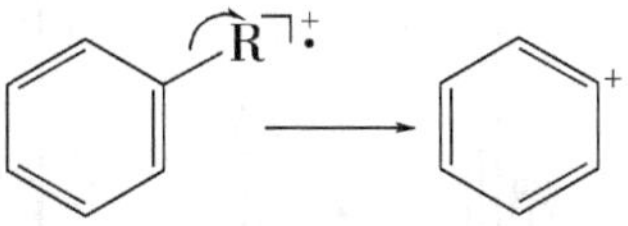

R

m/z 77

此外,烷基取代苯发生 α-裂解时,其质谱中有 m/z 78(重排产物),m/z 79(苯加 H)的离子峰。

(3) 麦氏重排(如有 γ-H 存在)

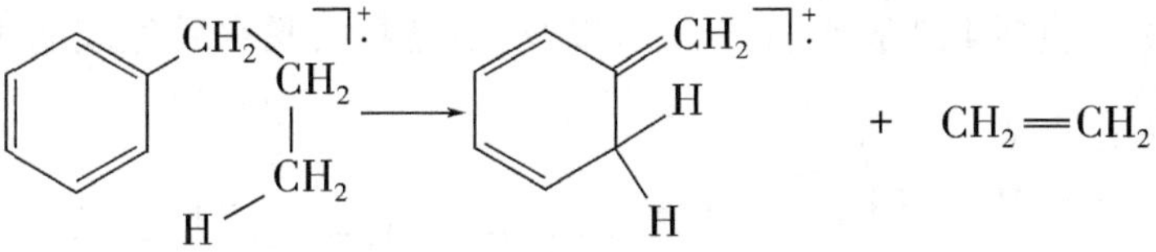

CH_2　CH_2　CH_2　H　→　CH_2　H　H　+　$CH_2=CH_2$

m/z 92

(4) RDA 开裂

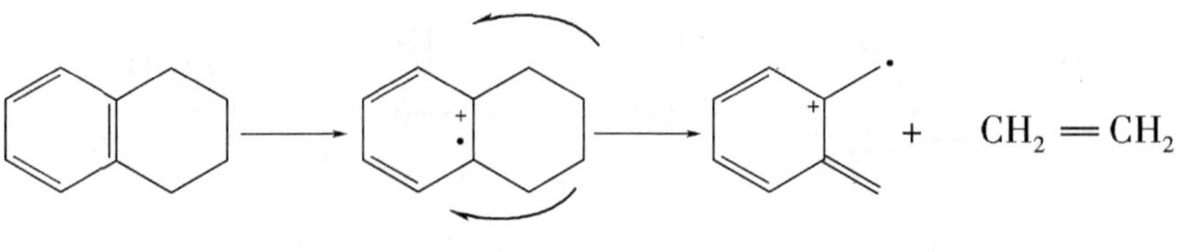

+　$CH_2=CH_2$

质荷比为 39、51、65、77、91、92 等离子是芳烃类化合物的特征离子，见图 8-12。

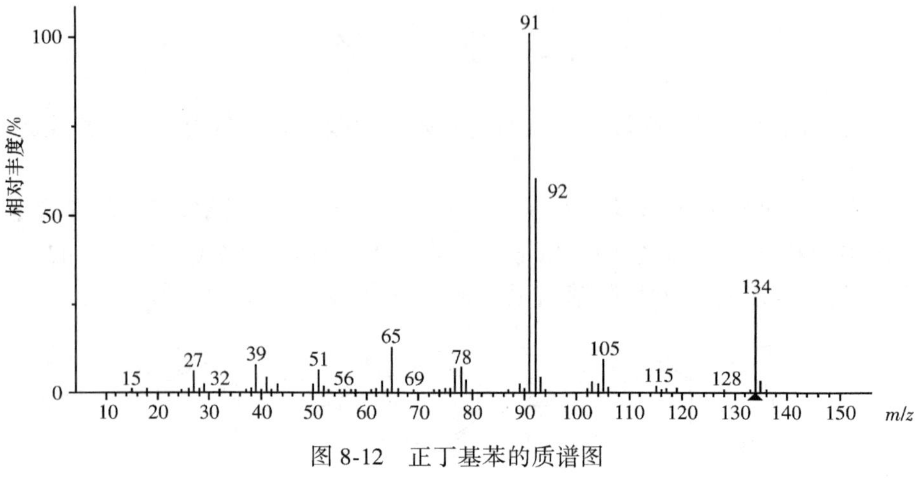

图 8-12　正丁基苯的质谱图

四、醇、醚和酚类

1. 醇类化合物　醇类分子中伯醇和仲醇的分子离子峰很小，叔醇的分子离子一般检测不到。随碳链的增长，分子离子峰的强度逐渐减弱以至消失（图 8-13）。醇类化合物的裂解方式主要有：

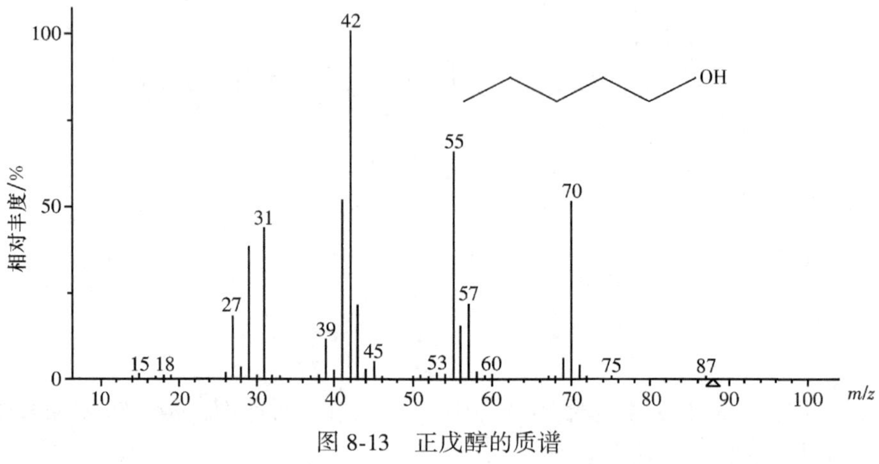

图 8-13　正戊醇的质谱

（1）脱水：主要包括 1,2 脱水、1,3 脱水以及 1,4 脱水，脱水后生成的 M-18 峰常被误认为分子离子峰。

$$R-CH_2-\underset{\displaystyle OH}{\underset{|}{CH_2}}\rceil^{+\cdot} \xrightarrow{1,2脱水} R-CH=CH_2\rceil^{+\cdot} + H_2O$$

$$\text{(R–CH–(CH}_2)_n\text{–CH}_2\text{–}\overset{+\cdot}{O}H\text{，其中 H 与 OH 以虚线相连)} \xrightarrow[或1,4脱水]{1,3脱水} \text{R–CH–(CH}_2)_n\text{–CH}_2\text{（成环）}\rceil^{+\cdot} + H_2O$$

醇类分子1,3脱水和1,4脱水分别经过五元环和六元环的过渡态。

（2）α-裂解：形成极强的m/z 31峰（$CH_2=\overset{+}{O}H$，伯醇）、m/z 45峰（$MeCH\overset{+}{O}H$，仲醇）或m/z 59峰（$Me_2C\overset{+}{O}H$，叔醇）。这些峰对鉴定醇类化合物非常有价值。因为醇类化合物的质谱由于脱水而与相应烯烃的质谱相似，m/z 31或m/z 45、m/z 59峰的存在可判断样品是醇而不是烯。

$$CH_3-CH_2-\overset{\cdot+}{O}H \longrightarrow \cdot CH_3 + H_2C=\overset{+}{O}H$$

（3）在醇类化合物的质谱中往往可观察到m/z 19（H_3O^+）和m/z 33（$CH_3\overset{+}{O}H_2$）的强峰。

2. 醚类化合物　质谱图特征和主要裂解方式有（图8-14）：

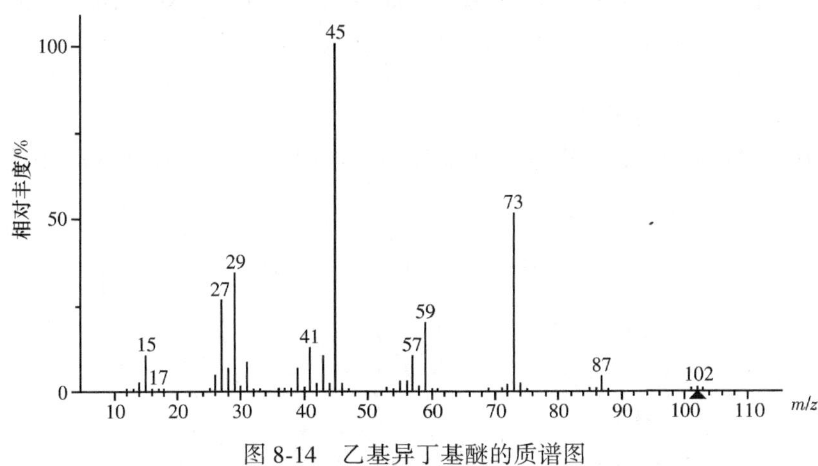

图8-14　乙基异丁基醚的质谱图

（1）除芳香醚外，醚类化合物的分子离子峰均较小。

（2）β-裂解：正电荷留在氧原子上，优先失去大的取代基，如：

$$CH_3CH_2-CH_2-\overset{+\cdot}{O}-CH_2-CH_3 \longrightarrow CH_2=\overset{+}{O}-CH_2-CH_3 + \cdot CH_2CH_3$$

m/z 73　51%

$$CH_3CH_2-CH_2-\overset{+\cdot}{O}-CH_2-CH_3 \longrightarrow CH_3CH_2-\overset{+}{O}=CH_2 + \cdot CH_3$$

m/z 87　4%

（3）α-裂解：脂肪醚发生α-裂解，正电荷通常保留在烷基碎片上，如为芳香醚，正电荷则通常保留在氧原子上，再进一步脱去CO。

$$R'-\overset{+\cdot}{O}-R \longrightarrow R'-O\cdot + R^+$$

$$C_6H_5-\overset{+\cdot}{O}-R \longrightarrow C_6H_5-\overset{+}{O} + \cdot R$$

$$\downarrow$$

$$C_5H_5^+ + CO$$

（4）芳香醚的裂解与脂肪醚相似，同时伴有芳环裂解反应的特征。

3. 酚类化合物 质谱图特征和主要裂解方式有（图 8-15）：

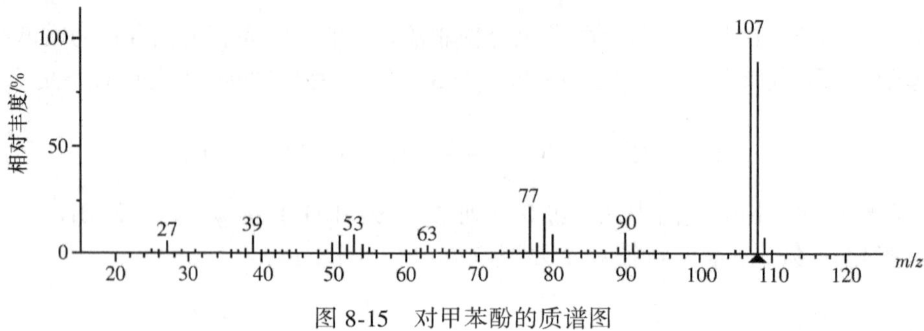

图 8-15 对甲苯酚的质谱图

（1）酚类化合物的分子离子峰很强，常为基峰。

（2）苯酚的 M-1 峰不强，而甲苯酚和苄醇的 M-1 峰很强，因能产生较稳定的䓬鎓离子。

OH, CH_3 —（−·H）→ M-1 ←（−·H）— CH_2OH

对甲苯酚离子　　M-1　　苄醇离子

（3）酚类和苄醇类最特征的峰是失去 CO 和 CHO 所形成的 M-28 和 M-29 峰。

OH ⟷ O, H, H —（−CO）→ H, H —（−·H）→

m/z 94 100%　　m/z 66 M-28　　m/z 65 M-29

CH_2OH —（−·H）→ OH —（−CO）→ H, H —（$-H_2$）→ +

m/z 108 M　　m/z 107 M-1　　m/z 79 M-29　　m/z 77 M-31

五、醛与酮类

1. 醛类 质谱图特征和主要裂解方式有（图 8-16）：

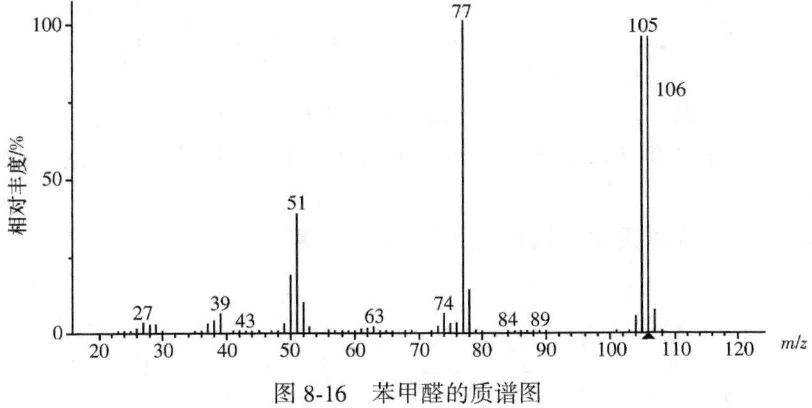

图 8-16　苯甲醛的质谱图

（1）醛类分子都有较明显的分子离子峰，并且芳醛分子离子峰强度比脂肪醛更高。

（2）α-裂解：M-1 峰、*m/z* 29 峰、M-29 峰均为醛类化合物发生 α-裂解后的特征质谱峰。

$$\mathrm{R{-}\overset{\overset{+\bullet}{O}\,\|}{C}{-}H} \xrightarrow{-\mathrm{R}\bullet} \mathrm{H{-}C{\equiv}\overset{+}{O}}\ (m/z\ 29)$$

$$\mathrm{R{-}\overset{\overset{+\bullet}{O}\,\|}{C}{-}H} \xrightarrow{-\mathrm{H}\bullet} \underset{\mathrm{M-1}}{\mathrm{R{-}C{\equiv}\overset{+}{O}}} \xrightarrow{-\mathrm{CO}} \underset{\mathrm{M-29}}{\mathrm{R^{+}}}$$

（3）具有 γ-H 的醛，能产生麦氏重排。例如丙醛：

$$\mathrm{H{-}\overset{\overset{+\bullet}{O}\,\|}{C}{-}CH_2{-}CH_2{-}CH_2{-}H} \longrightarrow \mathrm{H{-}\overset{\overset{+\bullet}{O}H\,|}{C}{=}CH_2} + \mathrm{CH_2{=}CH_2}$$

2. 酮类　质谱图特征和主要裂解方式有(图 8-17)：

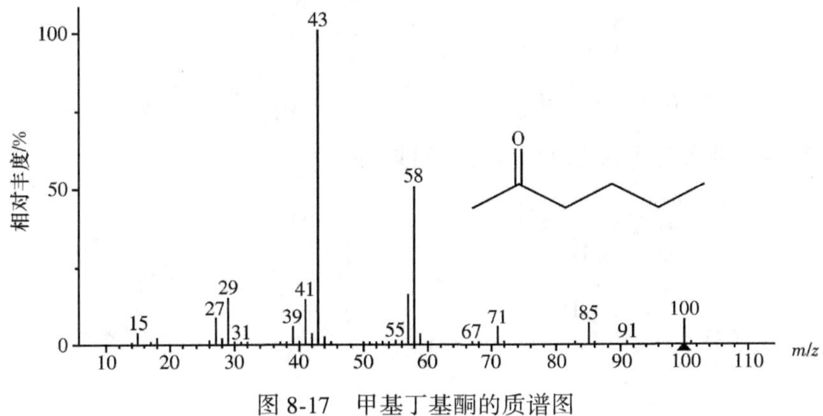

图 8-17　甲基丁基酮的质谱图

（1）酮类的分子离子峰非常明显

（2）α-裂解

$$R_1R_2C{=}\overset{+\cdot}{O} \longrightarrow \cdot R_1 + R_2{-}C{\equiv}\overset{+}{O} \xrightarrow{-CO} R_2^+$$

$$R_1R_2C{=}\overset{+\cdot}{O} \longrightarrow R_1^+ + R_2{-}\dot{C}{=}O$$

酮类分子发生 α-裂解所形成的含氧碎片通常为基峰，脂肪酮失去烃基时遵循最大烃基丢失规律。

（3）含有 γ-H 的酮可发生麦氏重排，例如甲基丁基酮：

$$H_3C{-}C(\overset{+\cdot}{O}){-}CH_2{-}CH_2{-}CH(H)CH_3 \longrightarrow H_3C{-}C(\overset{+\cdot}{O}H){=}CH_2 + HC(CH_3){=}CH_2$$

六、酸与酯类

质谱图特征和主要裂解方式有：

（1）一元饱和羧酸及其酯的分子离子峰一般都较弱。芳酸及其酯的分子离子则较强。

（2）易发生 α-裂解，如：

$$R_1{-}C(\overset{+\cdot}{O}){-}OR_2 \longrightarrow \overset{+}{O}{=}C{-}OR_2 + \cdot R_1$$

$$R_1{-}C(\overset{+\cdot}{O}){-}OR_2 \longrightarrow \overset{+}{O}{=}C{-}R_1 + \cdot OR_2$$

$$R_1{-}C(\overset{+\cdot}{O}){-}OR_2 \longrightarrow O{=}\dot{C}{-}OR_2 + R_1^+$$

$$R_1{-}C(\overset{+\cdot}{O}){-}OR_2 \longrightarrow O{=}\dot{C}{-}OR_2 + \overset{+}{O}R_2$$

（3）含有 γ-H 的羧酸及酯易发生麦氏重排，如：

$$H_3CO{-}C(\overset{+\cdot}{O}){-}CH_2{-}CH_2{-}CH(H)CH_3 \longrightarrow H_3CO{-}C(\overset{+\cdot}{O}H){=}CH_2 + HC(CH_3){=}CH_2$$

第6节 应用与示例

质谱图的解析是利用质谱所提供的信息来推测分子结构。这个过程可用一个比较形象的比喻来形容:将化合物可看成一个古董,而各种离子就像古董的一个个碎片,将这些碎片拼接起来使古董恢复原样过程就类似于由各种离子信息解析分子结构的过程。在找碎片和拼接时,首先要找出其中最具特征和比较大的碎片,这样才有利于确定分子结构。

对于分子量比较小、结构简单的化合物,仅靠质谱数据有可能推出其分子结构,而对于分子量较大、结构复杂的化合物,仅靠质谱很难完全确定其分子结构。在结构解析中,质谱主要用于测定分子量、分子式和作为光谱解析结论的佐证。目前大多数商品质谱仪都提供了大量的已知化合物质谱数据库,使用者能通过检索数据库来简化解析工作。尽管如此,了解和掌握质谱规律仍是非常必要的。

一、解 析 步 骤

(1) 首先确认分子离子峰,确定分子量。

(2) 用精密质量法和同位素丰度对比法确定分子式。

(3) 计算化合物不饱和度。

(4) 研究低质量端的离子可推测碎片离子结构和化合物类型。高质量端的离子峰是由分子离子脱去某些基团形成的,通过脱去的碎片可以确定化合物中含有哪些取代基。

(5) 将各结构单元组合起来,推测化合物可能的结构式。

(6) 验证所得结果。将所得结构式按质谱断裂规律裂解,看所得离子与未知物谱图是否一致;或查阅该化合物的标准质谱图,看是否与未知谱图相同。

二、解 析 示 例

例7 已知某化合物分子式为 C_4H_8O,图 8-18 为其质谱图,试确定其分子结构。

解:化合物的不饱和度 $U=\dfrac{2+2\times4-8}{2}=1$

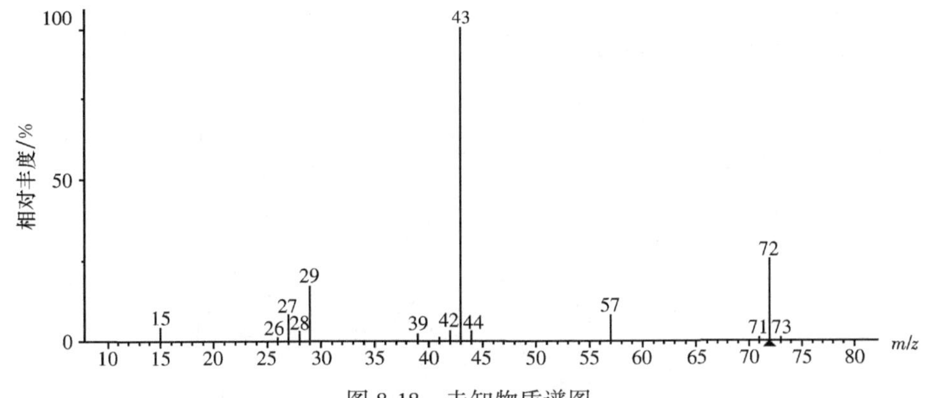

图 8-18 未知物质谱图

m/z 72 峰为 M，*m/z* 57 峰结构可能为 $C_4H_9^+$ 或 $C_2H_5CO^+$，而 *m/z* 57 峰为 M 脱去一个甲基后形成的，*m/z* 57 如为 $C_4H_9^+$，整个分子的分子式为 C_5H_{12}，不饱和度为 0，而化合物的不饱和度为 1，故不合题意。因此 *m/z* 57 的峰为 $C_2H_5CO^+$。化合物的分子式为 $C_2H_5COCH_3$。*m/z* 43 峰为基峰，结构为 CH_3CO^+。各离子的裂解过程如下：

$$CH_3-\overset{\overset{+\cdot}{O}}{\overset{\|}{C}}-C_2H_5 \ (m/z\ 72) \longrightarrow CH_3^+ \ (m/z\ 15) + \cdot\overset{O}{\overset{\|}{C}}-C_2H_5$$

$$CH_3-\overset{\overset{+\cdot}{O}}{\overset{\|}{C}}-C_2H_5 \ (m/z\ 72) \longrightarrow C_2H_5^+ \ (m/z\ 29) + \cdot\overset{O}{\overset{\|}{C}}-CH_3$$

$$CH_3-\overset{\overset{+\cdot}{O}}{\overset{\|}{C}}-C_2H_5 \ (m/z\ 72) \longrightarrow \cdot C_2H_5 + \overset{\overset{+}{O}}{\overset{\|\|}{C}}-CH_3 \ (m/z\ 43)$$

$$CH_3-\overset{\overset{+\cdot}{O}}{\overset{\|}{C}}-C_2H_5 \ (m/z\ 72) \longrightarrow \cdot CH_3 + \overset{\overset{+}{O}}{\overset{\|\|}{C}}-C_2H_5 \ (m/z\ 57)$$

例 8 某化合物的质谱图如图 8-19，试确定其结构。

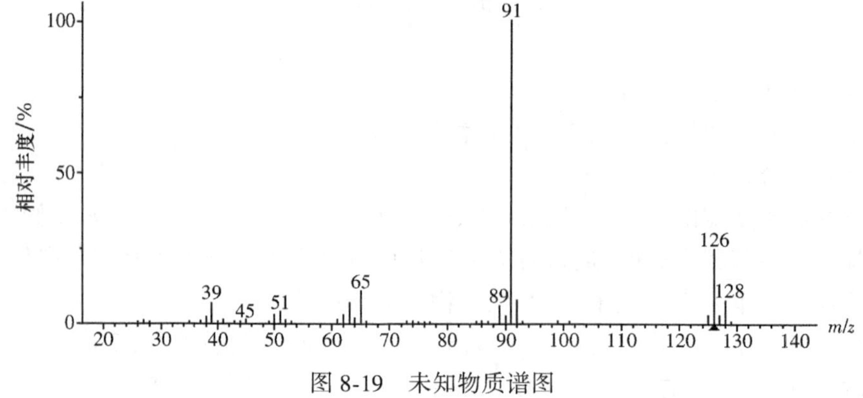

图 8-19 未知物质谱图

解：从化合物质谱图中可以看出，M+2 ∶ M ≈1 ∶ 3，可知其分子中含有一个氯原子。而 *m/z* 为 39、51、65、91 等峰可以确认化合物含有一个苯环。*m/z* 91 峰很强（基峰），说明分子中含有一个烷基取代苯结构，*m/z* 91 峰为䓬鎓离子。故化合物的结构应为：

$$C_6H_5-CH_2Cl$$

各主要碎片离子的裂解过程为：

$$[C_6H_5-CH_2-Cl]^{+\cdot} \ (m/z\ 126) \longrightarrow \cdot Cl + [C_6H_5-CH_2]^{+} \ (m/z\ 91)$$

$$[C_6H_5CH_2]^+ \ (m/z\ 91) \longrightarrow C_7H_7^+ \ (\text{䓬鎓离子},\ m/z\ 91) \longrightarrow C_5H_5^+ \ (m/z\ 65) \longrightarrow C_3H_3^+ \ (m/z\ 39)$$

三、综合解析示例

对于复杂化合物只靠一种波谱法往往很难解析其化学结构。如果将化合物的四种波谱结合起来,相互补充、相互验证,则可以更好的进行结构解析。综合运用化合物的四种波谱进行结构解析叫做波谱综合解析。

四种波谱法在结构解析中所起的作用分别为：

1. 质谱 质谱主要用于测定化合物的分子量,确定分子式,通过解析质谱图中各主要离子峰可以确定可能的结构单元。另外,质谱法还可以作为一个验证手段验证推测结果的正确性。

2. 紫外吸收光谱 紫外吸收光谱主要用于确定化合物类型及共轭情况,如是否是不饱和化合物,是否具有芳香环结构等。但紫外光谱曲线比较单调,提供的信息量非常少,在综合光谱解析用得比较少。

3. 红外吸收光谱 红外吸收光谱主要用于确定化合物具有哪些官能团以及确定化合物的类别(芳香族、脂肪族、羰基化合物、羟基化合物、胺类等)。

4. 磁共振氢谱 ^{1}H-NMR 在结构解析中主要提供有关质子类型、氢分布及峰的裂分等三个方面的结构信息：

(1) 质子类型是说明化合物具有哪些官能团,如是否含有醛基、双键、芳环等。

(2) 氢的分布是可以说明各种含氢官能团中氢原子的数目。

(3) 峰的裂分可以确定指氢核间的耦合关系以及相邻基团含有氢原子的数目,有助于确定各基团的连接顺序。

波谱综合解析没有固定的步骤,一般可按以下顺序进行：

(1) 了解关于样品的信息,包括来源、熔点、沸点等；

(2) 通过质谱或其他方法确定化合物的分子式；

(3) 求出化合物的不饱和度,大致判断化合物的类型,如是否为不饱和化合物,是否具有芳环结构等；

(4) 从四个波谱中提取有关结构的信息,列出可能的片断；

(5) 确定各片断的连接方式,列出可能的结构式；

(6) 确定最可能的结构,通过质谱加以验证。

例 9 某化合物 MS、IR、^{1}H-NMR 图如 8-20,试根据各波谱提供的信息解析化合物的结构。

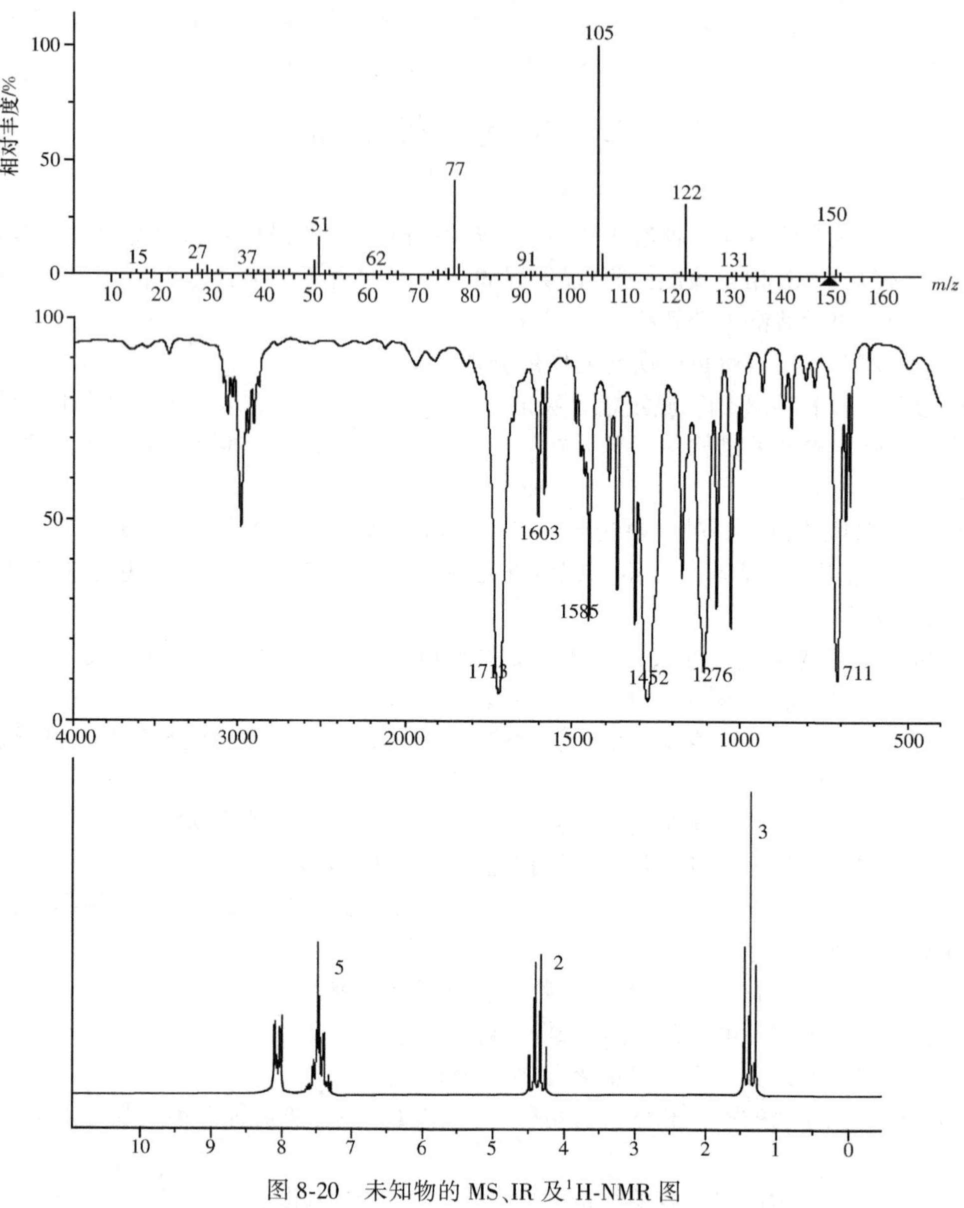

图 8-20　未知物的 MS、IR 及 ^{1}H-NMR 图

解:从化合物的 IR 图可以看出,1713cm^{-1}提示化合物具有羰基,而 1585cm^{-1}、1603cm^{-1}等峰说明化合物具有苯环结构。氢谱中,δ 7.2~8.2 的信号进一步验证化合物中具有苯环结构。化合物的分子离子峰为 m/z150 峰。可知化合物中含有一个苯环。氢谱中各信号的氢的数目之比为 5∶2∶3,可知苯环为单取代。δ 4.32 处的信号说明化合物可能含有一个 CH_2,δ 1.43 处的信号说明化合物可能含有一个 CH_3。而且 δ 4.32 处信号为四重峰,δ 1.43 的信号为三重峰,可知 CH_2 与 CH_3 直接相连。化合物质谱中 m/z105 峰说明化合物可能具有 $C_6H_5-\overset{O}{\overset{\|}{C}}-$ 结构,δ 4.32 处信号为 CH_2 所致,化学位移较大,说明 CH_2 与电负性较大的

原子相连。化合物的分子量为 150，$C_6H_5-\overset{O}{\overset{\|}{C}}-$，$CH_2$、$CH_3$ 的分子量之和为 134。可知 CH_2 与一氧原子相连。故化合物结构为：

$$C_6H_5-\overset{O}{\overset{\|}{C}}-O-CH_2CH_3$$

利用 MS 加以验证：

麦氏重排

m/z 150 → m/z 122 + $CH_2=CH_2$

m/z 150 → m/z 105 + $\cdot OCH_2CH_3$

m/z 105 → m/z 77 $\xrightarrow{-CH\equiv CH}$ m/z 51

例 10 某化合物 MS、IR、^{1}H-NMR 图如图 8-21，试根据各波谱提供的信息确定化合物的结构

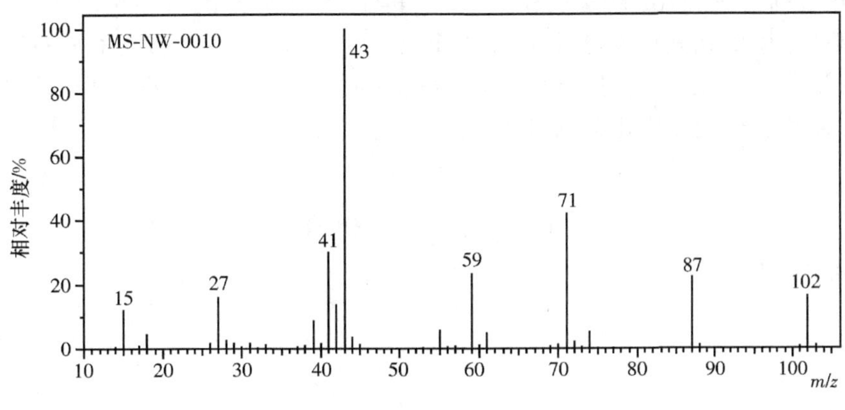

图 8-21 未知物的 MS、IR 及 ^{1}H-NMR 图

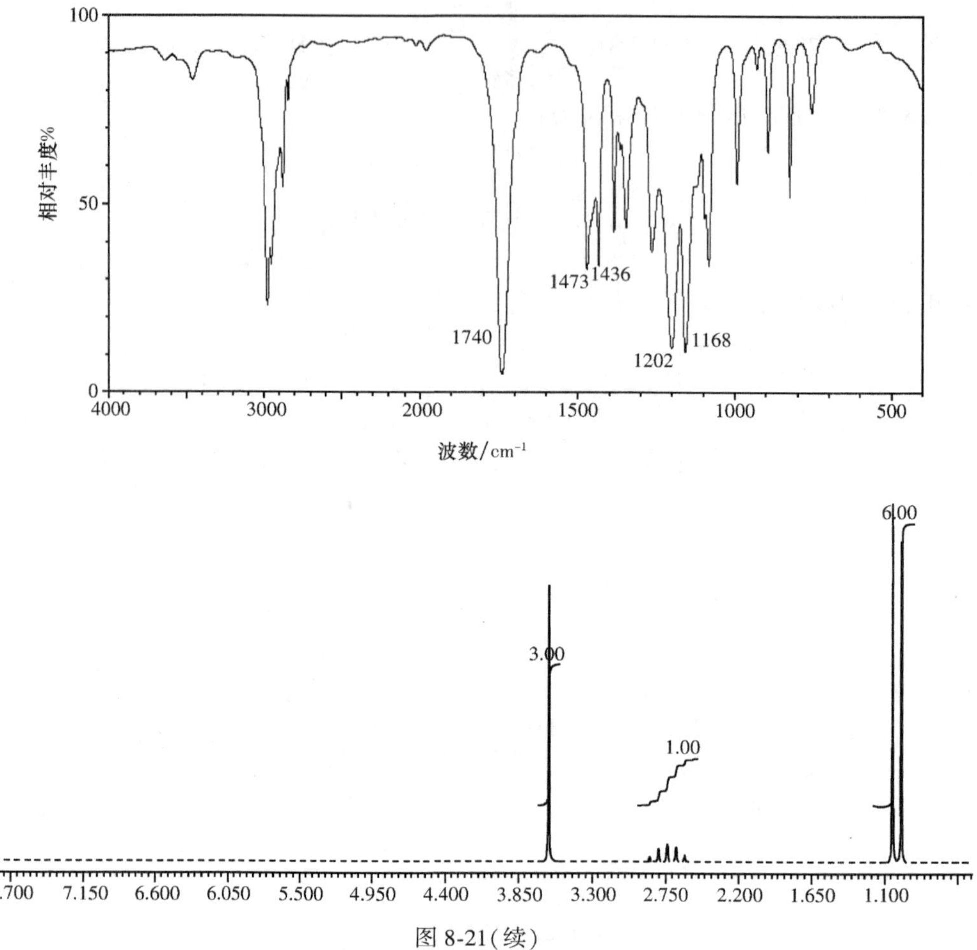

图 8-21(续)

解:从 IR 图可知化合物含有羰基,从 NMR 图可知化合物不含有苯环,而且各信号积分曲线高度比为 3 : 1 : 6,可大致确定 δ 3.62(3H)为 CH_3 信号,δ 2.73(1H)为 CH 信号,δ 1.05(6H)为两个 CH_3 信号。δ 3.62 处 CH_3 信号化学位移较大,可能与电负性较大的氧原子相连。MS 谱显示 m/z102 峰为分子离子峰,再结合上述碎片,可知化合物中还含有一个氧原子。因此结构单元分别为:3 个 CH_3,1 个 CH,一个羰基、一个氧原子。根据 NMR 谱中各峰的裂分情况:δ 3.62 处信号为单峰,δ 2.73 处为多重峰,δ 1.05 处为两重峰,表明两个甲基与一次甲基相连。因此该化合物可能的结构为:

$$
\begin{array}{c}
\quad CH_3 \quad O \\
\quad | \qquad \| \\
CH_3—CH—C—OCH_3
\end{array}
$$

利用 MS 加以验证:

$$CH_3-\underset{\displaystyle CH_3}{CH}-\overset{+\cdot}{C}(=O)-OCH_3 \;(m/z\ 102) \longrightarrow CH_3-\dot{C}H-CH_3 + \overset{+}{O}\equiv C-OCH_3 \;(m/z\ 59)$$

$$CH_3-\underset{\displaystyle CH_3}{CH}-\overset{+\cdot}{C}(=O)-OCH_3 \;(m/z\ 102) \longrightarrow CH_3-\underset{\displaystyle CH_3}{CH}-C\equiv\overset{+}{O} \;(m/z\ 71) + \cdot OCH_3$$

$$m/z\ 71 \xrightarrow{-CO} CH_3-\overset{+}{C}H-CH_3 \;(m/z\ 43) \longrightarrow CH_3-CH\cdot + CH_3^+ \;(m/z\ 15)$$

思考与练习

1. 欲分辨下列各离子对,质谱仪的分辨率需要多大?
   (1) 质量为 75.03 和 75.05 的两个离子。
   (2) 质量分别为 164.0712 和 164.0950 的两个离子。
2. 影响化合物分子离子峰相对丰度的主要因素有哪些?
3. 在质谱中,离子的稳定性与哪些因素有关?
4. 何谓氮规则(氮律)? 如何根据氮律确定质谱中的分子离子峰?
5. 在质谱中,为什么可以根据同位素峰的丰度比确定化合物的分子式?
6. 试写出 CH_3Br 中所有可能的同位素峰?
7. 某化合物质谱中,最高质量区有三个峰:*m/z* 225,*m/z* 211,*m/z* 197。试判断哪一个可能为分子离子峰? 并说明理由。
8. 某化合物质谱图中有 *m/z* 105 峰,而且在 *m/z* 56.5 处有一亚稳离子峰。则 *m/z* 105 的碎片离子在离开电离室后进一步裂解,生成的子离子的 *m/z* 应是多少?
9. 试计算下列分子的(M+2)/M 值:
   (1) 乙烷 C_2H_6;
   (2) 氯二氯苯 $C_6H_4Cl_2$;
   (3) 溴乙烷 C_2H_5Br。
10. 在低分辨质谱中,*m/z* 为 28 的离子可能是 CO、N_2、CH_2N、C_2H_4 中的某一个。高分辨率质谱仪测定值为 28.0227;试问上述四种离子中哪一个最符合该数据?(各原子相对原子质量分别为 C:12.0000;H:1.0080;N:14.0067;O:15.9994)
11. 某有机化合物的结构,可能是甲或乙,它的质谱中出现 *m/z* 29 和 *m/z* 57 峰,试推测该化合物是甲还是乙? 解释 *m/z* 57 及 *m/z* 29 峰成因。

$$CH_3—CH_2—\overset{\overset{\displaystyle O}{\|}}{C}—CH_2—CH_3 \quad (甲)$$

$$CH_3—CH_2—CH_2—\overset{\overset{\displaystyle O}{\|}}{C}—CH_3 \quad (乙)$$

12. 丁酸甲酯(M=102),在 m/z71(55%),m/z59(25%),m/z43(100%)及 m/z31(43%)处均出现离子峰，试解释各离子峰的成因。
13. 试预测化合物 $CH_3—CO—C_3H_7$ 在质谱图上的主要离子峰,写明各离子裂解过程。
14. 某化合物质谱图上的分子离子峰区有一簇峰,分别为:M(89)17.12%,M+1(90)0.54%,M+2(91)5.36%。试判断其可能的分子式。
15. 某化合物分子量 M=108,其质谱图如图 8-22，试给出它的结构，并写出获得主要碎片的裂解方程式。

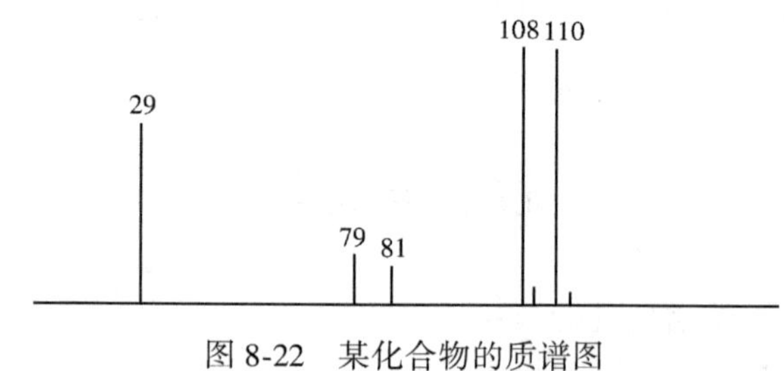

图 8-22　某化合物的质谱图

16. 试预测化合物 $CH_3CH_2CH_2CH_2CHO$ 在质谱上的主要离子峰,并解释各离子峰的成因。
17. 说明化合物 $CH_3COCH(CH_3)CH_2C_6H_5$ 在质谱中出现的 m/z 91、43、147、162 等离子峰的成因。

（曹　骋）

第 9 章　色谱法概论

色谱法(chromatography)也称之为色层法或层析法,是一种物理或物理化学分离分析方法,与经典的蒸馏、重结晶、溶剂萃取及沉淀法一样,也是一种分离技术,特别适宜于分离多组分试样,是各种分离技术中效率最高和应用最广的一种方法。它是利用各物质在两相中具有不同的分配系数,当两相作相对运动时,这些物质在两相中进行多次反复的分配来达到分离的目的。完成这种分离分析的仪器为色谱仪(chromatograph)。

目前色谱法在生命科学的研究、临床诊断、病理研究、法医鉴定、新药研究开发、质量控制等领域被广泛应用。

第 1 节　色谱法的起源、历程及分类

一、色谱法的起源

俄国的植物学家 M · Tswett(茨维特)于 1906 年首次提出色谱法。虽然色谱分析在茨维特之前有一些点滴的发现,如 1850 年 F · F · Lunge 观察到将一滴染料混合物溶液点滴到吸墨纸上时,会扩散成一层层的圆形环。C · F · Schoenbein 在 1861 年注意到,如果把一滴无机盐混合溶液滴在一张滤纸上,那么各种盐分会以不同的速度向四周扩散成层。D · T · Day在 1897 年和 S · K · Kritka 在 1900 年初发现,把石油简单地通过碳酸钙的细粉柱时,它就会被分成不同部分。但是首先认识到这种色谱分离现象和分离方法大有可为的是俄国的植物学家 M · Tswett。

茨维特在华沙大学研究植物色素的过程中,在一根玻璃管的底部塞上一团棉花,在管内填入粉末状碳酸钙,然后把有色植物叶子的石油醚萃取液倾注到柱内的碳酸钙上面,用纯净的石油醚进行冲洗。结果植物叶中的几种色素就在管内展开了,形成三种颜色的 5 个色带。当时茨维特把这种色带叫作“色谱”(chromatographie,英译名为 chromatography),玻璃管叫作“色谱柱”,碳酸钙叫作“固定相”,纯净的石油醚叫作“流动相”。茨维特开创的这种方法叫液-固色谱法(liquid-solid chromatography)。

二、色谱法的历程

茨维特的试验虽然意义很大,但并没有立即得到当时化学界的重视。经过 20 多年以后,1931 年,奥地利化学家 Richard Kuhn(1900~1967)等利用和发展了茨维特的色谱法。库恩利用茨维特的液-固色谱法分离了 60 多种萝卜素,并测定了胡萝卜素的分子式。同年,他和 Winterstein 等又扩大液-固吸附色谱法的应用,制取了叶黄素结晶;并从蛋黄中分离出叶黄素;另外还把腌鱼腐败细菌所含的红色类胡萝卜素制成了结晶。从此,吸附色谱法才迅速

为各国的科学工作者所注意和应用,促使这种技术不断发展。

1940 年英国的 Martin 和 Synge 提出液-液分配色谱法(liquid-liquid partition chromatography),即固定相是吸附在硅胶上的水,流动相是某种有机溶剂。1941 年 Martin 和 Synge 提出用气体代替液体作流动相的可能性,11 年之后 James 和 Martin 发表了从理论到实践比较完整的气-液色谱方法(gas-liquid chromatography),因而获得了 1952 年的诺贝尔化学奖。

1956 年 van Deemter 等在前人研究的基础上,发展了描述色谱过程的速率理论。1957 年 Golay 开创了开管柱气相色谱法(open-tubular column chromatography),又称为毛细管柱气相色谱法(capillary column chromatography)。1965 年 Giddings 总结和扩展了前人的色谱理论,为液相色谱的发展做出了贡献。在 20 世纪 60 年代末,在经典液相色谱基础上,引入了气相色谱的理论和技术,采用高压泵、小颗粒高效固定相、高灵敏度在线检测器而发展起来的一种重要的分离分析方法——高效液相色谱法(HPLC)。20 世纪 80 年代初毛细管超临界流体色谱(SFC)得到发展,但在 90 年代后未得到较广泛的应用。而由 Jorgenson 等集前人经验而发展起来的毛细管电泳(CE),在 90 年代得到广泛的发展和应用。同时集 HPLC 和 CE 优点的毛细管电色谱在 90 年代后期,特别是整体毛细管电色谱柱受到广泛重视。

21 世纪初随着新型固定相的研制成功和超速高液相色谱仪的问世,产生了一种崭新的超高速液相色谱法(UPLC),使得色谱柱的分离效率、检测灵敏度大大提高,分析时间大大缩短,分离分析的成本大幅下降。因此,这种方法必将具有广阔的应用前景。

三、色谱法的分类

色谱法可按两相的状态、分离机制、操作形式及应用领域的不同进行分类。

1. 按流动相和固定相的状态分类 以流动相状态分类,用气体作为流动相的色谱法称为气相色谱法(GC);用液体作为流动相的色谱法称为液相色谱法(LC);以超临界流体作为流动相的色谱法称为超临界流体色谱法(SFC)。按固定相的状态不同,气相色谱又可分为气-固色谱法(GSC)和气-液色谱法(GLC)。液相色谱法也可分为液-固色谱法(LSC)和液-液色谱法(LLC)。

2. 按分离机制分类

(1) 吸附色谱法(adsorption chromatography):以吸附剂作为固定相,有机溶剂作为流动相,利用样品中不同组分在吸附剂上吸附能力的差别,而进行分离分析的一种色谱方法。

(2) 分配色谱法(partition chromatography):以液态的溶剂(通常把这种溶剂又叫固定液,均匀地涂布在载体的表面)作为固定相,与之不相混溶的另一溶剂作为流动相,利用样品中不同组分在这互不相溶的两相中溶解度(分配系数)的差异,而进行分离分析的一种色谱方法。

(3) 键合相色谱法(bonded phase chromatography,BPC):将有机分子(固定液)通过适当的化学反应以共价键的形式结合在载体(支持剂)的表面,所制备的固定相称为化学键合固定相。使用化学键合固定相的色谱方法称为化学键合相色谱法,简称键合相色谱法。

(4) 空间排阻色谱法(steric exclusion chromatography,SEC):以凝胶(有机高分子的多孔聚合物)作为固定相,有机溶剂或水溶液作为流动相,利用样品中不同组分的分子尺寸的差异进行分离分析的一种色谱方法,称为空间排阻色谱法或凝胶色谱法。

(5) 离子交换色谱法(ion exchange chromatography,IEC):以离子交换剂作为固定相,水溶液作为流动相,利用样品中不同组分(离子性化合物)的交换能力的差别而进行分离分析的一种色谱法称为离子交换色谱法。

(6) 毛细管电泳法(capillary electrophoresis,CE):以高压直流电场为驱动力,含有液体介质(电解质溶液)的毛细管为分离通道,利用样品中不同带电组分的电泳淌度的差别,而进行的一种分离分析方法称为毛细管电泳法。实际上,这是一种现代化的纯电泳技术,只不过它应用了色谱法中的毛细管柱技术而已。

(7) 毛细管电色谱法(capillary electro-chromatography,CEC):以在高压直流电场中所产生的电渗流为驱动力,毛细管色谱柱为分离通道,依据样品中不同组分的分配系数及电泳淌度的差别,而进行的一种分离分析方法称为毛细管电色谱法。它是一种以现代电泳和色谱技术及其理论相结合的分离分析方法。

毛细管电色谱法是近十几年才发展起来的一种色谱方法,它具有高柱效、高选择性及分离分板速度快等特点,发展与应用前景广阔。

3. 按操作形式分类

(1) 柱色谱法(column chromatography):将固定相装于柱管内的色谱法,称为柱色谱法。主要包括经典的液相柱色谱法、现代的气相色谱法和高效液相色谱法等。

(2) 平面色谱法(plane chromatography):平面色谱法是在平面上进行的一种色谱方法,它主要包括薄层色谱法和纸色谱法。

1) 薄层色谱法(thin layer chromatography, TLC):将固态的吸附剂均匀地涂铺在平面板(玻璃板、塑料板等)上,形成一薄层(thin layer),在此薄层上进行分离分析的一种色谱方法。

2) 纸色谱法(paper chromatography, PC):以吸附在纸纤维(载体)上的水(或其他物质)作为固定相,有机溶剂作为流动相,而进行分离分析的一种色谱方法。

4. 按使用目的分类

(1) 分析用色谱仪:分析用色谱仪又可分为实验室用色谱仪和便携式色谱仪。这类色谱仪主要用于各种样品的分析,其特点是色谱柱较细,分析的样品量少。

(2) 制备用色谱仪:制备用色谱仪又可分为实验室用制备型色谱仪和工业用大型制造纯物质的制备色谱仪。制备型色谱仪可以完成一般分离方法难以完成的纯物质制备任务,如高纯度化学试剂的制备,蛋白质的纯化,手性药物的拆分和提纯等。

(3) 流程色谱仪:流程色谱仪在工业生产流程中为在线连续使用的色谱仪。目前主要有工业气相色谱仪,用于化肥、石油精炼、石油化工及冶金工业中。

综上所述,简化分类如图9-1所示。

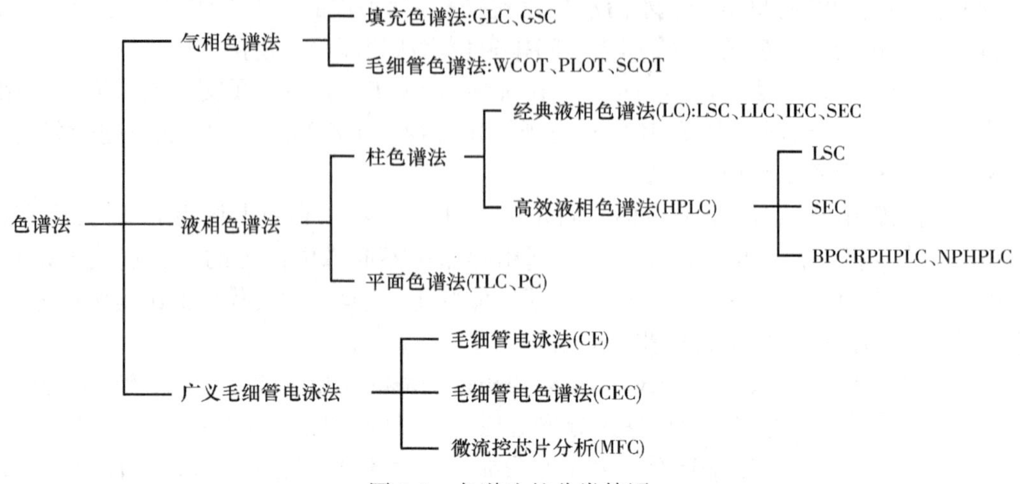

图 9-1　色谱法的分类简图

GLC 为气-液分配色谱法;GSC 为气-固吸附色谱法;WCOT 为涂壁毛细管柱;PLOT 为多孔层毛细管柱;SCOT 为涂载体毛细管柱;LSC 为液-固吸附色谱法;LLC 为液-液分配色谱法;IEC 为离子交换色谱法;SEC 为空间排阻色谱法(凝胶色谱法);BPC 为化学键合相色谱法;RPHPLC 为反相高效液相色谱法;NPHPLC 为正相高效色谱法;TLC 为薄层色谱法;PC 为纸色谱法

第 2 节　色谱过程与术语

一、色谱过程

色谱过程是物质在相对运动着的两相间分配平衡的过程。若混合物中二个组分的分配系数不等,则被流动相携带移动的速度不等,而被分离。因此,分配系数不等是分离的前提。

如,一个二组分 A、B 的混合物,它们在通过色谱柱时,若能被分离,必须两者的迁移速度不等(分配系数不等),即流出色谱柱的时间不相同。若 A 比 B 的分配系数小,即 A 的迁移速度大于 B,故 A 在色谱柱内滞留的时间短,先被流动相带出色谱柱;当 A 进入检测器时,流出曲线开始突起,随 A 在检测器中的浓度变化而形成 A 组分的色谱峰;当 A 完全通过检测器后,流出曲线恢复平直。同理,随后 B 组分通过检测器而形成 B 组分的色谱峰。因此,样品中各组分按分配系数的小大顺序,依次流出色谱柱,见图 9-2。

欲使 A、B 两组分实现完全分离,应根据被分离物质的性质,通过选择适当的固定相和流动相,建立一个合适的色谱分离条件,使不同的物质有不同的分配系数,且这种差别越大分离越完全。

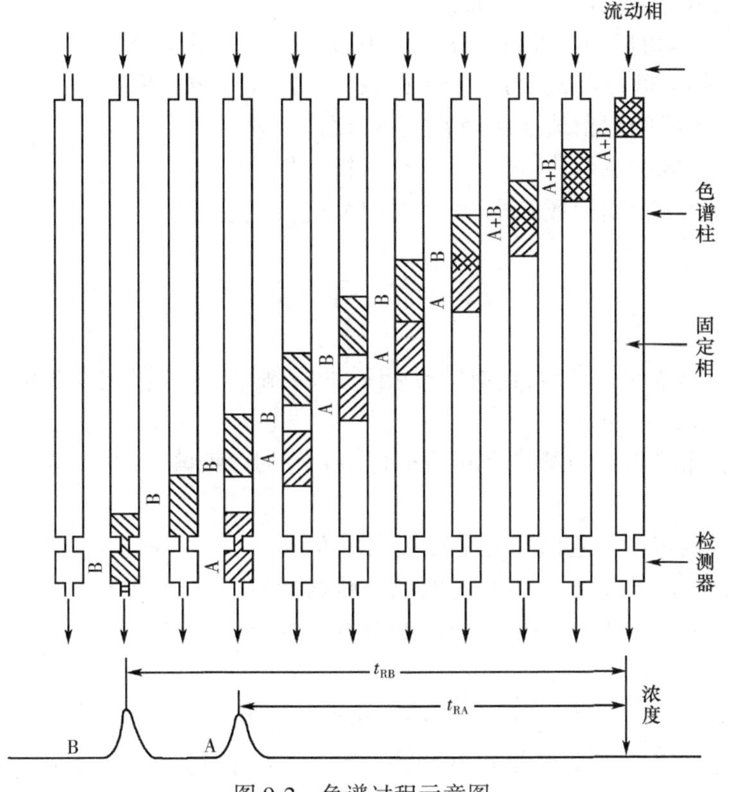

图 9-2　色谱过程示意图

二、色　谱　图

在色谱法中,当试样进入色谱柱后,各组分经色谱柱分离,先后流出色谱柱。由检测器得到的信号大小随时间的变化而形成的色谱流出曲线,叫作色谱峰。如图 9-3 所示,图中突起部分就是色谱峰。一般色谱峰是一条左右对称的分布曲线。由若干个色谱峰组成的图叫色谱图。

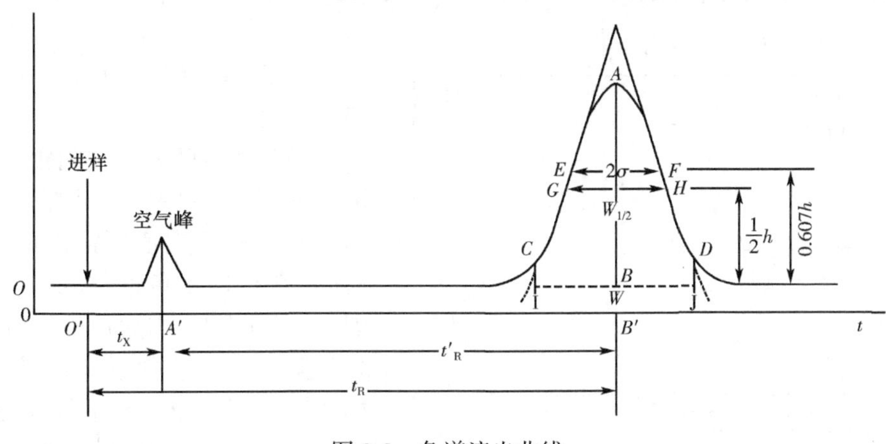

图 9-3　色谱流出曲线

从色谱图上可以得到许多重要信息：

（1）根据色谱峰的个数，可以判断试样中所含组分的最少个数。

（2）根据色谱峰间的距离，可评价色谱条件的选择是否合理。

（3）利用色谱峰的保留值及区域宽度，可评价柱效。

（4）根据色谱峰的保留值，可以对组分进行定性分析。

（5）根据色谱峰的面积或峰高，可以对组分进行定量分析。

三、常用术语

1. 基线 操作条件稳定后，仅有流动相通过检测器时，仪器记录到的一条平行于横轴的直线称为基线(base line)。

2. 峰高 色谱峰顶点与基线之间的垂直距离称为色谱峰高，用 h 表示。如图 9-3 中 BA 段。

3. 色谱峰区域宽度 色谱峰宽有三种表示方法：

（1）标准偏差 σ：即 0.607 倍峰高处色谱峰宽度的一半，如图 9-3 中 EF 距离的一半。

（2）半峰宽 $W_{1/2}$：即峰高一半处对应的宽度，如图 9-3 中 GH 间的距离，它与标准偏差的关系为：

$$W_{1/2} = 2\sigma\sqrt{2\ln 2} = 2.355\sigma \tag{9-1}$$

（3）基线宽度 W：为通过色谱峰两侧拐点处的切线在基线上截距间的距离，即 0.134 倍峰高处色谱峰的宽度。如图 9-3 中 IJ 距离，它与标准偏差和半峰宽的关系是

$$W = 4\sigma = 1.699W_{1/2} \tag{9-2}$$

4. 拖尾因子 拖尾因子(tailing factor)又叫对称因子(symmetry factor)，用于衡量色谱峰的对称性。计算式为：

$$T = \frac{W_{0.05h}}{2A} = \frac{A+B}{2A} \tag{9-3}$$

式中：$W_{0.05h}$为 0.05 倍峰高处的峰宽；A、B 分别为在该处的色谱峰前沿与后沿和色谱峰顶点至基线的垂线之间的距离。T 应在 0.95～1.05 之间，此时色谱峰为对称峰，见图 9-4。

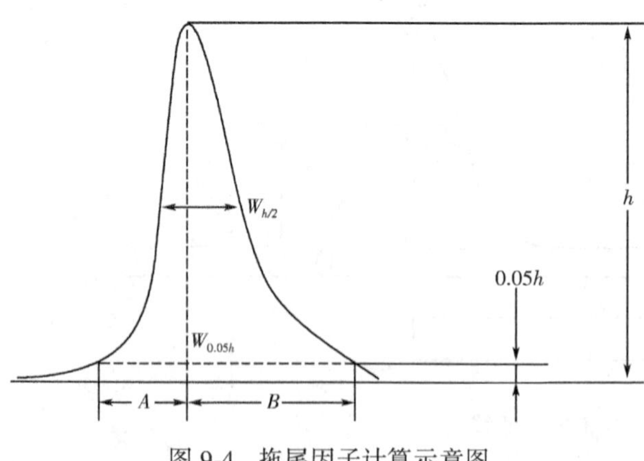

图 9-4 拖尾因子计算示意图

5. 保留时间 为组分在色谱柱内滞留的时间。

（1）死时间 t_M：不被固定相吸附或溶解的组分（如空气、甲烷），从进样开始到出现峰极大值所需的时间称为死时间，它正比于色谱柱的空隙体积，如图 9-3 中 $O'A'$。因为这种物质不被固定相吸附或溶解。故其流动速度与流动相相同。测定流动相平均线速 u 时，可用柱长 L 与 t_M 比值计算，即：

$$u = \frac{L}{t_M} \tag{9-4}$$

（2）保留时间 t_R：组分从进样开始到色谱柱后出现浓度极大值时所需要的时间，称为保留时间，如图 9-3 中 $O'B'$。

（3）调整保留时间 t'_R：某组分的保留时间扣除死时间后，称为该组分的调整保留时间，即：

$$t'_R = t_R - t_M \tag{9-5}$$

由于组分在色谱柱中的保留时间 t_R 包含了组分随流动相通过柱子所需的时间和组分在固定相中滞留所需的时间，所以 t'_R 实际上是组分在固定相中的保留时间。

保留时间是色谱法定性的依据，但同一组分的保留时间常受到流动相流速的影响．因此有时用保留体积来表示保留值。

6. 保留体积　为将组分洗脱出色谱柱所需流动相体积。

（1）死体积 V_M：死体积系指色谱柱内固定相颗粒间的间隙体积、色谱仪中连接管道、接头及检测器的内部体积的总和。当后两项很小可忽略不计时，死体积可由死时间与流动相的体积流速 F_C（ml/min）计算，即：

$$V_M = t_M F_C \tag{9-6}$$

（2）保留体积 V_R：指从进样开始到被测物质在柱后出现浓度极大值所通过的流动相体积。保留体积与保留时间的关系为

$$V_R = t_R F_C \tag{9-7}$$

（3）调整保留体积 V'_R：某组分的保留体积扣除死体积后就是该组分的调整保留体积，即：

$$V'_R = V_R - V_M = t'_R F_C \tag{9-8}$$

7. 相对保留值 $r_{i,s}$　待测成分 i 与基准物质 S 的调整保留值之比，称为待测成分 i 对基准物 S 的相对保留值 $r_{i,s}$。相对保留值也可以是它们的分配系数、容量因子之比。

$$r_{i,s} = \frac{t'_{Ri}}{t'_{Rs}} = \frac{V'_{Ri}}{V'_{Rs}} = \frac{K_i}{K_s} = \frac{k_i}{k_s} \tag{9-9}$$

$r_{i,s}$ 只与柱温、固定相和流动相的性质有关，而与柱径、柱长、填充均匀程度和流动相流速无关，因此 $r_{i,s}$ 是色谱定性分析的重要参数之一。$r_{i,s}$ 亦可用于衡量色谱的选择性。

基准物质 S 是另外加入的并非样品中存在的一种纯物质，例如，气相色谱法在样品中加入的苯、丙酮、乙酸乙酯等。要求基准物质的色谱峰在待测成分的附近，且彼此完全分离。

在色谱分离过程中，基准物 S 可能在待测成分之前流出色谱柱，也可能在其后流出色谱柱，因此，$r_{i,s}$ 可能是一个大于 1，也可能是一个小于 1 的参数。

8. 选择性因子 α　混合物中组分 2 与组分 1 的调整保留时间之比称为选择性因子 α。组分 2 与组分 1 均为样品中存在的成分。

$$\alpha = \frac{t'_{R2}}{t'_{R1}} = \frac{V'_{R2}}{V'_{R1}} = \frac{K_2}{K_1} = \frac{k_2}{k_1} \tag{9-10}$$

由于 $t'_{R2} > t'_{R1}$，因此 α 总为大于 1 的参数。α 只能用于衡量色谱柱的选择性，不能用于定性。α 越大，色谱柱的选择性越好。

9. 分配系数和分配比

(1) 分配系数(K):分配系数(partition coefficient)是在一定温度和压力下,组分在固定相和流动相中平衡浓度的比值,用 K 表示如下:

$$K = \frac{c_s}{c_m} \tag{9-11}$$

式中:c_s 为组分在固定相中的浓度(g/ml);c_m 为组分在流动相中的浓度(g/ml)。

分配系数是由组分、固定相和流动相的热力学性质决定的,它是每一个组分的特征值。它与两相性质和温度有关,与两相体积、柱管特性及所使用仪器无关。同一条件下,如两组分的 K 值相等,则色谱峰重合。若两组分 K 值不同,则 K 小的组分在流动相中浓度大,先流出色谱柱;反之,则后流出色谱柱。

(2) 分配比(k):分配比表示在一定温度和压力下,分配平衡时,组分在两相中的质量比,用 k 表示如下:

$$k = \frac{m_s}{m_m} \tag{9-12}$$

式中:m_s 为组分在固定相中的质量;m_m 为组分在流动相中的质量。k 越大,表示组分在色谱柱内固定相中的量越大,相当于柱容量越大,因此,分配比又称为容量因子。

分配系数与容量因子的关系如下:

$$k = \frac{c_s \cdot V_s}{c_m \cdot V_m} = K \cdot \frac{V_s}{V_m} = \frac{m_s}{m_m} \tag{9-13}$$

$$K = k \cdot \frac{V_m}{V_s} = k \cdot \beta \tag{9-14}$$

式中:β 称为相比率,它是反映各种色谱柱柱型特点的一个参数。例如对填充柱,其 β 值一般为 6~35;对毛细管柱,其 β 值一般为 60~600。

10. 保留值与容量因子的关系 色谱过程是物质在相对运动的两相间平衡分布的过程,当达到动态平衡时,从微观出发,一个样品分子在流动相中出现的概率,即在流动相中停留的时间分数,以 R' 表示。若 $R'=1/3$,则表示这个分子有 1/3 的时间在流动相,而有 2/3 的时间在固定相。从宏观出发,对于大量的溶质分子而言,则表示有 1/3 的分子在流动相,有 2/3(即 $1-R'$)的分子在固定相中。我们定义组分的这个时间分数或浓度分数为保留因子 R'。流动相和固定相中溶质分子的量分别用 $c_m \cdot V_m$ 和 $c_s \cdot V_s$ 表示,因此:

$$\frac{1 - R'}{R'} = \frac{c_s \cdot V_s}{c_m \cdot V_m} = K \cdot \frac{V_s}{V_m} \tag{9-15}$$

整理即得:

$$R' = \frac{1}{1 + K \cdot \frac{V_s}{V_m}} = \frac{1}{1 + k} \tag{9-16}$$

当 $R'=1$ 时,溶质全部随流动相前移,不能进入固定相,不被保留;当 $R'=0$ 时,溶质全部进入固定相,不随流动相前移。可见 R' 在 0~1 之间,它可以衡量溶质被保留的情况,所以又称保留因子。

同理,R' 也是表示溶质分子在流经整个柱时的相对移动速度。若 $R'=1/3$,表示溶质分子在柱中移行的速度相当于流动相流经整个柱的移行速度的 1/3。因为 t_M 表示流动相分子流经整个色谱柱的时间,所以溶质分子流经同样路程的保留时间 t_R 将是 t_M 的 $1/R'$ 倍。即:

$$t_R = \frac{t_M}{R'} = t_M(1 + K \cdot \frac{V_s}{V_m}) = t_M(1 + k) \tag{9-17}$$

式(9-17)说明在给定条件下,分配系数或容量因子越大,溶质分子的保留时间越长。

同理,溶质分子在色谱柱中经过同样路程的保留体积 V_R 将是流动相体积 V_M 的 $1/R'$ 倍。

$$V_R = \frac{V_M}{R'} = V_M(1 + K \cdot \frac{V_s}{V_m}) = V_M(1 + k) \tag{9-18}$$

由式(9-17)可得:

$$k = \frac{t_R - t_M}{t_M} = \frac{t'_R}{t_M} \tag{9-19}$$

根据式(9-19),k 值可直接由色谱图数据求得。

思考与练习

一、思考题

1. 色谱法是如何进行分类的?
2. 说明容量因子的物理含义及与分配系数的关系。为什么容量因子(或分配系数)不等是分离的前提?

二、选择题

1. 在色谱过程中,组分在固定相中停留的时间为(　　)。
   A. 死时间　　B. 保留时间　　C. 调整保留时间　　D. 保留指数
2. 用分配柱色谱法分离 A、B、C 三组分的混合样品,已知它们的分配系数 $K_A>K_B>K_C$,则其保留时间的大小顺序应为(　　)。
   A. A<C<B　　B. B<A<C　　C. A>B>C　　D. A<B<C
3. 在一定柱长条件下,某一组分色谱峰的宽窄主要取决于组分在色谱柱中的(　　)。
   A. 保留值　　B. 扩散速率　　C. 分配系数　　D. 容量因子
4. 某组分在固定相中的质量为 m_A(g),浓度为 c_A(g/ml),在流动相中的质量为 m_B(g),浓度为 c_B(g/ml),则此组分的分配系数是(　　)。
   A. m_A/m_B　　B. m_B/m_A　　C. c_A/c_B　　D. c_B/c_A
5. 容量因子 k 与保留时间之间的关系为(　　)。
   A. $k=t'_R/t_m$　　B. $k=t_m/t'_R$　　C. $k=t_m \cdot t'_R$　　D. $k=t'_R-t_m$
6. 影响两组分相对保留值的因素是(　　)。
   A. 载气流速　　B. 柱温　　C. 柱长　　D. 固定液性质

E. 检测器类型

三、计算题

1. 假如一个溶质的分配比为0.2,计算它在色谱柱流动相中的质量分数。 (83.3%)
2. 某色谱柱死体积30ml,固定相体积1.5ml,组分A、B保留时间分别为360s、390s,死时间60s,计算A、B的分配系数以及相对保留值。 (100、110、1.1)

(苏明武)

第 10 章　经典液相色谱法

经典液相色谱法包括经典柱色谱法和平面色谱法，是在常压下靠重力或毛细作用输送流动相的色谱方法。经典色谱法与现代色谱法的区别主要在于输送流动相方式、固定相种类和规格、分离效能、分析速度和检测灵敏度等方面。经典液相色谱法设备简单，操作方便，分析速度快。在药物研究、食品化学、环境化学、临床化学、法检分析及化学化工等领域都有广泛的应用。特别是在天然药物成分的鉴别、分离等方面发挥着独特的作用，是中药鉴别的主要方法之一。

第 1 节　液-固吸附柱色谱法

经典的液-固吸附色谱(liquid solid adsorption chromatography, LSC)是以吸附剂为固定相，有机溶剂为流动相，利用不同组分在吸附剂上吸附性能的差异，进行分离分析的方法。用于分离分析极性至弱极性的化合物，不适用于分离分析强极性的物质。如将固定相装于柱管内就构成色谱柱，色谱过程在色谱柱内进行的一类色谱方法称为柱色谱法。

一、基 本 原 理

1. 吸附与吸附平衡　吸附是指溶质分子与吸附剂分子之间因存在某些化学作用力而被吸附在吸附剂的表面。当溶质、流动相与吸附剂共存于同一色谱体系时，吸附过程则是试样中溶质分子(X)与流动相分子(Y)争夺吸附剂表面活性中心的过程，即为竞争吸附过程(图 10-1)。当流动相到达吸附剂(固定相)表面时，流动相分子被吸附剂表面的活性中心所吸附，以 Y_a 表示。当溶质分子被流动相带至液固界面时，流动相中溶质分子 X_m 与吸附在吸附剂表面的 n 个流动相分子 Y_a 相置换，溶质分子被吸附，以 X_a 表示。流动相分子回到流动相内部，以 Y_m 表示。这种吸附平衡过程可表示为：

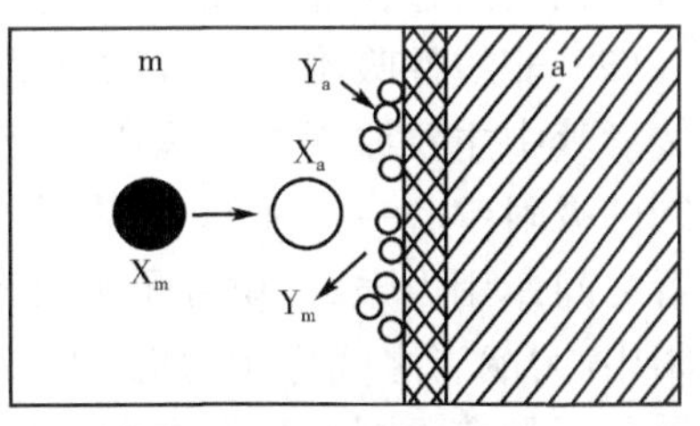

图 10-1　吸附色谱示意图

m. 流动相；a. 吸附剂；X_m. 流动相中溶质分子；Y_m. 流动相分子；X_a. 被吸附的溶质分子

$$X_m + nY_a \rightleftharpoons X_a + nY_m$$

它们之间的平衡关系服从质量作用定律，其吸附平衡常数 K，可近似用下式表示：

$$K = \frac{[X_a][Y_m]^n}{[X_m][Y_a]^n} \tag{10-1}$$

因为流动相的量很大，$[Y_m]^n/[Y_a]^n$ 近似于常数，而且吸附只发生于吸附剂表面，所以，吸附平衡常数可写成：

$$K=\frac{[X_a]}{[X_m]}=\frac{X_a/S_a}{X_m/V_m}=\frac{c_s}{c_m} \tag{10-2}$$

式中：S_a 为吸附剂的表面积；V_m 为流动相的体积；c_s 为溶质在固定相的浓度；c_m 为溶质在流动相中的浓度。吸附平衡常数 K 是与组分的性质、吸附剂和流动相的性质与温度有关的一个常数。

显然，当色谱条件（吸附剂与流动相的性质、温度）一定时，不同的物质有不同的 K 值。若某物质的 K 值小，说明该物质被固定相吸附得不牢固，易被流动相分子解吸附，在固定相中滞留时间短，在柱中移动速率快，先流出色谱柱；若 K 值大，说明该物质被吸附得牢固，在固定相中滞留时间长，移动速率慢，后流出色谱柱，而实现相互分离。即使它们的 K 值相差很微小，这种微小的差异通过成千上万次的（吸附与解吸附）累积，最终能呈现出较大的差异。K 值相差越大，各组分越容易实现相互分离。因此，应根据被分离物质的性质（极性），通过选择适当的固定相和流动相，建立一个最佳的色谱分离条件，使不同物质的 K 值有尽可能大的差异。

2. 吸附等温线 吸附等温线（absorption isotherm）是指在一定温度下，某一组分在固定相和流动相之间达到平衡时，以组分在固定相中的浓度 c_s 为纵坐标，以组分在流动相中的浓度 c_m 为横坐标得到的曲线。等温线的形状是重要的色谱特性之一，它有三种类型：线性、凸形和凹形。通常在低浓度时，每种等温线均呈线性；而高浓度时，等温线则呈凸形或凹形。

（1）线性吸附等温线：当吸附平衡常数 K 一定时，其吸附等温线为线型，即达到平衡时，组分在固定相中的浓度 c_s 与其在流动相中的浓度 c_m 成正比（$c_s=Kc_m$），直线的斜率为 K。线型吸附等温线是理想的等温线，在特定的色谱条件（吸附剂、洗脱剂、温度）下，同一种溶质的平衡常数 K 与溶液的浓度无关，即 K 为一常数，故在洗脱或展开时，同一溶质分子在柱内具有相同的迁移速率，能得到左右对称的流出曲线，如图 10-2（a）所示。

（2）非线性吸附等温线：在绝大多数情况下，吸附等温线都有些弯曲而呈现凸形吸附等温线。其中主要原因之一是固体吸附剂表面的不均一性。例如硅胶表面上有几种吸附能力不同的吸附中心——强的、较强的、弱的、极弱的。同一溶质分子总是先占据强的吸附中心，两者之间作用力强，溶质分子被吸附得牢，吸附平衡常数 K 值大，迁移速率慢；后占据弱的吸附中心，两者之间作用力弱，吸附平衡常数 K 值小，迁移速率快，并依此类推。显然，同一溶质分子具有不同的吸附平衡常数 K，即具有不同的迁移速率。在溶质分子集中的区域，吸附剂的所有吸附中心达到吸附饱和，K 值小，迁移速率快，先流出色谱柱；在溶质分子稀少的区域，由于仅仅占据了强吸附中心，K 值大，迁移速率慢，后流出色谱柱。从而导致流出曲线前沿陡峭，后沿拖尾，形成拖尾峰，且保留时间亦随样品量的增加而减小，如图 10-2（b）所示。

拖尾峰的出现对以下情况产生了不利的影响：①利用峰面积进行定量时峰面积的积分精度和重现性；②利用峰高定量时检测的灵敏度；③定性分析时保留值与物质性质的相关性；④组分之间相互分离的程度。因此应尽量避免色谱峰的拖尾。克服的方法是：减小进样量或样品的浓度，即利用凸形吸附等温线的直线部分，从而得到左右对称的流出曲线。

在极少数情况下，吸附等温线呈凹形。在色谱分离过程中，由于溶质分子与固定相的相互作用，从而改变了固定相的表面性质，使得流出曲线的形状、保留时间与进样量的关系与凸形吸附等温线恰好相反，如图 10-2（c）所示。

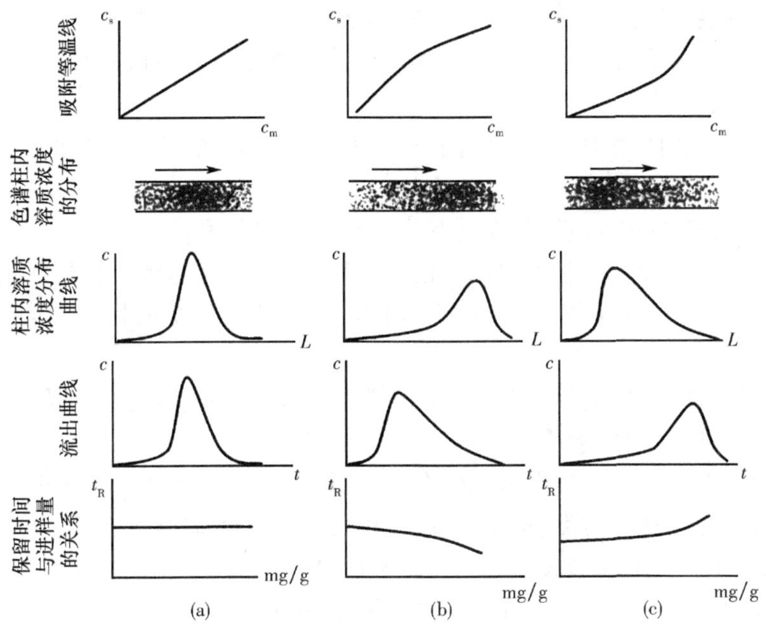

图 10-2　吸附等温线的形状和色谱特征

二、吸　附　剂

1. 吸附剂的基本要求

（1）有较大的表面积，有足够的吸附能力，但对不同物质其吸附能力又不一样。

（2）与洗脱剂、溶剂及样品不起化学反应，并在所用溶剂和洗脱剂中不溶解。

（3）粒度细而均匀，一般为 150 目左右。

2. 常用吸附剂　吸附剂可分为有机和无机两大类。有机类有活性炭、淀粉、菊糖、蔗糖、乳糖、聚酰胺以及大孔吸附树脂等；无机类有氧化铝、硅胺、氧化镁、硫酸钙、碳酸钙、磷酸钙、滑石粉、硅藻土等。其中以硅胶、氧化铝、聚酰胺和大孔吸附树脂较为常用。

（1）硅胶：色谱用硅胶常以 $SiO_2 \cdot xH_2O$ 表示，是多孔性的硅氧（Si—O—Si—）交链结构。其骨架表面的硅羟基（—Si—OH）为吸附中心，它对不同极性的物质具有不同的吸附能力。硅羟基有三种形式：一种是游离羟基（Ⅰ）；另一种是键合羟基（Ⅱ）；当硅胶加热到 200℃以上时，失去水分，使表面羟基变为硅醚结构（Ⅲ）。后者不再对极性化合物有选择性保留作用而失去吸附活性。

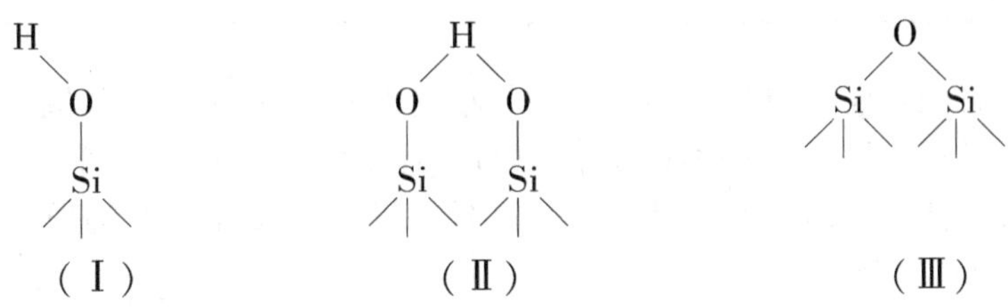

硅胶表面羟基一般作为质子给予体,通过氢键形式将溶质吸附在硅胶表面。由于硅胶具有弱酸性,适用于分离酸性和中性化合物。硅胶分离效率的高低还与其粒度、孔径及表面积等几何结构有关。

(2) 氧化铝:一种吸附力较强的吸附剂,具有分离能力强、活性可控等优点。有碱性、中性和酸性三种。

碱性氧化铝(pH 9~10)适用于碱性和中性化合物的分离。

中性氧化铝(pH 7.5)适用范围广,凡是适用于酸性、碱性氧化铝的,中性氧化铝都适用。尤其适用于分离生物碱、挥发油、萜类、甾体、蒽醌以及在酸碱中不稳定的苷类、醌、内酯等成分。

酸性氧化铝(pH 5~4)适用于分离酸性化合物,如有机酸、酸性色素及某些氨基酸、酸性多肽类以及对酸稳定的中性物质。

(3) 聚酰胺:聚酰胺是一类由酰胺聚合而成的高分子化合物。常用的聚酰胺是聚己内酰胺,其酰胺基中的羰基与酚类、黄酮类、酚类中的羟基或羧基形成氢键;酰胺基中的氨基与醌类、硝基类中的醌基、硝基形成氢键而产生吸附作用。不同的化合物,由于活性基团的种类、数目与位置的不同,形成氢键的能力不同,而实现分离。

(4) 大孔吸附树脂:大孔吸附树脂是一种不含交换基团,具有大孔网状结构的高分子吸附剂。粒度多为 20~60 目。理化性质稳定,不溶于酸、碱及有机溶剂。大孔树脂可分为非极性和中等极性两类,在水溶液中吸附力较强且有良好的吸附选择性,而在有机溶剂中吸附能力较弱。

大孔吸附树脂主要用于水溶性化合物的分离纯化,近年来多用于皂苷及其他苷类化合物与水溶性杂质的分离。也可间接用于水溶液的浓缩,从水溶液中吸附有效成分。大孔吸附树脂具有吸附容量大、选择性好、成本低、收率较高和再生容易等优点,所以越来越受到普遍的重视。

3. 吸附剂的吸附活性 硅胶、氧化铝等的吸附活性(能力)除与吸附剂本身的性质有关以外,还与其含水量相关,见表 10-1。含水量越低,活度级别越小,其吸附力越强。反之,含水量越高,活度级别越大,其吸附力越弱。在一定温度下,加热除去水分以增强吸附活性的过程称之为活化,因此吸附剂在使用前必须活化处理。反之,加入一定量水使其吸附活性降低,称为失活或减活。

表 10-1 硅胶、氧化铝的含水量与活度级别的关系

硅胶含水量/%	氧化铝含水量/%	活度级别
0	0	Ⅰ
5	3	Ⅱ
15	6	Ⅲ
25	10	Ⅳ
38	15	Ⅴ

同一种吸附剂,如果制备和处理方法不同,吸附剂的吸附性能相差较大,使分离结果的重现性也较差。因此应尽量采用相同的批号与同样方法处理的吸附剂。分离极性小的物质,一般选用吸附活性大(活度级别小)的吸附剂。当分离极性大的物质时,则应选用活性小(活度级别大)的吸附剂。

三、色谱条件的选择

组分极性越大,在极性吸附剂上吸附越强,需用极性较大的洗脱剂进行洗脱。

常见化合物按其极性由小到大顺序为:

烷烃<烯烃<醚<硝基化合物<二甲胺<酯类<酮类<醛类<硫醇<胺类<酰胺类<醇类<酚类<羧酸类

常用溶剂的极性顺序为:

石油醚<环己烷<四氯化碳<三氯乙烯<苯<甲苯<二氯甲烷<乙醚<三氯甲烷<乙酸乙酯<丙酮<正丁醇<乙醇<甲醇<水<乙酸等

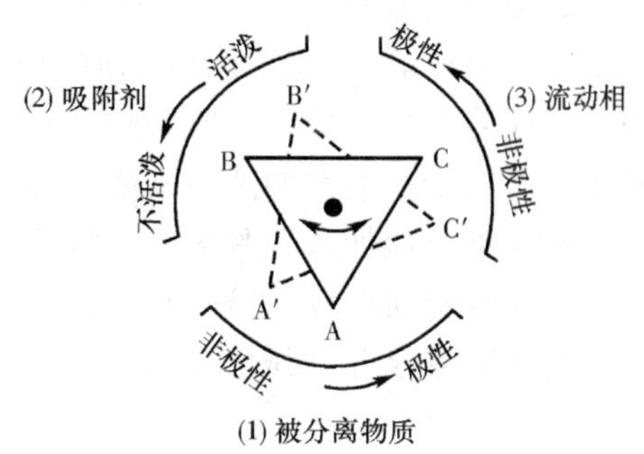

图 10-3　化合物极性、吸附剂活度和流动相极性间的关系

选择色谱分离条件时,必须从吸附剂、被分离物质、流动相(洗脱剂或展开剂)三方面进行综合考虑。在吸附色谱中,由于吸附剂的种类有限,因此,当被分离物质、吸附剂种类一定时,分离成败的关键取决于流动相的选择。现用图 10-3 来表示这三者之间的关系和流动相的选择原则。

当对样品中化学性质相近似的各组分采用单一洗脱剂进行分离时,往往不易获得较好的分离效果。为了提高分离能力,有时需要采用两种或两种以上的溶剂按一定比例组成流动相。使用混合溶剂可以调整流动相的极性、酸碱性、互溶性和黏度,以达混合物相互分离的目的。

四、操作方法

1. 色谱柱的制备　常用的柱管材料有玻璃、石英及尼龙等。其规格根据被分离物质的情况而定,内径与柱长的比例,一般在 1∶10~20 之间,如有特殊需要,为了提高分离效率可采用细长型色谱柱,如欲从溶液中吸取某种成分或滤去不溶物,可采用短粗色谱柱。吸附剂的颗粒大小一般应在 100~200 目。吸附剂的用量应根据被分离的样品量而定,氧化铝用量为样品重量的20~50 倍,对于难分离化合物,氧化铝用量可增加至 100~200 倍;如果用硅胶作固定相其比例一般为 1∶30~60,如为难分离化合物,可高达 1∶500~1000。

(1) 玻璃柱:柱要求填装均匀,且不能有气泡。若松紧不一致则分离物的移动速率不一致,影响分离效果。装柱时首先将玻璃柱垂直地固定于支架上(管下端塞有少量棉花或装有玻璃砂芯的滤板),再采用干法或湿法填装。

1) 干法装柱:将吸附剂均匀地倒入柱内,其间不能间断。通常在柱管上端放一玻璃漏斗,使吸附剂经漏斗成一细流,慢慢加入管内。必要时轻轻敲打色谱柱使填装均匀。柱装好后,可剪一直径大小适合的滤纸放入吸附剂上面,防止倒入样品或洗脱剂时将吸附剂冲起。再打开下端活塞,然后沿管壁轻轻倒入溶剂,待吸附剂湿润后,要注意柱内有没有气泡。如有气泡可再加溶剂并在柱的上端通入压缩空气,使气泡随溶剂由下端流出。

2) 湿法装柱:先将准备使用的洗脱剂加入柱管内,然后把吸附剂(或将吸附剂以相同洗脱剂拌湿后）慢慢连续不断地倒入柱内，此时应将管下端活塞打开，使洗脱剂慢慢流出。吸附剂慢慢沉降于柱管的下端，待加完吸附剂后，继续使洗脱剂流出，直到吸附剂的沉降不再变动。再在吸附剂上面加少许棉花或直径与柱内径大小的滤纸片，将多余的洗脱剂放出。

（2）尼龙柱：用于色谱分离的尼龙柱，应具备下列条件：①应有一定的强度，且易于切割；②对有机溶剂呈惰性，且能用手工热封；③能透过紫外线，便于无色物质在柱上定位。填充时将一端封闭，底部塞入玻璃棉并打上小孔，装匀即可。

2. 加样与洗脱 首先将被分离样品溶于一定体积的溶剂中，选用的溶剂极性应低，体积要小。上样前，应将柱内溶剂放出至与吸附剂平面接近平齐，再沿管壁慢慢加入样品溶液。试样溶液加完后，打开活塞将液体慢慢放出，至柱内液面与吸附剂平面再度接近平齐。必要时再用少量溶剂冲洗原来盛有样品的容器，全部加入色谱柱内。

连续不断地加入洗脱剂开始洗脱，调节一定的流速。洗脱时应始终保持一定高度的液面，切勿断流。收集洗脱液，将收集液用薄层色谱或纸色谱定性检查，根据检查结果，将成分相同的洗脱液合并，回收溶剂，得到某单一成分。如为几个成分的混合物，可再用其他方法进一步分离。

3. 检出 可以通过分段收集流出液，采用相应的物理和化学方法进行检出。对有色混合物，很容易观察化合物的分离情况，对无色物质，可用紫外光观察荧光色带而检出。也可用荧光吸附剂，通过荧光猝灭定位。

例 1 秋水仙碱的测定

色谱柱 柱长 22cm，内径 2.0cm，以丙酮为溶剂湿法装入 3g 硅胶，再装入 3g 氧化铝。

总生物碱的提取 将秋水仙粉末用碱水湿润，使生物碱游离，再用三氯甲烷、二氯甲烷等有机溶剂提取，定量转入量瓶中。

测定 准确量取 5.00ml 秋水仙碱的提取液，置蒸发皿中，在水浴上与 2g 氧化铝搅拌并蒸干，定量地将此混合物加入色谱柱上端，用 200ml 丙酮洗脱，洗脱液蒸干后，残渣在 80℃烘半小时后，称重，计算百分含量。

第 2 节 液-液分配柱色谱法（LLC）

一、基本原理

经典的液-液分配色谱（liquid liquid partition chromatography，LLC）是将某种溶剂（固定液）涂布在多孔微粒的表面或纸纤维上，形成一层液膜，构成固定相。多孔微粒或纸纤维称为支持剂（solid support）或载体（carrier）、担体。试样中各组分在互不相溶的两相中，因分配系数的差异而实现分离。

在分配色谱中，极性溶剂与极性溶质之间有较强的分子间作用力，而非极性溶剂与非极性溶质之间也有较强的分子间作用力，因此溶解度的“相似相溶”经验规则可用于分配色谱之中。几乎各种类型的化合物皆可应用分配色谱法进行分离分析。尤其适宜于亲水性物质及既能溶于水又稍能溶于有机溶剂的物质，如极性较大的生物碱、苷类、有机酸、酸性成分、糖类及氨基酸的衍生物等。

二、载　　体

在分配色谱法中,载体只起支撑与分散固定液的作用。对它的要求是化学惰性,对被分离组分没有吸附能力,且又能吸留较大量的固定相液体。载体必须纯净,颗粒大小均匀。大多数的商品载体在使用之前需要精制、过筛。常用的载体有

(1) 硅胶:当它吸收相当于本身重量的50%以上的水后,硅胶丧失吸附作用,变成载体,水为固定液。

(2) 硅藻土:是现在应用最多的载体,硅藻土中氧化硅对被分离组分几乎不发生吸附作用。

(3) 纤维素:既是纸色谱的载体,也是分配柱色谱常用的载体。

此外,还有淀粉,近几年来还采用有机载体,如微孔聚乙烯粉等。

三、固定液及其选择

分配色谱根据固定液和流动相的相对极性,可以分为两类:一类称为正相分配色谱,其固定相的极性大于流动相,即以强极性溶剂作为固定液,以弱极性的有机溶剂作为流动相;另一类为反相分配色谱,其固定液具有较小的极性,而流动相则极性较大。

在正相分配色谱法中,固定液有水、各种缓冲溶液、稀硫酸、甲醇、甲酰胺或丙二醇等强极性溶剂,以及它们的混合液,按一定的比例与载体混匀后填装于色谱柱中,用有机溶剂为洗脱剂进行洗脱分离。适用于分离极性物质,当分离极性、中等极性与弱极性的混合物时,弱极性物质先流出色谱柱,极性物质后流出色谱柱。

在反相分配色谱中,常以硅油、液状石蜡等极性较小的有机溶剂作为固定液,而以水、水溶液或与水混溶的有机溶剂为流动相。适用于分离中等极性至非极性的物质。被分离成分的流出顺序与正相分配色谱相反,亲脂性成分移动慢,亲水性成分移动快。因此,有些用正相色谱分离不好的试样,可采用反相色谱进行分离。

四、流动相及其选择

一般正相色谱法常用的流动相有石油醚、醇类、酮类、酯类、卤代烷类等或它们的混合物。反相色谱法常用的流动相则为正相色谱法中的固定液如水、各种水溶液(包括酸、碱、盐及缓冲液)或低级醇类等。

固定液与流动相的选择,要根据被分离物中各组分在两相中的溶解度之比即分配系数而定。可先使用对各组分溶解度大的溶剂为洗脱剂,再根据分离情况改变洗脱剂的组成,即在流动相中加入一些可调节溶解度的溶剂,以改变各组分被分离的情况与洗脱速率。

五、操作方法

1. 固定液的涂布与装柱　装柱前,首先将固定液与载体混合。如果用硅胶、纤维素等作载体时,可直接称出一定量的载体,再加入一定比例的固定液,混匀后即可装柱。应注意

的是,因为分配柱色谱法使用两种溶剂,故须先使二相互相饱和,否则,洗脱时由于大量流动相的通过,会将载体上的固定液逐渐溶解而流失。

如果以硅藻土为载体,加固定液直接混合的办法不容易得到涂布均匀的固定相。为此先把硅藻土放在大量的流动相中,在不断搅拌下,逐渐加入固定液,加完后继续搅拌片刻,然后装柱。装柱时,分批小量地倒入柱中,随时把过量的溶剂放出,待全部装完后,即得到一个装填均匀的色谱柱。

2. 加样和洗脱 加样的方法有三种:①试样配成浓溶液,用吸管轻轻沿管壁加入柱内,然后加流动相洗脱;②试样溶液用少量固定相吸附,待溶剂挥干后,加入柱内,然后加流动相洗脱;③用一块比色谱柱内径略小的圆形滤纸吸附试样溶液,待溶剂挥发后,加入柱内,然后加流动相洗脱。

3. 应用 分配色谱法的优点在于有较好的重现性,并可根据 K 值预示分离结果。分配系数在较大的浓度范围内是常数,其洗脱峰多数为对称峰,峰形尖锐。在大多数情况下,均能找到一组合适的溶剂进行分离,因而适用于各种类型化合物的分离。

例 2 纤维素柱进行糖及其衍生物的制备分离

(1) 方法:将干纤维素粉直接干法装柱,或将纤维素粉悬浮于有机溶剂中湿法装柱,便获得填装均匀的色谱柱。

(2) 分离单糖:可选用的溶剂系统有正丁醇的饱和水溶液(含少量氨);正丁醇-乙醇(19∶1)的水饱和溶液或苯酚-水系统。

(3) 分离低聚糖:可用异丙醇-正丁醇∶水(7∶1∶2) 溶剂系统。

(4) 分离甲基苷:可用正丁醇-水系统。

(5) 分离甲基化糖:需用石油醚(b. p. 100~120℃)和水饱和的正丁醇混合液梯度洗脱。洗脱起始时比例为 7∶3,后为 7∶50,最后为水饱和的正丁醇溶液。糖类要在纤维素柱上获得比较好的分离,则宜在较高温度下(60℃)进行。

第 3 节 离子交换色谱法

利用离子交换剂对各组分交换性能的差异使其分离分析的方法称为离子交换色谱法(ion exchange chromatography,IEC)。

一、离子交换树脂

1. 离子交换树脂的类型 离子交换树脂是由苯乙烯和二乙烯基苯相互交联而形成的具有网状结构的骨架和活性基团所组成。根据树脂所含活性基团的性质,以及所交换离子的电荷分为阳离子交换树脂和阴离子交换树脂。

(1) 阳离子交换树脂:以阳离子作为交换离子的树脂叫阳离子交换树脂,含有—SO_3H,—COOH,—OH,—SH,—PO_3H_2 等酸性基团,其中可电离的 H^+ 离子与样品溶液中某些阳离子进行交换。依据其酸性强度,又可分为强酸型与弱酸型阳离子交换树脂。树脂的酸性强度一般按下列次序递减:R—SO_3H>HO—R—SO_3H >R—PO_3H_2>R—COOH>R—

OH。强酸型阳离子交换树脂的交换与再生反应：

$$R—SO_3^-H^+ + X^+ \rightleftharpoons R—SO_3^-X^+ + H^+$$

（2）阴离子交换树脂：以阴离子作为交换离子的树脂叫阴离子交换树脂，含有$—NH_2$、—NHR、$—NR_2$或$—N^+R_3X^-$等碱性基团。含有季铵基者为强碱性，含有$—NH_2$、=NH、≡N 等基团者为弱碱性。其中可电离的OH^-离子与样品溶液中某些阴离子进行交换。强碱型阴离子交换树脂的交换与再生反应：

$$R—N(CH_3)_3^+OH^- + Y^- \rightleftharpoons R—N(CH_3)_3^+Y^- + OH^-$$

2. 离子交换树脂的特性　选择离子交换树脂进行色谱分离时，对树脂的颗粒大小、比重、机械强度、多孔性、溶胀特性、交换容量和交联度等因素均应考虑。

（1）交联度（degree of cross-linking）：交联度表示离子交换树脂中交联剂的含量，通常以重量百分比来表示。即在合成树脂时，二乙烯苯在原料中所占总重量的百分比。例如，上海树脂厂生产的聚苯乙烯型强酸性阳离子交换树脂，产品牌号为 732（强酸 1×7），其中 1× 7 表示交联度为 7%。

高交联度树脂呈紧密网状结构，网眼小，离子很难进入树脂中，交换速度也慢，但选择性很好；刚性较强，能承受一定的压力。低交联度的树脂虽具有较好的渗透性，但存在着易变形和耐压差等缺点。在选用时，除考虑这些情况外，主要应根据分离对象而定。例如分离氨基酸等小分子物质，则以 8%树脂为宜，而对多肽等分子量较大的物质，则以 2%～4%树脂为宜。

（2）交换容量（exchange capacity）：是指每克干树脂中真正参加交换反应的基团数，常用单位为 mmol/g；也有用 mmol/ml 表示的，即每毫升干树脂中真正参加交换反应的基团数。

交换容量是一个重要的实验参数，它表示离子交换树脂进行离子交换的能力大小。交换容量的大小取决于合成树脂时，引入到母体骨架上的酸性或碱性基团的数目，这在合成时就可以预知。但实际上，交换容量还与交联度、溶胀性、溶液的 pH 值以及分离对象等因素有关，通常是以实测为准。如溶液的 pH 对电离度较小的弱酸、弱碱型树脂有较大的影响，它们的交换容量将随溶液的 pH 变化而变化。又如同一树脂．其交换大分子量物质与小分子量物质的交换容量也不同。

（3）溶胀（swelling）：树脂中存在着大量的极性基团，具有很强的吸湿性。当树脂浸入水中，大量水进入树脂内部，引起树脂膨胀，此现象称为溶胀。溶胀的程度取决于交联度的高低，交联度高，溶胀小；反之，溶胀大。一般说来，1g 树脂最大吸水量为 1g。溶胀程度还与所用树脂是氢型还是盐型有关，例如弱酸性阳离子交换树脂，氢型时吸水量不大，当氢型转变为盐型时，将吸入大量的水，使树脂溶胀。

（4）粒度：离子交换树脂的颗粒大小，一般是以溶胀状态所能通过的筛孔来表示。制备纯水常用 10～50 目树脂，分析用树脂常用 100～200 目。颗粒小，离子交换达到平衡快，但洗脱流速慢，在实际操作时应根据需要选用不同粒度的树脂。

二、离子交换平衡

1. 交换平衡常数　离子交换反应可用下列通式表示：

$$R^-A^+ + B^+ \rightleftharpoons R^-B^+ + A^+$$

当交换反应达到平衡时,以浓度表示的平衡常数为:

$$K_{A/B}=\frac{[R^-B^+][A^+]}{[R^-A^+][B^+]} \tag{10-3}$$

式中:$[R^-A^+]$、$[R^-B^+]$分别表示 A^+与 B^+离子在树脂相中的浓度;$[A^+]$与$[B^+]$离子分别表示它们在溶液中的浓度。平衡常数 $K_{A/B}$也称为 A^+对 B^+的选择性系数,它是衡量某离子交换树脂交换能力大小的一种量度。若 $K_{A/B}>1$,则表示离子交换树脂对 A^+的交换能力大于对 B^+的交换能力。选择性系数大的组分,在柱中停留的时间长,后流出色谱柱。

$$t_{R_A}=\left(1+K_{A/B}\frac{m_T}{V_m}\right) \tag{10-4}$$

式中:m_T是离子交换树脂柱的交换总容量。

2. 影响选择性系数的因素 选择性系数与离子的电价和水合离子半径有关。电价高、水合离子半径小的离子,其选择性系数大,亲和力强。

实验证明,在常温下,离子浓度较小的溶液中,离子交换树脂对不同离子的亲和力顺序如下。

(1) 强酸型阳离子交换树脂:不同价态的离子,电荷越高,亲和力越强,选择性系数越大,如:

$$Th^{4+}>Al^{3+}>Ca^{2+}>Na^+$$

一价阳离子的亲和力顺序为:

$$Ag^+>Tl^+>Cs^+>Rb^+>K^+>NH_4^+>Na^+>H^+>Li^+$$

二价阳离子的亲和力顺序为:

$$UO^{2+}>Mg^{2+}>Zn^{2+}>Co^{2+}>Cu^{2+}>Ni^{2+}>Ca^{2+}>Sr^{2+}>Pb^{2+}>Ba^{2+}$$

稀土元素的亲和力随原子序数增大而减小,这是由于镧系收缩现象所致。稀土金属离子的半径虽随原子序数增大而减小,但水合离子的半径却增大。亲和力顺序为:

$La^{3+}>Ce^{3+}>Pr^{3+}>Nd^{3+}>Sm^{3+}>Eu^{3+}>Gd^{3+}>Tb^{3+}>Dy^{3+}>Y^{3+}>Ho^{3+}>Er^{3+}>Tm^{3+}>Yd^{3+}>Lu^{3+}>Sc^{3+}$

(2) 强碱型阴离子交换树脂:阴离子的亲和力顺序为:

柠檬酸根$>SO_4^{2-}>CrO_4^{2-}>I^->HSO_4^->NO_3^->C_2O_4^->Br^->CN^->NO_2^->Cl^->HCOO^->CH_3COO^->OH^->F^-$

以上仅为一般规则。在高浓度的水溶液中和常温下,或在高温的非水溶液中,其离子的亲和力差异会变小,顺序还可能会发生颠倒。因此,分离分析宜在稀溶液中进行。

三、操作方法及应用

1. 树脂的处理和再生 离子交换树脂在使用前必须经过处理,以除去杂质并使其全部转变为所需要的形式。如阳离子交换树脂一般在使用前将其转变为氢型,阴离子交换树脂通常将其转变为氯型或羟基型。具体操作是:先将树脂浸于蒸馏水中使其溶胀,然后用5%~10%盐酸处理阳离子交换树脂使其变为氢型;对阴离子交换树脂用10% NaOH 或 10% NaCl 溶液处理,使其变为羟基型或氯型。最后用蒸馏水洗至中性,即可使用。已用过的树脂可使其再生并反复使用,方法是将用过的树脂用适当的酸或碱、盐处理即可。

2. 装柱　把已处理好的树脂置于烧杯中，加水充分搅拌，静置，倾去上面泥状微粒。重复上述过程直到上层液透明为止。通常采用湿法装柱，先在色谱柱底部放一些玻璃丝，再将上述准备好的树脂加少量水搅拌后，倒入保持垂直的色谱柱中，使树脂沉降，让水流出即可。注意不要让气泡进入树脂层中，如果有气泡进入，样品溶液和树脂的接触不均匀。最后在树脂层上面盖一层玻璃丝，以免在加样时树脂被冲起。

3. 洗脱　由于水是优良的溶剂，具有电离性，因此大多数用离子交换色谱进行分离时，都是在水溶液中进行的。有时也加入少量的有机溶剂，如甲醇、乙醇、乙腈等，也可用弱酸、弱碱和缓冲溶液。

4. 应用　离子交换色谱法分离设备简单，操作方便，而且树脂可以再生，因而获得了广泛应用。例如，除去干扰离子、测定盐类含量、微量元素的富集、有机物或生化溶液脱盐等，并在药物生产、抗生素及中草药的提取分离和水的纯化等方面都被广泛应用。

第4节　空间排阻柱色谱法

空间排阻色谱(steric exclusion chmmatography, SEC)是20世纪60年代发展起来的一种色谱分离方法，又称为凝胶色谱法(gel chromatography)、分子排阻色谱法(molecular exclusion chromatography)、分子筛色谱法(molecular sieve chromatography)和尺寸排阻色谱法(size exclusion chmmatography)。该色谱法根据流动相的不同又可分为两类：以有机溶剂为流动相者，称为凝胶渗透色谱法(gel permeation chromatography, GPC)；以水溶液为流动相者，称为凝胶过滤色谱法(gel filtration chromatography, GFC)。主要用于大分子物质如蛋白质、多糖等的分离。

一、基本原理

1. 分子筛效应　分子排阻色谱是根据溶质分子大小的不同即分子筛效应而进行分离的。图10-4为分子排阻色谱分离示意图。溶液中分子量大(分子直径大)的溶质组分完全不能进入凝胶颗粒内的孔隙中，只能经过凝胶颗粒之间的间隙随流动相快速地流出色谱柱；而分子量小(分子直径小)的组分，可渗入凝胶颗粒内的孔隙中，因此在流经凝胶颗粒之间的间隙和全部凝胶颗粒的孔隙之后，才从柱的下端流出；介于大小分子中间的组分，只能进入一部分颗粒内较大的孔隙。淋洗时此组分是流过凝胶颗粒之间的间隙和它能进入的颗粒内孔隙，才能流出色谱柱。

可见，在这一色谱过程，大分子的流程短，移动速度快，先流出色谱柱；小分子的流程长，移动速度慢，后流出色谱柱；而中等分子居两者之间，这种现象叫分子筛效应。利用分子筛效应，可使分子大小不一样的混合组分实现分离。

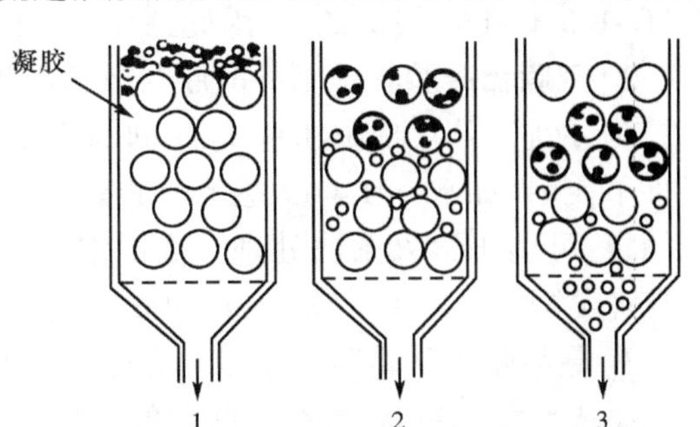

图10-4　分子排阻色谱分离示意图

2. 渗透系数 K　溶胶孔穴内外同等大小的溶质分子处于扩散平衡状态。

$$X_m \rightleftharpoons X_s$$

上式说明某种体积的分子 X,在流动相(m)与凝胶(s)孔穴中,处于扩散平衡,平衡时两者浓度之比为渗透系数 K 有:

$$K=\frac{[X_s]}{[X_m]} \tag{10-5}$$

渗透系数 K 由溶质分子的体积大小与孔穴的孔径大小的相对关系决定,与流动相的种类无关。

渗透系数 K 与保留体积的关系:

$$V_R=V_o+KV_s \text{ 或 } V_t=V_o+KV_s \tag{10-6}$$

式中:V_o 为死体积,相当于凝胶的粒间体积;V_s 为色谱柱中凝胶孔穴的总体积;V_t 为淋洗体积。

(1) 当分子大到不能进入所有凝胶的孔穴时,$[X_s]=0$,则 $K=0$。此时,$V_R=V_o$,即保留体积等于色谱柱中凝胶粒间空隙的体积(死体积),组分未被保留。

(2) 当分子小到能进入凝胶的所有孔穴时,$[X_s]=[X_m]$,$K=1$,此时,$V_R=V_o+V_s$,保留体积最大。

(3) 当分子体积介于上述两种分子之间时,保留体积在 $V_o \sim V_o+V_s$ 之间。即当 $0<K<1$,则 $V_o<V_R<(V_o+V_s)$。

由上述三种情况可以看出,保留体积与分子大小有关。对于同一系列的高分子化合物,其分子体积与相对分子质量成正比,因此可用于测定高分子化合物的相对分子质量的分布。

二、凝胶的分类

常用的凝胶有葡聚糖凝胶和聚丙烯酰胺凝胶。商品凝胶是干燥的颗粒状物质,只有吸收大量溶剂溶胀后方称为凝胶。吸水量大于 7.5g/g 的凝胶,称为软胶,吸水量小于 7.5g/g 的凝胶,称为硬胶。凝胶主要有以下几种:

1. 葡聚糖凝胶 G 葡聚糖凝胶是由葡聚糖和交联剂甘油通过醚桥相互交联而形成的多孔性网状结构,外形呈球形,颗粒状。商品名为 Sephndex,不同规格型号的葡聚糖用英文字母 G 表示,G 后面的阿拉伯数为凝胶吸水量的 10 倍。例如,G-25 为每克凝胶膨胀时吸水 2.5g,同样G-200 克每克凝胶吸水 20 克。葡聚糖凝胶的种类有G-10、G-15、G-25、G-50、G-75、G-100、G-150 和G-200。因此,“G”反映了凝胶的交联程度、膨胀程度及分部范围。

2. 琼脂糖凝胶 琼脂糖凝胶为乳糖的聚集体,依靠糖链之间的次级链如氢键来维持网状结构,网状结构的疏密依靠琼脂糖的浓度。一般情况下,它的结构是稳定的,可以在许多条件下使用(如水,pH 4~9 范围内的盐溶液)。琼脂糖凝胶在 40℃以上开始融化,也不能高压消毒,可用化学灭菌法处理。商品名很多,常见的有:Sepharvose(瑞典,Pharmacia)、Bio-Gel-A(美国 Bio-Rad)、Sagavc(英国)和 Gelarose(丹麦)等。

3. 聚丙烯酰胺凝胶 是以丙烯酰胺为单位,由甲叉双丙烯酰胺交联而成,经干燥粉碎或加工成形制成粒状,控制交联剂的用量可制成各种型号的凝胶。交联剂越多,孔隙越小。聚丙烯酰胺凝胶的商品为生物胶-P(Bio-Gel P),型号很多,从 P-2 至 P-300 共 10 种,P 后面的数字再乘 1000 就相当于该凝胶的排阻限度。

4. 聚苯乙烯凝胶　由苯乙烯和二乙烯苯聚合而成,有大网孔结构,凝胶机械强度好,洗脱剂可用甲基亚砜。用于分离相对分子质量 1600 到 40 000 000 的生物大分子,适用于有机多聚物分子量测定和脂溶性天然产物的分级。聚苯乙烯凝胶的商品名为 Styrogel。

5. 羟丙基葡聚糖凝胶 LH-20　在葡聚糖凝胶G-25 分子中引入羟丙基以代替羟基的氢,成醚键结合状态:R—OH →R—O—CH_2—CH_2—CH_2—OH,因而具有了一定程度的亲脂性,在许多有机溶剂中也能溶胀。适用于分离亲脂性的物质,如黄酮、蒽醌、色素等。

6. 无机凝胶　有多孔性硅胶和多孔性玻璃。无机凝胶不会溶胀或收缩,适合所有溶剂,且其孔径精确,机械性能好,选择性高。但因其吸附性较强,不适合极性大的组分分离。

三、操作方法及应用

1. 凝胶的选择　凝胶应具备以下基本要求:①化学性质惰性,不与溶剂和溶质发生反应,可重复使用而不改变其色谱性质;②不带电荷,以防止发生离子交换作用;③颗粒大小均匀;④机械强度尽可能高。

除以上基本要求外,可根据分离对象和分离要求选择适当型号的凝胶。

(1) 组别分离:从小分子物质(K=1)中分离大分子物质(K=0)或从大分子物质中分离小分子物质,即对于分配系数有显著差别的分离叫组别分离。如制备分离中的脱盐,大多采用硬胶(G-75 型以下的凝胶,如葡聚糖凝胶G-25、G-50),既容易操作,又可得到满意的流速;对于小肽和低相对分子质量物质(1000~5000)的脱盐可采用葡聚糖凝胶G-10、G-25 及聚丙烯酰胺凝胶 P-2 和 P-4。

(2) 分级分离:当被分离物质之间分子量比较接近时,根据其分配系数的分布和凝胶的工作范围,把某一分子量范围内的组分分离开来,这种分离称之为分级分离,常用于分子量的测定。分级分离的分辨率比组别分离高,但流出曲线之间容易重叠。例如,将纤维素部分水解,然后用葡聚糖凝胶G-25 可以分离出 1~6 个葡萄糖单位纤维糊精的低聚糖,它们的相对分子质量范围从 180~990,在葡聚糖G-25 的工作范围(100~5000)之内。

在选用凝胶型号时,如果几种型号都可使用,就应根据具体情况来考虑。例如要从大分子蛋白质中除去氨基酸,各种型号的葡聚糖凝胶均可使用,但最好选用交联度大的G-25 或G-50,因为这样易于装柱且流速快,可缩短分离时间。如果想把氨基酸收集于一较小体积内,并与大分子蛋白质完全分离,最好选用交联度小的凝胶,如G-10、G-15,这样可以避免由于吸附作用而使氨基酸扩散。由此可见,从大分子物质中除去小分子物质时,在适宜的型号范围内选用交联度大的型号为好;反之,如果欲使小分子物质浓缩并与大分子物质分离,则在适宜型号范围内,以选用交联度较小的型号为好。

2. 装柱　将所需的干凝胶浸入相当于其吸水量 10 倍的溶剂中,缓慢搅拌使其分散在溶液中,防止结块。但不能用机械搅拌器,避免颗粒破碎。溶胀时间依交联度而定,交联度小的吸水量大,需要时间长,也可加热溶胀。所制备的凝胶匀浆不宜过稀,否则装柱时易造成大颗粒下沉,小颗粒上浮,致使填充不均匀。

在分子排阻色谱中,影响分离度最重要的是柱长、颗粒直径及填充的均匀性。虽然理论上认为用足够长的柱可以获得不同程度的分离度,如柱长加倍,分离度增加约 40%,但流速至少降低50%,因此实际应用中柱长一般不超过100cm。当分离 K 值较接近的组分时,为提高效率,可采用多柱串联的方法。

为防止产生气泡,装柱完毕后用洗脱剂以2~3倍总体积使柱平衡。填充柱的均匀性,可以0.2%蓝色葡聚糖(相对分子质量2000,溶于同一洗脱剂中)溶液经过柱床,观察其在柱内移动情况来判断其均匀程度。

分子排阻色谱的上样量可比其他色谱形式大些,如果是组别分离,上样量可以是柱床体积的25%~30%;如果分离 K 值相近的物质,上样量为柱床体积的2%~5%。柱床体积指每克干凝胶溶胀后在柱中自由沉积所占有的柱内容积。

3. 洗脱 在分子排阻色谱中,样品的分离并不依赖于洗脱剂和样品间的相互作用力。一般要求洗脱剂应与浸泡溶胀凝胶所用的溶剂相同,否则,凝胶体积会发生变化,从而影响分离效果。除非含有较强吸附的溶质,一般洗脱剂用量仅需一个柱体积。完全不带电荷的物质可用纯溶剂如蒸馏水洗脱;若分离物质有带电基团,则需要用具有一定离子强度的洗脱剂如缓冲溶液等,浓度至少0.02mol/L。

对吸附较强的组分也可使用水与有机溶剂的混合液,如水-甲醇、水-乙醇、水-丙酮等,以降低吸附。洗脱液可用人工或自动收集器按一定体积分段收集,然后用适当的方法分析组分流出和分离情况。

4. 应用 空间排阻色谱法由于能解决了一般方法不易分离的问题,而得到了广泛的应用。主要用于脱盐、浓缩、混合物的分离和纯化、缓冲液的转换及分子量的测定。还应用于放射免疫测定、细胞学研究、蛋白质和酶的研究等。它不仅在分离大分子物质方面卓有成效,而且在分离小分子物质方面也取得了进展。

第5节 薄层色谱法

薄层色谱法(thin layer chromatography,TLC)是一种微量、快速、简便的分离分析方法。按分离机理可分为吸附、分配、离子交换、空间排阻色谱等;按薄层板的分离效率不同,又可分为经典薄层色谱法(TLC)及高效薄层色谱法(high performance thin layer chromatography,HPTLC)两类。本节主要讨论应用最为广泛的吸附薄层色谱法。

薄层色谱有下列一些特点:①展开时间短,一般只需十几分钟到几十分钟即可获得结果。②分离能力较强,一次展开可分离多个组分。③灵敏度高,通常使用的样品量为几至几十微克。④显色方便,可直接喷洒腐蚀性的显色剂(如硫酸乙醇溶液)进行显色,因而检测成分的种类广泛。⑤所用仪器简单,操作方便。⑥既能分离大量样品,也能分离微量样品。

一、基本原理

1. 分离过程 薄层色谱法的分离原理与柱色谱法相同,主要包括吸附、分配、离子交换和空间排阻等。因此有人称其为“敞开的柱色谱”。下面以吸附薄层色谱为例,简述其色谱过程。

在吸附薄层色谱法中,固定相是吸附剂,常用的有硅胶、氧化铝等。将吸附剂均匀地涂铺在具有光滑表面的玻璃、塑料或金属箔表面上形成一薄层,称为薄层板。然后将试样溶液点在薄层板的一端,在密闭的容器中用适当的溶剂——流动相(称展开剂 developer)展开。此时混合组分不断地被吸附剂吸附,又被展开剂所溶解而解吸附,且随之向前移动。由于吸附剂对各组分具有不同的吸附能力,展开剂对各组分的溶解、解吸附能力也不相同,即各组分的在同一色谱系统中的吸附平衡常数不同,因此,在不断地展开过程中,各组分在两相间发生连续不断地吸附、解吸附,从而产生迁移速度的差异,实现分离。通过喷洒显色剂或在一定波长的紫外光下观察,可以看到移动距离不等的斑点(或色带),根据斑点的位置和大小可对组分进行定性和定量分析。

2. 比移值 在薄层色谱法中,常用比移值 R_f 来表示各组分在色谱中的位置。其定义为:原点至斑点中心的距离与原点至溶剂前沿的距离之比。如图 10-5 所示,试样经展开后为 A、B 两组分,其各自 R_f 值分别为:

$$R_{f(\mathrm{A})}=\frac{a}{c} \quad R_{f(\mathrm{B})}=\frac{b}{c} \tag{10-7}$$

式(9-16)中,保留因子 R' 即相当于薄层色谱中 R_f,故 $R_f=\frac{1}{1+K\cdot\frac{V_\mathrm{s}}{V_\mathrm{m}}}=\frac{1}{1+k}$。当色谱条件一定时,组分的 R_f 是一常数,其值在 0~1 之间。当 R_f 值为 0 时,表示组分在薄层板上不随展开剂的移动而移动,仍停留在原点位置;R_f 值为 1 时,表示组分不被固定相所吸附,即组分随展开剂同步移动至溶剂前沿。这两种极端情况都不可能使混合物实现分离,一般要求组分的 R_f 值在 0. 2~0. 8 之间。

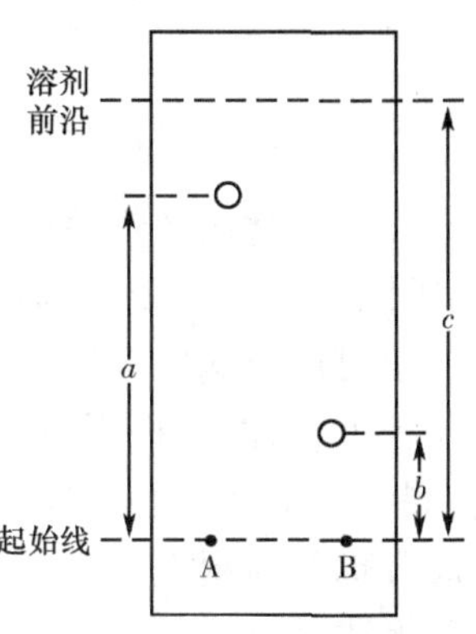

图 10-5 测定 R_f 值示意图

3. 相对比移值(R_{st}) 在薄层色谱中,由于影响 R_f 值的因素很多,R_f 值的重复性很差。采用相对比移值(R_{st})来代替 R_f 值,则可以消除这些因素的影响,使定性结果更为可靠。相对比移值(R_{st})是指试样中某组分的移动距离与参考物移动距离之比,其关系式为:

$$R_{st}=\frac{\text{原点到样品组分斑点中心的距离}}{\text{原点到对照品斑点中心的距离}} \tag{10-8}$$

参考物可以是另外加入的某一物质的纯品,也可以是试样混合物中的某一组分。R_{st} 值与 R_f 值的取值范围不同,R_f 值小于 1,而 R_{st} 值不一定小于 1。

二、固 定 相

柱色谱中常用的吸附剂在薄层色谱中也能应用,如硅胶、氧化铝、硅藻土或聚酰胺等,其中最常用的是硅胶、氧化铝,它们的吸附性能好,适用于多种化合物的分离。但是薄层用硅胶、氧化铝的粒度比柱层析用的更小,粒度一般为 200~300 目。

选择吸附剂时主要根据样品的性质如极性、酸碱性及溶解度进行选择。氧化铝一般适用于碱性物质和中性物质的分离;而硅胶则微带酸性,适用于酸性及中性物质的分离。

1. 硅胶 硅胶 H 为不含黏合剂的硅胶,涂布时需加羧甲基纤维素钠(CMC-Na)水溶液作黏合剂。硅胶 G 是硅胶和煅石膏混合而成,涂布时可直接加水研匀,亦可另加羧甲基纤维素钠（CMC-Na）水溶液研匀。硅胶 HF_{254nm} 为不含黏合剂但含有一种无机荧光剂的硅胶，如锰激活的硅酸锌（$Zn_2SiO_4 \cdot Mn$），在 254nm 波长紫外光下呈强烈黄绿色荧光背景。此外尚有硅胶 GF_{254} 及硅胶 $HF_{254+366nm}$ 等。

2. 氧化铝 色谱用氧化铝和硅胶类似，有氧化铝 H、氧化铝 G 和氧化铝 HF_{254} 等。按制造方法的不同，氧化铝又可分为碱性氧化铝、酸性氧化铝和中性氧化铝。

碱性氧化铝制成的薄层板适用于分离碳氢化合物、碱性物质（如生物碱）和对碱性溶液比较稳定的中性物质；酸性氧化铝适合酸性成分的分离。中性氧化铝适用于醛、酮以及对酸、碱不稳定的酯和内酯等化合物的分离。

三、展　开　剂

在吸附薄层色谱法中，展开剂选择的一般原则与吸附柱色谱法中选择流动相的原则相同，见图 10-3。主要根据被分离物质的极性、吸附剂的活性以及展开剂本身的极性来选择。

也可用点滴实验法选择展开剂，如图 10-6 所示。将要被分离的物质的溶液间隔地点在薄层板上，待溶剂挥干后，用吸满不同展开剂的毛细管点到不同样品点的中心。借毛细作用，展开溶剂从圆心向外扩展，这样就出现了不同的圆心色谱，经过比较就可以找到最合适的展开剂及吸附剂。

上述仅为一般原则，具体应用时尚须灵活掌握，往往需要通过实验以寻求最适宜的条件。实验中，一般先选择单一溶剂展开，对难分离组分，则需使用二元、三元甚至多元的溶剂系统。

如某一物质在用甲苯作展开剂展开时，移动距离太小，甚至留在原点，说明展开剂的极性太小，此时可以加入一定量的丙酮、正丙醇、乙醇等极性大的溶剂。再视分离的效果适当改变溶剂的配比，如甲苯-丙酮由 8∶2 调至 7∶3 或 6∶4 等。若待测物质的色谱斑点跑到溶剂前沿，则考虑降低展开剂的极性。

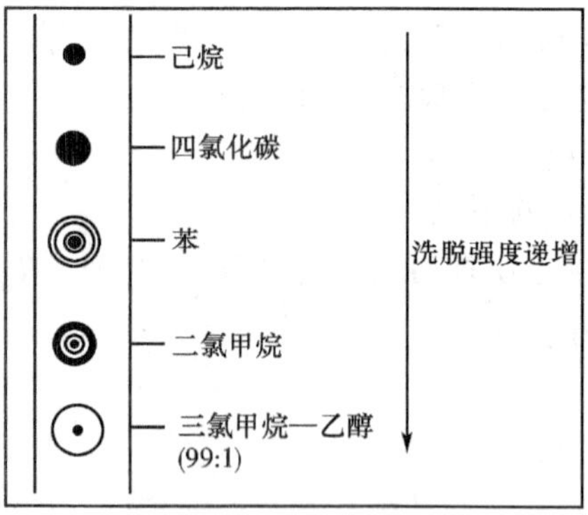

己烷
四氯化碳
苯
二氯甲烷
三氯甲烷—乙醇 (99:1)
洗脱强度递增

图 10-6　点滴试验法

在应用薄层分离分析时，还应考虑展开剂与吸附剂的酸碱性：①对普通酸性组分，特别是离解度较大的弱酸性组分应在展开剂中加入一定比例的酸，可防止斑点拖尾现象；②在分离碱性物质如某些生物碱时，多数情况是选用氧化铝为吸附剂，选用中性溶剂为展开剂。若采用硅胶为吸附剂，则选用碱性展开剂为宜；但对某些碱性较弱的生物碱可使用中性展开剂，常在展开剂中加入的酸性物质有甲酸、乙酸、磷酸和草酸等。常加入的碱性物质多为二乙胺、氨水和吡啶等。

四、操　作　方　法

1. 薄层（硬）板的制备 薄层的厚度及均匀性，对样品的分离效果和 R_f 值的重复性影响极大。以硅胶、氧化铝为固定相制备的薄板，一般厚度以 0.25mm 为宜，若要分离制备少量的纯物质时，薄层厚度应稍大些，常用的为 0.5～0.75mm，甚至 1～2mm。

（1）载板的准备：多用玻璃板作为载板，也可用塑料膜和金属铝箔，要求表面光滑，平整清洁，以便吸附剂能均匀地涂铺于上。常用规格有 10cm×10cm、20cm×10cm、20cm×20cm 等。

（2）薄层（硬）板的铺制

1）手工涂铺法：取一定量的吸附剂放入研钵中，加入3倍量的含有0.3%～0.7%羧甲基纤维素钠（CMC-Na）的水溶液，朝同一方向研磨成稀糊状，立即倾入玻璃板上，用玻璃棒涂布成一均匀薄层，再稍加振动，使整板薄层均匀，表面平坦。铺好的薄板置水平台上晾干，再在烘箱中于105℃活化30min以上，取出，置干燥器中保存备用。

该法操作简单，但板面的一致性差，厚度无法控制。只适用于定性和分离制备。

2）机械涂铺法：用涂铺器（如图10-7）制板，操作简单，得到的薄板厚度均匀一致，适合于定量分析。由于涂铺器的种类较多、型号各不相同，使用时应按仪器的说明书操作。

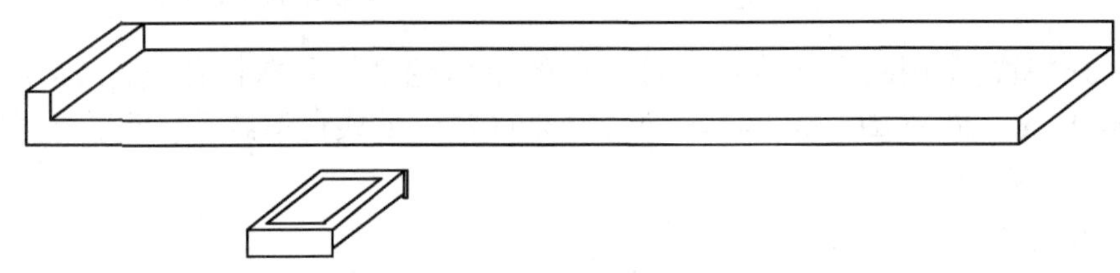

图10-7　薄层板涂铺器

3）烧结玻璃板法：用玻璃粉和不同比例的硅胶或氧化铝混合涂铺于玻璃板上，在适当温度下烧结而成。由于它不含杂质，耐热和机械性能稳定，所以重复性好，便于携带和保存。这种薄层板可多次使用，但不可用硝酸银显色。

2. 点样　溶解样品的溶剂、点样量和正确的点样方法对获得一个好的色谱分离非常重要。溶解样品的溶剂一般用甲醇、乙醇、丙酮、三氯甲烷等挥发性的有机溶剂，最好用与展开剂极性相似的溶剂，应尽量使点样后溶剂能迅速挥发，以减少点样斑点的扩散。水溶性样品，可先用少量水使其溶解，再用甲醇或乙醇稀释定容。

适当的点样量，可使斑点集中。点样量过大，斑点易拖尾或扩散；点样量过少，斑点不易被检出。点样量多少，应视薄层的性能及显色剂的灵敏度而定，此外还应考虑薄层的厚度。若进行定性定量分析，一般是几到几十微克，体积1～10μl。若进行制备分离，点样量可达1mg以上，体积10～200μl。

点样量器可用不同体积的定量毛细管、微量注射器或自动点样器。

当点样量器吸取样品后，轻轻接触于薄层的起始线（一般距薄层板底端1cm以上，先用铅笔做好标记）上，点成圆形，每次点样后，原点扩散的直径以不超过2～3mm为宜，若样品浓度较稀，可反复多点几次，点样时可借助红外线、电加热板或电吹风使溶剂迅速挥发。多个样品点在同一薄层板的起始线上时，其点间距应在1cm以上，见图10-8。点样操作要迅速，避免薄层板暴露在空气中时间过长而吸水降低活性。如用于制备，可采用带状点样法。

3. 展开　将点好样的薄层板浸入展开剂中，展开剂借薄层板上固定相的毛细作用携带样品组分在薄层板上迁移一定距离的过程称为展开，见图10-9。

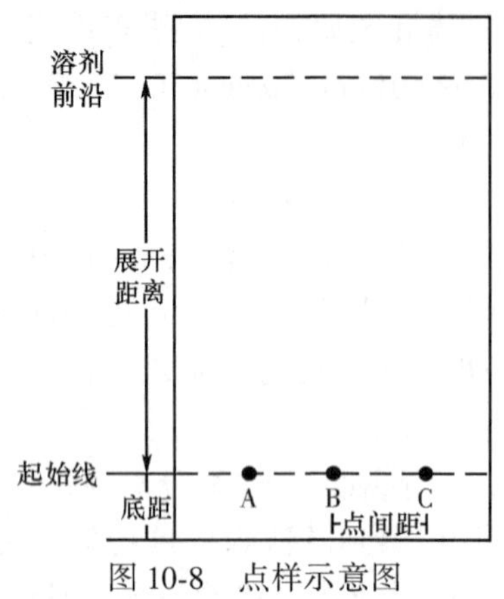

图 10-8 点样示意图

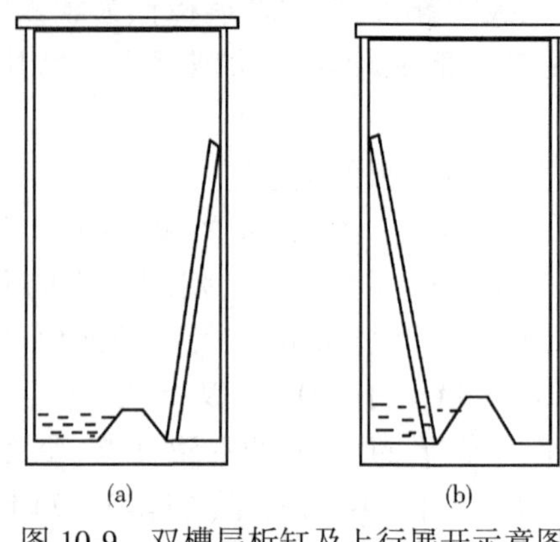

图 10-9 双槽层析缸及上行展开示意图
（a）饱和；（b）展开

（1）展开装置：常用的展开装置有直立型的单槽色谱缸和双槽色谱缸（常用其规格有10cm×10cm、10cm×20cm、20cm×20cm 等）、圆形色谱缸、卧式色谱缸等。可根据实际需要来选择不同的展开装置。

（2）展开方式

1）近水平展开：在卧式色谱缸内进行。将点好样的薄层板下端浸入展开剂约 0.5cm（注意：样品原点绝不能浸入到展开剂中），把薄层板上端垫高，使薄层板与水平角度约为15°～30°。展开剂借助毛细作用自下而上进行展开，该方式展开速度快，见图 10-10。

2）上行展开：将点好样的薄层板放入已盛有展开剂的直立型色谱缸中，斜靠于色谱缸的一边，展开剂沿薄层下端借毛细作用缓慢上升。待展开距离适当时，取出薄层板，做好前沿标记，挥干溶剂，检视。该方式为薄层色谱中最常用。

3）单向多次展开：取经展开一次后的薄层板让溶剂挥干，再用同一种展开剂，按同样的展开方向进行的第二次、第三次……展开，以达到更好的分离效果。

4）单向多级展开：取经展开一次后的薄层板让溶剂挥干，再改用另一种展开剂，按同样的展开方向进行第二次，依此类推进行的多次展开，以达到更好的分离效果。

5）双向展开：第一次展开后，取出，挥去溶剂，将薄层板旋转 90°角后，再改用另一种展开剂展开，见图 10-11。

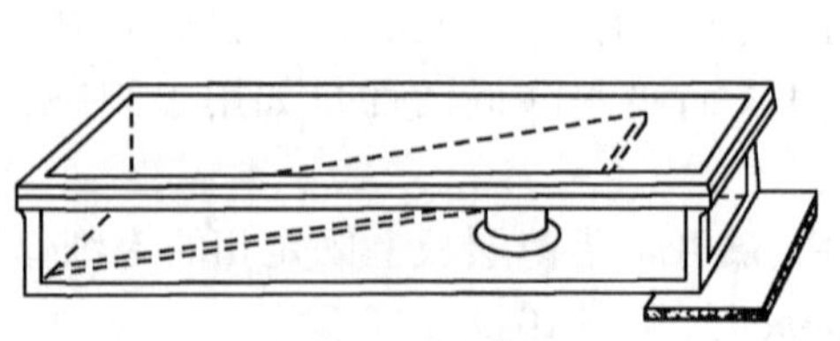

图 10-10 卧式色谱缸

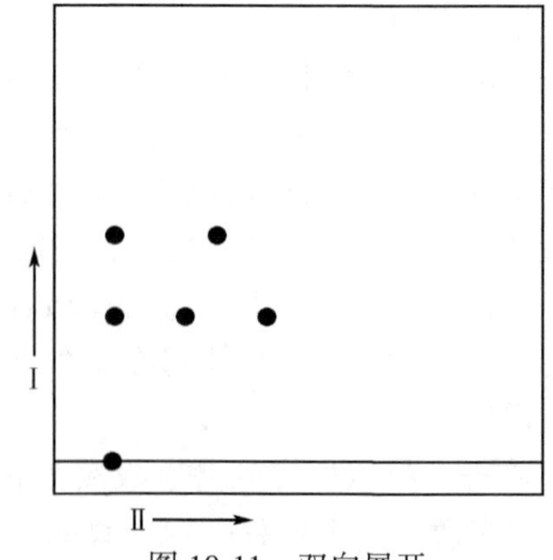

图 10-11 双向展开

除此之外,尚有径向展开(薄层板为圆形)等展开方式。还有自动多次展开仪,可进行程序化多次展开。

(3)注意事项

1)色谱缸必须密闭良好。为使色谱缸内展开剂蒸气饱和并保持不变,应检查色谱缸口与盖的边缘磨砂处是否密闭。否则,应涂抹甘油淀粉糊(展开剂为脂溶性时)或凡士林(展开剂为水溶性时)使其密闭。

2)防止边缘效应。边缘效应是指同一物质的色谱斑点在同一薄层板上出现的两边缘部分的R_f值大于中间部分的R_f值的现象。产生该现象的主要原因是由于色谱缸内溶剂蒸汽未达饱和,造成展开剂的蒸发速率在薄层板两边与中间部分不等。展开剂中极性较弱和沸点较低的溶剂在边缘挥发的快些,致使边缘部分的展开剂中极性溶剂比例增大,故R_f值相对变大。因此在展开之前,通常将点好样的薄层板置于盛有展开剂的色谱缸内(此时薄层板不浸入展开剂中)放置一定的时间,这个过程叫做预饱和,见图10-9(a)。为了缩短饱和时间,常在色谱缸内的内壁贴上浸有展开剂的滤纸,以加快展开剂蒸汽在色谱缸内迅速达到饱和。待色谱缸的内部空间及放入其中的薄层板被展开剂蒸汽完全饱和后,再将薄层板浸入展开剂中展开。

3)在展开过程中注意恒温恒湿。温度和湿度的改变都会影响R_f值和分离效果,降低重现性。尤其对活化后的硅胶、氧化铝板,更应注意空气的湿度,尽可能避免与空气多接触,以免降低吸附活性而影响分离效果。

4. 检视　展开完毕后,对有色物质的色谱斑点定位,可直接在日光下观察。而对于无色物质的斑点定位,则采用物理检出法或化学检出法。

(1)物理检出法:属非破坏性检出法。应用最广的是在紫外灯下观察薄层板上有无荧光斑点或暗斑(荧光猝灭斑点)。常用波长有254nm和365nm,可根据待测成分的光谱性质选择使用。

(2)化学检出法:化学检出法是利用化学试剂(显色剂)与待测物质反应,使色谱斑点产生颜色而定位。显色剂可分为通用型显色剂和专属型显色剂两种。

通用型显色剂有碘、硫酸乙醇溶液等。碘对许多有机化合物都可显色,如生物碱、氨基酸、肽类、脂类、皂苷等,其最大特点是显色反应往往是可逆的,在空气中放置时,碘可升华挥去,组分回复原来状态,便于进一步处理。10%的硫酸乙醇溶液可使大多数无色化合物显色,形成有色斑点,如红色、棕色、紫色等,还可在紫外灯下观察不同颜色的荧光。

专属型显色剂是对某个或某一类化合物显色的试剂。如三氯化铁的高氯酸溶液可显色吲哚类生物碱;茚三酮则是氨基酸和脂肪族伯胺的专用显色剂;0.05%荧光黄的甲醇溶液是芳香族与杂环化合物的专用显色剂;溴甲酚绿可使羧酸类物质显色等。

五、定 性 分 析

斑点定位后,测出斑点的R_f值,与同块板上的对照品斑点的R_f值对比,R_f值一致,即可初步定性该斑点与对照品为同一物质。然后更换几种不同的展开剂,如R_f值仍然一致,则可得到较为肯定的定性结论。这种方法适用于已知范围的未知物的定性。

为了可靠起见,对未知物的定性,应将分离后的各组分斑点或区带取下,洗脱后再用其他方法如紫外、红外光谱法进行进一步定性。

六、定量分析

(一) 洗脱法

洗脱法定量分析,是在薄层板的起始线上,定量地点上样品溶液,并在薄层板的两边点对照品作为定位标记,展开后,只显色薄层板两边的对照品。定位后,将薄层板上待测物质的色谱斑点定量地取下,再以适当的溶剂洗脱,用化学或仪器分析方法如重量法、分光光度法、荧光法等进行定量。在用洗脱法定量时,注意同时收集、洗脱空白薄层作对照。

(二) 薄层扫描法(TLCS)

薄层扫描法又称原位定量薄层扫描法(in situ quantitative thin layer chromatography, QTLC)。本法是将一定波长的单色光垂直照射展开后的薄层板,测定薄层色谱斑点的吸收度随展开距离的变化,所得关系曲线下的面积与色谱斑点中待测物质的浓度或量成正比,这种定量分析方法称为薄层扫描法。本节只讨论薄层吸收扫描法。

1. 基本原理 由于薄层板上的固定相,是由具有一定粒度直径的物质外加适量的黏合剂构成。不可避免地存在对光的散射现象,即色谱斑点中的待测物质并非处于均相介质之中。因此色谱斑点中待测物质的吸收度与浓度的关系不符合比尔定律。

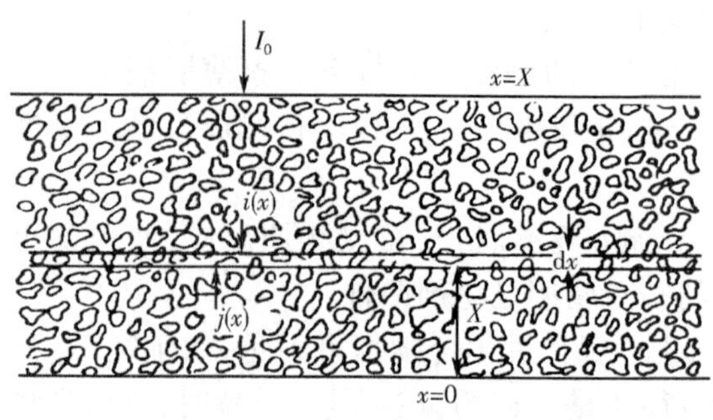

图 10-12 散射性薄层截面示意图

I_0. 照射强度;$i_{(x)}$. x 处的透射光强;$j_{(x)}$. x 处的反射光强;x. 固定相层厚

Kubelka-Munk 理论充分阐明了薄层色谱斑点中待测物质的吸收度与浓度的定量关系。

设薄层板上固定相的厚度为 X,入射光的强度为 I_0,当透过厚度 x 的固定相后,照射在微分薄层厚度 dx 上的入射光强与反射光强分别为 i 和 j 时,见图 10-12。其入射光强的增量与反射光强的增量分别符合下面两个微分方程:

$$-\frac{d_i}{d_x}=-(S+K)i+Sj \quad (10\text{-}9)$$

$$\frac{d_j}{d_x}=-(S+K)j+Si \quad (10\text{-}10)$$

式中:S 为薄层固定相单位厚度的散射系数;K 为薄层固定相单位厚度的吸光系数,K 值与薄层色谱斑点中待测物质的浓度成正比,它与分光光度法中物质的吸光系数不同。K 虽称为"吸光系数",仅因"单位厚度"而得名。

将式(10-9)与式(10-10)联立求解,可得透过 x 薄层厚度固定相后的透过光强 i 及反射光强 j 与色谱斑点中物质的浓度或量之间的关系(体现在参数 a 及 b 中的 K)。

$$i=A\sinh(bSx)+B\cosh(bSx) \quad (10\text{-}11)$$

$$j=(aA-bB)\sinh(bSx)+(aB-bA)\cosh(bSx) \quad (10\text{-}12)$$

式中：$a=\frac{S+K}{S}=\frac{SX+KX}{SX}$；$b=\sqrt{a^2-1}$；$A$ 和 B 均为常数。

在薄层扫描时，我们通常只考虑薄层板的上表面（$x=X$）反射光的强度 j 及薄层板的下表面（$x=0$）透过光的强度 i 与色谱斑点中的待测物质的浓度或量的关系。因此应用以下边界条件，再经适当的数学推导，可得以下几个重要公式。

（1）薄层色谱斑点的反射率 R：在薄层板的上表面，即 $x=X$ 处，$i=I_0$，$j=I_0R$。则

$$R=\frac{j}{I_0}=\frac{\sinh(bSX)}{a\sinh(bSX)+b\cosh(bSX)} \tag{10-13}$$

式中：SX 为薄层板的散射参数，它与固定相的种类、粒度及涂布均匀程度有关，其值的大小直接影响到偏离比尔定律的程度。KX 为吸收参数，相当于薄层色谱斑点单位面积中待测物质的量（$\mu g/cm^2$）。

当 SX 一定时，如 Merck 厂生产的硅胶板 $SX=3$，氧化铝板 $SX=7$，R 与色谱斑点中待测物质的量（KX）符合上式。

（2）薄层色谱斑点的透光率 T：在薄层板的下表面，即 $x=0$ 处，$i=I_0T$，$j=0$。则

$$T=\frac{i}{I_0}=\frac{b}{a\sinh(bSX)+b\cosh(bSX)} \tag{10-14}$$

同理，当 SX 一定时，T 与色谱斑点中待测物质的量（KX）符合上式。

（3）薄层色谱斑点的吸光度 A：理想的空白薄层板的单位薄层厚度的吸光系数 $K=0$。事实上，一般空白板 $K\neq0$。为了消除此影响，通常在薄层扫描中都是以空白板为基准，测定相对透光率及相对反射率来计算薄层色谱斑点的吸光度。

在透射法中薄层色谱斑点的吸光度为：

$$A=-\lg\frac{T}{T_0} \tag{10-15}$$

式中：T 与 T_0 分别为斑点及空白板的透射率。见图 10-13。

在反射法中薄层色谱斑点的吸光度为：

$$A=-\lg\frac{R}{R_0} \tag{10-16}$$

式中：R 与 R_0 分别为斑点及空白板的反射率。见图 10-14。

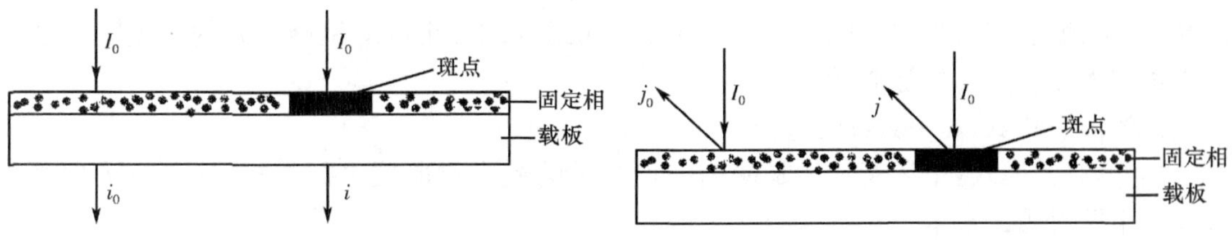

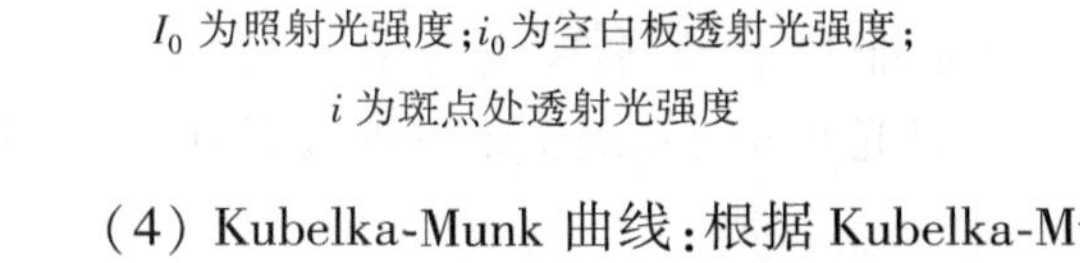

图 10-13　透射法示意图

I_0 为照射光强度；i_0 为空白板透射光强度；i 为斑点处透射光强度

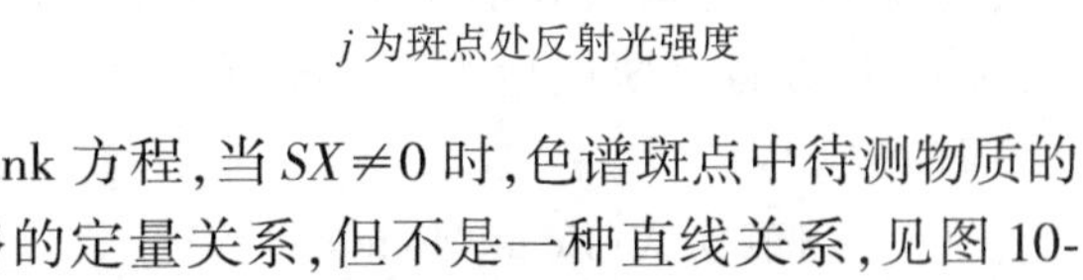

图 10-14　反射法示意图

I_0 为照射光强度；j_0 为空白板反射光强度；j 为斑点处反射光强度

（4）Kubelka-Munk 曲线：根据 Kubelka-Munk 方程，当 $SX\neq0$ 时，色谱斑点中待测物质的吸光度 A 与其浓度或量（KX）虽仍然存在严格的定量关系，但不是一种直线关系，见图 10-15、图 10-16。显然这给定量分析带来不便。为方便定量，必须对其曲线进行校直。

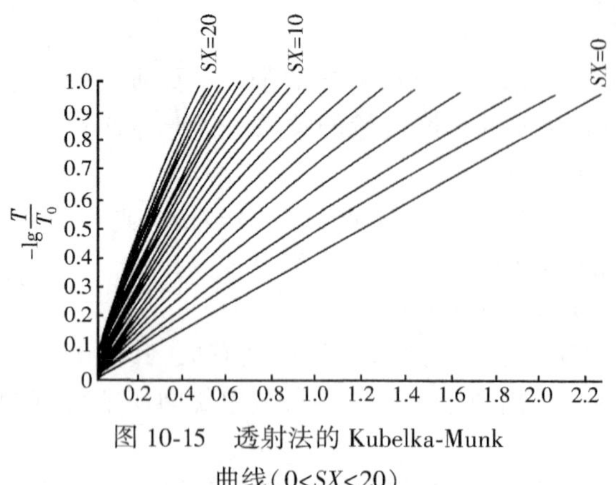

图 10-15 透射法的 Kubelka-Munk 曲线(0<SX<20)

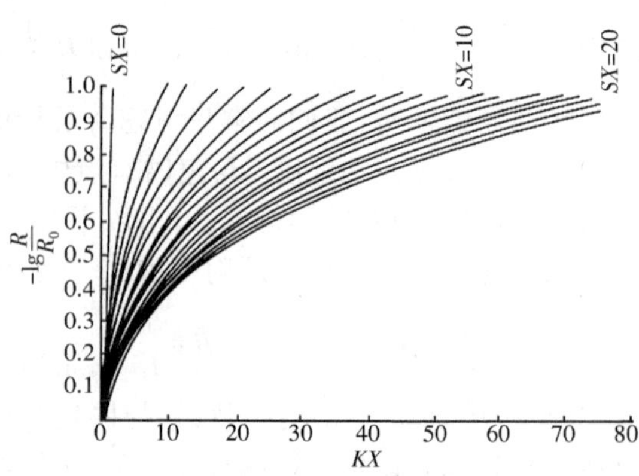

图 10-16 反射法的 Kubelka-Munk 曲线(0<SX<20)

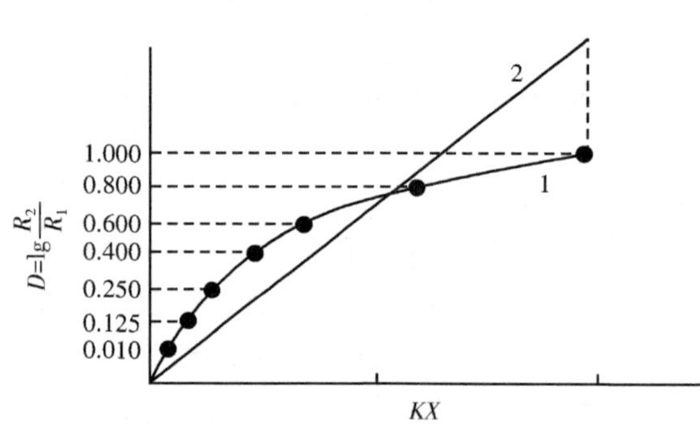

图 10-17 线性校正

1. 校正前的标准曲线;2. 校正后的标准曲线

(5) Kubelka-Munk 曲线的校直:日本岛津 CS 系列的薄层色谱扫描仪均有线性补偿器(line-arizer),其工作原理即根据 Kubelka-Munk 方程式用电路系统将弯曲的曲线校正为直线后用于定量,见图 10-17。

瑞士 CAMAG 公司 SCANNER 系列的薄层色谱扫描仪,则采用计算机进行线性回归或非线性回归,求出回归方程,然后进行定量分析。

2. 扫描条件的选择

(1) 光学模式(Photo Mode)的选择

1) 反射法:光源与光电检测器安装在薄层板的同侧。光源发出的光经单色器(或滤光片)后成为一定波长的单色光,光束照到薄层斑点上,测量的是反射光的强度。本法适用于不透明薄层板,例如硅胶、氧化铝薄层板。

2) 透射法:光源与光电检测器安装在薄层板的上下两侧。光源发出的光经单色器(或滤光片)后成为一定波长的单色光,光束照到薄层斑点上,测量的是透射光的强度。本法适用于透明的凝胶板和电泳胶片。

(2) 波长模式(λ Mode)的选择

1) 单波长模式:单波长扫描是使用一种波长的光束对薄层进行扫描,又可分为单光束及双光束两种形式。

2) 双波长模式:双波长扫描是采用两种不同波长的光束,先后扫描所要测定的斑点,并记录下此两波长吸光度之差,此法优点就是能显著改善基线的平稳性。具有双波长扫描功能的薄层色谱扫描仪有两种:双波长双光束薄层扫描仪和双波长单光束薄层扫描仪。

(3) 扫描模式(Scan Mode)的选择

1) 直线扫描法:光束以直线轨迹通过色斑,见图 10-18。扫描光束应将整个色斑包括在内。测得的是光束在各个部分的吸光度之和。它适用于色斑外形规则的斑点,缺点是光束若从不同方向扫描,测得的吸收值将会不同。

2）锯齿形扫描法：光束呈锯齿状轨迹移动,见图10-18。这种扫描方式特别适用于外形不规则及浓度不均匀的色谱斑点,优点是即使从不同方向进行扫描,亦能获得基本一致的峰面积积分值。

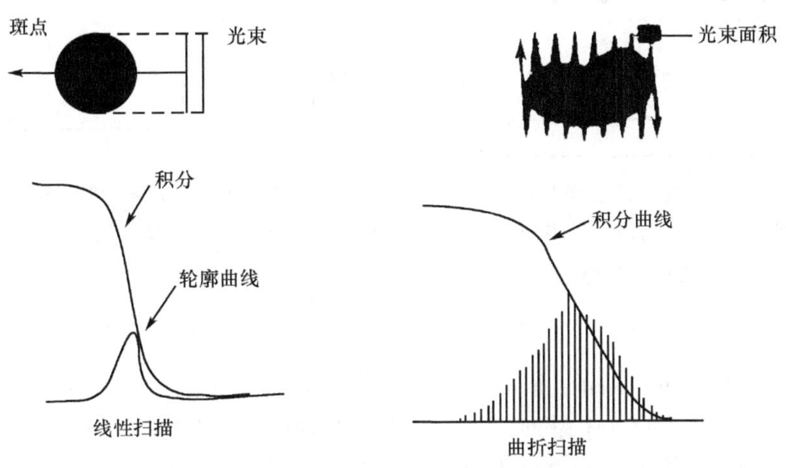

图10-18　直线扫描法和锯齿扫描法示意图

3. 定量分析方法　通常使用的定量分析方法是随行标准、外标两点法。所谓随行标准,即是把样品溶液与对照品溶液点在同一薄层板上,展开,测定。目的是克服板间误差,提高定量分析的准确度。外标两点法则是配制高低两种不同浓度的对照品溶液,分别点在薄层板上,测定峰面积。为了提高测量精度,通常相同体积同一浓度的对照品溶液点2个斑点,相同体积的样品溶液点3～4个斑点,且交叉点样于同一薄层板上,展开,测定。见图10-19。

在点样浓度与色谱峰面积的关系处于直线范围内时,见图10-20,未知浓度的样品溶液的含量可由式(10-17)求得：

$$c_0 = b\bar{A}_0 + a \qquad (10\text{-}17)$$

式中：c_0 与 $\bar{A}_0$ 分别为斑点中样品待测组分的浓度与斑点对应的峰面积平均值；b 为斜率；a 为截距。b 与 a 需要由对照品溶液的点样浓度和对应的峰面积求得,即：

$$b = \frac{c_1 - c_2}{\bar{A}_1 - \bar{A}_2} \qquad (10\text{-}18)$$

$$a = \frac{1}{2}(c_1 + c_2) - \frac{1}{2}b(\bar{A}_1 + \bar{A}_2) \qquad (10\text{-}19)$$

式(10-18)与式(10-19)中的 c_1、c_2 与 $\bar{A}_1$、$\bar{A}_2$ 分别为两种对照品溶液的点样浓度及其对应的斑点峰面积平均值。

除了应用外标两点法进行定量分析外,如标准曲线通过原点也可采用外标一点法。为了减小点样误差,如果能寻找到合适的内标物,也可以采用内标法。

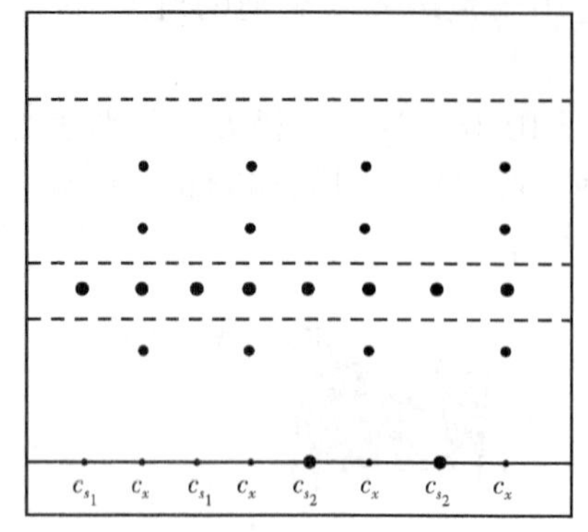

图 10-19　薄层板点样及展开示意图

c_{s_1}、c_{s_2}为不同浓度的对照品溶液，其中 $c_{s_2}>c_{s_1}$；

c_x为一定浓度的供试品溶液

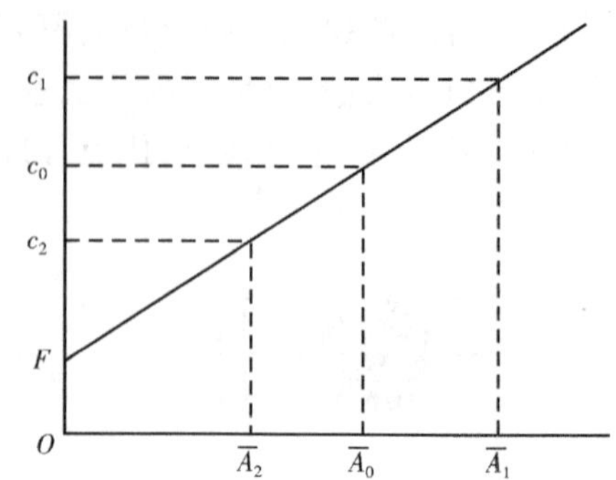

图 10-20　外标两点法工作曲线图

c_1、c_2为高低两种不同浓度的对照品溶液的浓度；c_0为待测物的浓度；$\overline{A}_1$、$\overline{A}_2$ 为高低两种不同浓度的对照品斑点对应的峰面积；$\overline{A}_0$ 为待测物斑点对应的峰面积

4. 薄层色谱扫描仪　目前，世界上生产薄层色谱扫描仪的厂家较多，有中国上海科哲生化技术有限公司生产的 KH 系列、瑞士卡玛（CAMAG）公司生产的 SCANNER 系列、日本岛津生产的 CS 系列、德国迪赛克（DESAGA）公司生产的 CD 系列等。

（1）KH 系列薄层色谱扫描仪：该系列产品有 KH-3000 型全波长薄层色谱扫描仪，其性能与瑞士卡玛公司 SCANNER 系列产品相当。KH-2100 法定型双波长薄层色谱扫描仪，其性能与日本岛津公司 CS-9301 PC 型薄层色谱扫描仪处于同一档次。所谓法定薄层色谱扫描仪是指符合《中国药典》2005 版一部薄层色谱扫描法、《中国药品检验规范》中的《薄层色谱扫描法》、《药品检验仪器检定规程》中的《薄层色谱扫描仪检定规程》的规定，此外，机内还预置了《中国药典》2005 版所有薄层扫描定量方法。该公司还提供了 TD-Ⅱ型全自动铺板机、SP-Ⅱ型薄层色谱电动点样器和 TS-Ⅱ型双喷头超细电动薄层喷雾器等选购设备。

（2）SCANNER 系列薄层色谱扫描仪：该系列产品有 SCANNER Ⅰ、SCANNER Ⅱ及 SCANNER Ⅲ型薄层色谱扫描仪。该公司还提供了铺板器、LINOMAT Ⅳ型半自动点样仪、ATS 4 型自动点样仪、ADC 型全自动展开仪和 AMD 2 型全自动多级展开仪及数码成像系统等选购设备。

（3）CS 系列薄层色谱扫描仪：该系列的主流机型有 CS-930、CS-9000、CS-9301 PC 型薄层色谱扫描仪。

（4）CD 系列薄层色谱扫描仪：该系列的主流机型有 CD60 型薄层色谱扫描仪，选购设备有 A30 自动点样仪、DD50/VD40 薄层色谱成像系统与 SG1/DS20 喷雾系统。

七、特殊薄层色谱法

（一）高效薄层色谱法（HPTLC）

高效薄层色谱法（high performance thin layer chromatography，HPTLC）所用的吸附剂粒度与经典薄层色谱相比，要小很多，从表 10-2 可见，经典薄层色谱用硅胶的颗粒直径为10~

40μm，而高效薄层色谱所用的硅胶为 5μm 或 10μm，颗粒分布范围窄，流动相流速慢，容易达平衡，展开过程中传质阻力较小，斑点较为圆而整齐。因此，高效薄层色谱具有分离效率高、灵敏度高、展开时间短等优点。

表 10-2　TLC 与 HPTLC 的比较

参　数	TLC	HPTLC
板尺寸/cm	20×20	10×10
颗粒直径/μm	50~100	5~20
颗粒分布	宽	窄
点样量/μl	1~5	0.1~0.2
原点直径/mm	3~6	1~1.5
展开后斑点直径/mm	6~15	2~5
有效塔板数	>600	>5000
有效板高/μm	~30	~12
点样数	10	18~36
展开距离/cm	10~15	3~6
展开时间/min	30~200	3~20
最小检测量：吸收/ng	1~5	0.1~0.5
荧光/pg	50~100	5~10

（二）胶束薄层色谱法（MTLC）

以胶束水溶液为流动相的薄层色谱法称为胶束薄层色谱法（micellar thin layer chromatography，MTLC）。该系统具有固定相-流动相-胶束-固定相、三个界面、三个分配系数，因此有较好的选择性。其次是胶束水溶液无毒、便宜、安全。

表面活性剂由于其分子结构的特点，在低浓度的水溶液中，主要是以单个分子或离子的状态存在的。当浓度增加到一定程度时，表面活性剂分子在溶液中形成疏水基向内、亲水基向外的多分子聚集体，称作胶束。胶束又可分为正胶束和负胶束，亲水基向外称为正胶束，反之，疏水基向外则称为负胶束。用水直接配置的胶束分散体系为正胶束分散体系。将表面活性剂先溶入非极性溶剂，而后再用水稀释，得负胶束分散体系。胶束在形状上可分为球形、圆柱形和板层形等。聚集成胶束的表面活性剂单体数目被称作聚集数。离子型表面活性剂形成的胶束聚集数约为 40~100，非离子型表面活性剂胶束聚集数大一些，一般在 100 以上。

形成胶束的最低浓度被称作临界胶束浓度（critical micellar concentration，CMC）。CMC 的大小和表面活性剂分子的结构有关，亲水性强的分子 CMC 较大，疏水性强的分子 CMC 较小。通常离子型表面活性剂的 CMC 一般约在 10^{-2}~10^{-4}mol/L，非离子型表面活性剂的 CMC 更小一些，可以低至 10^{-6}mol/L。达到临界胶束浓度以后，继续增加表面活性剂的浓度，只会改变胶束的形态，使胶束增大或增加胶束的数目，溶液中表面活性剂单个分子的数目不再增加。达到临界胶束浓度以后的低浓度的表面活性剂溶液为胶束分散体系，高浓度的表面活性剂溶液为微乳分散体系。

1. 胶束色谱中常用的表面活性剂

(1) 阴离子表面活性剂:常用十二烷基硫酸钠(SDS),其 CMC = 8.1×10^{-3}mol/L,SDS 价格便宜,是最常用的正胶束溶液的表面活性剂。而十二烷基磺酸钠则较少应用。

(2) 阳离子表面活性剂:常用的阳离子表面活性剂有十六烷基三甲基溴化铵(CTAB)或十六烷基三甲基氯化铵(CTAC)。其中 CTAB 的 CMC = 9.2×10^{-4}mol/L,应用广泛。

(3) 两性表面活性剂:常用的两性表面活性剂有十八烷基二甲基甜菜碱和十二烷基氨基丙酸钠。

2. 分离机制 由于胶束溶液是多相分散体系,因此溶液的保留行为受固定相-水、胶束-固定相和胶束-水三个分配系数所左右,因此有较好的选择性。三个分配系数的关系如图 10-21所示。

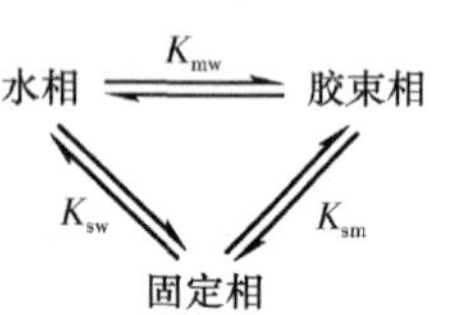

图 10-21 胶束色谱的三个分配系数

K_{mw}为溶质在胶束相与水相间的分配系数,$K_{mw}=[X_m]/[X_w]$

K_{sw}为溶质在固定相与水相间的分配系数,$K_{sw}=[X_s]/[X_w]$

K_{sm}为溶质在固定相与水相间的分配系数,$K_{sm}=[X_s]/[S_m]$

上三式中的[X]表示在某相中的浓度。由这三个公式可以看出:

$$K_{sm}=K_{sw}/K_{mw} \tag{10-20}$$

1979 年,Armstrong 等根据溶质在固定相、胶束相与水相间的分配关系,导出了保留体积与胶束浓度的关系,即:

$$\frac{V_s}{V_R-V_m}=\frac{\bar{\nu}(K_{mw}-1)}{K_{sw}}c_m+\frac{1}{K_{sw}} \tag{10-21}$$

式中:V_s 为固定相体积;V_m 为流动相体积;V_R 为样品组分的保留体积;$\bar{\nu}$为表面活性剂的微分比体积;c_m 为胶束在流动相的浓度($c_m=c-\text{CMC}$);c 为表面活性剂的浓度。

将 $1/K=V_s/(V_R-V_m)$代入式(10-21),得:

$$\frac{1}{K}=\frac{\bar{\nu}(K_{mw}-1)}{K_{sw}}c_m+\frac{1}{K_{sw}} \tag{10-22}$$

式(10-22)是胶束色谱法的最主要公式。该式说明胶束色谱系统的总体分配系数 K 的倒数与胶束的浓度 c_m 成直线关系,$1/K_{sw}$为直线截距,$\bar{\nu}(K_{mw}-1)/K_{sw}$为直线的斜率。该式说明胶束浓度越大,分配系数 K 越小,组分的保留时间越短。K_{mw}、K_{sw}及$\bar{\nu}$左右胶束色谱系统的选择性。K_{mw}越大,说明组分在胶束相中的浓度越大,总体分配系数 K 越小,组分的迁移速度越快。K_{sw}越大,说明组分在固定相的浓度越大,组分的保留时间越长,因此总体分配系数 K 越大。

3. 胶束薄层色谱的应用 胶束薄层色谱可应用于中药分析,在胶束薄层分离过程中,由于分配、吸附、静电、增溶等效应,待测样品中各组分在薄层板上有不同的迁移速度,从而实现分离。该法具有独特的选择性,可同时分离亲水性和疏水性物质,对带电成分和非带电成分也有较好的分离效果,适用于分离差别很小的物质。

以聚酰胺、硅胶和氧化铝为固定相,低浓度的表面活性剂的水溶液为展开剂的胶束薄层色谱为正相胶束薄层。以硅烷化的硅胶为固定相,低浓度的含有少量水的有机溶剂为展开剂的胶束薄层色谱为反相胶束薄层。

研究发现:在聚酰胺薄片上,一定浓度的阳离子表面活性剂胶束溶液(TPB)可分离槐花、槐米、复方芦丁片和降压丸中的芦丁及防风通圣丸中的黄芩苷；阳离子-非离子（TPB：TX-100）、阴离子-非离子（SDBS：TX-100）混合胶束溶液可分离黄芩、银黄片与银黄注射液中的黄芩苷和氯原酸；阴离子-非离子（SDS：TX-100）混合胶束溶液可分离兴安杜鹃中的杜鹃素；阳离子（溴化十六烷基吡啶，CPC）、非离子（由C8以上的脂肪醇与35个环氧乙烷单位制成的醚制品Brij35、TW-80）胶束溶液可分离黄连、左金丸、香莲丸中的小檗碱、巴马丁；非离子[聚氧乙烯(20)月桂醚，OP]及阴离子（十二烷基苯磺酸钠，SDBS）胶束溶液能分离葛根、越风宁心片中的葛根素。斑点经荧光扫描或双波长锯齿形扫描测定，线性范围、回收率和变异系数均符合中药质量检验的要求，从而建立了一系列中药及其制剂有效成分的胶束薄层色谱分离分析方法。

在硅胶HF254-0.75% CMC-Na薄层板上，用表面活性剂1% OP（壬烷基酚-环氧乙烷加成物）为展开剂，分离了复合维生素B片剂中的维生素B_1、B_2、B_6及烟酰胺，R_f值分别为0.04、0.68、0.28及0.75，在自然光下观察维生素B_2，在荧光灯下观察维生素B_1、B_6及烟酰胺斑点，展开时的温度及OP浓度对4种维生素的R_f值有一定的影响，只有在室温15~20℃时，以1% OP为展开剂分离效果最佳，试验还表明，在1% OP溶液中加入少量乙醇作为改性溶剂，可使分离效果更佳。

第6节　纸色谱法

一、基本原理

纸色谱法（paper chromatography，PC）是以滤纸作为载体，以构成滤纸的纤维素所结合水分为固定液，以有机溶剂为展开剂的色谱分析方法。构成滤纸的纤维素分子中有许多羟基，被滤纸吸附的水分中约有6%与纤维素上的羟基以氢键结合成复合态，这一部分水是纸色谱的固定相。由于这一部分水与滤纸纤维结合比较牢固，所以流动相既可以是与水不相混溶的有机溶剂，又可以是与水混溶的有机溶剂如乙醇、丙醇、丙酮。流动相借毛细作用在纸上展开，与固定在纸纤维上的水形成两相，样品依其在两相间分配系数的不同而相互分离。化合物在两相中的分配系数的大小，直接与化合物的分子结构有关。一般地讲，纸色谱属于正相分配色谱，化合物的极性大或亲水性强，在水中分配的量多，则分配系数大，在以水为固定相的纸色谱中R_f值小。如果极性小或亲脂性强的组分，则分配系数小，R_f值大。

除水以外，纸纤维也可以吸留其他物质如甲酰胺等作为固定相。

二、实验方法

1. 色谱纸的选择和处理

（1）滤纸的选择：纸色谱使用的滤纸应具备如下条件：①滤纸的质地要均匀，厚薄均一，全纸必须平整；②具有一定的机械强度，被溶剂润湿后仍能悬挂；③具有足够的纯度，某些滤纸常含有Ca^{2+}、Mg^{2+}、Cu^{2+}、Fe^{3+}等杂质，必要时需进行净化处理。其方法是先将滤纸放在2mol/L醋酸或0.4mol/L盐酸中浸泡几天，然后用蒸馏水充分洗涤，可除去纸上的无机杂质,再把滤纸放在丙酮-乙醇(1∶1)的混合溶液中浸泡数日,取出风干,这样可除去大部分有机杂质;④滤纸纤维松紧适宜,厚薄适当,展开剂移动的速度适中。常见的有 Whatman 公司、Macherey-Nagel(MN) 公司及国产新华滤纸。

(2) 滤纸的处理:有时为了适应某些特殊化合物分离的需要,可对滤纸进行处理,使滤纸具有新的性能。有些化合物受 pH 的影响而有离子化程度的改变,例如多数生物碱在中性溶剂系统中分离,往往产生拖尾现象,如将滤纸预先用一定 pH 的缓冲溶液处理就能克服。有时在滤纸上加一定浓度的无机盐类,借以调整纸纤维中的含水量,改变组分在两相间分配的比例,促使混合物相互分离,如某些混合生物碱类的分离可采用此法。

将溶剂系统中的亲脂性液层固定在滤纸上作为固定相,水或亲水性液层为流动相,即采用反相纸色谱法分离一些亲脂性强、水溶性小的化合物。操作时先制备疏水性滤纸,以改变滤纸的性能,使适合水或亲水性溶剂系统的展开。另一种方法是将滤纸纤维经过化学处理使其产生疏水性。例如,乙酰化滤纸是比较常用的一种。

2. 点样 将样品溶于适当溶剂中,一般用乙醇、丙酮、三氯甲烷等有机溶剂,最好采用与展开剂极性相似的溶剂。若样品为液体,一般可直接点样。点样量的多少由滤纸的性能、厚薄及显色剂灵敏度来决定,一般从几到几十微克。与柱色谱法相比较,纸色谱更适用于微量样品的分离。点样方法与薄层色谱法相同。

3. 展开剂的选择 纸色谱所选用的展开剂与薄层色谱有很大的不同,多数采用含水的有机溶剂。纸色谱最常用的展开剂是水饱和的正丁醇、正戊醇、酚等。此外,为了防止弱酸、弱碱的离解,有时需加少量的酸或碱,如乙酸、吡啶等。如用正丁醇-乙酸作流动相,应当先在分液漏斗中把它们与水振摇,分层后,分离被水饱和的有机层作流动相。有时加入一定比例的甲醇、乙醇等,使展开剂极性增加,增强它对极性化合物的展开能力。

4. 展开 在展开前,先用溶剂蒸气饱和容器内部,或用浸有展开剂的滤纸条贴在容器内壁,下端浸入溶剂中,使容器尽快地被展开剂所饱和。然后再将点有样品的滤纸,浸入溶剂中进行展开。

纸色谱的展开方式,通常采用上行法,让展开剂借毛细管效应自下向上移动,见图 10-22。上行法操作简便,但溶剂渗透较慢,对于 R_f 值相差较小的组分分离困难,故上行法一般用于 R_f 值相差较大的物质的分离。对于样品成分复杂的混合物,可采用双向展开。

此外,还有圆形展开法,它具有快速,简便、重现性好等优点。其具体操作是:在一圆形滤纸(直径 11cm)上,从圆周向中心截一 2mm 宽的条。折弯使与纸面垂直,像一条尾巴,使其与展开剂接触。试样点在纸中心。风干后,将纸平放在直径较滤纸略小并盛有展开剂的培养皿上,上面覆盖同样大小的培养皿,即可进行展开,为了分析较多的试样,可将样品试液分别点在纸中心的周围,这样一张滤纸可以同时分析数个未知物及标准品,以便进行比较。

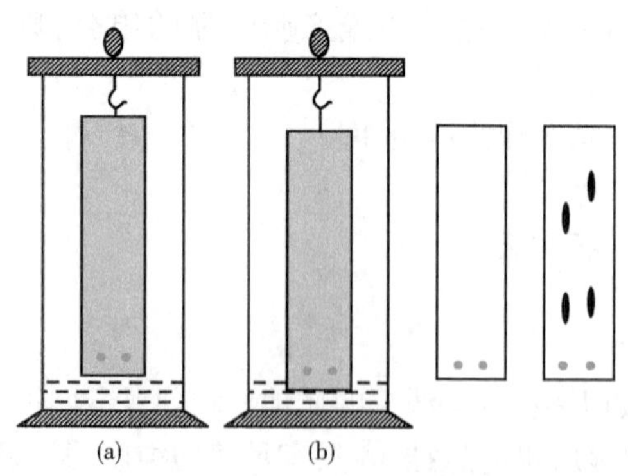

图 10-22 纸色谱上行法
(a) 饱和;(b) 展开

5. 检视 薄层色谱所用检视方法,除不能使用腐蚀性的显色剂以外都可用于纸色谱法检视。纸色谱还有其他一些检出方法,例如有抗菌作用的成分，可应用生物检定法。此法是将纸色谱加到细菌的培养基内，经过培养后，根据抑菌圈出现的情况，来确定化合物在纸上的位置。也可以用酶解方法，例如无还原性的多糖或苷类在纸色谱上经过酶解，生成还原性的单糖，就能应用氨性硝酸银试剂显色。也可以利用化合物中所含有的示踪放射性核素来检识化合物在纸色谱上的位置。

6. R_f值的测量　展开完毕，立即记录溶剂前沿，找出斑点，计算出 R_f值。

三、应　　用

纸色谱法比柱色谱法操作简便，可以分离微克量的样品，混合物经纸色谱分离后还可以在纸上直接定性、定量，因此广泛应用于化合物的分离和鉴别，药物中微量杂质的检查，中草药生物活性成分的分离、鉴别、制备和含量测定。定性分析主要是利用 R_f值或 R_{st}一致性。纸色谱法常用定量分析法有：

（1）剪洗法：自纸上剪下层析后未经显色的斑点，常需剪成横条形，用合适的适量溶剂浸泡、洗脱，洗出的化合物供进一步定量用。由于洗出化合物含量很少，所以多数采用比色法、紫外分光光度法或荧光分光光度法，准确度可达 5%左右。

（2）直接比色法：直接测量斑点的面积或比较颜色深度，作半定量。将不同浓度的标准样品做成系列，和样品同时点在同一张滤纸上，展开、显色后用目视比色，以求出样品含量的近似值。近十几年来，由于仪器技术的进展，纸色谱也和薄层色谱一样，也可以用扫描法在纸上直接扫描定量。

例 3　化症回生片中益母草的纸色谱法鉴别

取本品 20 片，研细，加 80%乙醇 50ml，加热回流 1h，滤过，滤液蒸干，残渣加 1%盐酸溶液 5ml 使溶解，滤过，滤液滴加碳酸钠试液调节 pH 至 8.0，滤过，滤液蒸干，残渣加乙醇 1ml 使溶解，作为供试品溶液。另取益母草对照药材 1g，同法制成对照药材溶液。照纸色谱法试验，吸取上述两种溶液各 20μl，分别点于同一层析滤纸上，使成条状，以正丁醇-乙酸-水（4：1：1）的上层溶液为展开剂，展开，取出，晾干，喷以稀碘化铋钾试液，晾干。供试品色谱中，在与对照药材色谱相应的位置上，显相同颜色的斑点。

思考与练习

一、思考题

1. 吸附色谱与分配色谱有何相同与不同？
2. 柱色谱与薄层色谱的异同点各是什么？
3. 正相色谱中如何判断各组分的出柱顺序？与流动相极性大小的关系如何？

二、选择题

1. 样品在分离时，要求其 R_f值在（　　）之间

   A. 0～0.3　　B. 0.7～1.0　　C. 0.2～0.8　　D. 1.0～1.5

2. 在用薄层吸收扫描法测定斑点的吸光度时，直线式扫描适用于以下哪种色谱斑点的定量分析（　　）

A. 凹形斑点　　B. 矩形斑点　　C. 拖尾斑点　　D. 规则圆形

3. 薄层层析中,软板是指(　　)

A. 塑料板　　B. 铝箔

C. 将吸附剂直接铺于板上制成薄层　　D. 在吸附剂中加入黏合剂制成薄层

4. 在纸色谱法中,将适量水加到滤纸上为固定相展开剂的色谱分析方法属于下列哪一范畴(　　)

A. 吸附色谱　　B. 分配色谱　　C. 离子交换色谱　　D. 凝胶色谱

三、计算题

1. 经薄层分离后,组分 A 的 R_f值为 0. 35,组分 B 的 R_f值为 0. 56,展开距离为 10. 0cm,求组分 A 和 B 两组分色谱斑点之间的距离。 (1. 9cm)

2. 某组分在薄层色谱体系中的分配比 $k=3$,经展开后样品斑点距原点 3. 0cm,组分的 R_f值为多少？此时溶剂前沿距原点多少厘米？ (12. 0cm)

3. 用薄层荧光扫描法测定黄连中小檗碱的含量时,实验工作曲线基本通过原点。现进行如下实验,在同一薄层板上,分别取浓度为 0. 50μg/μl,1. 00μg/μl 的标准溶液及黄连提取液点样,点样体积为 1μl,扫描测得黄连提取液中小檗碱斑点的峰面积为:$(A)_{检}=$ 2532. 4AU,标准溶液斑点的峰面积$(A)_1=1942.285$AU,$(A)_2=3173.664$AU,试求小檗碱的含量及浓度。 (0. 739mg/ml)

(苏明武)

第 11 章　气相色谱法

第 1 节　概　　述

以惰性气体为流动相的色谱法称为气相色谱法(gas chromatography,GC)。

一、气相色谱法的分类

气相色谱法属于柱色谱法(column chromatography)。按色谱柱的粗细,分为填充柱(packed column)色谱法及毛细管柱(capillary column)色谱法两种。填充柱是将固定相填充在金属或玻璃管中(内径 2~4mm)。毛细管柱(内径 0.1~0.8mm)可分为开管毛细管柱、填充毛细管柱等。按使用温度下的固定相的状态不同,又可分为气-固色谱法(GSC)和气-液色谱法(GLC)两类。按分离机制,可分为吸附及分配色谱法两类。在气-固色谱法中,固定相为吸附剂,多属于吸附色谱法,其分离的对象主要是一些永久性的气体和低沸点的化合物。气-液色谱法属于分配色谱法,固定相是涂渍在惰性载体上的高沸点的有机物(称为固定液),由于可供选择的固定液种类多,故选择性较好,应用亦广泛。

本章主要介绍气-液色谱法。

二、气相色谱法的一般流程

如图 11-1 所示,载气(carrier gas)由高压气瓶(也可采用气体发生器)供给,经压力调节器降压,经净化器脱水及净化,由流量调节器调至适宜的流量进入色谱柱,再经检测器流出色谱仪。待流量、温度及基线稳定后,即可进样。液态样品用微量注射器吸取,注入气化室使气化,气态样品可用六通阀或注射器进样,气化了的样品被载气带入色谱柱。样品中各组分在固定相与载气间分配,由于各组分在两相中的分配系数不等,它们将按分配系数大小的

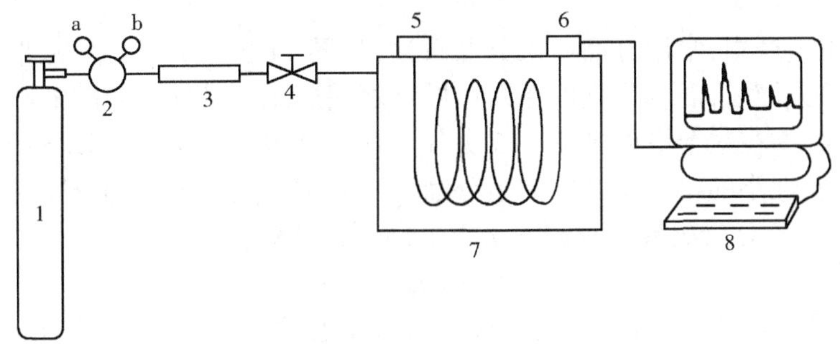

图 11-1　气相色谱流程图

1. 高压载气瓶;2. 压力调节器(a. 瓶压,b. 输出压);3. 净化器;4. 气流调节阀;5. 气化室;6. 检测器;7. 柱温箱与色谱柱;8. 色谱工作站

顺序依次被载气带出色谱柱。分配系数小的组分先流出,分配系数大的后流出。流出色谱柱的组分再被载气带入检测器。检测器将各组分的浓度(或质量)的变化,转变为电压(或电流)的变化,电压(或电流)随时间的变化由色谱工作站记录下来,即得到色谱图。利用色谱图可进行定性和定量分析。

色谱柱及检测器是气相色谱仪的两个主要组成部分。现代气相色谱仪都应用计算机和相应的色谱软件,构成色谱工作站,具有处理数据及控制色谱操作条件等功能。如装备自动进样器,可完成全自动分析。

三、气相色谱法的特点与应用

气相色谱法具有分离效率高、选择性高、灵敏度高、分析速度快(几秒至几十分钟)、样品用量少及应用广泛等特点。但其不适用于热稳定性差、挥发性小的物质的分离分析。据统计,能用气相色谱法直接分析的有机物约占全部有机物的20%。它被广泛应用于石油化学、环境监测、农业食品、空间研究和医药卫生等领域。在药物分析中,气相色谱法已成为药物杂质检查和含量测定、中药挥发油分析、药物纯化、制备等的一种重要手段。

第2节　色谱法基本理论

色谱分析的基本前提是混合物中各待测组分之间或待测组分与非待测组分之间实现完全分离。相邻两组分要实现完全分离,应满足两个条件。其一,相邻两色谱峰间的距离即峰间距必须足够远。峰间距由组分在两相间的分配系数决定,即与色谱过程的热力学性质有关。其二,峰的宽度应尽量窄。峰的宽或窄由组分在色谱柱中的传质和扩散行为所决定,即与色谱过程的动力学性质有关。因此必须从热力学和动力学两方面来研究色谱过程。色谱热力学理论是从相平衡观点来研究分离过程,从而构成塔板理论(plate theory)。动力学理论是从动力学观点来研究各种动力学因素对色谱峰展宽的影响,从而构成速率理论(rate theory)。

一、塔板理论

在石油化工生产中,常用分馏塔来分馏石油,见图11-2。待分离物从进料口进料,进入具有一定温度的分馏塔,混合物立即在两块塔板之间达成一次气液分配平衡,即进行了一次分离。显然,混合物在这个塔内进行了6次分离。经过多次分离后,挥发性大的组分从塔顶馏出分馏塔,挥发性小的组分从塔底馏出分馏塔。对于一定高度 L 的分馏塔来说,两块塔板之间的高度 H 越小,分离次数(塔板数)n 越多,分离效率越高。即

$$n=L/H \tag{11-1}$$

因此,早期在石油化工生产中,以塔板数 n 或塔板高度 H 来评价不同分馏塔的分离效率,从而建立了塔板理论。

在色谱法中,为了评价不同色谱柱的分离效率,需借用这个理论。但色谱柱毕竟不是分馏塔,因此,为了借用这个理论,必须对色谱柱系统作以下几点基本假设。

1. 基本假设

（1）在柱内一小段高度 H 内，组分可以很快在两相中达到分配平衡。H 称为理论塔板高度(height equivalent to a theoretical plate)，而实际上组分被载气带入色谱柱后在两相中分配，由于流动相移动较快，组分不能在柱内各点瞬间达到分配平衡。

（2）载气通过色谱柱不是连续前进，而是间歇式的，每次进气为一个塔板体积。

（3）样品和新鲜载气都加在 0 号塔板上，且样品的纵向扩散可以忽略。

（4）分配系数在各塔板上是一个常数。

根据上述假设并结合实例进行考察，发现组分在色谱柱内分离转移次数 n 不多(一般不大于 20 次)时，组分在色谱柱内各板上的量或浓度符合二项式分布，因此，可用二项式定理来计算组分在色谱柱内各板上的量或浓度，绘制的曲线为二项式分布曲线，见图 11-3。

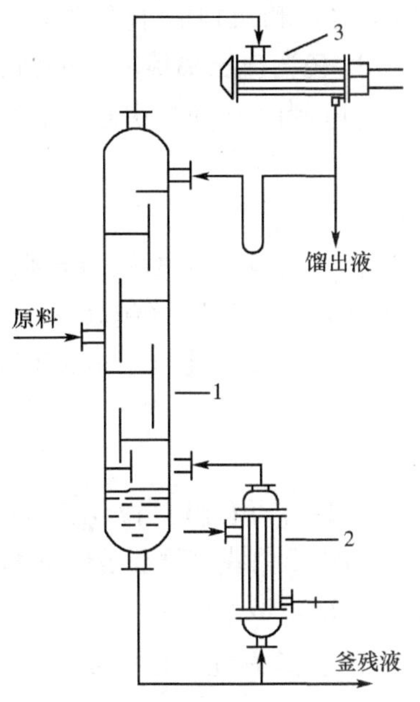

图 11-2　连续分馏操作流程

1. 分馏塔；2. 再沸器；3. 冷凝器

2. 色谱流出曲线方程　当 n 大于 50 时，则不能用二项式定理来计算组分在色谱柱内各板上的量或浓度，但可由二项式定理，再经适当的数学推导得出流出曲线方程

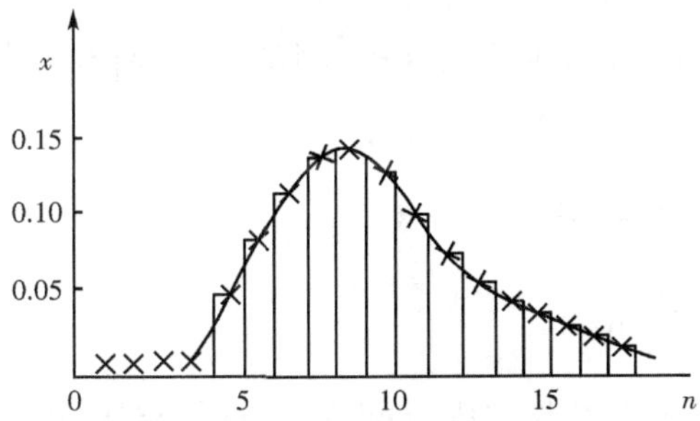

$$c=\frac{\sqrt{n}\cdot m}{\sqrt{2\pi\cdot V_R}}\cdot\exp\left[-\frac{n}{2}\cdot\frac{(V-V_R)^2}{V_R^{\ 2}}\right] \tag{11-2a}$$

或

$$c=\frac{\sqrt{n}\cdot m}{\sqrt{2\pi\cdot t_R}}\cdot\exp\left[-\frac{n}{2}\cdot\frac{(t-t_R)^2}{t_R^{\ 2}}\right] \tag{11-2b}$$

图 11-3　二项式分布曲线

式中：c 为任意载气体积数或洗脱时间的流出色谱柱的组分浓度；n 为色谱柱的理论塔板数；m 为组分质量；V_R 为保留体积；V 为载气体积；t_R 为保留时间；t 为洗脱时间。

式(11-2a)和式(11-2b)又称为塔板理论方程，用于描述流出色谱柱的组分浓度 c 随载气体积或洗脱时间而变化的关系。用该方程所作的曲线，是一条左右对称的钟形曲线，即正态分布曲线(见图 9-3)。因此，将正态分布方程用于流出曲线，把某些函数做相应的改换即可得

$$c=\frac{c_0}{\sigma\sqrt{2\pi}}\cdot\exp\left[-\frac{(V-V_R)^2}{2\sigma^2}\right] \tag{11-3a}$$

或

$$c=\frac{c_0}{\sigma\sqrt{2\pi}}\cdot\exp\left[-\frac{(t-t_R)^2}{2\sigma^2}\right] \tag{11-3b}$$

式(11-2a)和(11-3a)比较得:$\sigma=t_R/\sqrt{n}$;σ 为正态分布方程的标准差。

3. 色谱流出曲线方程的讨论

(1) 当 $t=t_R$ 时,由式(11-3b)可知,c 值最大,即

$$c=c_{max}=\frac{c_0}{\sigma\sqrt{2\pi}} \tag{11-4}$$

式中:c_{max}相当于色谱峰的峰高(h),σ 一定时,h 主要取决于组分的量;而当 c_0一定时,则 σ 越小,即峰越"瘦",峰越高。

(2) 当 $t>t_R$或 $t<t_R$时,式(11-3b)与式(11-4)相比较,有

$$c=c_{max}\cdot\exp\left[-\frac{(t-t_R)^2}{2\sigma^2}\right] \tag{11-5}$$

由式(11-5)可看出,当 $t>t_R$或 $t<t_R$时,$c<c_{max}$或 $h<h_{max}$。

由流出曲线方程还可以证明 σ 位于峰高(h_{max})的 0.607 倍处;峰面积 $A=1.065W_{1/2}h_{max}$;$W_{h/2}=2.355\sigma$ 等。

4. 柱效方程 根据 $\sigma=t_R/\sqrt{n}$,则 $n=(t_R/\sigma)^2$,将 $W_{h/2}=2.355\sigma$ 和 $W=4\sigma$,代入得

$$n=\left(\frac{t_R}{\sigma}\right)^2=5.54\left(\frac{t_R}{W_{h/2}}\right)^2=16\left(\frac{t_R}{W}\right)^2 \tag{11-6}$$

式(11-6)称为柱效方程。由式(11-6)及式(11-1)可见,色谱峰越窄,塔板数 n 越多,板高 H 就越小,柱效能越高。因而 n 或 H 可作为描述柱效能的指标。通常气相色谱填充柱的 n 在 10^3以上,H 在 1mm 左右;毛细管柱 n 为 $10^5\sim10^6$,H 在 0.5mm 左右。

例 1 在柱长 2m 的 5%阿皮松柱上,柱温 100℃的实验条件下,测定苯的保留时间为 1.5min,半峰宽为 0.10min。求该柱的理论塔板高度。

解:

$$n=5.54\left(\frac{1.50}{0.10}\right)^2=1.2\times10^3$$

$$H=\frac{2000}{1.2\times10^3}=1.7(\text{mm})$$

由于死时间 t_M 包括在 t_R 中,而在死时间内组分不参与柱内分配,所以计算出来的 n 值尽管很大(H 很小),但与实际柱效相差甚远。因而需把死时间扣除,扣除死时间后的 n 和 H 称为有效板数 n_{eff}(number of effective plate)和有效板高 H_{eff}(height equivalent of effective plate),作为实际柱效指标。即

$$n_{eff}=5.54\left(\frac{t'_R}{W_{h/2}}\right)^2=16\left(\frac{t'_R}{W}\right)^2 \tag{11-7}$$

$$H_{eff}=L/n_{eff} \tag{11-8}$$

因为在相同色谱条件下,对不同物质计算所得的塔板数不一样,因此,在说明柱效时,除注明色谱条件外,还应该指出是对什么物质而言。

5. 塔板理论的局限性 塔板理论用热力学观点形象地描述了组分在色谱柱中的分配平衡和分离过程,导出流出曲线的数学模型,并成功地解释了流出曲线的形状和浓度极大值的位置及其影响因素,还提出了计算和评价柱效的参数。由于它的某些基本假设并不完全符合柱内实际发生的分离过程。它虽给出理论塔板数和塔板高度的概念,但未阐明它们的

色谱含义和本质，未深入说明色谱柱结构参数、色谱操作参数与理论塔板数的关系。它也没有考虑各种动力学因素对色谱柱内传质过程的影响，因此它不能解释造成谱峰展宽的原因和影响板高的各种因素，也不能说明为什么在不同流速下可以得到不同的塔板数。

二、速 率 理 论

（一）一般填充柱的速率理论方程（van Deemter 方程）

1956 年荷兰学者范第姆特（Van Deemter）等在研究气-液填充柱色谱时，提出了色谱过程动力学理论——速率理论。他们吸收了塔板理论中板高的概念，并充分考虑了组分在两相间的扩散和传质过程，从而在动力学基础上较好地解释了影响板高的各种因素。van Deemter 方程的数学简化式为：

$$H=A+B/u+Cu \tag{11-9}$$

式中：u 为载气的线速度；A，B，C 为常数，分别代表涡流扩散项系数、分子扩散项系数、传质阻力项系数。

现分别叙述各项系数的物理意义。

1. 涡流扩散项（多径项）$\boldsymbol{A}$　在填充色谱柱中，当组分随载气向柱出口迁移时，载气由于受到填充物颗粒障碍，不断改变流动方向，使组分分子在前进中形成紊乱的类似"涡流"的流动，故称涡流扩散，形象地如图 11-4 所示。

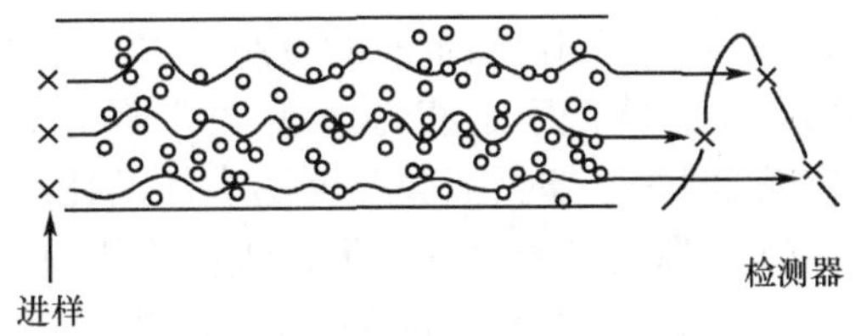

图 11-4　色谱柱中的涡流扩散示意图

由于填充物颗粒大小的不同及填充物的不均匀性，使组分在色谱柱中路径长短不一，因而相同组分到达柱出口的时间并不一致，引起了色谱峰的展宽。色谱峰展宽的程度由下式决定。

$$A=2\lambda d_p \tag{11-10}$$

式(11-10)表明，A 与填充物粒度 d_p 的大小和填充不规则因子 λ 有关，与载气的性质、线速度和组分性质无关。为了减少涡流扩散，提高柱效，使用细而均匀的颗粒，并且填充均匀。

2. 分子扩散项（纵向扩散项）$\boldsymbol{B/u}$　纵向分子扩散是由浓度梯度造成的。组分从柱入口进入，其在柱内浓度分布的构型呈"塞子"状。它随着流动相向前推进，由于存在浓度梯度，"塞子"必然自发地向前和向后扩散，造成谱带展宽。分子扩散系数为：

$$B=2\gamma D_g \tag{11-11}$$

式中：γ 是填充柱内载气扩散路径弯曲的因素，称为弯曲因子，它反映了填充物颗粒的几何形状对自由分子扩散的阻碍情况；D_g 为组分在载气中的扩散系数（cm^2/s）。分子扩散项与组分在载气中的扩散系数 D_g 成正比，而 D_g 与载气及组分性质有关；相对分子质量大的组分 D_g 小，D_g 与载气相对分子质量的平方根成反比，所以采用相对分子质量较大的载气，可以使 B 项降低；D_g 随柱温增高而增加，但反比于柱压。另外纵向扩散与组分在色谱柱内停留时间有关，载气流速小，组分停留时间长，纵向扩散就大。因此为降低纵向扩散影响，要增加载气流速。

3. 传质阻力项 $\boldsymbol{Cu}$　对于气液色谱，传质阻力系数 C 包括气相传质阻力系数 C_g 和液相传质阻力系数 C_l 两项，即

$$C=C_g+C_l \tag{11-12}$$

气相传质过程是指试样组分从气相移动到固定相表面的过程。这一过程中样品组分将在两相间进行质量交换,即进行浓度分配。有的分子还来不及进入两相界面,就被载气带走;有的则进入两相界面又来不及返回气相。这样,使得组分在两相界面上不能瞬间达到分配平衡,引起滞后现象,从而使色谱峰展宽。对于填充柱,气相传质阻力系数 C_g 为:

$$C_g=\frac{0.01k^2}{(1+k)^2}\cdot\frac{d_p^2}{D_g} \tag{11-13}$$

式中:k 为容量因子。由式(11-13)看出,气相传质阻力与填充物粒度 d_p 的平方成正比,与组分在载气流中的扩散系数 D_g 成反比。因此,采用粒度小的填充物和相对分子质量小的气体(如氢气)做载气,可使 C_g 减小,提高柱效。

液相传质过程是指试样组分从固定相的气/液界面移动到液相内部,并发生质量交换,达到分配平衡,然后又返回气/液界面的传质过程。这个过程也需要一定的时间,此时,气相中组分的其他分子仍随载气不断向柱口运动,于是造成峰扩张。液相传质阻力系数 C_l 为:

$$C_l=\frac{2}{3}\cdot\frac{k}{(1+k)^2}\cdot\frac{d_f^2}{D_l} \tag{11-14}$$

由式(11-14)看出,固定液的液膜厚度(d_f)薄,组分在液相的扩散系数(D_l)大,则液相传质阻力就小。降低固定液的含量,可以降低液膜厚度,但 k 值也随之变小,又会使 C_l 增大。当固定液含量一定时,液膜厚度随载体的比表面积增加而降低,因此,一般采用比表面积较大的载体来降低液膜厚度。但比表面太大,由于吸附造成拖尾峰,也不利于分离。虽然提高柱温可增大 D_l,但会使 k 减小,为了保持适当的 C_l 值,应控制适宜的柱温。

将式(11-10)~式(11-14)分别代入式(11-9)中,即可得 Van Deemter 方程。

$$H=2\lambda d_p+\frac{2\lambda D_g}{u}+\left[\frac{0.01k^2}{(1+k)^2}\cdot\frac{d_p^2}{D_g}+\frac{2}{3}\cdot\frac{k}{(1+k)^2}\cdot\frac{d_f^2}{D_l}\right]\cdot u \tag{11-15}$$

这一方程对选择色谱分离条件具有实际指导意义,它指出了色谱柱填充的均匀程度,填料颗粒度的大小,流动相的种类及流速,固定相的液膜厚度等对柱效的影响。

(二)毛细管柱的速率理论方程(Golay 方程)

1958 年,戈雷(Golay)在 Van Deemter 方程的基础上导出了开管(空心)毛细管柱的 Golay 方程。

$$H=B/u+C_gu+C_lu=\frac{2D_g}{u}+\left[\frac{1+6k+11k^2}{24(1+k)^2}\cdot\frac{r^2}{D_g}+\frac{2}{3}\cdot\frac{k}{(1+k)^2}\cdot\frac{d_f^2}{D_l}\right]\cdot u \tag{11-16}$$

式中:r 为毛细管柱内半径。与 Van Deemter 方程比较,主要的差别是:①开管柱由于柱内无填充物颗粒,只有一个流路,所以不存在涡流扩散项,$A=0$;②弯曲因子 $\gamma=1$;③以柱内半径 r 代替填充物粒度 d_p,且液相传质阻力系数 C_l 一般较填充柱小,气相传质阻力常是色谱峰扩张的重要因素。在高载气流速下,开管柱柱效降低不多,比填充柱更适于快速分析。

第3节 固 定 相

在气相色谱分析中,某一多组分混合物中各组分能否完全分离,主要取决于色谱柱的效能和选择性,后者在很大程度上取决于固定相选择是否适当,因此选择适当的固定相就成为色谱分析中的关键问题。气相色谱固定相分为液体固定相、固体固定相。

一、液体固定相

液体固定相是由固定液(stationary liquid)或固定液和载体(support)组成。固定液大多为高沸点的有机化合物,在操作温度下呈液态,在室温时为固态或液态。分离原理属于分配色谱。载体是一种化学惰性的固体颗粒,它的作用是提供一个大的惰性表面,用以承担固定液,使固定液以薄膜状态分布在其表面上。

(一) 固定液

1. 对固定液的要求

(1) 在操作温度下应呈液态,且蒸气压应很低。否则固定液易流失,色谱柱寿命变短,检测器的噪声高。各种固定液均具有一项重要指标——最高使用温度。超过此温度,固定液蒸气压急剧上升,造成固定液流失加快,因此使用时,不能超过最高使用温度。

(2) 对样品中各组分应具有足够的溶解能力。否则分配系数太小,各组分还来不及分离就流出色谱柱。

(3) 对样品中各组分应具有较高的选择性,即对各组分的分配系数应有较大差别。这样才能将两个沸点或性质相近的组分分离开来。固定液的选择性可用选择性因子 α 来衡量。对于填充柱一般要求 $\alpha>1.10$;对于毛细管柱,$\alpha>1.05$。

(4) 稳定性要好。固定液与样品组分或载体不发生化学反应,高温下不分解。

(5) 黏度要小,凝固点要低。黏度和凝固点决定了固定液的最低使用温度。在此温度下,液相传质阻力剧增,柱效迅速下降,色谱峰严重展宽。

(6) 对载体具有良好的浸润性,以便形成均匀的薄膜。

2. 固定液的分类　用于气相色谱的固定液已有上千种,为选择和使用方便,一般按极性大小把固定液分为四类:非极性、中等极性、强极性和氢键型固定液。

(1) 非极性固定液:主要是一些饱和烷烃和甲基聚硅氧烷类,它们与待测组分分子之间的作用力以色散力为主。常用的固定液有:二甲基聚硅氧烷,如 OV-101、OV-1、SE-30 等耐高温的、极性很弱的固定液;低苯基聚硅氧烷,如 SE-52 和 SE-54 等弱极性固定液。适用于非极性和弱极性化合物的分析。

(2) 中等极性固定液:由较大的烷基和少量的极性基团或可以诱导极化的基团组成,它们与待测组分分子间的作用力以色散力和诱导力为主。常用的固定液有:中苯基聚硅氧烷,如 OV-17;氰丙基聚硅氧烷,如 OV-1701、OV-1301 等;酯类,如邻苯二甲酸二壬酯(DNP)等等,适用于弱极性和中等极性化合物的分析。

(3) 强极性固定液:含有较强的极性基团,它们与待测组分分子间作用力以静电力和诱导力为主。常用的固定液有:聚酯类,如丁二酸二乙二醇聚酯(DEGS)等,适用于极性化合物的分析。

(4) 氢键型固定液:是强极性固定液中特殊的一类,与待测组分分子间作用力以氢键力为主,组分按形成氢键的难易程度出峰,不易形成氢键的组分先出峰。常用的固定液有:聚乙二醇类及其衍生物,如PEG-20M、FFAP 等(其中PEG-20M 是药物分析中最常用的固定液之一),适用于分析含 F,N,O 等的化合物。表 11-1 列出了常用的七类固定液。

表 11-1　七种常用固定液的性能

固定液	型　号	极　性	使用温度/℃	类似型号
二甲基聚硅氧烷	OV-1	非极性	-60/350	SE-30,OV-101
苯基(5%)乙烯基(1%)二甲基聚硅氧烷	SE-54	弱极性	-60/350	SE-52
氰丙基(7%)苯基(7%)甲基聚硅氧烷	OV-1701	中等极性	-20/280	
苯基(50%)甲基聚硅氧烷	OV-17	中等极性	40/280	
三氟丙基(50%)甲基聚硅氧烷	OV-210	中等极性	0/275	QF-1
聚乙二醇-20M	Carbowax 20M	极性	60/250	FFAP
丁二酸二乙二醇聚酯	DEGS	强极性	20/200	

3. 固定液的选择　对于组分已知的样品,如果难分离物质对初步确定,那么选择固定液的指标就是使难分离物质对达到完全分离。

(1) 按相似性原则选择:按被分离组分的极性或官能团与固定液相似的原则来选择,这是因为相似相溶的缘故。组分在固定液中的溶解度大,分配系数大,保留时间长,分开的可能性就大。

按极性相似选择:①非极性组分应首先选择非极性固定液,组分基本上以沸点顺序出柱,低沸点的先出柱。若样品中有极性组分,相同沸点的极性组分先出柱。②中等极性组分可首选中等极性固定液,基本上仍按沸点顺序出柱。但对沸点相同的极性与非极性组分,诱导力起主导作用,极性组分后出柱。③强极性组分,首选极性固定液。组分按极性顺序出柱,极性强的组分后出柱。

按化学官能团相似选择:当固定液的化学官能团与组分的相似时,相互作用力最强,选择性高。例如,被分离组分为酯可选酯和聚酯类固定液。组分为醇可选聚乙二醇类固定液。

(2) 按主要差别选择:若组分的沸点差别是主要矛盾,可选非极性固定液;若极性差别为主要矛盾,则选极性固定液。现举例说明:苯与环已烷沸点相差 0.6℃(苯 80.1℃,环已烷 80.7℃)。而苯为弱极性化合物,环已烷为非极性化合物,两者极性差别虽然不大,但相对而言比沸点差别大,极性差别是主要矛盾。用非极性固定液很难将苯与环已烷分开。若改用中等极性的固定液,如用邻苯二甲酸二壬酯,则苯的保留时间是环已烷的 1.5 倍。若再改用聚乙二醇 400,则苯的保留时间是环已烷的 3.9 倍。

(3) 使用混合固定液:对于难分离的复杂样品或异构体,可选用两种或两种以上极性不同的固定液,按一定比例混合后,涂渍于载体上(混涂),或将分别涂渍有不同固定液的载体,按一定比例混匀后装入一根色谱柱管内(混装),或将不同极性的色谱柱串联起来使用(串联)。例如苯系物的分离,苯系物指苯、甲苯、乙苯、二甲苯(包括对-、间-、邻-等异构体)乃至异丙苯、三甲苯等,使用有机皂土固定液,能使间位和对位的二甲苯分开,但不能使乙苯和对二甲苯分开。若使用有机皂土配入适当量邻苯二甲酸二壬醋(DNP)的混合固定液,即能将各组分分开。

此外,还可根据固定液特征常数如 McReynolds(麦氏)常数来选择固定液,具体可见有关文献。

对于有大多数组分性质未知的复杂样品,选择固定液要与组分的定性分离相结合。这时,选择的指标只能由分离峰数目的多少、峰形和主要组分(含量高的)分离的好坏来评价。目前最有效的办法是采用毛细管柱来进行尝试性的初分离。

(二) 载体

一般载体是化学惰性的多孔性微粒。特殊载体如玻璃微珠,是比表面积大的化学惰性物质,但并非多孔。固定液分布在载体表面,形成一均匀薄层,构成气-液色谱的固定相。

1. 对载体的一般要求　①比表面积大,孔穴结构好;②表面没有吸附性能(或很弱);③不与被分离物质或固定液起化学反应;④热稳定性好,粒度均匀,有一定的机械强度等。

2. 载体的分类　载体可分为两大类:硅藻土型载体与非硅藻土型载体。硅藻土型载体是天然硅藻土经煅烧等处理而获得的具有一定粒度的多孔性固体微粒。因处理方法不同分为红色载体和白色载体。红色载体:天然硅藻土中的铁,煅烧后生成氧化铁,呈现浅红色。孔穴多,孔径小,比表面大,可负担较多固定液,缺点是表面存在活性吸附中心,分析极性物质时易产生拖尾峰。非极性固定液使用红色载体,用于分析非极性组分。白色载体:天然硅藻土在煅烧前加入少量碳酸钠等助溶剂,使氧化铁在煅烧后生成铁硅酸钠,变为白色。由于助溶剂的存在,生成的硅酸钠玻璃体破坏了硅藻土中大部分细孔结构,粘结为较大的颗粒,表面孔径大,比表面积小,载体中碱金属氧化物含量较高,pH大。白色载体有较为惰性的表面,表面吸附作用和催化作用小。极性固定液使用白色载体,用于分析极性物质。非硅藻土型载体种类不一,多用于特殊用途,如氟载体、玻璃微珠及素瓷等。

3. 载体的钝化　钝化是除去或减弱载体表面的吸附性能。以硅藻土型载体为例,表面存在着硅醇基及少量的金属氧化物,常具有吸附性能。当被分析组分是能形成氢键的化合物或酸碱时,则与载体的吸附中心作用,破坏了组分在气-液二相中的分配关系,而产生拖尾现象,故需将这些活性中心除去,使载体表面结构钝化。钝化的方法有酸洗、碱洗、硅烷化及釉化等。酸洗能除去载体表面的铁、铝等金属氧化物。酸洗载体用于分析酸类和酯类化合物。碱洗能除去表面的Al_2O_3等酸性作用点,碱洗载体适用于分析胺类等碱性化合物。硅烷化是将载体与硅烷化试剂反应,除去载体表面的硅醇基,消除形成氢键的能力。硅烷化载体主要用于分析具有形成氢键能力较强的化合物,如醇、酸及胺类等。

二、固体固定相

固体固定相可为吸附剂、分子筛及高分子多孔微球等。吸附剂常用石墨化炭黑、硅胶及氧化铝等。分子筛常用4A、5A及13X。4、5及13表示平均孔径(Å),A及X表示类型。分子筛是一种特殊吸附剂,具有吸附及分子筛两种作用。若不考虑吸附作用,分子筛是一种"反筛子",分离机制与凝胶色谱类似。吸附剂与分子筛多用于永久性气体及低分子量化合物的分离分析,在药物分析上远不如高分子多孔微球(GDX)用途广。

在药物分析中,高分子多孔微球常用于乙醇量、水分和残留有机溶剂的测定。高分子多孔微球是一种人工合成的新型固定相,还可以作为载体,故也称为有机载体。它由苯乙烯或乙基乙烯苯与二乙烯苯交联共聚而成,聚合物为非极性。若苯乙烯与含有极性基团的化合物聚合,则形成极性聚合物。高分子多孔微球的分离机理一般认为具有吸附、分配及分子筛三种作用。该固定相有如下优点:①改变制备条件及原料可以合成各种比表面及孔径的聚合物。因而可根据样品的性质进行选择,使分离效果最佳;②无有害的吸附活性中心,极性组分也能获得正态峰;③无流失现象,柱寿命长;④具有强疏水性能,特别适于分析混合物中的微量水分;⑤粒度均匀,机械强度高,具有耐腐蚀性能;⑥热稳定性好,最高使用温度为200~300℃;⑦柱超负荷后恢复快。

第4节 气相色谱仪

目前国内外气相色谱仪的型号和种类很多,但它们均由以下5大系统组成:气路系统、进样系统、分离系统、检测系统和数据处理系统。

一、气路系统

1. 气源 气源就是提供载气和/或辅助气体的高压钢瓶或气体发生器。气相色谱对各种气体的要求较高,比如作载气的氮气、氢气或氦气的纯度至少要达到99.9%以上。这是因为气体中的杂质会使检测器的噪声增大,还可能对色谱柱性能有影响,严重的会污染检测器。因此,实际工作中要在气源与仪器之间连接气体净化装置。

2. 净化器 净化器是用来提高载气纯度的装置。净化剂主要有活性炭、分子筛、硅胶和脱氧剂,它们分别用来除去烃类物质、水分、氧气。

3. 气流控制装置 一般由压力表、针形阀、稳流阀,对于具备自动化程度的仪器还有电磁阀、电子流量计等构成。由于载气流速是影响色谱分离和定性分析的重要操作参数之一,因此要求载气流速稳定,尤其是在使用毛细管柱时,柱内载气流量一般为1~3ml/min之间,如果控制不精确,就会造成保留时间的重现性差。

气相色谱仪主要有两种气路形式:单柱单气路和双柱双气路。

二、进样系统

进样系统包括样品导入装置(如注射器、六通阀和自动进样器等)和进样口。为了获得良好的分析结果,首先要将样品定量引入色谱系统,并使样品有效地气化。然后用载气将样品快速“扫入”色谱柱。

(一)样品导入装置

液体或固体样品一般需用适当的溶剂将其溶解后,用微量注射器进样,气相色谱手动进样最常用的是10μl微量注射器,其进样量一般不要小于1μl。如果进样量小于1μl,应采用5μl或1μl的注射器。气体样品的进样,常采用六通阀进样。许多高档的气相色谱仪还配置了自动进样器,通过计算机控制使得气相色谱分析实现了全自动化,其具体结构可参阅相关专著。

(二)进样口

进样口主要由气化室构成。气化室是将液体样品瞬间气化为蒸气的装置。为了让样品瞬间气化而不被分解,要求气化室热容量大,温度足够高,而且无催化效应。为了尽量减小柱前色谱峰的展宽,气化室的死体积应尽可能小。

1. 填充柱进样口 图11-5是一种常用的填充柱进样口，它的作用就是提供一个样品气化室,所有气化的样品都被载气带入色谱柱进行分离。气化室内不锈钢套管中可插入石英玻璃衬管,能起到保持惰性的作用,不对样品发生吸附作用或化学反应。实际工作中应保持衬管干净,及时清洗。进样口的隔垫一般为硅橡胶,其作用是防止进样后漏气。硅橡胶在使用多次后会失去作用,应经常更换。一个隔垫的连续使用时间不能超过一周。由于硅橡胶中不可避免地含有一些残留溶剂或低分子齐聚物,且硅橡胶在气化室高温的影响下还会发生部分降解,这些残留溶剂和降解产物进入色谱柱,就可能出现"鬼峰"(即不是样品本身的峰),影响分析。图11-5中隔垫吹扫装置就可以消除这一现象。

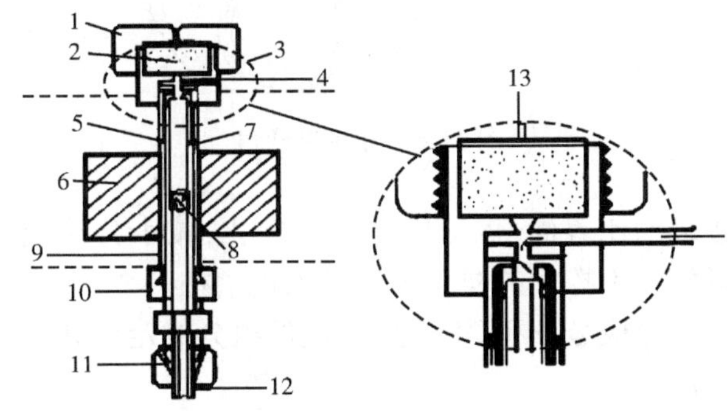

图11-5 填充柱进样口

1. 固定隔垫的螺母;2. 隔垫;3. 隔垫吹扫装置;4. 隔垫吹扫气出口;5. 气化室;6. 加热块;7. 玻璃衬管;8. 石英玻璃棉;9. 载气入口;10. 柱连接件固定螺母;11. 色谱柱固定螺母;

12. 色谱柱;13. 3的放大图

进样口温度应接近或略高于样品中待测高沸点组分的沸点。温度太高可能引起某些热不稳定组分的分解,或当进样量大时,造成样品倒灌。如果温度太低,晚流出的色谱峰会变形(展宽、拖尾或前伸)。

2. 毛细管柱进样口 使用毛细管柱时,由于柱内固定相的量少,柱对样品的容量要比填充柱低,为防止柱超载,进样口与使用填充柱时有较大差别。

在使用小于0.5mm内径的毛细管柱时,常采用分流进样(split injection)。

(1) 分流进样口:一般市售气相色谱仪上的分流进样口均属于多用性的毛细管柱进样口。通过更换气化室中的内插玻璃衬管,可将进样口用作一般分流进样,和其他方式进样。图11-6是最常用的毛细管柱分流进样口,在样品注入分流进样口气化后,只有一小部分样品进入毛细管柱,而大部分样品都随载气由分流气体出口放空。在分流进样时,进入毛细管柱内的载气流量(F_c)与放空的载气流量的比(F_s)称为分流比(split ratio),即

$$分流比 = F_c / F_s \tag{11-17}$$

分析时使用的分流比范围一般为1∶10~1∶100。

与填充柱不分流进样口相比,使用的衬管结构不同,且一般都填充有石英玻璃棉,这主

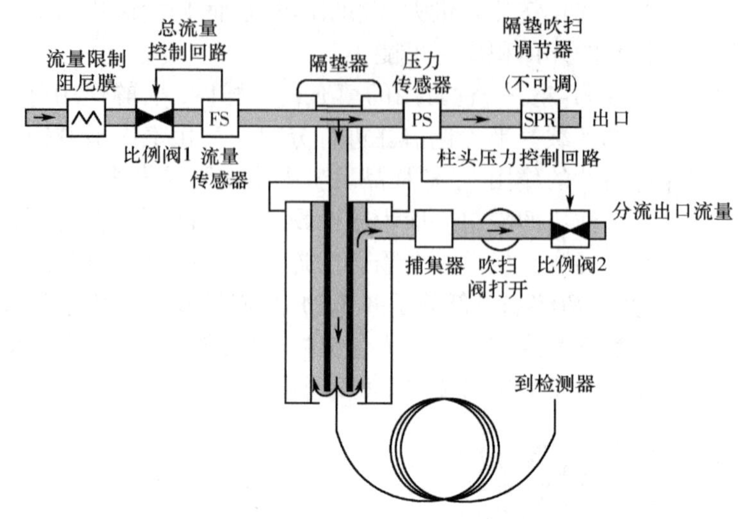

图 11-6　分流进样口

要是为了增大与样品接触的比表面，保证样品完全气化，减小分流歧视（非线性分流）。同时也是为了防止固体颗粒和不挥发的样品组分进入色谱柱。

分流进样主要应用于主成分分析，不适用于痕量组分的定量分析。

（2）分流进样的作用

1）起始谱带窄：若气化室体积小至 1ml，不分流进样时，与填充柱 30ml/min 的流量即 1/30min 的进样时间相比，毛细管柱 1ml/min 的流量即进样时间约需 1min。分流进样时，若载气总流量为 104ml/min，扣除隔垫吹扫气 3ml/min 的流量，毛细管柱的流量仍为 1ml/min，则进样时间只需 1/100min，就能达到快速进样、起始谱带窄的目的。

2）控制样品进样量：在上述情况下，实际进入毛细管柱的样品约为进样量的 1%，通过分流，控制了样品进入色谱柱的量，保证毛细管柱不会超载。另外，当分析一些较“脏”的样品时，分流进样在很大程度上防止了柱污染。

（3）分流比的测定：除具有电子气路控制（EPC）的高档气相色谱仪外，一般仪器的分流比的大小需通过分流阀来手动调节。再通过皂膜流量计测量毛细管柱内的载气流量与放空的载气流量。由于毛细管柱内的载气流量很小，不易测量，故常用测死时间的方法来计算，即

$$F_c = \pi \cdot r^2 L / t_M \qquad (11\text{-}18)$$

式中：r 和 L 分别为毛细管柱的半径和柱长，单位为 cm；t_M 为死时间，单位为 min。实际工作中人们更关心的是分流比的重现性，分流比常用整数之比表示，故一般不需要很准确地测量。

对于毛细管柱，除分流进样外，还有不分流进样、冷柱上进样、程序升温汽化进样、大体积进样等进样方式，具体内容可参阅相关专著。

三、分离系统

分离系统主要包括色谱柱和柱箱。色谱柱是色谱分离的心脏。

(一) 色谱柱

柱管按粗细可分为一般填充柱和毛细管柱。柱管柱材常用玻璃、石英玻璃、不锈钢和聚四氟乙烯等。

1. 一般填充柱　多用内径 2~4mm 的不锈钢管制成螺旋形管柱,常用柱长 2~3m。填充柱的制备方法比较简单,可在实验室中自行填充。新制备的填充柱必需进行老化处理,其目的是除去管柱内残余的溶液,固定液中的低沸程馏分及易挥发的杂质,还可使固定液进一步分布均匀。老化的方法多采用气体流动法:在室温下将色谱柱的入口端与进样口相连,出口勿接检测器,且将检测器密封,再通以载气,调节载气流速为 10~20ml/min,以 2~4℃/min 程序升温至低于固定液最高使用温度 20~30℃,老化 12~14h。如获得平稳基线,则表明老化已合格。新购入的商品柱在使用前最好也进行老化。

色谱柱在不用时,应将进出口端密封存放。较长时间未使用的柱子在使用前也要进行类似老化的处理,只是程序升温至比最高操作柱温高 20℃即可。

2. 毛细管柱　色谱动力学理论认为,可以把气-液填充柱看成一束涂有固定液的长毛细管。由于这束毛细管是弯曲的、多路径的,而使涡流扩散严重,传质阻力大,致使柱效不高。根据这种理论推断,1957 年戈雷(Golay),把固定液直接涂在细而长的空心柱的内壁上,进行色谱分离,获得了极高的柱效。这种色谱柱被称为“开管柱(open tubular column)”,习惯上称为毛细管柱。这标志着毛细管气相色谱法(capillary gas chromatography,CGC)的诞生,它为气相色谱法开辟了新的途径。1979 年 Dandeneau 和 Zerenner 制备出熔融二氧化硅开管柱(fused silica open tubular column,FSOT),在拉制毛细管的同时,在毛细管外壁涂上聚酰亚胺类的有机层,所制得的毛细管柱可弯曲而不被折断,故我国习惯称之为“弹性石英毛细管柱”。1983 年惠普公司推出 0.53mm 大口径毛细管柱,大有取代填充柱的趋势。近几年来,毛细管柱制备技术不断发展,新型高效毛细管柱不断出现,大大提高了气相色谱法对样品中复杂组分的分离能力。

(1) 毛细管色谱柱的分类:按制备方法的不同,毛细管色谱柱可分为开管型和填充型两大类。前者又有壁涂开管柱(wall-coated open tubular column, WCOT)、载体涂渍开管柱(support-coated open tubular column, SCOT)和多孔层开管柱(porous layer open tubular column, PLOT)之分,其中 WCOT 柱最常用,这种毛细管柱把固定液直接涂在毛细管内壁上。

WCOT 柱一般都采用熔融石英玻璃管材,按尺寸可进一步分为微径柱、常规柱和大口径柱三种:①微径柱内径小于 0.1mm,主要用于快速分析;②常规柱内径为 0.2~0.32mm,商品规格一般有 0.25mm 和 0.32mm 两种,用于常规分析;③大口径柱内径为 0.53~0.75mm,商品规格为 0.53mm。一般液膜厚度较大,常可替代填充柱用于定量分析。它可以接在填充柱进样口上,采用不分流进样。

常用商品毛细管柱见表 11-2。

(2) 开管毛细管柱与一般填充柱的比较:与一般填充柱相比其具有如下特点:

1) 柱渗透性好,即载气流动阻力小,可以增加柱长,提高分离度。

2) 相比率(β)大,可以用高载气流速进行快速分析。另外 β 大使 k 减小,因此对于同一样品,可以在更低的柱温下取得分离(低温下选择性因子 α 大),这对固定液的稳定性、方便操作和延长柱子寿命无疑都是有益的。

表 11-2　常用的不同厂商毛细管色谱柱牌号对照

极性	固定液	HP(Agilent)	J£ W	Supelco	Alltech	SGE	适用范围
非极性	OV-1、SE-30	HP-1 Ultra-1	DB-1	SPB-1	AT-1	BP-1	脂肪烃化合物,石化产品
弱极性	SE-54 SE-52	HP-5, Ultra-2, HP-5MS	DB-5	SPB-5	AT-5	BP-5	各类弱极性化合物及各种极性组分的混合物
中极性	OV-1701, OV-17	HP-17, HP-50	DB-1701	SPB-7	AT-1701, AT-50	BP-10	极性化合物,如农药等
强极性	PEG-20M FFAP	HP-20M HP-FFAP	DB-WAX	Supelco wax 10	AT-WAX	BP-20	极性化合物,如醇类,羧酸酯等

3) 柱容量小,允许进样量少。这是由于柱内径小,固定液膜薄(一般 0.25~5 μm),其固定液量只有填充柱的几十分之一至几百分之一,因此通常需采用分流进样,也要求检测器有更高的灵敏度。

4) 总柱效高,分离复杂混合物组分的能力强。一根毛细管柱的理论塔板数最高可达 10^6,最低也有几万。由于高柱效,与填充柱相比,相同量的物质可以得到更高的峰高,不仅能提高定量的检测限。而且在常规分析中,对固定液的选择性就没有填充柱那样高的要求。据估计,一个常规实验室只要购置三种毛细管柱,就可应付 85%以上的气相色谱分析任务。这三种柱是:OV-1(或 SE-30)、SE-54、OV-17(或 OV-1701)。如果再加一根PEG-20M(或 FFAP)柱,则可应付 95%的任务。

5) 允许操作温度高,固定液流失小。这样有利于沸点较高组分的分析,亦有利于提高分析的灵敏度。由于影响色谱柱热稳定性的因素除固定液本身的物理化学稳定性外,还有柱内表面对固定液的催化作用。而石英玻璃管内表面是纯净的二氧化硅,故以其制成的毛细管涂渍柱的热稳定性一般都很好。而且近年来,固定液的固定化使毛细管柱具有液膜稳定,不易被冲洗脱落,使用寿命长,可以扩大固定液的最高使用温度等优点。固定液的固定化的方法有三种:第一种是使固定液分子中的功能基团和毛细管柱内表面产生化学结合,形成一个稳定的液膜,称为固定液的键合(bonding);第二种是使固定液分子之间化学结合,交联形成一个网状的大分子覆盖在毛细管柱内表面,成为不可抽取的液膜,称为固定液的交联(cross-linking);第三种是使固定液分子既与毛细管柱内表面形成化学键合,其自身又交联成网状大分子,称为键合交联。

6) 易实现气相色谱-质谱联用。由于毛细管柱的载气流量小,较易维持质谱仪离子源的高真空。

(二) 柱箱

在分离系统中,柱箱其实相当于一个精密的恒温箱。柱箱最重要的参数是控温参数。柱箱的操作温度范围一般在室温~450℃,且均带有多阶程序升温设计,能满足色谱优化分离的需要。

四、检 测 系 统

检测系统即检测器(detector),它可将混合气体中组分的量变成可测量的电信号,是色谱仪的“眼睛”。

气相色谱仪的检测器已有五十余种之多,一般按响应值与浓度或质量有关,分为浓度型和质量型两类。浓度型检测器,响应信号与载气中组分的瞬间浓度呈线性关系,但峰面积受载气流速影响,因此,当用峰面积定量时,载气应当恒流。常用的浓度型检测器有热导检测器、电子捕获检测器等。质量型检测器,响应信号与单位时间内进入检测器组分的质量呈线性关系,而与组分在载气中的浓度无关,因此峰面积不受载气流速影响。常用的质量型检测器有氢火焰离子化检测器、氮磷检测器和火焰光度检测器等。

(一) 检测器的性能指标

对检测器性能的要求主要有四方面:灵敏度高;稳定性好,噪声低;线性范围宽;死体积小,响应快。

1. 噪声和漂移　在没有样品进入检测器的情况下,仅由于检测器本身及其他操作条件(如柱内固定液流失、橡胶隔垫流失、载气、温度、电压的波动、漏气等因素)使基线在短时间内发生起伏的信号,称为噪声(noise,N),单位用 mV 表示。噪声是检测器的本底信号。使基线在一定时间内对原点产生的偏离,称为漂移(drift,d),单位用 mV/h 表示,如图 11-7 所示。良好的检测器其噪声与漂移都应该很小,它们表明检测器的稳定状况。

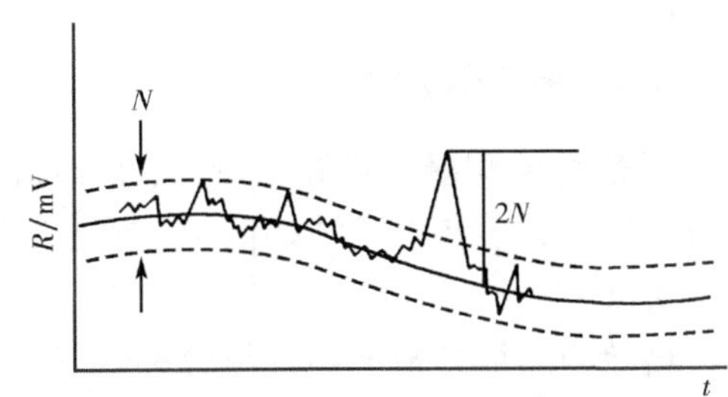

图 11-7　检测器的噪声、漂移和检测限

2. 灵敏度　气相色谱检测器的灵敏度(sensitivity,S)是指通过检测器物质的量变化时,该物质响应值的变化率。一定量的组分(Q)进入到检测器产生响应信号(R),将不同的物质量与相应的响应信号作图,其中线性部分的斜率就是检测器的灵敏度,即

$$S=\frac{\Delta R}{\Delta Q} \tag{11-19}$$

式中:R 的单位为 mV;Q 的单位则因检测器的类型不同而异;S 的单位随之亦有不同。

3. 检测限　灵敏度不能全面地表明一个检测器的优劣,因为它没有反映检测器的噪声水平。信号可以被放大器任意放大,使灵敏度增高,但噪声也同时放大,弱信号仍然难以辨认。因此评价检测器不能只看灵敏度,还要考虑噪声的大小。检测限(detectability,D)从这两方面来说明检测器性能。

某组分的峰高恰为噪声的两(或三)倍时(图 11-7),单位时间内载气引入检测器中该组分的质量或单位体积载气中所含该组分的量称为检测限或称为敏感度。即

$$D=2N/S \tag{11-20}$$

由于灵敏度 S 有不同的单位,所以检测限也有不同的单位。灵敏度和检测限是从两个

不同角度表示检测器对物质敏感程度的指标。灵敏度越大,检测限越小,则表明检测器性能越好。

在实际工作中,常用最小检测量或最小检测浓度表示色谱分析的敏感程度。最小检测量或最小检测浓度是恰好能产生二(或三)倍噪声时的进样量或进样浓度。与检测限不同的是它们不仅与检测器的性能有关,还与色谱峰的宽度和进样量等因素有关。

4. 线性范围 线性范围(liner range)是指被测物质的量与检测器响应信号成线性关系的范围,以最大允许进样量与最小进样量之比表示。线性范围与定量分析有密切的关系。

表11-3列出了常用检测器的性能。

表11-3 常用检测器的性能

检测器	检测对象	噪 声	检测限	线 性	适用载气
TCD	通用	0.01mV	10^{-5}mg/ml	10^4	N_2、He
FID	含CH化合物	10^{-4}A	10^{-10}mg/s	10^7	N_2
ECD	含电负性基团	8×10^{-12}A	5×10^{-11}mg/ml	5×10^4	N_2
NPD	含PN化合物		10^{-12}mg/s	10^5	N_2、Ar
PFD	含SP化合物		3×10^{-10}mg/s	10^5	N_2、He

(二)常用检测器

1. 热导检测器 热导检测器(thermal conductivity detector;TCD)属通用型检测器,应用较为广泛。它的特点是结构简单,性能稳定,线性范围宽,而且不破坏样品。但灵敏度较低是其缺点。

热导的测量是根据各种组分和载气的热导系数不同,采用电阻温度系数高的热敏元件(热丝)通过惠斯顿电桥进行检测的。

如图11-8(a)为双臂热导池。热丝(钨丝或铼钨丝)装在池体内,两组热丝与两个电阻组成惠斯顿电桥,见图11-8(b)。当恒定流速的载气通入两臂并以恒定的电压给热丝加热时,电桥处于平衡状态。即 $R_1/R_2=R_3/R_4$,A、B两点电位相等,无电流信号输出,记录基线。

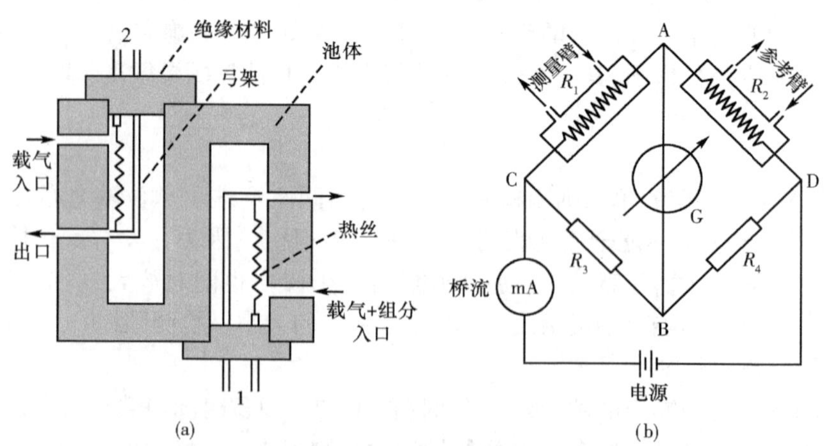

图11-8 双臂热导池(a)与双臂热导池检测原理示意图(b)

1. 测量臂;2. 参考臂

此时热丝消耗的电能所产生的热量，主要由载气传导和“强制”对流所带走，热量的产生与散失建立热动平衡。当含有样品组分的载气，进入测量臂时，通过两臂的气体组成不同，若该组分与载气的热导率不等，则测量臂的热动平衡被破坏，热敏元件的温度将改变。电桥不平衡，A、B 两点电位不相等，有电流信号输出。若用记录器（电子毫伏计）代替检流计 G，则可记录 mV-t 曲线，即色谱图。

由于 V_{AB} 的大小取决于组分与载气的热导率之差以及组分在载气中的浓度，因此在载气与组分一定时，峰高（V_{AB}）或峰面积可用于定量。

现 TCD 多采用四臂热导池，在相同条件下灵敏度是双臂热导池的两倍。为提高灵敏度和延长 TCD 的寿命，最好选用氢气或氦气作载气。若采用氮气，应使用较小的桥流。开机时，应先通载气，再加桥流；关机时，应先关桥流，再关载气，防止热丝温度过高而损坏。

2. 氢焰离子化检测器　氢焰离子化检测器（hydrogen flame ionization detector；FID）属准通用型检测器（只对碳氢化合物产生信号），是应用最广泛的一种。其特点是死体积小，灵敏度高（比 TCD 高 100～1000 倍），稳定性好，响应快，线性范围宽，适合于痕量有机物的分析，但样品被破坏，无法进行收集，不能检测永久性气体以及 H_2O、H_2S 等。

FID 的主要部件是离子室，如图 11-9 所示。

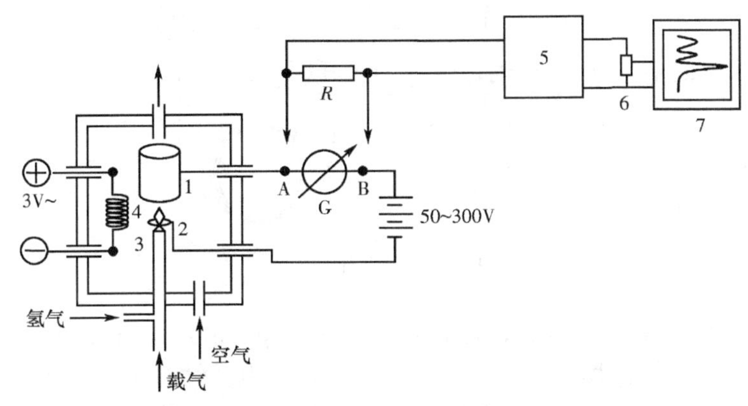

图 11-9　氢火焰离子化检测器离子室

1. 收集极；2. 极化极；3. 氢火焰喷嘴；4. 点火线圈；5. 微电流放大器；6. 衰减器；7. 记录器

从图可以看出，H_2 与载气在进入喷嘴前混合，空气（助燃气）由一侧引入，在火焰上方筒状收集电极（作正极）和下方的圆环状极化电极（作负极）间施加恒定的电压，当待测有机物由载气携带从色谱柱流出，进入火焰后，在火焰高温（2000℃左右）作用下发生离子化反应，生成的许多正离子和电子，在外电场作用下，向两极定向移动，形成了微电流（微电流的大小与待测有机物含量成正比），微电流经放大器放大后，由记录仪记录下来。

选择 FID 的操作条件时应注意所用气体流量和工作电压，一般 N_2 和 H_2 流速的最佳比 1∶1～1.5（此时灵敏度高、稳定性好），氢气和空气的比例为 1∶10，极化电压一般为 50～300V。

FID 为质量型检测器，它对温度变化不敏感。但在用填充柱或毛细管柱作程序升温时要特别注意基线漂移，可用双柱进行补偿，或者用仪器配置的自动补偿装置进行“校准”和“补偿”。

在FID中,由于氢气燃烧,产生大量水蒸气。若检测器温度低于80℃,水蒸气不能以蒸气状态从检测器排出,冷凝成水,使高阻值的收集极阻值大幅度下降,减小灵敏度,增加噪声。所以,要求FID检测器温度必须在120℃以上。

毛细管柱接FID时,一般都要采用尾吹气(make up gas)。所谓尾吹气是从柱出口处直接进入检测器的一路气体,又叫补充气或辅助气,见图11-10。这是由于毛细管柱的柱内流量太低(常规柱为1~3ml/min),不能满足检测器的最佳操作条件(一般要求20ml/min的载气流量)。尾吹气的另一个重要作用是消除检测器死体积的柱外效应。经分离的各组分流出毛细管柱后,必然由于管道体积增大而出现体积膨胀,导致流速减缓,因而引起谱带展宽。一般情况下,使用N_2作载气和尾吹气能获得较高的灵敏度。此外,尾吹气的流量还会对FID的灵敏度有所影响。

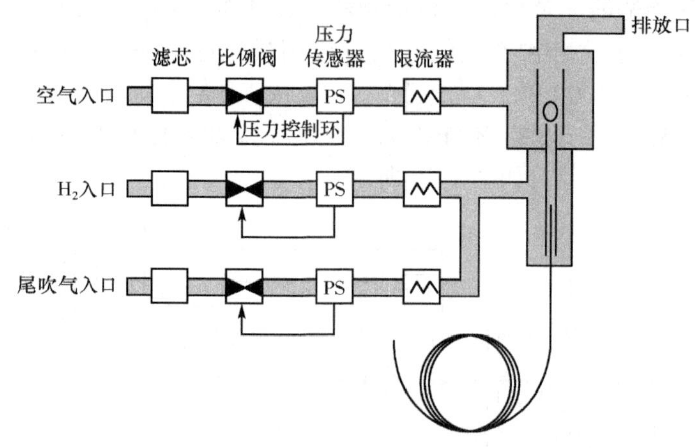

图11-10 FID气路示意图

3. 电子捕获检测器 电子捕获检测器(electron capture detector,ECD)是一种专属型检测器,具有灵敏度高、选择性好的优点,是目前分析痕量电负性有机化合物最有效的检测器,对含卤素、硫、氧、羰基、氰基、氨基和共轭双键体系等的化合物有很高的响应。可检测出CCl_4为10^{-14}g/ml。但对无电负性的物质如烷烃等几乎无响应。其线性范围窄,易受操作条件影响而导致分析重现性较差。

电子捕获检测器的结构如图11-11所示。电子捕获检测器的主体是电离室,目前广泛

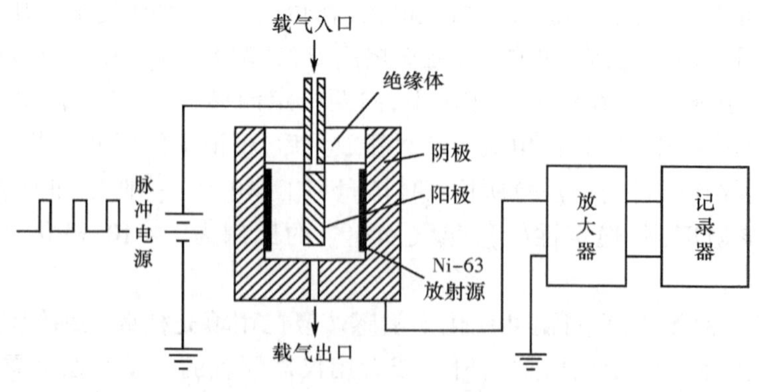

图11-11 电子捕获检测器的结构图

采用的是圆筒状同轴电极结构。阳极是外径约 2mm 的铜管或不锈钢管，金属池体为阴极。离子室内壁装有 β 射线放射源，常用的放射源是 ^{63}Ni。在阴极和阳极间施加一直流或脉冲极化电压。载气用 N_2 或 Ar。

当载气（N_2）从色谱柱流出进入检测器时，放射源放射出的 β 射线，使载气电离，产生正离子及低能量电子。

$$N_2 \rightarrow N_2^+ + e$$

这些带电粒子在外电场作用下向两电极定向流动，形成了约为 10^{-8}A 的离子流，即为检测器基流。当电负性组分 AB 进入离子室时，因为 AB 有较强的电负性，可以捕获低能量的电子，而形成负离子，并释放出能量。电子捕获反应如下：

$$AB + e \rightarrow AB^- + E$$

式中：E 为反应释放的能量。

电子捕获反应中生成的负离子 AB 与载气的正离子 N_2^+ 复合生成中性分子。反应式为：

$$AB^- + N_2^+ \rightarrow N_2 + AB$$

由于电子捕获和正负离子的复合，使电极间电子数和离子数目减少，致使基流降低，产生了组分的检测信号。由于被测样品捕获电子后降低了基流，所以产生的电信号是负峰，负峰的大小与组分的浓度成正比，这正是 ECD 的定量基础。负峰不便观察和处理，通过极性转换即为正峰。

ECD 一般采用高纯 N_2（>99.999%）作载气，载气必须严格纯化，彻底除去水和氧。为了保持 ECD 池洁净，不受柱固定相污染，应尽量选用低配比的耐高温或交联固定相。

为了防止放射性污染，检测器出口一定要用管道接到室外通风出口。与 FID 相似，连接毛细管柱时，为了同时获得较好的柱分离效果和较高基流，尾吹气流量至少要达到 25ml/min，以便检测器内 N_2 达到最佳流量。

4. 氮磷检测器　氮磷检测器（nitrogen-phosphorus detector，NPD）又称为热离子化检测器（thermionic detector，TID）或热离子专一检测器（thermionic specific detector，TSD），对含氮、磷的有机化合物灵敏度高，专一性好。其结构与 FID 相似，只是在喷嘴与收集极之间加一个由硅酸铷或硅酸铯等制成的玻璃或陶瓷珠的热离子电离源及其加热系统。

5. 火焰光度检测器　火焰光度检测器（flame photometric detector，FPD）又称为硫磷检测器，具有高灵敏度和高选择性。它是利用富氢火焰使含硫、磷杂原子的有机物分解，形成激发分子，当它们回到基态时，发射出一定波长的光。此光强度与被测组分量成正比。

五、数据处理系统

数据处理系统最基本的功能是将检测器输出的模拟信号进行采集、转换、计算，并输出信号强度随时间的变化曲线，即色谱图。

现代的色谱仪都有一个色谱工作站（由工作软件、电脑、打印系统组成），它能完成数据处理系统的所有任务，有的还能对色谱仪实现实时自动控制。

色谱仪通过色谱数据采集卡和色谱仪器控制卡与计算机连接，在色谱工作站软件控制下，可以对气相色谱、高效液相色谱、离子色谱、凝胶渗透色谱、超临界流体色谱、薄层色谱及毛细管电泳等的检测器输出的色谱峰的模拟信号进行转换、采集、存贮和处理，并对采集和存贮的色谱图进行分析校正和定量计算，最后打印出色谱图和分析报告。

第5节　分离条件的选择

一、色谱柱的总分离效能指标——分离度

分离度(resolution，R)又称分辨率，其定义为：相邻两组分色谱峰的保留时间之差与两峰底宽度之和一半的比值，即

$$R=\frac{t_{R_2}-t_{R_1}}{\frac{1}{2}\cdot(W_1+W_2)}=\frac{2(t_{R_2}-t_{R_1})}{W_1+W_2} \tag{11-21}$$

式中：t_{R_1}、t_{R_2}分别为组分1、2的保留时间；W_1、W_2分别为组分1、2色谱峰的峰宽。R值越大，表明相邻两组分分离越好。两组分保留值的差别，主要决定于固定相的热力学性质；色谱峰的宽窄则反映了色谱过程的动力学因素，柱效能高低。因此，分离度是柱效能、选择性影响因素的总和，故可用其作为色谱柱的总分离效能指标。

设色谱峰为正常峰，且 $W_1\approx W_2=4\sigma$。若 $R=1$，峰尖距(Δt_R)为 4σ，此分离状态称为 4σ 分离，峰基略有重叠，裸露峰面积≥95.4%($t_R\pm2\sigma$)。若 $R=1.5$，峰尖距为 6σ，称为 6σ 分离，两峰完全分开，裸露面积≥99.7%($t_R\pm3\sigma$)。在作定量分析时，为了能获得较好的精密度与准确度，应使 $R\geq1.5$(《中国药典》2005版规定)。

二、色谱基本分离方程式

分离度的定义并没有反映影响分离度的诸因素，实际上，分离度受柱效(n)、选择性系数(α)和容量因子(k)三个参数的控制。在色谱分析中，对于多组分混合物的分离分析，在选择合适的固定相及实验条件时，主要针对其中难分离物质对来进行，就是说要抓住主要矛盾。对于难分离物质对，由于它们的分配系数差别小，可合理地假设 $k_1\approx k_2=k$，$W_1\approx W_2=W$，由式(11-6)得：

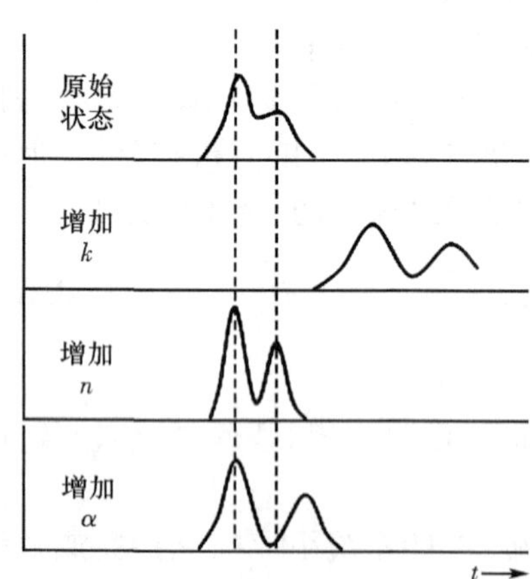

图 11-12　容量因子(k)、柱效(n)及选择性因子(α)对分离度(R)的影响

$$\frac{1}{W}=\frac{\sqrt{n}}{4}\cdot\frac{1}{t_R} \tag{11-22}$$

将式(11-22)及式(9-10)代入式(11-21)，整理后可得：

$$R=\frac{\sqrt{n}}{4}\cdot\left(\frac{\alpha-1}{\alpha}\right)\cdot\left(\frac{k}{1+k}\right) \tag{11-23}$$

式(11-23)即为色谱基本分离方程式，它表明 R 随体系的热力学性质(α 和 k)的改变而变化，也与色谱柱条件(n 改变)有关，如图 11-12 所示。n 影响峰的宽度，k 影响峰位，α 影响峰间距

在实际应用中，往往用 n_{eff} 代替 n。将式(11-6)除以式(11-7)，并将式(9-5)和(9-15)代入，可得

$$n=\left(\frac{1+k}{k}\right)^2 \cdot n_{eff} \tag{11-24}$$

将式(11-24)代入式(11-23)，则可得用有效板数表示的色谱基本分离方程式。

$$R=\frac{\sqrt{n_{eff}}}{4} \cdot \left(\frac{\alpha-1}{\alpha}\right) \tag{11-25}$$

1. 分离度与柱效的关系　对于一定理论板高的柱子，分离度的平方与柱长成正比，即

$$\left(\frac{R_1}{R_2}\right)^2=\frac{n_1}{n_2}=\frac{L_1}{L_2} \tag{11-26}$$

增加柱长可改进分离度，但各组分的保留时间增长，延长了分析时间并使峰展宽。因此在达到一定的分离度的条件下应使用短一些的色谱柱。增加 n 值的另一办法是减小柱的 H 值，这意味着应制备一根性能优良的柱子，并在最优化条件下进行操作。

2. 分离度与选择性因子的关系　由式(11-23)可知，当 $\alpha=1$ 时，$R=0$。这时，无论怎样提高柱效也无法使两组分分离。显然，α 越大，柱选择性越好，分离效果越好。研究证明 α 的微小变化，就能引起分离度的显著变化。因此增大 α 值是提高分离度的有效办法。一般改变固定相性质或降低柱温，可有效增大 α 值。

3. 分离度与容量因子的关系　k 值大一些对分离有利，但并非越大越有利。$k>10$ 时，$k/(k+1)$ 改变不大，对 R 的改进不明显，反而使分析时间大为延长。因此 k 值范围 1～10 较适宜，这样即可得到大的 R 值，亦可使分析时间不至于过长，且使峰的展宽不会太严重而对检测产生影响。使 k 改变的方法有：改变柱温和改变相比。前者会影响分配系数而使 k 改变；改变相比包括改变固定相用量 V_s 及柱死体积 V_M。其中 V_M 影响 $k/(k+1)$，当组分的保留值较大而 V_M 又相当小时，$k/(k+1)$ 随 V_M 增加而急剧下降，导致达到相同的分离度所需 n 值大为增加。由此可见，使用死体积大的柱子，分离度要受到大的损失。对于填充柱采用细颗粒填充物，填充的紧密而均匀，可降低柱死体积。

色谱基本分离方程式将分离度、柱效和选择性系数联系起来，只要已知两个指标，就可估算出第三个指标。

例 2　假设两个组分的相对保留值 $r_{i,s}=1.05$，要在一根色谱柱上得以完全分离，求：

(1) 需要的有效塔板数为多少？

(2) 设柱有效板高 $H_{eff}=0.2\text{mm}$，所需的柱长为多少？

解：(1) $n_{eff}=16\times1.5^2\times\left(\frac{1.05}{1.05-1}\right)^2=1.6\times10^4$

(2) $L=1.6\times10^4\times0.2\times10^{-3}=3.2\text{m}$

三、分离操作条件的选择

在气相色谱分析中，除了要选择好固定相之外，还要选择分离操作的最佳条件，在处理这一问题时，既应考虑使难分离的物质对达到完全分离的要求，还应尽量缩短分析所需的时间。

1. 载气及其流速的选择　对一定的色谱柱和组分，有一个最佳的载气流速，此时柱效

最高。根据式(11-9)

$$H=A+B/u+Cu$$

用塔板高度 H 对载气流速 u 作图为二次曲线。曲线最低点所对应的板高最小($H_{最小}$),柱效最高,此时的流速称为最佳流速($u_{最佳}$)。H-u 曲线如图 11-13 所示。

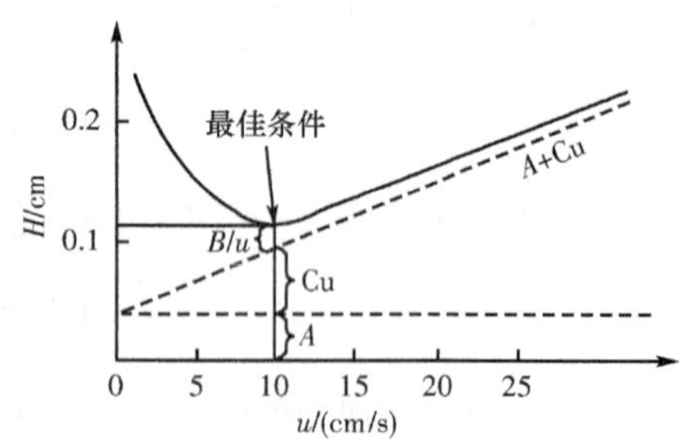

图 11-13 塔板高度 H 与流速 u 关系

$u_{最佳}$ 及 $H_{最小}$ 可由式(11-9)微分求得:

$$\frac{dH}{du}=-\frac{B}{u^2}+C=0$$

$$u_{最佳}=\sqrt{B/C} \tag{11-27}$$

将式(11-27)代入式(11-9)得:

$$H_{最小}=A+2\sqrt{BC} \tag{11-28}$$

在实际工作中,为了缩短分析时间,往往使流速稍高于最佳流速。从式(11-9)及图 11-13 可见,当流速较小时,分子扩散系数(B)就成为色谱峰展宽的主要因素,此时宜用相对分子质量较大的氮气或氩气为载气(D_g小);而当流速较大时,传质阻力系数(C)为控制因素,宜采用相对分子质量较小的氢气或氦气(D_g大)。色谱柱较长时,在柱内产生较大压力降,此时采用黏度低的氢气较合适。

对于填充柱,N_2最佳线速度为 7~10cm/s;H_2为 10~12cm/s。通常载气流速(F_c)可在 20~80ml/min 内,可通过实验确定最佳流速,以获得高柱效。对于开管毛细管柱,N_2、He 和 H_2最佳流速分别约为 20cm/s、25cm/s 和 30cm/s。

2. 柱温的选择 柱温是一个重要的操作参数,它直接影响色谱柱的使用寿命、柱的选择性、柱效能和分析速度。柱温低有利于分配,有利于组分的分离;但柱温过低,被测组分可能在柱中冷凝,或者传质阻力增加,使色谱峰扩张,甚至拖尾。柱温高,虽有利于传质,但分配系数变小不利于分离。一般通过实验选择最佳柱温,原则是:在使最难分离物质对有尽可能好的分离度的前提下,尽可能采用较低的柱温,但以保留时间适宜,峰形不拖尾为度。在实际工作中一般根据样品沸点来选择柱温。

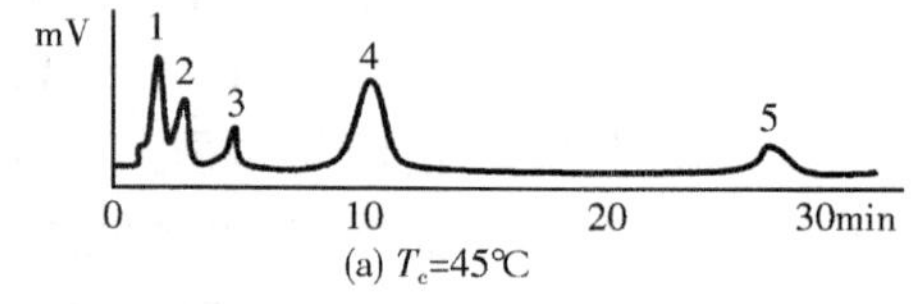

(a) T_c=45℃

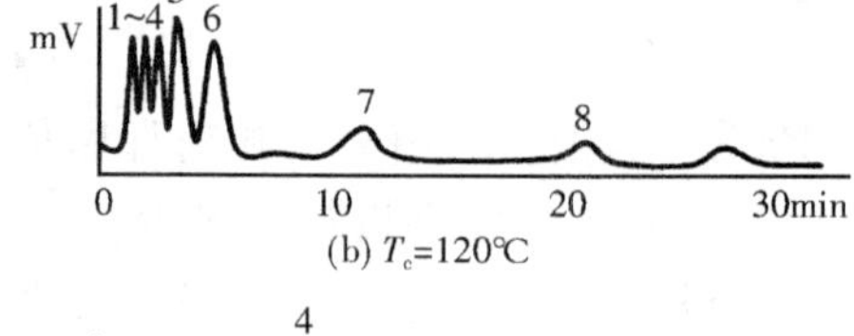

(b) T_c=120℃

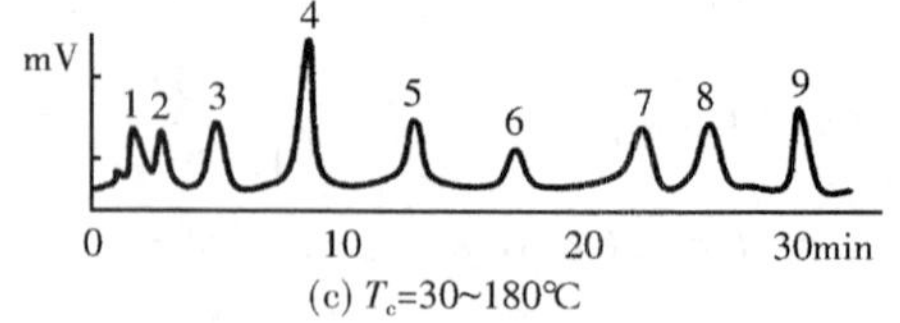

(c) T_c=30~180℃

图 11-14 宽沸程混合物的恒温色谱与程序升温色谱分离效果的比较

1. 丙烷(-42℃);2. 丁烷(-0.5℃);3. 戊烷(36℃);4. 己烷(68℃);5. 庚烷(98℃);6. 辛烷(126℃);7. 溴仿(150.5℃);8. 间氯甲苯(161.6℃);9. 间溴甲苯(183℃)

(1) 恒温:对于高沸点样品(300~400℃),柱温可低于其沸点 100~200℃,为了改善液相传质阻力,应选用低固定液配比(1%~3%)的填充柱或薄液膜毛细管柱,并采用高灵敏度检测器。对于沸点低于 300℃的样品,柱温可以在比各组分的平均沸点低 50℃至平均沸点的温度范围内。

(2) 程序升温:对于宽沸程样品(混合物中高沸点组分与低沸点组分的沸点之差称为沸程),用恒定柱温往往造成低沸点组分分离不好，而高沸点组分峰形扁平，需采取程序升温方法，即在同一个分析周期内，柱温按预定的加热速度，随时间作线性或非线性的变化。其优点是能缩短分析周期，改善峰形，提高检测灵敏度。但有时会引起基线漂移。图11-14为宽沸程样品在恒定柱温与程序升温的色谱对比图。可以看出程序升温改善了复杂组分样品的分离效果，使各组分都能在较适宜的温度下分离。

在使用程序升温时，一般来讲，色谱柱的初始温度应接近样品中最轻组分的沸点，而最终温度则取决于最重组分的沸点。升温速率则要依样品的复杂程度而定。在没有资料可供参考的情况下，建议毛细管柱的尝试温度条件设置为：

OV-1（或SE-30）或SE-54柱：从50℃到280℃，升温速率10℃/min；

OV-17（或OV-1701）柱：从60℃到260℃，升温速率8℃/min；

PEG-20M（或FFAP）柱：从60℃到200℃，升温速率8℃/min。

以上只是方法开发时的初始参考条件，具体工作中一定要根据样品的实际分离情况来优化设定。

第6节　分析方法

气相色谱分析包括定性鉴定和定量测定两部分。

一、定性分析

色谱定性分析是鉴定样品中各组分是何种化合物。色谱法通常只能鉴定范围已知的未知物，对范围未知的混合物单纯用气相色谱法定性则很困难。常需与化学分析或其他仪器分析方法配合。

（一）利用保留值定性

根据同一种物质在同一根色谱柱上和相同的操作条件下保留值相同的原理进行定性。

1. 与标准品对照定性

（1）利用保留时间：一种最简单的方法，它是将样品和标准品在同一根色谱柱上，用相同的色谱条件进行分析，作出色谱图后进行对照比较，如图11-15所示。在具有已知标准物

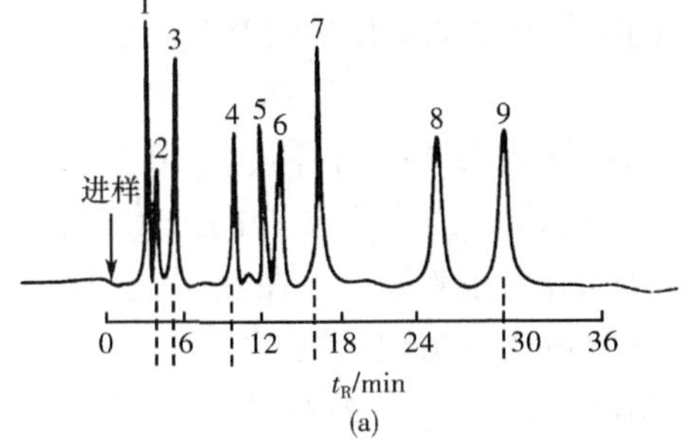

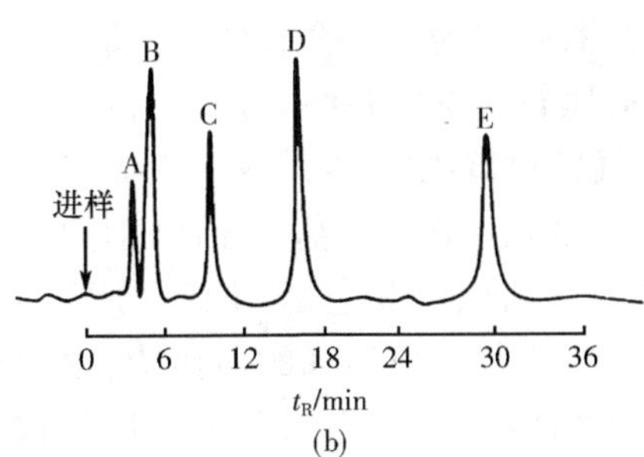

图11-15　以标准物直接对照进行定性分析示意图

标准物：A. 甲醇；B. 乙醇；C. 正丙醇；D. 正丁醇；E. 正戊醇

（a）未知物；（b）标准物

质的情况下常使用此法,但要求载气的流速,柱温一定要恒定。

(2) 利用相对保留值定性:由于分配系数 K 只决定于组分的性质、柱温与固定液的性质,而与固定液的用量、柱长、载气流速及柱填充情况等无关,因此当载气流速和温度发生时微小变化,被测组分与参比组分的保留时间同时发生变化,而它们的比值——相对保留值 $r_{i,s}$则不变,可作为定性较可靠参数。

(3) 利用加入标准品增加峰高定性:将适量的标准品加入样品中,混匀,进样。对比加入前后的色谱图,若加入后某色谱峰相对增高,则该色谱组分与已知标准物质可能为同一物质。这是确认某一复杂样品中是否含有某一组分的较好办法。

2. 利用文献值对照进行定性 在无法获得标准品时可利用文献值对照定性,即利用标准品的文献保留值(相对保留值或保留指数)与未知物的测定保留值进行比较对照来进行定性分析。

3. 双柱定性 无论采用标准品直接对照定性,还是采用文献值对照定性,都是在同一根柱子上进行分析比较定性的。其定性的准确度都还不是很高,往往还需要其他方法再加以确认。如果将标准品直接对照定性或文献值对照定性与保留值规律结合定性,则可以大大提高定性分析结果的准确度。双柱定性是在两根不同极性的柱子上,将未知物的保留值与标准品的保留值或其在文献上的保留值进行对比分析。在用双柱定性时,所选择的两根柱子的极性差别应尽可能大,极性差别越大,定性分析结果的可信度越高。此外保留值规律还有碳数规律和沸点规律。

(二) 利用两谱联用定性

气相色谱的分离效率很高,但仅用色谱数据定性却很困难。通常称“四大谱”的 质谱法、红外光谱法、紫外光谱法和磁共振波谱法对于单一组分(纯物质)的有机化合物具有很强的定性能力。因此,若将色谱分析与这些仪器联用,就能发挥各自方法的长处,很好地解决组成复杂的混合物的定性分析问题。

联用方法一般有两种:一种方法是将色谱分离后需要进行定性分析的某些组分分别收集起来,然后再用上述“四大谱”的方法或其它的定性分析方法进行分析。这一方法繁琐,费时且易污染样品,一般只在没有办法的时候才采用(如与某仪器没有合适的连接技术);另一种方法是将色谱与上述几种仪器通过适当的连接技术——“接口”直接联接起来。将色谱分离后的每一组分,通过“接口”直接送到上述仪器中进行定性分析。这样,色谱和所联用的仪器就成为了一个整体——联用仪,可以同时得到样品的定性和定量结果。

目前比较成熟的在线联用仪有:

1. 气相色谱-质谱联用仪(GC-MS) 由于质谱的灵敏度高(需样量仅 $10^{-11} \sim 10^{-8}$g)、扫描时间快(0~1000 质量数,扫描时间可短于 1s),并能准确测定未知物的分子量,给出许多结构信息。因此,气相色谱-质谱联用是目前最成功的联用仪器。它在获得色谱图的同时,可得到对应于每个色谱峰的质谱图,根据质谱对每个色谱组分进行定性。

2. 气相色谱-傅里叶红外光谱联用仪(GC-FTIR) 傅里叶变换红外光谱仪(FTIR)扫描速度快(全波数扫描 0.1 至几秒),灵敏度高(信号可累加),而且红外吸收光谱的特征性强,因此 GC-FTIR 也是一种很好的联用仪器,能对组分进行定性鉴定。但其灵敏度与图谱自动检索还不如 GC-MS。

其他的定性方法还有化学反应定性、选择性检测器定性等等。

二、定量分析

气相色谱定量分析的依据是在一定的分离和分析条件下，色谱峰的峰面积或峰高（检测器的响应值）与所测组分的质量（或浓度）成正比。即

$$m_i = f_i' A_i \tag{11-29}$$

式中：m_i为组分量，它可以是质量，也可以是物质的量，对气体则可为体积；f_i'称为定量校正因子，定义为单位峰面积所代表的待测组分 i 的量；A_i为峰面积，由于其大小不易受操作条件如柱温、流动相流速、进样速度等的影响，从这一点来看，峰面积更适于作为定量分析的参数。现代色谱仪配套的工作站一般都装有准确测量色谱峰面积的电学积分仪。

（一）定量校正因子

由于相同量的同一种物质在不同类型检测器上往往有不同的响应灵敏度；同样，相同量的不同物质在同一检测器上的响应灵敏度也往往不同，即相同量的不同物质产生不同值的峰面积或峰高。这样，就不能用峰面积来直接计算物质的含量。为了使检测器产生的响应信号能真实地反映物质的含量，就要对响应值进行校正，因此引入定量校正因子。

1. 定量校正因子的定义　定量校正因子分为绝对定量校正因子和相对定量校正因子。由上述峰面积与物质量之间的关系式(11-29)可知：

$$f_i' = m_i / A_i \tag{11-30}$$

式中：f_i'称为绝对定量校正因子，其值随色谱实验条件而改变，因而很少使用。

在实际工作中一般采用相对校正因子。其定义为某组分 i 与所选定的参比物质 s 的绝对定量校正因子之比，即：

$$f_{i,s} = \frac{f_i'}{f_s'} = \frac{m_i/A_i}{m_s/A_s} \tag{11-31}$$

式中：m 以质量表示，因此 $f_{i,s}$ 又称为相对质量校正因子，通常简称为质量校正因子。对于TCD来说，它只与待测组分，参比物质以及检测器类型有关，而与检测器的结构及操作条件如柱温、载气流速、固定液性质等无关，因而是一个能通用的常数。

2. 定量校正因子的测定　气相色谱的定量校正因子常可以从手册和文献查到，但是有些物质的校正因子查不到，或者所用检测器类型或载气与文献的不同，这时就需要自己测定。测定方法为：准确称取待测校正因子的物质 i（纯品）和所选定的基准物质 s，配制成溶液混匀后进样，测得两色谱峰面积 A_i和 A_s，用式(11-31)求得物质 i 的质量校正因子。显然，选择不同的基准物质测得的校正因子数值不同，气相色谱手册中数据常以苯或正庚烷为基准物质。也可以根据需要选择其他基准物质，如采用归一化法定量时，选择样品中某一组分为基准物质。测定校正因子的条件（检测器类型）应与定量分析的条件相同。还应该注意的是，使用热导检测器时，以氢气或氦气作载气测得的校正因子相差不超过3%，可以通用，但以氮气作载气测得的校正因子与前两者相差很大，不能通用。而氢焰离子化检测器的校正因子与载气性质无关。

（二）定量分析方法

气相色谱定量分析与绝大部分的仪器定量分析一样，是一种相对定量方法，而不是绝对定量方法。常用的定量方法有归一化法、外标法、内标法和标准加入法。这些定量方法各有优缺点和使用范围，因此实际工作中应根据分析的目的、要求以及样品的具体情况选择合适的定量方法。如严格控制操作条件，气相色谱定量分析的相对标准偏差可达到 1%～3%。

1. 归一化法（normalization method） 如果样品中所有组分都能产生信号，得到相应的色谱峰，那么可以用式(11-29)计算各组分的量，再用下式计算某一组分或所有组分的百分含量。

$$w_i = \frac{A_i f_i}{A_1 f_1 + A_2 f_2 + A_3 f_3 + \cdots\cdots A_n f_n} \times 100\% = \frac{A_i f_i}{\sum A_i f_i} \times 100\% \tag{11-32}$$

若样品中各组分的校正因子相近，可将校正因子消去，直接用峰面积归一化进行计算。《中国药典》用不加校正因子的面积归一化法测定药物中各杂质及杂质的总量限度，即

$$w_i = \frac{A_i}{A_1 + A_2 + A_3 + \cdots\cdots + A_n} \times 100\% = \frac{A_i}{\sum A_i} \times 100\% \tag{11-33}$$

例如用 5%甲基硅橡胶（SE-30）柱，柱温 100℃，分离某醇类混合物，用氢焰离子化检测器检测。测得的数据用校正面积归一化法与面积归一化法计算各种醇的百分含量，结果列于表 11-4。由表可见由校正与未校正的面积归一化计算所得的百分含量差别很大。

表 11-4 醇类混合物的分析结果

	甲醇	乙醇	正丙醇	正丁醇	正戊醇
峰面积 A/cm^2	2.0	4.0	3.0	2.5	2.2
f_m（以正庚烷为标准）	4.35	2.18	1.67	1.52	1.39
校正面积归一化/%	29.7	29.8	17.1	13.0	10.4
面积归一化/%	14.6	29.2	21.9	18.2	16.1

归一化法的优点是：简便、准确、定量结果与进样量重复性无关（在色谱柱不超载的范围内）、操作条件略有变化时对结果影响较小。缺点是：必须所有组分在一个分析周期内都流出色谱柱，而且检测器对它们都产生信号。它不适用于微量杂质的含量测定。

2. 外标法（external standard method） 用待测组分的纯品作标准品（对照品），在相同条件下以标准品和样品中待测组分的响应信号相比较进行定量的方法称为外标法。此法可分为工作曲线法及外标一点法等。

工作曲线法是用标准品配制一系列浓度的标准溶液确定标准曲线，求出斜率（即绝对校正因子）、截距。在完全相同的条件下，准确进样与标准溶液相同体积的样品溶液，根据待测组分的信号，用线性回归方程计算。通常截距应为零，若不等于零说明存在系统误差。为节省时间，工作曲线法有时可以用外标二点法代替。当待测组分含量变化不大，工作曲线的截距为零时，也可用外标一点法（即直接对照法）定量。

外标一点法是用一种浓度的标准溶液对比测定样品溶液中待测组分的含量。将标准溶液与样品溶液在相同条件下多次进样，测得峰面积的平均值，用下式计算样品中待测组分 i

的量：

$$c_i = A_i (c_i)_s / (A_i)_s \tag{11-34}$$

式中：c_i与A_i分别代表在样品溶液中所含i组分的量及相应的峰面积；$(c_i)_s$及$(A_i)_s$分别代表在标准溶液中含纯品i组分的量及相应峰面积。外标法方法简便，不需用校正因子，不论样品中其他组分是否出峰，均可对待测组分定量。工作曲线可以使用一段时间，特别适合于大批量样品的分析。但此法的准确性受进样重复性和实验条件稳定性的影响。此外，为了降低外标一点法的实验误差，应尽量使配制的标准溶液的浓度与样品中组分的浓度相近。

3. 内标法(internal standard method)　选择样品中不含有的纯物质作为参比物质加入待测样品溶液中，以待测组分和参比物质的响应信号对比，测定待测组分含量的方法称为内标法。“内标”的由来是因为标准（参比）物质加入到样品中，有别于外标法。该参比物质称为内标物。

在一个分析周期内不是所有组分都能流出色谱柱（如有难气化组分），或检测器不能对每个组分都产生信号，或只需测定混合物中某几个组分的含量时，可采用内标法。

准确称量mg样品，再准确称量m_sg内标物，加入至样品中，混匀，进样。测量待测组分i的峰面积A_i及内标物的峰面积A_s，则i组分在mg样品中所含的重量m_i与内标物的重量m_s有下述关系

$$\frac{m_i}{m_s} = \frac{f_i A_i}{f_s A_s}$$

待测组分i在样品中的质量分数w_i为：

$$w_i = \frac{m_i}{m} \times 100\% = \frac{A_i f_i}{A_s f_s} \cdot \frac{m_s}{m} \times 100\% = f_{i,s} \frac{A_i}{A_s} \cdot \frac{m_s}{m} \times 100\% \tag{11-35}$$

内标法的关键是选择合适的内标物。对内标物的要求是：①内标物是原样品中不含有的组分，否则会使峰重叠而无法准确测量内标物的峰面积；②内标物的保留时间应与待测组分相近，或处于几个待测组分的色谱峰之间，但彼此能完全分离（$R \geqslant 1.5$）；③内标物必须是纯度合乎要求的纯物质，加入的量应接近于待测组分；④内标物与待测组分的理化性质（如挥发性，化学结构，极性以及溶解度等）最好相似，这样当操作条件变化时，更有利于内标物及待测组分作匀称的变化。

内标法的优点是：①在进样量不超限（色谱柱不超载）的范围内，定量结果与色谱条件的微小变化特别是进样量的重复性无关；②只要待测组分及内标物出峰，且分离度合乎要求，就可定量，与其他组分是否出峰无关；③很适用于微量组分的分析。如测定药物中微量有效成分或杂质的含量，由于微量有效成分或杂质与主要成分含量相差悬殊，无法用归一化法测定含量，用内标法则很方便。加一个与杂质量相当的内标物，加大进样量突出杂质峰，测定杂质峰与内标峰面积之比，即可求出杂质含量。但样品配制比较麻烦和内标物不易找寻是其缺点。

例3　无水乙醇中微量水分的测定

（1）样品配制：准确量取被测无水乙醇100ml，称量为79.37g。用差减法加入无水甲醇（内标物）约0.25g，精密称定为0.2572g，混匀待用。

（2）实验条件：色谱柱：上试401有机载体（或GDX-203）；柱长：2m；柱温：120℃；气化

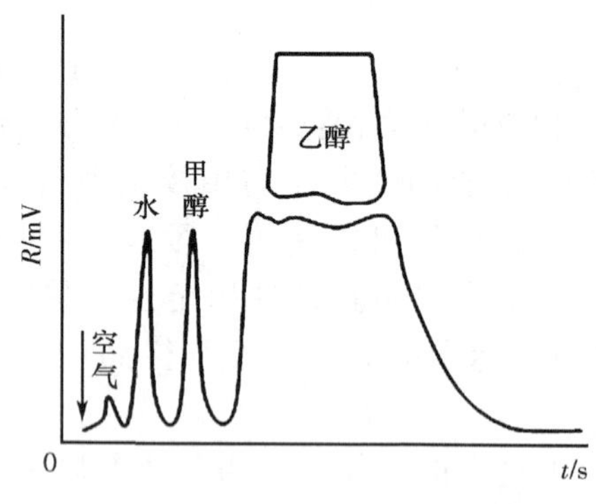

图 11-16 无水乙醇中的微量水分的测定

室温度：160℃；检测器：热导池；载气：H_2；流速：40～50ml/min。实验所得色谱图如图 11-16 所示。

(3) 测得数据：水：$A=0.637$mV/s；甲醇：$A=0.856$mV/s。

从《分析化学手册》第五分册《气相色谱分析》P697 上查得：相对质量校正因子 $f_{水}=0.70$，$f_{甲醇}=0.75$。

解：质量百分含量

$$H_2O\%=\frac{0.70\times0.637}{0.75\times0.856}\times\frac{0.2572}{79.37}\times100\%=0.23\%$$

4. 内标标准曲线法(internal standard and standard curve method) 为使内标法适用于大批量样品分析，将其与标准曲线法结合起来，即使用内标标准曲线法。方法为：配制一系列浓度的标准溶液，并在其中分别加入相同量的内标物，混匀后进样。以待测组分与内标物的响应值之比(A_i/A_s)对标准溶液的浓度($c_{i标}$)进行线性回归。样品溶液中也要加入相同量的内标物。通常截距近似为零，因此可用内标对照法定量，即

$$c_{i样}=\frac{(A_i/A_s)_{样}}{(A_i/A_s)_{标}}\cdot c_{i标} \tag{11-36}$$

如此就可省去测定校正因子的工作。

例 4 曼陀罗酊剂含醇量的测定(《中国药典》规定其含醇量为 40%～50%)。

(1) 对照品溶液的配制：准确吸取无水乙醇 5ml 及丙醇(内标物)5ml，置 100ml 容量瓶中，加水稀释至刻度。

(2) 样品溶液的配制：准确吸取样品 10ml 及丙醇 5ml，置 100ml 容量瓶中，用水稀释至刻度。

(3) 测峰高比平均值：将对照品溶液与样品溶液分别进样三次，每次 2μl。色谱条件与上例相似。测得它们的峰高比平均值分别为 13.3/6.1 及 11.4/6.3。

(4) 计算

$$乙醇\%=\frac{(11.4/6.3)\times10}{(13.3/6.1)}\times5.00\%=42\%(体积分数)$$

第 7 节 气相色谱法的发展趋势

本节主要简介几种气相色谱法的特殊进样技术和联用技术。

一、顶空气相色谱法

当我们只对复杂样品中的挥发性组分感兴趣时，那么顶空气相色谱分析(headspace gas chromatography，HS-GC)往往是一种最简单而有效的方法。所谓顶空气相色谱分析是取样品基质(液体或固体)上方的气相部分进行气相色谱分析。1962 年商品的顶空进样器就出

现了,现已成为一种普遍使用的气相色谱分析技术。其中,静态顶空气相色谱法大量应用于中草药中挥发性成分分析和化学合成药物的残留有机溶剂分析。

(一) 静态顶空气相色谱的理论依据

图 11-17 中,一个容积为 V、装有体积为 V_0液体样品的密封容器(称为顶空瓶),其气相体积为 V_g,液相体积为 V_s,则

$$V=V_s+V_g$$

相比率

$$\beta=V_g/V_s$$

当在一定温度下达到气液平衡时,可以认为液体体积 V_s不变,即 $V_s=V_0$。这时,气相中的样品浓度为 c_g,液相中为 c_s,样品的原始浓度为 c_0。则平衡常数

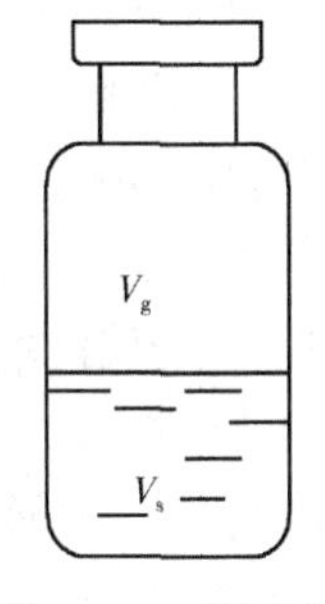

图 11-17　顶空瓶

$$K=c_s/c_g$$

考虑到容器是密封的,样品不会逸出,故

$$c_0V_0=c_0V_s=c_gV_g+c_sV_s=c_gV_g+Kc_gV_s=c_g(KV_s+V_g)$$

$$c_0=c_g[(KV_s/V_s)+V_g/V_s]=c_g(KV_s+V_g)$$

$$c_g=c_0/(K+\beta) \tag{11-37}$$

在一定条件下,对于一个给定的平衡系统,K 和 β 均为常数,故可以得到

$$c_g=K'c_0 \tag{11-38}$$

式中:$K'=1/(K+\beta)$也为常数。

这就是说,在平衡状态下,气相的组成与样品原来的组成为正比关系。当用气相色谱分析得到 c_g后,就可以算出原来样品的组成,这就是静态顶空气相色谱的理论依据。

(二) 静态顶空气相色谱的仪器装置

1. 手动进样装置　所需设备比较简单,只要有一个控温精确的恒温槽(水浴或油浴),将装有样品的密封容器置于恒温槽中,在一定的温度下达到平衡后,就可应用气密注射器从容器中抽取顶空气体样品,注入气相色谱仪进样口中进行分析。手动顶空进样由于在取样和进样过程中很难保证压力的控制以及注射器温度的一致性,故分析重现性往往不及自动进样。

2. 自动进样装置　目前商品化的顶空自动进样器有多种设计,现常用的其原理基本可分为两类:①压力平衡顶空进样系统,如 PE 公司的 HS-100 型顶空自动进样器;②压力控制定量管进样系统,如 Agilent7694E。

(三) 影响静态顶空气相色谱分析的因素

影响静态顶空分析结果的因素有两部分:一是与气相色谱分析有关的参数;二是顶空进样的参数。下面仅讨论后一方面。

1. 样品的性质　顶空分析最大的优点就是不需要对复杂样品进行处理,但是样品的性质对分析结果仍有直接的影响。液体或固体样品在顶空样品瓶中起码有气-液或气-固两相,甚至气-液-固三相共存。顶空气体中各组分的含量既与其本身的挥发性有关,又与样品

基质有关。特别是那些在样品基质中溶解度大(分配系数大)的组分,“基质效应”更明显。这是顶空分析的一大特点,即顶空气体的组成与原样品中组成不同,这对定量分析影响尤为严重。因此,标准样品不能仅用待测物的标准品配制,有时还必须有与原样品相同或相似的基质,否则会产生较大的分析误差。

实际应用中常用下列方法消除或减少基质效应。

(1) 利用盐析作用:在水溶液中,加入无机盐来改变挥发性组分的分配系数。此法对极性组分的影响远大于对非极性组分的影响。

(2) 在有机溶液中加水:当然水要与所用的有机溶剂混溶。这可以减小有机物在有机溶剂中的溶解度,增大其在顶空气体中的含量。

(3) 调节溶液的 pH:对于酸或碱,通过控制 pH 可使其解离度改变,或使其中待测物的挥发性变大,从而有利于分析。

2. 样品量 样品量是指顶空样品瓶中的样品体积。它对分析结果影响很大,因为它直接决定相比 β。当 β 远大于分配系数 K 时,样品体积对分析灵敏度的影响很大。具体分析时,样品体积还与顶空样品瓶的容积有关。一般样品体积为顶空瓶容积的 50%。

3. 平衡温度和平衡时间 样品的平衡温度与蒸气压直接相关,它影响分配系数。一般来说,温度越高,蒸气压越高,顶空气体的浓度越高,分析灵敏度越高。实际工作中往往是在满足分析灵敏度的条件下,选择较低的平衡温度。防止温度过高时,可能导致某些组分的分解和氧化。

平衡时间本质上取决于被测组分分子从样品基质到气相的扩散速率,即分子的扩散系数。扩散系数又与分子尺寸、介质黏度及温度有关。温度越高,黏度越低,扩散系数越大。所以,提高温度可以缩短平衡时间。一般平衡时间要通过试验来确定。

平衡时间一般比分析时间长,即顶空分析的周期由顶空平衡时间决定。故缩短平衡时间是提高分析速度的关键。液体样品除与样品性质和温度有关外,还与样品体积有关。如前所述,对于分配系数小的组分,加大样品体积可大大提高分析灵敏度,但所需平衡时间也相应增加。对于分配系数小的组分,加大样品体积对提高灵敏度作用甚微,故可用小的样品体积来达到缩短平衡时间的目的。

此外,还有与样品瓶的有关因素如瓶的容积,惰性,洁净度,盖的密封性及惰性等也对分析结果有所影响。

二、裂解气相色谱法

裂解是只通过热能将一种样品转变为另一种或几种物质的化学过程。裂解的结果往往是相对分子质量的降低。裂解与气相色谱的联机分析是 1959 年报道的,此后裂解气相色谱(pyrolysis gas chromatography, Py-GC)获得了迅速的发展。除最初的管式炉裂解器外,相继出现了热丝裂解器、居里点裂解器、激光裂解器和微型炉裂解器。在应用方面,从最早主要用于聚合物的分析,发展到地球化学、微生物学、法庭科学、环境保护、医药分析及考古学等领域。

裂解气相色谱分析的原理是在一定条件下高分子及非挥发性有机物遵循一定的规律裂解,即特定的样品能够产生特征的裂解产物及产物分布,据此可对原样品进行表征。把待测样品置于裂解器中,在严格控制的条件下快速加热,使之迅速分解成为可挥发性的小分子产物,然后将裂解产物送到色谱柱中进行分离分析,通过对裂解产物的定性和定量分析,以及和裂解温度、裂解时间等操作条件的关系,可以研究裂解产物和原样品的组成、结构和物化性能的关系,并可以研究裂解机理和反应动力学。由此可见裂解气相色谱是一个样品破坏性的一起分析方法。

在药物分析中,可用裂解气相色谱有关的闪蒸技术分析中草药中的可挥发性成分。所谓"闪蒸"是指在样品裂解前,用较低的温度(低于样品的分解温度)对样品快速加热,将挥发性成分蒸发出来,得到一张色谱图。然后再在高温下对样品进行裂解,得到裂解气相色谱图。这样可获得样品中挥发性成分的重要信息,在样品定性鉴定中非常有用。

三、色谱联用技术

将两种色谱法或色谱、光谱法联用的方法,称为色谱联用技术。色谱-光谱(或质谱)的在线(on line)联用装置,称为联用仪。

一种色谱分离模式往往很难将一个复杂的混合物中的所有组分都很好地分开,因此色谱仪器之间的直接、在线联用——多维色谱技术,主要目的在于提高分辨能力。而色谱-光谱联用旨在提高定性能力,色谱作为分离手段,光谱充当鉴定工具,两者取长补短。

1. 全二维气相色谱法(GC×GC)　全二维气相色谱是 20 世纪 90 年代初才发展起来的一种新技术。它将两根气相色谱柱通过调制器(modulator)以串联的方式结合而成的多维气相色谱技术。该技术不仅提高了色谱系统的分辨率而且其峰容量是 2 根色谱柱峰容量的乘积。全二维气相色谱法适用于具有一定挥发性的复杂成分样品的分离分析。如石油化工样品、中药样品等。

2. 气相色谱-质谱联用技术(gas chromatography-mass spectrometry, GC-MS)　GC-MS是利用气相色谱对混合物的高效分离能力和质谱对纯物质的准确鉴定能力而发展成的一种技术,其仪器称为气相色谱-质谱联用仪。这种联用仪 1957 年开始研究,1965 年获得成功,经发展现已成为在分析联用技术中最成功的一种而应用于常规分析。

(1) GC-MS 联用仪的组成:由气相色谱仪、接口(GC 和 MS 之间的连接装置)、质谱仪和计算机四大件组成。气相色谱仪司分离;质谱仪司分析;接口(interface)担负着组分的传输任务并保证 GC 和 MS 两者的气压匹配;计算机担负着整机工作的控制,数据处理和分析结果输出的任务。其中接口是解决 GC 和 MS 联用的关键部件。由于使用≤0.32mm 口径的毛细管柱,现常用"直接导入型接口",其结构相当简单。这种接口仅起控温作用,以防止由 GC 插入到 MS 中的毛细管柱被冷却,一般接口温度稍高于柱温。色谱柱流出的所有流出物全部导入 MS 的离子源内,绝大部分载气被离子源高真空泵抽出,达到离子源真空度的要求。

(2) GC-MS 联用仪的工作原理:样品由进样口进入色谱柱,分离后各组分随载气(常用氦气)先后经过接口,组分分子被导入质谱仪的离子源。在离子源中电离后,分子离子或碎片离子进入质量分析器,按质荷比(m/z)的不同一一分离开,形成的离子流进入质谱检测器,由质谱记录仪描绘成该组分的质谱图,根据其提供的信息可推断该组分结构。

如果质量分析器在设定的质量范围内(如 10~1000amu)快速地以固定时间间隔不断重

复扫描时，检测器就能得到连续不断变化着的质谱图集。这种扫描从进样就开始，得到的所有信息就是 GC-MS 联用仪的原始数据。计算机将每次扫描的离子流信号求和获得总离子流（total ion current，TIC）。随着进入离子源组分的不同，总离子流随之变化，得到总离子流强度随色谱时间而变化的谱图，即总离子流色谱图（total ion chromatogram）。这种工作方式称为全扫描。如图 11-18 所示，与 GC 相似，总离子流图中的峰面积或峰高可以用作定量分析的依据，同时还得到了保留时间的信息。

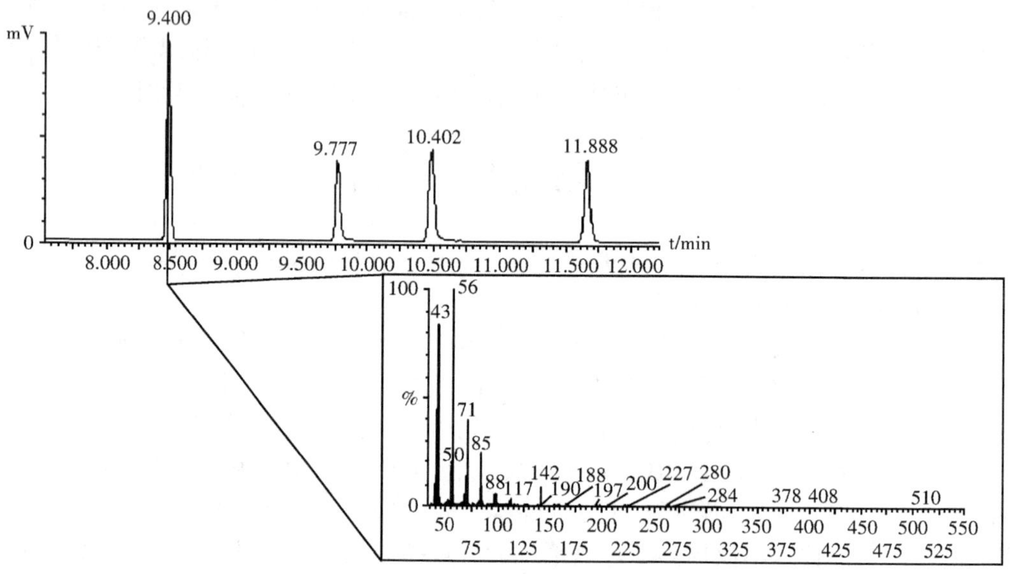

图 11-18　色谱图和质谱图的关系

全扫描方式适用于未知物的定性分析，而待定量组分的分析常采用选择离子监测（selected ion monitoring，SIM）方式。这种工作方式是指在质谱测定的过程中，把质量分析器调节到只传输某一个或某一类待测组分的一个或数个特征离子（如分子离子、功能团离子或强碎片离子）的状态，监测色谱过程中所选定 m/z 的离子流随时间变化的谱图——质量离子色谱图的方法。

采用 SIM 方式时，MS 相当于 GC 的选择性高灵敏度检测器，而采用 TIC 方式时，MS 则是 GC 最高灵敏度的通用性检测器。SIM 方式的检测灵敏度较 TIC 方式要高约 2 个数量级；也高于 GC 的 FID、FPD、NPD 等。另外，SIM 方式可分析 TIC 上尚未分离或被化学噪声掩盖的组分。

（3）GC-MS 的应用：GC-MS 联用技术与 GC 技术相比，扩大了其应用范围。在石油、化工、医药、环保、食品、轻工等方面，特别是在许多有机物常规检测中已成为一种必备的工具。在药物分析中，GC-MS 常用于挥发油成分的鉴别、甾体药物的分析、中药材中农药监测、药物代谢的研究等方面。

3. 气相色谱-傅里叶红外光谱联用技术（gas chromatography-mass spectrometry，GC-FT-IR）　20 世纪 50 年代末就有文献报道色谱-红外光谱的离线联用，60 年代干涉型傅里叶变换红外光谱仪的出现为 GC-IR 联用创造了条件，70 年代中期，GC 和 FTIR 的在线联用最终得以实现。80 年代初商用毛细管柱 GC-FTIR 仪问世，以其优越的分离检测特性被广泛用于科研、化工、环保、医药等领域，成为有机混合物分析的重要手段之一。

GC-FTIR 联机检测的基本过程为：样品经 GC 分离后各馏分按保留时间顺序进入接口，与此同时，经干涉仪调制的干涉光汇聚到接口，与各组分作用后信号被汞镉碲（MCT）液氮低温光电检测器检测。计算机数据系统存储采集到的干涉图信息，经快速傅里叶变换得到组分的气态红外谱图，进而可通过谱库检索得到各组分的分子结构信息。

目前最广泛使用的 GC-FTIR 接口是光管气体池，具有可实时记录、价格相对便宜、易于操作的优点。

第 8 节　应用与示例

气相色谱法在药物分析中的应用很广泛，包括药物的含量测定、杂质检查及微量水分测定、药物中间体的监控（反应程度的监控）、中药成分研究、制剂分析（制剂稳定性和生物利用度研究）、治疗药物监测和药物代谢研究等。

一、合成药物分析

药物合成过程中往往产生各种中间体，因此，合成药物的质量控制在测定产物含量的同时，需要控制其中间产物。气相色谱法能分离药物及其中间体，并进行定量测定。

例 5　顶空固相微萃取-气相色谱法测定头孢匹胺钠中多种有机溶剂残留量

头孢匹胺钠系第三代头孢类抗生素，由于其在生产精制过程中采用了甲醇、乙醇、丙酮、乙腈、*N*,*N*-二甲基乙酰胺（DMAC）等有机溶剂，故应对原料药中有机溶剂的残留量进行测定。

（1）色谱条件：AT OV-1301 石英毛细管柱（30 m×0. 32mm×0. 5μm）；程序升温：起始柱温 50℃维持 1min，然后以 2. 5℃/min 的速率升至 60℃，再以 30℃/min 的速率升至 250℃维持 10min。FID 检测器，温度 250℃。分流/不分流进样器，温度 270℃，不分流时间为 1min。氮气为载气，线速度为 20cm/s。

（2）顶空固相微萃取条件：平衡温度为 75℃，平衡时间为 10min。95μm 聚甲基苯基乙烯基硅氧烷/羟基硅油复合涂层固相微萃取器。

（3）样品测定及结果：5 种有机溶剂完全分离，在所考察的浓度范围内具有良好的线性，*r* 为 0. 999 2～0. 999 9，平均回收率为 87. 6%～101. 8%，精密度、重复性 RSD 均小于 10%，检测限为 0. 01～0. 2μg/ml。方法快速、灵敏、准确。

例 6　维生素 E 胶丸中维生素 E 的含量测定

（1）色谱条件和系统适用性试验：以硅酮（OV-17）为固定相，涂布浓度为 2%，或以 HP-1 毛细管柱（100%二甲基聚硅氧烷）为分析柱；柱温 265℃。理论塔板数按维生素 E 峰计算不低于 500（填充柱）或 5000（毛细管柱），维生素 E 峰与内标物质峰的分离度应符合要求。

（2）校正因子的测定：取正三十二烷适量，加正己烷溶解并稀释成每 1ml 中含 1. 0mg 的溶液，作为内标溶液。另取维生素 E 对照品约 20mg，精密称定，置棕色具塞瓶中，精密加内标溶液 10ml，密塞，振摇使溶解；取 1～3μl 注入气相色谱仪，计算校正因子。

（3）测定法：取内容物，混合均匀，取适量（约相当于维生素 E 20mg），精密称定。置棕色具塞瓶中，精密加内标溶液10ml，密塞，振摇使溶解；取1～3μl注入气相色谱仪，测定，计算，即得。

二、中药成分分析

中药的成分复杂，而中成药一般都是多种药材的混合物，它们的成分研究比较困难。但气相色谱法在这方面仍然是一种很好的方法，应用很广。诸如挥发油、有机酸及酯、生物碱、香豆素、黄酮、植物甾醇、单糖、甾体皂苷元等植物成分，都能用气相色谱法分离测定，动物中药麝香、蟾酥等的气相色谱法也有报道。气相色谱法对中药成分的研究或对比可以解决品种鉴定、找寻代用品，以及产地、采收季节、炮制方法对成分影响等方面的问题，为药材和中成药的质量标准化提供可靠的方法。用两谱联用还可测定某些成分的结构。

例7 莪术挥发油成分的全二维气相色谱/飞行时间质谱法分析

（1）仪器与柱系统：GC×GC系统由Agilent 6890气相色谱仪（安捷伦公司）和冷喷调制器KT 2001（ZEOX）组成，FID检测器。优化选择了2套柱系统，第一套柱系统：柱1为DB-2PETRO（J &W）（50 m ×0. 2mm ×0. 5 μm），柱2为DB-17ht（J &W）（2. 6m×0. 1mm×0. 1 μm），第二套柱系统：柱1为SOL GELWAX（SGE）（60m ×0. 25mm），柱2为Cyclodex2B（SGE）（3m ×0. 1mm×0. 1μm）。

（2）GC×GC与GC×GC/TOFMS实验条件：进样口温度250℃；检测器温度260℃；载气为氦气，恒压操作，柱前压607kPa；第一套柱系统温度程序：初始温度80℃，以3℃/min升至170℃，再以2℃/min升至240℃（保持5min）；第二套柱系统温度程序：初始温度70℃（保持3min），升温速率为3℃/min，终点温度为200℃（保持25min）。接口温度230℃；离子源温度240℃；质量扫描范围35～400u；第一套柱系统调制周期为4s；第二套柱系统调制周期为6s；冷气流速20ml/min，热气加热电压为60V；谱图由Transform和Zoex软件生成、处理和定量。

莪术是我国传统的中药材，具有活血破淤、行气止痛之功效。近年来的研究表明，其挥发油具有抗肿瘤、抗早孕、抗炎、抗菌和降酶等作用。过去采用GC/MS分析莪术挥发油，只鉴定出约100种组分。

通过优化GC×GC的柱系统、温度程序和调制参数等色谱条件，建立了分析中药莪术挥发油组成的全二维气相色谱/飞行时间质谱（GC×GC/TOFMS）方法，实现了莪术挥发油的单个组分与族组分分析。采用所建立的GC×GC/TOFMS方法，鉴定出匹配度大于80%的组分有249种，其中单萜18种，单萜含氧衍生物34种，倍半萜35种，倍半萜含氧衍生物37种，有69种组分的体积分数大于0. 02%。

三、复方制剂分析

复方制剂含有多种成分，进行分析测定时往往互相干扰，此外，制剂中的辅料等也常妨碍有效成分的分析。气相色谱可同时测定一些复方制剂的多种成分。

例8 4种中药橡胶膏剂中樟脑、薄荷脑、冰片和水杨酸甲酯含量的气相色谱法测定

用气相色谱法同时测定伤湿止痛膏、安阳精制膏、少林风湿跌打膏和风湿止痛膏中樟

脑、薄荷脑、冰片和水杨酸甲酯的方法灵敏、准确、重现性好、通用性强。

(1) 色谱条件与系统适用性试验：玻璃柱(3mm×3m)，固定相为聚乙二醇(PEG)-20M(10%)，FID 检测器。载气 N_2 压力 60kPa，流速为 58ml/min，H_2 压力 70kPa，空气压力 15kPa，柱温 130℃，进样器/检测器温度 170℃。

(2) 样品测定及结果：以萘为内标物，采用内标物预先加入法，用挥发油测定器蒸馏制备供试液。4 种制剂样品中的樟脑、薄荷脑、冰片(异龙脑和龙脑)、水杨酸甲酯及内标物萘均得到良好的分离。方法学研究表明，樟脑、薄荷脑、冰片和水杨酸甲酯的加样回收率都大于 95.54%(RSD≤2.8%)。

四、体内药物分析

在治疗药物监测和药代动力学研究中都需要测定血液、尿液或其他组织中的药物浓度，这些样品中往往药物浓度低，干扰较多。气相色谱法具有灵敏度高、分离能力强的优点，因此也常用于体内药物分析。

例 9　毛细管气相色谱法测定 5-单硝酸异山梨酯血药浓度

5-单硝酸异山梨酯是硝酸异山梨酯的主要代谢产物，作为一种较新型的硝酸酯类抗心绞痛药物，它的生物利用度高，分布容积广，疗效可靠。建立 GC-ECD 检测方法为研究该药物在人体内的药动学和生物利用度提供依据。

(1) 色谱条件：Alltech SE-30 毛细管柱，15m×0.25mm，0.25μm(SGE)；分流/不分流进样衬管(4mm，去活化)；进样温度：180℃，ECD 温度：225℃，柱前压：90kPa，载气流速：1.2ml/min，阳极吹扫：4ml/min，隔垫吹扫：4ml/min，尾吹：50ml/min，采用分流进样，分流比：50∶1；程序升温：初始温度 10℃，维持 3min，然后以 5℃/min 升至 115℃，再以 50℃/min 升至 200℃，维持 1.5min。

(2) 样品测定及结果：以 2-单硝酸异山梨酯为内标，血样经正己烷-乙醚(1∶4)提取液两次萃取后，分离有机相，氮气下浓缩，甲苯溶解进样。标准曲线在 24~1200ng/ml 浓度内，r = 0.999 3，日内、日间 RSD 为 3.29%~9.50%，平均回收率为(101.66±1.11)%。方法准确度高，专一性强，简便易行，可以满足血药浓度测定及药动学研究的需要。

思考与练习

一、思考题

1. 试用方框图说明气相色谱仪的流程。
2. 试分析色谱热力学因素对分离的影响。
3. 样品在进样时呈塞状，起始谱带非常窄，但经色谱柱分离后谱带展宽，这是由哪些因素造成的？
4. 氢焰离子化检测器的工作原理是什么？
5. 使用内径 0.2~0.32mm 的毛细管柱为什么通常要采用分流进样，并且给检测器加尾吹装置？
6. 气相色谱法定性分析的依据是什么？为什么？
7. 用气相色谱法定量测定时常需用定量校正因子校正响应值(A 或 h)，为什么？

二、选择题

1. Van Deemter 方程主要阐述了(　　)。

   A. 色谱流出曲线的形状　　B. 组分在两相间的分配情况

   C. 色谱峰展宽、柱效降低的各种动力学因素　　D. 塔板高度的计算

2. 在下列 GC 参数中,既属热力学因素,又属动力学因素的是(　　)。

   A. 载气流速　　B. 分配系数　　C. 柱温　　D. 柱长

3. 在相同的高载气流速条件下,相同的色谱柱,板高大的原因是(　　)。

   A. 因使用相对分子量大的载气　　B. 因柱温升高

   C. 因使用相对分子量小的载气　　D. 因柱温降低

4. 在其他色谱条件相同时,若柱长增加三倍,两个邻近峰的分离度将(　　)。

   A. 增加 1 倍　　B. 增加 2 倍　　C. 增加 3 倍　　D. 增加 4 倍

5. 在气相色谱中当两组分未能完全分离时,我们说色谱柱的(　　)。

   A. 理论塔板数少　　B. 选择性差　　C. 分离度低　　D. 理论塔板高度高

6. 在下列 GC 定量方法中,分析结果与进样量的准确性无关的是(　　)。

   A. 外标一点法　　B. 外标工作曲线法　　C. 归一化法　　D. 内标法

三、计算题

1. 采用 3m 色谱柱对 A、B 二组分进行分离,此时测得非滞留组分的 t_M 值为 0.9min,A 组分的保留时间($t_{R(A)}$)为 15.1min,B 组分的 $t_{R(B)}$ 为 18.0min,要使二组分达到基线分离(R=1.5),问最短柱长应选择多少米(设 B 组分的峰宽为 1.1min)?　　(1m)

2. 一根色谱柱的理论塔板数为 1600,组分 A、B 的保留时间分别为 90 和 100,它们能完全分离吗?　　(R=1.05,不能完全分离)

3. 在 1m 长的色谱柱上,某镇静药 A 及其异构体 B 的保留时间分别为 5.80min 和 6.60min,峰宽分别为 0.78min 和 0.82min,甲烷通过色谱柱需 1.10min。计算:

   (1) 载气的平均线速度;

   (2) 组分 B 的容量因子;

   (3) A 和 B 的分离度;

   (4) 分离度为 1.5 时,所需的柱长;

   (5) 在长色谱柱上 B 的保留时间。　　(1.52cm/s,5.00,1,2.25cm,14.85min)

4. 用一根长 2m 的 GC 填充柱分离多组分混合物,理论塔板数为 $4000m^{-1}$,死时间为 20s,混合物中最后流出色谱柱的组分的容量因子为 10,问:

   (1) 若不考虑组分间的分离度,求最后流出色谱柱的组分所需要的时间;

   (2) 若其他条件不变,当最难分离物质对的选择性因子为 1.10 时,求其流出色谱柱的时间。　　(220s,76.4s)

5. 某混合物中只含有乙醇、正庚烷、苯和醋酸乙酯,用热导池检测器进行色谱分析,测定数据如右表:

   计算各组分的百分含量。

化合物	色谱峰面积/cm^2	校正因子 f
乙醇	5.0	0.64
正庚烷	9.0	0.70
苯	4.0	0.78
醋酸乙酯	7.0	0.79

(依次为 17.6%,34.7%,17.2%,30.5%)

6. 采用内标标准曲线法测定某药品中丁香酚含量。取丁香酚标准对照品和水杨酸甲酯(内标)配制系列标准溶液。精密称取药物样品 0. 2518g,经处理后得到 10. 0ml 供试品溶液,加入水杨酸甲酯后的浓度与标准对照品溶液相同。进样后,测定数据如下:

丁香酚浓度/(mg/ml)	0. 83	0. 93	1. 04	1. 14	1. 24	供试品溶液
丁香酚色谱峰面积/(mV/s)	56428	61664	68619	78387	84901	63247
水杨酸甲酯色谱峰面积/(mV/s)	53335	52037	51710	53837	53700	51757

计算药品中丁香酚含量。　(3. 84%)

(杨　敏)

第 12 章　高效液相色谱法

高效液相色谱法(high performance liquid chromatography,HPLC)是继气相色谱之后,20世纪60年代末期发展起来的一种以液体做流动相的新色谱技术。高效液相色谱是在气相色谱和经典液相色谱的基础上发展起来的。它和经典液相色谱没有本质的区别,不同点仅仅是HPLC比经典液相色谱有较高的分离效率和实现了自动化操作。经典的液相色谱法,流动相在常压下输送,所用的固定相柱效低,分析周期长。而高效液相色谱法引用了气相色谱的理论,流动相改为高压输送(最高输送压力可达400~500kg/cm^2);色谱柱是以特殊的方法用小粒径的填料填充而成,从而使柱效大大高于经典液相色谱(每米塔板数可达几万或几十万);同时柱后连有高灵敏度的检测器,可对流出物进行连续检测。因此,高效液相色谱具有分析速度快、分离效率高、自动化等特点。所以又称之为高压、高速、高效或现代液相色谱法。

第 1 节　高效液相色谱仪

一、仪器组成

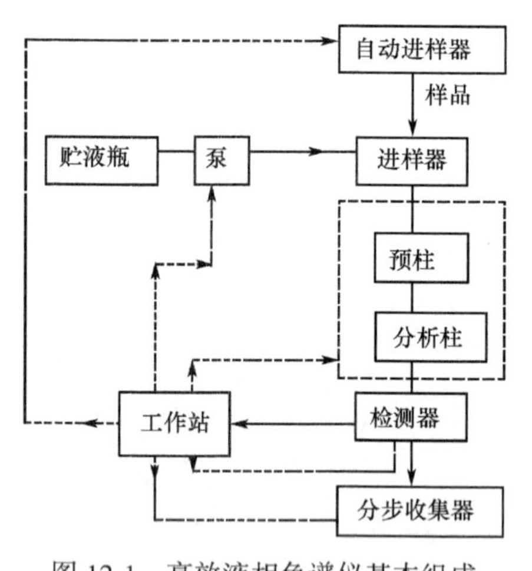

图 12-1　高效液相色谱仪基本组成

虽然高效液相色谱仪型号、配置多种多样,但其基本工作原理和基本流程是相同的,主要包括:高压输液系统、进样系统、色谱柱分离系统、检测器、数据处理系统等,如图12-1所示。流动相(溶剂)由高压泵系统吸入并以恒定流量输出,样品由进样器导入,随流动相进入色谱柱进行分离,被分离组分由流动相携带进入检测器,所产生的信号经数据处理系统采集、记录、处理,获得色谱图和分析结果。如果是制备色谱,可用组分收集器将流出液根据信号自动分段收集,得到目标化合物。目前常见的HPLC仪生产厂家国外有Waters公司、Agilent公司、SHIMADZU公司等,国内有大连依利特公司、上海分析仪器厂、北京分析仪器厂等。

二、输液系统

1. 溶剂储液器　溶剂储液器又称储液瓶,用来储存流动相溶剂,其材质应耐腐蚀,一般为玻璃或塑料瓶,容积约为0.5~2.0L,无色或棕色,棕色瓶可起到避光作用,盛放水溶液时可减缓菌类生长。储液瓶的位置应高于泵，以保持一定的输液静压差。

溶剂应经过 0.45μm 滤膜（有机相或水相滤膜）离线过滤后，再置储液瓶中，以除去溶剂中的固体杂质，防止堵塞管路系统。此外，还在插入储液瓶内的输液管路顶端连有不锈钢或玻璃制成的在线微孔滤头，如图 12-2 所示。

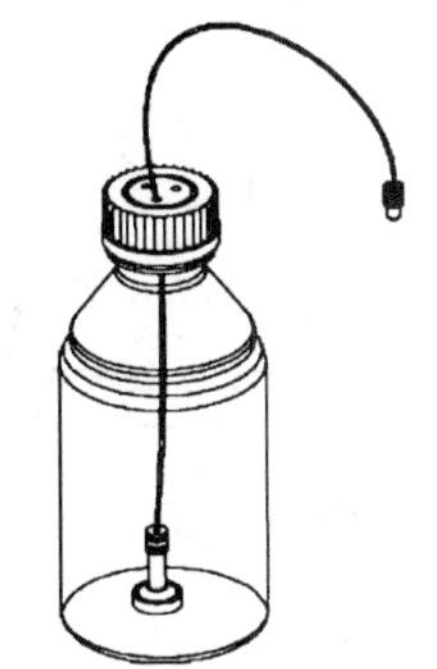

图 12-2　溶剂储液瓶

2. 溶剂脱气装置　HPLC 所用流动相必须预先脱气，否则容易在系统内逸出气泡，影响泵的工作；还会影响检测器的灵敏度、基线稳定性，甚至无法检测；在梯度淋洗时会造成基线漂移或形成鬼峰。此外，溶解在流动相中的氧还可能与样品、固定相反应使其降解；还能与某些溶剂（如甲醇、四氢呋喃）形成有紫外吸收的络合物，产生背景吸收；在荧光检测中，溶解氧在一定条件下还会引起荧光猝灭现象；在电化学检测中，氧的影响更大。常用的脱气方法有：

（1）离线脱气法：

1）抽真空脱气，用微型真空泵，降压至 0.05～0.07MPa 即可除去溶解的气体。使用真空泵连接抽滤瓶可以一起完成过滤和脱气的双重任务，由于抽真空会引起混合溶剂组成的变化，故此法适用于单一溶剂的脱气。对于多元溶剂体系，每种溶剂应预先脱气后再进行混合，以保证混合后的比例不变。

2）超声波振荡脱气，将欲脱气的流动相置于超声波清洗机中，用超声波振荡 10～30min，即可。

3）吹氦脱气，使用在液体中比空气中溶解度低的氦气，以 60ml/min 的流速缓缓地通过流动相 10～15min，除去溶于流动相中的气体。此法适用于所有的溶剂，脱气效果较好，但也会影响混合溶剂的比例。

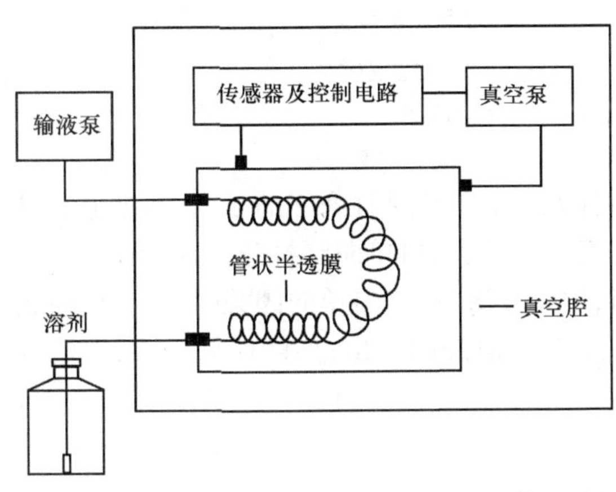

图 12-3　HPLC 在线真空脱气机原理示意图

（2）在线脱气法：离线脱气法不能维持溶剂的脱气状态，在停止脱气后，气体又开始回到溶剂中，而在线真空脱气机可实现流动相在进入输液泵前的连续真空脱气，脱气效果优于其他方法，适用于多元溶剂系统，其结构示意图见图 12-3。当溶剂流经管状半透膜时，溶剂中的气体可渗透出来而脱去。

3. 高压输液泵

（1）构造和性能：输液泵是 HPLC 系统中最重要的部件之一。泵的性能好坏直接影响到整个系统的质量和分析结果的可靠性。输液泵应具备如下性能：①流量稳定，其 RSD 应 < 0.5%，这对定性定量的准确性至关重要；②流量范围宽，分析型应在 0.1～10ml/min 范围内连续可调，制备型应能达到 100ml/min；③输出压力高，一般可高达 400～500kg/cm^2；④液缸容积小，适于梯度洗脱；⑤密封性好，耐腐蚀。

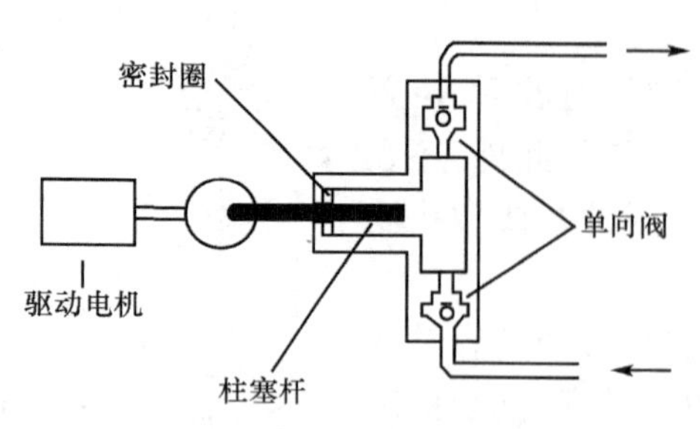

图 12-4　柱塞往复泵结构示意图

泵的种类很多，目前应用最多的是柱塞往复泵见图 12-4。

柱塞往复泵的泵腔容积小，易于清洗和更换流动相，特别适合于再循环和梯度洗脱；能方便地调节流量，流量不受柱阻影响；泵压可达 400kg/cm^2。其主要缺点是输出的脉动性较大，现多采用双泵补偿法及脉冲阻尼器来克服。双泵补偿按连接方式不同可分为并联泵和串联泵。串联泵是将两个柱塞往复泵串联，其结构见图 12-5。

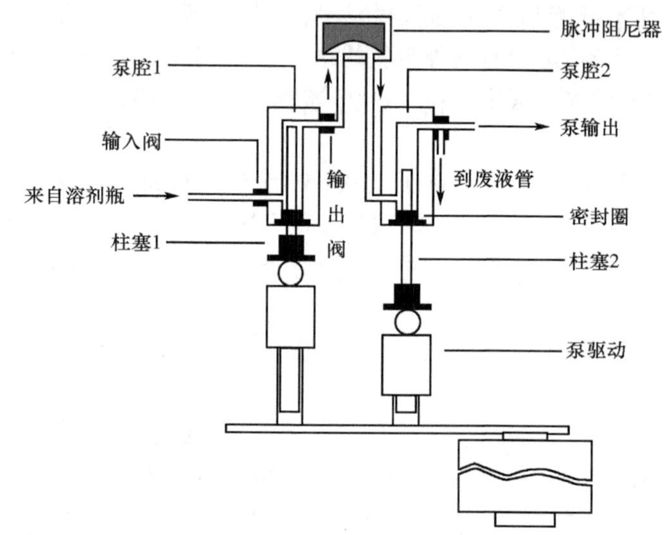

图 12-5　HPLC 单元泵结构示意图

串联泵工作时两个柱塞杆运动方向相反，柱塞 1 的行程是柱塞 2 的 2 倍，即吸液和排液的流量是柱塞 2 的 2 倍。当柱塞 1 吸液时，柱塞 2 排液，入口单向阀打开，出口单向阀关闭，液体由泵腔 2 经清洗阀输出；当柱塞 1 排液时，柱塞 2 吸液，入口单向阀关闭，出口单向阀打开，其排出的液体 1/2 被柱塞 2 吸取到泵腔 2，1/2 经清洗阀输出；如此往复运动，由清洗阀输出恒定流量的流动相。

（2）使用和维护

1）防止任何固体微粒进入泵体，因此应过滤流动相。

2）流动相不应含有任何腐蚀性物质，含有缓冲液的流动相不应停泵过夜或保留在泵内更长时间。必须泵入纯水将泵充分清洗后，再换成适合于保存色谱柱和有利于泵维护的溶剂。

3）防止流动相耗尽空泵运转，导致柱塞磨损、缸体或密封损坏，最终产生漏液。

4）输液泵的工作压力不能超过规定的最高压力，否则会使高压密封环变形，产生漏液。

5）流动相应脱气，以免在泵内产生气泡，影响流量的稳定性，如果有大量气泡，泵就无法正常工作。

4. 梯度洗脱装置　高效液相色谱有等度（isocratic）和梯度（gradient）洗脱两种方式。

等度洗脱是在同一分析周期内流动相组成保持恒定,适合于组分数目较少,性质差别不大的样品。梯度洗脱是在一个分析周期内程序控制,连续改变流动相的组成,如溶剂的极性、离子强度和 pH 等。用于分析组分数目多、组分 k 值差异较小的复杂样品,以缩短分析时间、提高分离度、改善峰形、提高检测灵敏度,缺点是常常引起基线漂移,重现性较差。

梯度洗脱有两种实现方式:低压梯度(外梯度)和高压梯度(内梯度)。

低压梯度是在常压下将两种或多种溶剂按一定比例输入泵前的比例阀中混合后,再用高压泵将流动相以一定的流量输出至色谱柱。常见的是四元泵,其结构见图 12-6。其特点是只需一个高压输液泵,由计算机控制四元比例阀来改变溶剂的比例,即可实现二元~四元梯度洗脱,成本低廉、使用方便。由于溶剂在常压下混合,易产生气泡,故需要良好的在线脱气装置。

高压梯度一般只用于二元梯度,即用两个高压泵分别按设定比例输送两种不同溶液至混合器,在高压状态下将两种溶液进行混合,然后以一定的流量输出。其主要优点是,只要通过梯度程序控制器控制每个泵的输出,就能获得任意形式的梯度曲线,而且精度很高,易于实现自动化控制,其结构见图 12-7。其主要缺点是必须使用两个高压输液泵,因此仪器价格比较昂贵,故障率也相对较高。

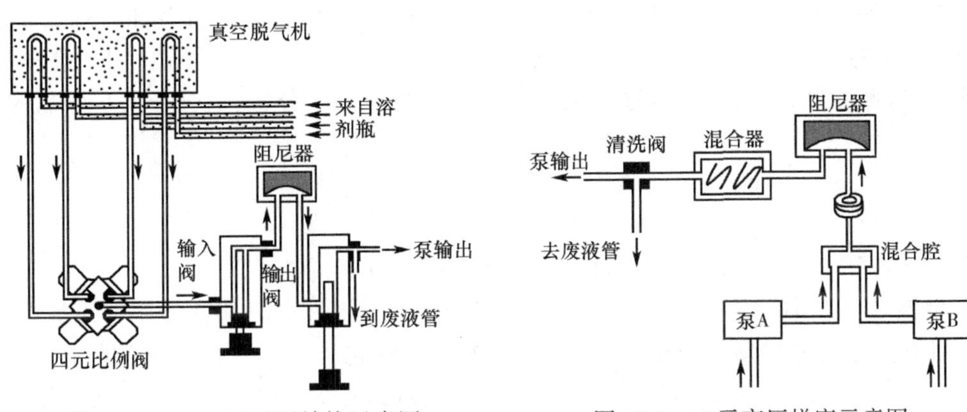

图 12-6 HPLC 四元泵结构示意图　　图 12-7 二元高压梯度示意图

三、进 样 系 统

进样系统的作用是将试样引入色谱柱,装在高压泵和色谱柱之间,常用的是六通阀手动进样器及自动进样器。

1. 六通阀手动进样器 结构原理见图 12-8。六通阀有 6 个口,1 和 4 之间接样品环(又称定量环),2 接高压泵,3 接色谱柱,5、6 接废液管。进样时先将阀切换到"采样位置"(Load),针孔与 4 相连,用微量注射器将样品溶液由针孔注入样品环中,充满后多余的从 6 处排出,后将进样器阀柄顺时针转动 60°至"进样位置"(Inject),流动相与样品环接通,样品被流动相带到色谱柱中进行分离,完成进样。样品环常见的体积有 5、10、20、50μl 等,可以根据需要更换不同体积的样品环。六通阀进样器具有进样重现性好、耐高压的特点。使用时要注意必须用 HPLC 专用平头微量注射器,不能使用气相色谱尖头微量注射器,否则会损坏六通阀。

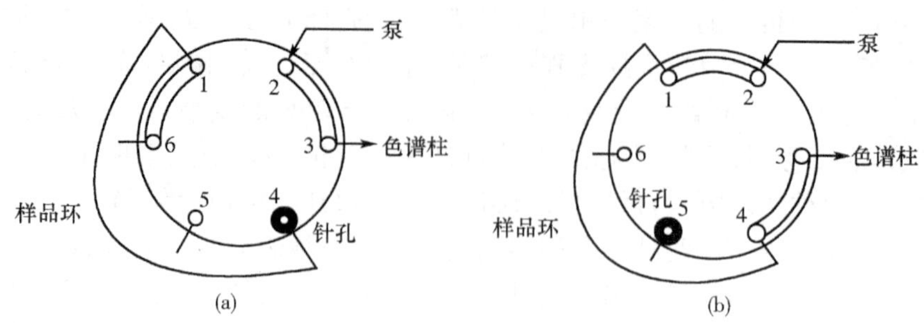

图 12-8 六通阀手动进样器原理示意图
(a) 采样位置(Load);(b) 进样位置(Inject)

六通阀的进样方式有部分装液法和完全装液法(满阀进样)两种。①用部分装液法进样时,注入的样品体积应不大于定量环体积的50%,并要求每次进样体积准确、相同。此法进样的准确度和重现性决定于注射器的精度与取样的熟练程度。②用完全装液法进样时,注入的样品体积应不小于定量环体积的5~10倍(最少3倍),这样才能完全置换定量环内的流动相,消除管壁效应,确保进样的准确度及重现性。

2. 自动进样器 自动进样器由计算机自动控制进样六通阀、计量泵和进样针的位置,按预先编制的进样操作程序工作,自动完成定量取样、洗针、进样、复位等过程。进样量连续可调,进样重现性好,可自动按顺序完成几十至上百个样品的分析,适合于大量样品的分析。

四、分离系统

色谱分离系统包括保护柱、色谱柱、柱温箱、柱切换阀等。

1. 色谱柱 色谱柱是分离好坏的关键。色谱柱由固定相、柱管、密封环、筛板(滤片)、接头等组成。柱管材料多为不锈钢,其内壁要求镜面抛光。在色谱柱两端的柱接头内装有筛板,由不锈钢或钛合金烧结而成,孔径0.2~10μm,取决于填料粒度,目的是防止填料漏出。

由于在装填固定相时是有方向的,因此色谱柱在使用时,流动相的方向应与柱的填充方向一致。色谱柱的柱管外壁都以箭头显著地标示了该柱的使用方向,安装和更换色谱柱时一定要使流动相按箭头所指方向流动。

色谱柱按用途不同有分析型和制备型的色谱柱两类。常用分析柱的内径2~4.6mm,柱10~30cm;毛细管柱内径0.2~0.5mm,柱长3~10cm;实验室用制备柱内径20~40mm,柱长10~30cm。

色谱柱的正确使用和维护十分重要,稍有不慎会降低柱效、缩短使用寿命甚至损坏。应避免压力、温度和流动相的组成比例急剧变化及任何机械震动。经常用强溶剂冲洗色谱柱,清除保留在柱内的杂质,如硅胶柱以正己烷(或庚烷)、二氯甲烷和甲醇依次冲洗,然后再以相反顺序依次冲洗,所有溶剂都必须严格脱水。甲醇能洗去残留的强极性杂质,己烷能使硅胶表面重新活化。反相柱以水、甲醇、乙腈、一氯甲烷(或三氯甲烷)依次冲洗,再以相反顺序依次冲洗。如果下一步分析用的流动相不含缓冲液,那么可以省略最后用水冲洗这一步。一氯甲烷能洗去残留的非极性杂质,在甲醇(乙腈)冲洗时重复注射100~

200μl 四氢呋喃数次，有助于除去强疏水性杂质。四氢呋喃与乙腈或甲醇的混合溶液能除去类脂。有时也注射二甲亚砜数次。此外，用乙腈、丙酮和三氟醋酸（0.1%）梯度洗脱能除去蛋白质污染。

2. 保护柱　保护柱是接在分析柱前端的装有与分析柱相同固定相的短柱（5～20mm长），可以经常而且方便地更换，起到保护、延长分析柱寿命的作用。

3. 柱温箱　柱温箱是用来使色谱柱恒温的装置，一般其控温范围高于室温，也可低于室温。有些柱温箱还具有柱切换装置。

色谱柱的工作温度对保留时间、相对保留时间、溶剂的溶解能力、色谱柱的性能、流动相的黏度都有影响。一般来说，升高柱温，可增加组分在流动相中的溶解度，减小分配系数 K，缩短分析时间；还可降低流动相的黏度，降低柱压与提高柱效。

4. 色谱柱的评价　《中国药典》（2005 年版）附录中规定，用高效液相色谱法建立分析方法时，需进行“色谱条件与系统适用性试验”，给出分析状态下色谱柱（应达到的）最小理论塔板数、分离度和拖尾因子。购买新柱时也需检验柱性能是否合乎要求，检验条件可参考色谱柱附带的说明手册或检验报告。

五、检　测　器

高效液相色谱检测器的作用是将每一组分流出色谱柱的总量定量地转化为可供检测的信号。理想的高效液相色谱检测器应灵敏度高、适用范围广、可作梯度洗脱、死体积小、线性范围宽、不破坏样品。实际上很难找到满足上述全部要求的检测器，但可以根据待测组分的性质选择合适的检测器。高效液相色谱检测器有通用型和专用型检测器之分，通用型检测器常见的有示差折光检测器、蒸发光散射检测器等，专用型检测器主要有紫外检测器、荧光检测器、安培检测器等。

1. 紫外检测器　目前高效液相色谱中应用最广泛、配置最多的检测器，适用于有共轭结构的化合物的检测，具有灵敏度高、精密度好、线性范围宽、对温度及流动相流速变化不敏感、可用于梯度洗脱等特点。缺点是不适用于无紫外吸收的组分的检测，不能使用有紫外吸收的溶剂作流动相（如有吸收，溶剂的截止波长须小于检测波长）。目前常用的有可变波长紫外检测器和二极管阵列检测器。

（1）可变波长紫外检测器：可变波长紫外检测器（variable wavelength detector，VWD）的光路见图 12-9，光源（氘灯）发射的光经透镜、滤光片、入射狭缝、反射镜 1 到达光栅产生单色光，单色光经反射镜 2 至光束分裂器，其中透过光束分裂器的光通过样品流通池，到达样品光电二极管；被光束分裂器反射的光到达参比光电二极管；比较两束光的光强即可以获得样品的信号（吸光度 A），目的是消除光源光强波动造成的影响。

这种可变波长紫外检测器在某一时刻只能采集某一波长的吸收信号，可预先编制采集信号程序，控制光栅的偏转，在不同时刻根据不同组分的最大吸收波长改变检测波长，使色谱分离过程洗脱出的每个组分都获得最高灵敏度的检测。

在紫外检测器中，与普通紫外-可见光分光光度计完全不同的部件是流通池。一般标准流通池体积为 5～8μl，光程长为 5～10mm，内径小于 1mm。

（2）二极管阵列检测器：二极管阵列检测器（diode array detector，DAD；photo-diode array

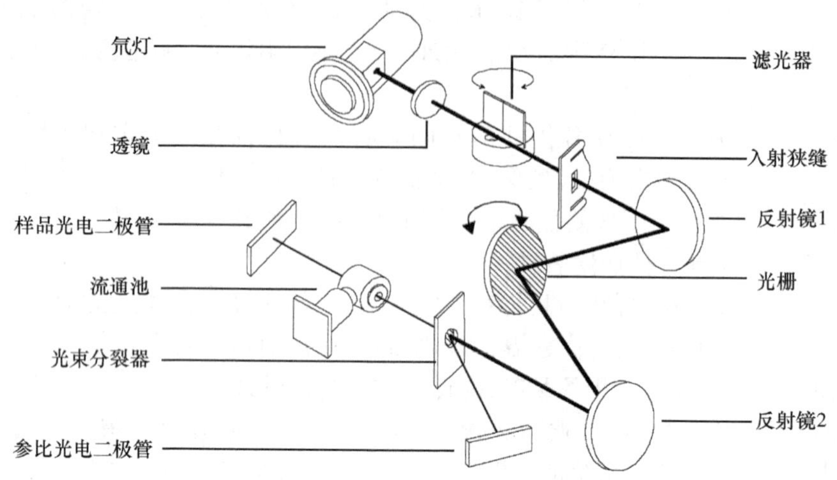

图 12-9 HPLC 可变波长紫外检测器光路示意图

detector, PDA)是 20 世纪 80 年代发展起来的的一种新型紫外检测器,其光路见图 12-10。与可变波长紫外检测器不同的是,光源发出的复合光不经分光先通过流通池,被流动相中的组分选择性吸收后,再通过狭缝到光栅进行色散分光。使含有吸收信息的全部波长投射到一个由 1024 个二极管组成的二极管阵列上而被同时检测,每一个二极管各自测量某一波长下的光强,并用电子学方法及计算机技术对二极管阵列快速扫描采集数据。由于扫描速度非常快,远远超过色谱流出峰的速度,所以无需停流扫描即可获得柱后流出物质的各个瞬间光谱图及各个波长下的色谱图,经计算机处理后可得到色谱-光谱三维图谱,如图 12-11 所示。

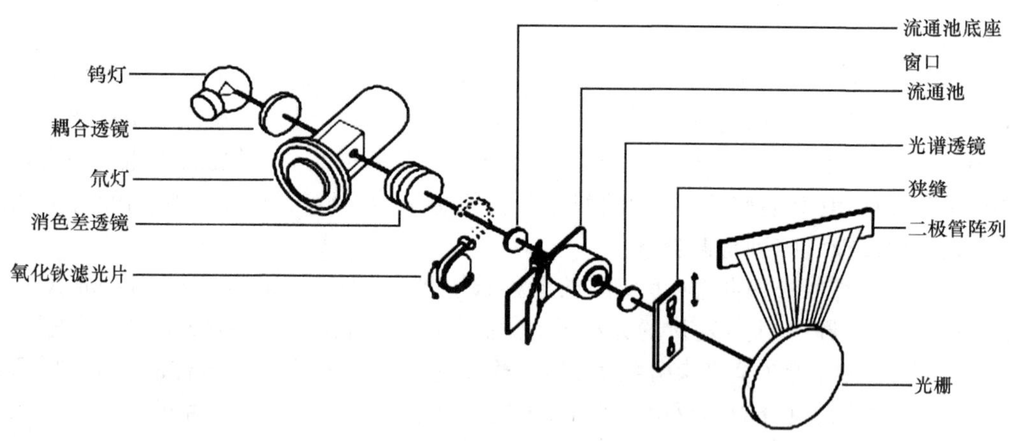

图 12-10 HPLC 二极管阵列检测器光路示意图

可以从获得的数据中提取出各个色谱峰光谱图,利用色谱保留值及光谱特征综合进行定性分析;也可以根据需要提取出不同波长下的色谱图作色谱定量分析。此外,还可对每个色谱峰的不同位置(峰前沿、峰顶点、峰后沿等)的光谱图并进行比较,若色谱峰分离良好、纯度高(仅有一个组分)则不同位置的光谱图应一致,因此通过计算不同位置光谱间的相似度即可判断色谱峰的纯度及分离状况。

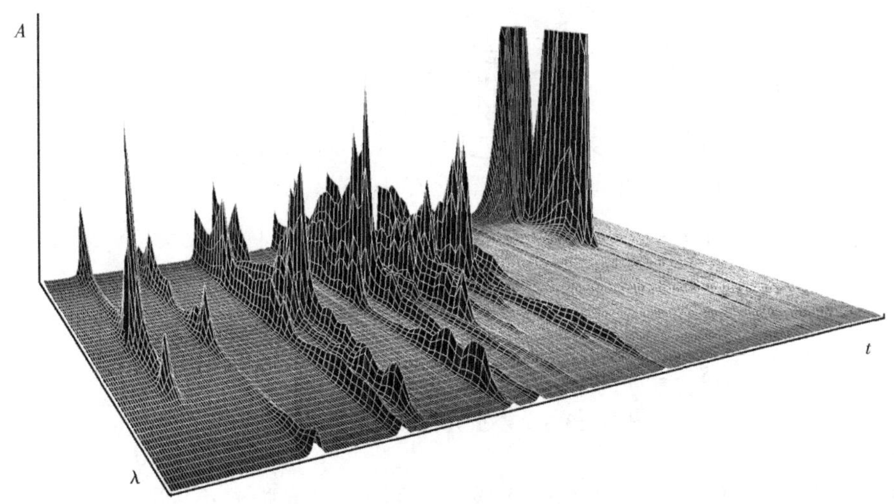

图 12-11　多组分混合物的三维图谱

2. 荧光检测器　荧光检测器(fluorescence detector,FD)是利用某些物质在受紫外光激发后,能发射荧光的性质来进行检测的。它是一种具有高灵敏度和高选择性的浓度型检测器,相当于一台荧光分光光度计,其光路见图 12-12。由光源(氙灯)发出的光,经激发单色器选择特定的激发波长的光通过流通池,流动相中的荧光组分受激发后产生荧光,为避免透射光的干扰,在与激发光成 90°方向上经发射单色器选择特定波长的荧光,到达光电倍增管测定荧光强度,其荧光强度与产生荧光物质的浓度成正比。灵敏度比紫外检测器高 1~2 个数量级。荧光检测器适用于能发出荧光的组分,对不发生荧光的物质,可利用柱前或柱后衍生化技术,使其与荧光试剂反应,制成可产生荧光的衍生物后再进行测定。

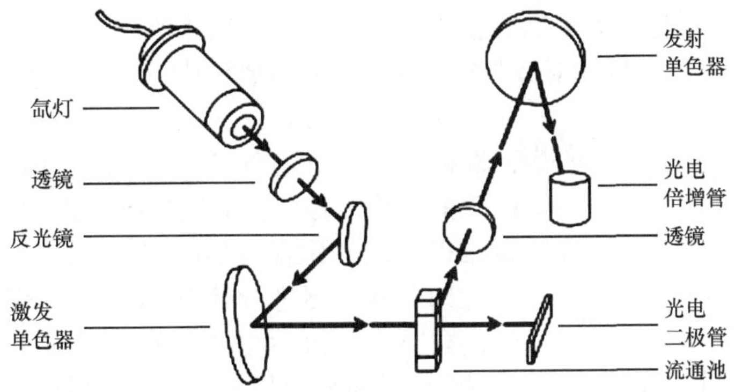

图 12-12　HPLC 荧光检测器光路示意图

3. 示差折光检测器　示差折光检测器(refractive index detector,RID)是通过连续测定柱后流出液折射率的变化而实现组分浓度的检测。当一束光透过折射率不同的两种物质时,此光束会发生一定程度的偏转,其偏转程度正比于两物质折射率之差。由于不同物质的折射率不相同,因此 RID 是一种通用型检测器,其光路示意图见图 12-13。

进样前先用流动相冲洗样品流通池和参比流通池,调节“零点调节镜”使照射到光接受器(光电二极管)上的光强差为零。进样后,流动相只经过样品流通池,当有组分进入时,样

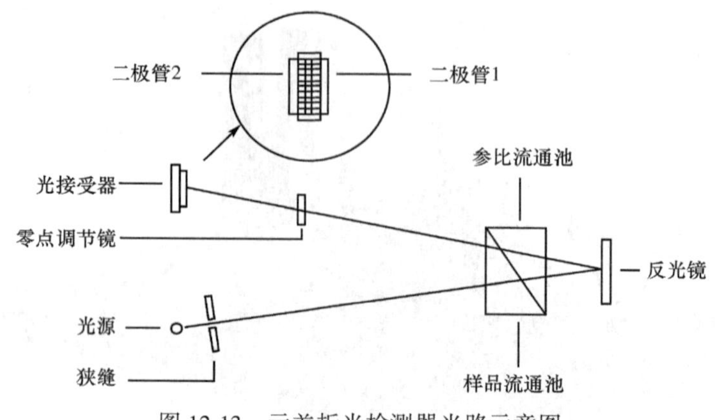

图 12-13　示差折光检测器光路示意图

品流通池内不再是纯流动相，折射率改变，光发生偏转，其光强差不为零，产生信号。含有组分的流动相和流动相本身之间折射率之差反映了组分在流动相中的浓度，RID 属于浓度型检测器。

RID 通用性强，但灵敏度较低，对温度、压力等变化也很敏感，且色谱柱和检测器本身均需恒温。此外，由于流动相组成的变化会使折射率变化很大，因此，流动相须预先配好并充分脱气。这种检测器不适用于梯度洗脱。

4. 蒸发光散射检测器　蒸发光散射检测器（evaporative light scattering detector，ELSD）是利用将含有待分离组分的流动相雾化、蒸发形成固体微粒后对光的散射现象来检测色谱流出组分的，是一种通用型检测器，适用于任何挥发性小于流动相的组分的检测，结构原理见图 12-14。含有样品组分的流动相在进入检测器后，被高速载气（N_2）喷成雾状液滴，在恒温的蒸发漂移管中，流动相不断蒸发，形成只含溶质的微小颗粒，随载气进入由激光光源和光电倍增管检测器构成的检测室，在强光的照射下，含有溶质的微小颗粒对光产生散射现象（丁铎尔效应），光散射强度的对数与组分质量的对数成正比，见式（12-1）。

$$\lg I = b\lg m + \lg a \tag{12-1}$$

蒸发光散射检测器与紫外检测器和示差折光检测器比较，消除了因溶剂和温度变化而引起的基线漂移，特别适合于梯度洗脱。对于其他检测器难以检测的化合物如磷脂、皂苷、糖类和聚合物等，均可使用此检测器进行检测，但不适于检测挥发和半挥发性的化合物。流动相必须是可挥发的，如果流动相含有缓冲盐，则必须使用挥发性盐如醋酸铵等，而且浓度要尽可能低。

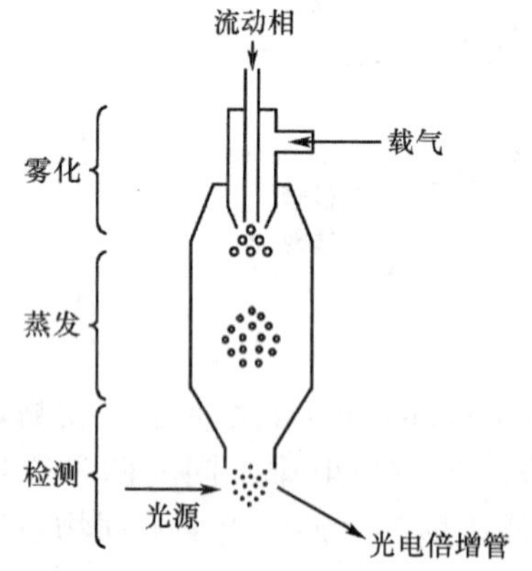

图 12-14　蒸发光散射检测器原理示意图

使用本检测器时，还必须对其工作模式（液滴是否分流）、载气压力或流量、漂移管温度、进样量与信号放大倍数进行选择与优化。

5. 其他检测器　其他检测器包括电化学检测器（electrochemical detector）、化学发光检测器（chemiluminescence detector）、质谱检测器（HPLC-MS 联用）等，在此不

作详述。

6. 检测器的性能指标 与气相色谱检测器相同的性能指标主要有：灵敏度（sensitivity，S）、噪声（noise，N）、漂移（drift，d）、检测限（delectability，D）、线性范围（liner range）等，参见气相色谱法。另外紫外、荧光等光学检测器还有波长准确度、光源光强度等指标。

第2节 基本理论

高效液相色谱法的塔板理论与气相色谱法完全相同，速率理论（柱内色谱峰展宽）略有差异，此外，跟气相色谱相比，由于高效液相色谱的色谱柱在整个管路系统中所占的比例小，故存在不可忽略的柱外效应（柱外色谱峰展宽）。

一、柱内展宽

1958 年 Giddings 等人提出了液相色谱速率方程，由于液体和气体性质的差异，液相色谱的速率方程式在纵向扩散项（B/u）和传质阻力项（Cu）上与气相色谱有所差异，见式（12-2）。

$$H=A+B/u+(C_m+C_{sm}+C_s)u \tag{12-2}$$

式中：C_{sm}为静态流动相传质阻力项系数，其余各项与 Van Deemter 方程含义相同。

1. 涡流扩散项 A 当样品注入由全多孔微粒固定相填充的色谱柱后，在液体流动相驱动下，样品分子会遇到固定相颗粒的阻碍，不可能沿直线运动，而是不断改变方向，形成紊乱类似涡流的曲线运动。由于样品分子运行路径的长短不一，加上在不同流路中受到的阻力不同，使其在柱中的运行速度不同，从而使到达柱出口的时间不同，导致色谱峰展宽（图 12-15中“b”）。该项仅与固定相的粒度和柱填充的均匀程度有关。

2. 纵向扩散项 B/u 样品分子在色谱柱中沿着流动相前进的方向产生扩散，所引起的色谱峰展宽，称为纵向扩散。显然，样品在色谱柱中滞留的时间愈长，组分在液体流动相中的扩散系数（D_m）越大，谱带展宽越严重。由于液相色谱中流动相是液体，黏度（η）比气体大得多，柱温（T）又比气相色谱低得多，且 $D_m \propto T/\eta$，因此液相色谱的 D_m 比气相色谱的 D_m 小约 10^5倍；又因液相色谱中流动相流速一般至少是最佳流速的 3～5 倍。所以液相色谱中纵向扩散项 B/u 很小，在大多数情况下可忽略不计。

3. 流动的流动相的传质阻力项 $C_m u$ 组分分子从流动的流动相中迁移到液固界面，并从液固界面返回到流动的流动相的传质过程中，会受到流动相的阻力，引起色谱峰的展宽。同时，就流动相本身而言，处于不同层流的流动相分子具有不同的流速。因此，组分分子在紧挨颗粒边缘的流动相层流中的移动速度要比在中心层流中的移动速度慢，也会引起色谱峰的展宽（图 12-15 中“c”）。由于$C_m \propto d_p^2/D_m$，所以减小固定相颗粒及流动相液体的黏度，可以减小峰展宽，提高柱效。另外，也会有些组分分子从移动快的层流向移动慢的层流扩散（径向扩散），使得不同层流中的组分分子的移动速度趋于一致，从而减小峰展宽，显然这是有利因素。

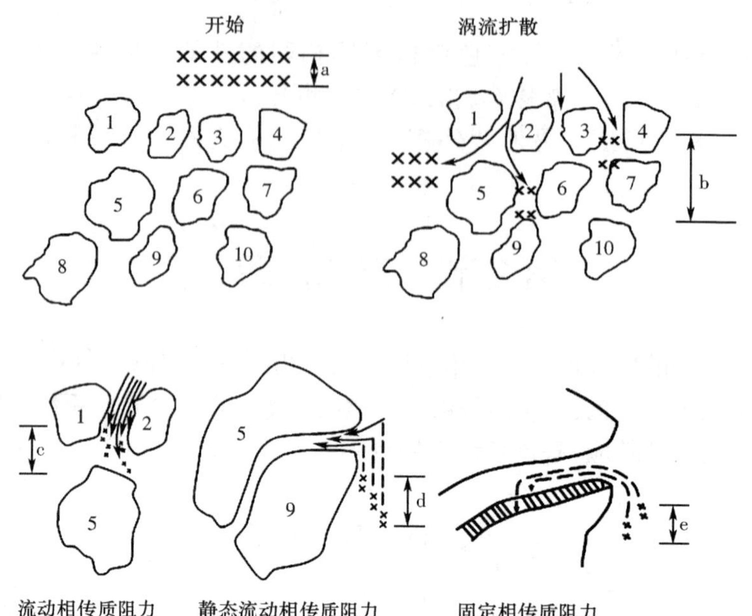

图 12-15 涡流扩散与各种传质阻力对色谱峰展宽的影响

图中×:组分分子;a:原始样品带宽;b、c、d、e:分别为各影响因素造成的谱带展宽

4. 静态流动相的传质阻力项 $C_{sm}u$ 液相色谱柱中装填的无定形或球形全多孔微粒固定相,其颗粒内部的孔洞充满了静态流动相,组分分子在静态流动相中受到的传质阻力。此外,对于扩散到孔洞表层静态流动相中的组分分子,只需移动很短的距离,就能很快地返回到颗粒间流动的主流路之中;而扩散到孔洞较深处静态流动相中的组分分子,就需要更多的时间才能返回到颗粒间流动的主流路之中,这也会色谱峰的展宽(图 12-15 中"d")。由于影响 C_{sm}的因素与 C_m相同,即 $C_{sm} \propto d_p^2/D_m$,所以减小固定相颗粒及流动相的黏度,可以减小峰展宽,提高柱效。

5. 固定相的传质阻力项 $C_s u$ 组分分子从液固界面进入固定相内部,并从固定相内部重新返回液固界面的传质过程中,会受到固定相的阻力,引起色谱峰的展宽(图 12-15 中"e")。当载体上涂布的固定液液膜比较薄,且载体无吸附效应时,都可减少由于固定相传质阻力所引起的峰展宽。由于目前大都采用化学键合相,其"固定液"是键合在载体表面的单分子层化合物,传质阻力很小,所以 C_s可以忽略不计。

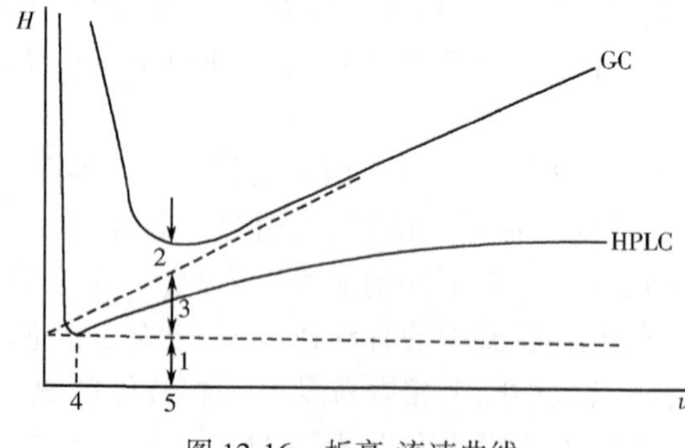

图 12-16 板高-流速曲线

1. A;2. B/u;3. Cu;4. HPLC 的 u_{opt};5. GC 的 u_{opt}

在 HPLC 中,当使用键合固定相时,速率方程的表现形式为:

$$H = A + (C_m + C_{sm})u \qquad (12\text{-}3)$$

将 H 对 u 作图,可绘制出和气相色谱相似的板高-流速曲线,如图 12-16 所示。曲线的最低点对应着最低理论塔板高度

H_{min}和流动相的最佳线速 u_{opt}。在 HPLC 中,H-u 曲线具有平稳的斜率,这表明采用高流动相流速时,色谱柱柱效无明显的损失。因此, 实际应用中可以采用高流速,缩短分析时间,进行快速分析。

二、柱 外 展 宽

从进样器到检测器之间除柱本身的体积之外,所有的体积(如进样器、接头、连接管路和检测池等处的体积)称为柱外死体积。在这些死体积区域由于没有固定相,处于流动相中的组分不仅得不到分离,反而会产生扩散,导致色谱峰展宽,柱效下降。

为了减小柱外展宽的影响,应当尽可能减小柱外死体积。所以各部件连接时,一般使用所谓"零死体积接头";管道对接宜呈流线形;检测器流通池的应采用尽可能小的池体积等。

第 3 节　各类高效液相色谱法

一、吸附色谱法

1. 分离原理　吸附色谱(adsorption chromatography)是以固体吸附剂为固定相,基于其对不同组分吸附能力的差异进行混合物的分离。吸附剂是一些多孔性的固体颗粒,如氧化铝、硅胶等。当混合物随流动相通过吸附剂时,在吸附剂表面组分分子和流动相分子对吸附剂表面活性中心发生竞争吸附。对极性吸附剂来讲,极性大的组分易被吸附,此时流动相分子不易被吸附(即流动相分子置换能力或解吸附能力弱),则组分滞留时间长,K 值大,迁移速度慢,后流出色谱柱;反之,当流动相极性增大时,流动相分子易被吸附剂吸附,即解吸附(置换)能力增强,组分的 K 值减小,迁移速度快,先流出色谱柱。从而实现混合物的分离。

2. 固定相　吸附色谱固定相可分为极性和非极性两大类。极性固定相主要有硅胶、氧化镁和硅酸镁分子筛等。非极性固定相有高强度多孔微粒活性炭和近来开始使用的 5~10μm 的多孔石墨化炭黑、高交联度苯乙烯-二乙烯基苯共聚物的多孔微球(5~10μm)与碳多孔小球等,其中应用最广泛的是极性固定相硅胶,主要有表面多孔型硅胶、无定形全多孔硅胶、球形全多孔硅胶、堆积硅珠等类型,如图 12-17 所示。

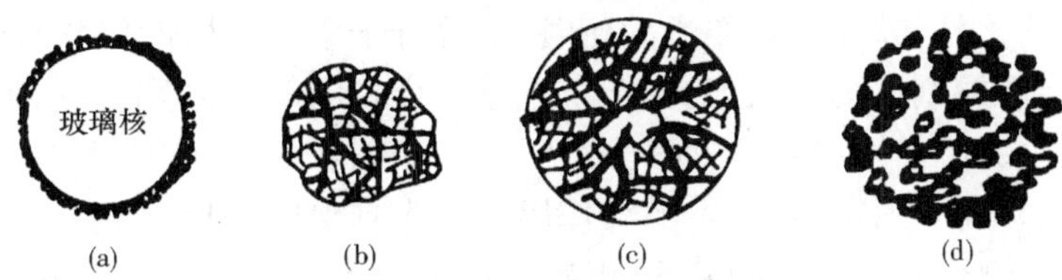

图 12-17　各种类型硅胶示意图

(a) 表面多孔型硅胶;(b) 无定形全多孔硅胶;(c) 球形全多孔硅胶;(d) 堆积硅珠

其中表面多孔型硅胶粒度约为 30~70μm,出峰快,适用于极性范围较宽的混合样品的分析,缺点是样品容量小,现在已很少应用。无定形全多孔硅胶常用粒度为 5~10μm,柱效高、样品容量大,但涡流扩散大、渗透性差。球形全多孔硅胶外形为球形,常用粒度为 3~10μm,除具有无定形全多孔硅胶的优点外,还有涡流扩散小、渗透性好的优点,是化学键合相的理想载体。堆积硅珠与球形全多孔硅胶类似,常用粒度为 3~5μm。

硅胶的主要性能参数有:形状、粒度、粒度分布、比表面积、平均孔径等。

硅胶是应用范围很广的吸附色谱固定相,主要用于分离能溶于有机溶剂的极性与弱极性混合物及异构体的分离。

3. 流动相 在吸附高效液相色谱中,流动相通常为混合溶剂,主体溶剂为正己烷或环己烷,以一氯甲烷、二氯甲烷、三氯甲烷或丙酮等作为调节性溶剂,用于调整流动相的极性。

二、化学键合相色谱法

化学键合相(chemical bounded phase)是采用化学反应的方法将固定液的官能团键合在载体表面上形成的固定相,简称键合相;以化学键合相为固定相的液相色谱法称为化学键合相色谱法(chemical bounded phase chromatography)或键合相色谱法(bounded phase chromatography,BPC)。由于键合固定相非常稳定,在使用中不易流失。键合到载体表面的官能团可以是各种极性的,它适用于各种样品的分离分析,是应用最广的色谱法。

根据键合相与流动相相对极性的强弱,可将键合相色谱法分为正相键合相色谱法和反相键合相色谱法。在正相键合相色谱法中,键合固定相的极性大于流动相的极性,适用于分离极性或强极性化合物。在反相键合相色谱法中,键合固定相的极性小于流动相的极性,适用于分离非极性至中等极性的化合物,其应用范围比正相键合相色谱法广泛得多。在高效液相色谱法中,约 70%~80%的分析任务是由反相键合相色谱法来完成的。

1. 分离原理

(1) 正相键合相色谱的分离原理:正相键合相色谱固定相是极性键合相,以极性有机基团如胺基($—NH_2$)、腈基(—CN)等键合在硅胶表面制成的,组分分子在此类固定相上的分离主要靠范德华力中的定向力、诱导力及氢键力。流动相极性增大,洗脱能力增强,组分的 K 值减小。

(2) 反相键合相色谱的分离原理:反相键合相色谱固定相是极性较小的键合相,以极性较小的有机基团如苯基、烷基等键合在硅胶表面制成的,流动相的极性大于固定相,其分离机理可用疏溶剂作用理论来解释。这种理论认为:键合在硅胶表面的非极性或弱极性基团具有较强的疏水性,当用极性溶剂作流动相时,组分分子中的非极性部分与极性溶剂相接触相互产生排斥力(疏溶剂斥力),促使组分分子与键合相的疏水基团产生疏水缔合作用,使其在固定相上产生保留作用;另一方面,当组分分子中有极性官能团时,极性部分受到极性溶剂的作用,促使它离开固定相,产生解缔作用并减小其保留作用,如图 12-18 所示。所以,不同结构的组分在键合固定相上的缔合和解缔能力不同,决定了不同组分分子在色谱分离过程中的迁移速度是不一致的,从而使得各种不同组分得到了分离。

烷基键合固定相对每种组分分子缔合作用和解缔作用能力之差,就决定了组分分子在色谱过程的保留值。每种组分的容量因子 k 与它和非极性烷基键合相缔合过程的总自由能的变化 ΔG 值相关,可表示为

$$\ln k=\ln\frac{1}{\beta}-\frac{\Delta G}{RT},\quad \beta=\frac{V_m}{V_s} \qquad (12\text{-}4)$$

式中：β 为相比；ΔG 与组分的分子结构、烷基固定相的特性和流动相的性质密切相关。

1）组分分子结构对保留值的影响：在反相键合相色谱中，组分的分离是以它们的疏水结构差异为依据的，组分的极性越弱，疏水性越强，保留值越大。根据疏溶剂理论，组分的保留值与其分子中非极性部分的总表面积有关，总表面积越大，与烷基键合固定相接触的面积越大，保留值也越大。

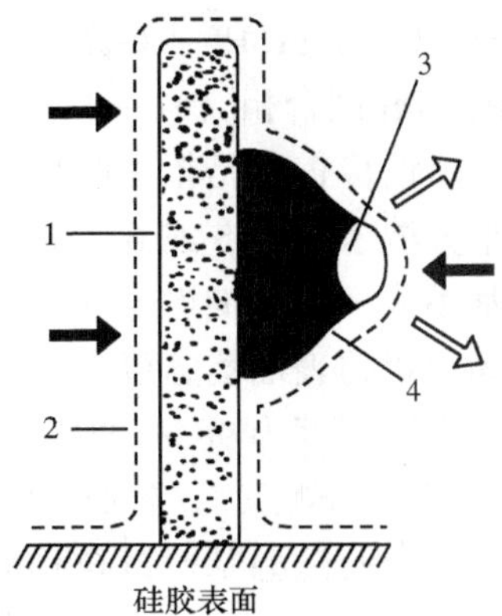

图 12-18 疏溶剂缔合作用示意图
➡表示疏溶剂作用，⇨表示极性溶剂的解缔作用
1. 烷基键合相；2. 溶剂膜；3. 组分分子极性部分；4. 组分分子非极性部分

2）烷基键合固定相的特性对保留值的影响：烷基键合固定相的作用在于提供非极性作用表面，因此键合到硅胶表面的烷基数量决定着组分 k 的大小。随碳链的加长，烷基的疏水特性增强，键合相的非极性作用的表面积增大，组分的保留值增加，其对组分分离的选择性也增加。

3）流动相性质对保留值的影响：流动相的表面张力越大、介电常数越大，其极性越强，此时组分与烷基键合相的缔合作用越强，流动相的洗脱强度越弱，组分的保留值越大。

2. 化学键合固定相 由于键合相表面的固定液官能团一般多是单分子层，类似于“毛刷”，因此也称具有单分子层官能团的键合相为“刷子”型键合相。键合相的优点：①使用过程中不流失；②化学性能稳定，一般在 pH 2～8 的溶液中不变质；③热稳定性好，一般在 70℃ 以下不变性；④载样量大，比硅胶约高一个数量级；⑤适于作梯度洗脱。

目前，化学键合相广泛采用全多孔硅胶为基体，按固定液（基团）与载体（硅胶）相结合的化学键类型，可分为 Si—O—C、Si—N、Si—C 及 Si—O—Si—C 键型键合相。其中 Si—O—Si—C 键型键合相稳定性好，容易制备，是目前应用最广的键合相。制备方法是用氯代硅烷或烷氧基硅烷与硅胶表面的游离硅醇基反应，形成 Si—O—Si—C 键型的键合相。按极性可分为非极性、中等极性与极性三类。

（1）非极性键合相：十八烷基键合相（octadecylsilane，简称 ODS 或 C_{18}）是最常用的非极性键合相。将十八烷基氯硅烷试剂与硅胶表面的硅醇基，经多步反应脱 HCl 生成 ODS 键合相。键合反应简化如下：

$$\equiv Si—OH + Cl—\underset{R_2}{\overset{R_1}{Si}}—C_{18}H_{37} \longrightarrow \equiv Si—O—\underset{R_2}{\overset{R_1}{Si}}—C_{18}H_{37} + HCl$$

由于不同生产厂家所用的硅胶、硅烷化试剂和反应条件不同，具有相同键合基团的键合相，其表面有机官能团的键合量往往差别很大，使其产品性能有很大的不同。键合相的键合量常用含碳量（C%）来表示，按含碳量的不同，可分为高碳、中碳及低碳型 ODS 键合相。若 R_1、R_2是二个甲基，构成高碳 ODS 键合相[Si—O—Si$(CH_3)_2$—$C_{18}H_{37}$]，高碳 ODS 键合相载样量大、保留能力强；若 R_1是氢，R_2是氯，氯与硅胶的另一个硅醇基脱 HCl，则生成中碳 ODS 键合相

[(Si—O—)$_2$Si(H)—$C_{18}H_{37}$];若 R_1、R_2 都是氯,与硅胶的另二个硅醇基再脱二分子 HCl,生成低碳 ODS 键合相[(Si—O—)$_3$Si—$C_{18}H_{37}$]。含碳量与键合反应及表面覆盖度有关。

所谓覆盖度是指参与反应的硅醇基数目占硅胶表面硅醇基总数的比例。在硅胶表面,每平方纳米约有 5 或 6 个硅醇基可供化学键合。由于键合基团的立体结构障碍,使这些硅醇基不能全部参加键合反应。参加反应的硅醇基数目,占硅胶表面硅醇基总数的比例,称为该固定相的表面覆盖度。覆盖度的大小决定键合相是分配还是吸附占主导。Partisil 5-ODS 的表面覆盖度为 98%,即残存 2%的硅醇基,分配占主导。Partisil 10-ODS 的表面覆盖度为 50%,既有分配又有吸附作用。

残余的硅醇基对键合相的性能有很大影响,特别是对非极性键合相,它可以减小键合相表面的疏水性,对极性组分(特别是碱性化合物)产生次级化学吸附,从而使保留机制复杂化,使组分在两相间的平衡速度减慢,降低了键合相填料的稳定性,使碱性组分的峰形拖尾等。为尽量减少残余硅醇基,一般在键合反应后,用三甲基氯硅烷(TMCS)或六甲基二硅胺(HMDS)进行钝化处理,称封尾(或称遮盖、封端、封尾,end-capping),封尾后的 ODS 吸附性能降低,稳定性增加,这种键合相只有分配作用,具有强疏水性。有时为了使 ODS 与含水流动相有较好的湿润性,所以有些 ODS 填料是不封尾的。

其他非极性键合相:常见的有八烷基及苯基键合相等。八烷基键合相(C_8)与十八烷基键合相类似,但载样量有差别。键合基团的链长增加,载样量增大、K 值增大。苯基键合相(—C_6H_5)与极性样品具有可诱导极化分子间作用力,极性略大于 ODS。这两种键合相常见的产品有 Zorbax-C_8(球形 4~6μm);YWG-C_6H_5等。

(2)中等极性键合相:常见的有醚基键合相。这种键合相既可作正相色谱又可作反相色谱的固定相,视流动相的极性而定。进口产品如 Permaphase-ETH(载体为表孔硅胶);国产品YWG-ROR'。这类固定相应用较少。

(3)极性键合相:常用氨基、氰基键合相为极性键合相。分别将氨丙硅烷基[—Si—(CH_2)$_3$—NH_2]及氰乙硅烷基[—Si(CH_2)$_2$CN]键合在硅胶上而制成,可用作正相色谱的固定相。氨基键合相是分离糖类最常用固定相,常用乙腈-水为流动相;氰基键合相与硅胶类似,但极性比硅胶弱,对双键异构体有良好的分离选择性。国产品有:YWG-CN 及 YWG-NH(5、10μm),YQG-CN 及YQG-NH_2(5、10μm)。进口品:Nucleosil CN 或 NH_2(球形,5μm)、Zorbax-CN(球形,4~6μm),Lichrosorb NH_2(无定形,10μm)等。

3. 流动相 在正相键合相色谱中,主体溶剂为正己烷或环己烷,以一氯甲烷、二氯甲烷、三氯甲烷或丙酮等为调节性溶剂,调整流动相的极性。

在反相键合相色谱中,主体溶剂为水或缓冲盐的水溶液,再加一定比例的能与水混溶的甲醇、乙腈或四氢呋喃等调节性溶剂。

三、离子对色谱法

在流动相中加入与组分分子带相反电荷的离子对试剂,分离分析离子型或可离子化的化合物的方法称为离子对色谱法(ion pair chromatography,IPC 或 paired ion chromatography,PIC)。本法是由离子对萃取发展而成的一种分离分析方法,离子对萃取是一种液-液分配分离离子型化合物的技术。这种萃取方法是选择合适的反电荷离子加入到水相中,与水相中被分离化合物形成离子对,离子对表现为非离子性的中性物质,被萃取到有机相中,使离子型化合物与其他化合物相互分离,这种分离技术被用于反相键合相色谱中,分离保留值很低的完全离子化的强极性化合物。所以,现在最常用的是反相离子对色谱法,即使用反相色谱中常用的固定相(如 ODS),同时分离离子型化合物和中性化合物。

1. 原理　将一种(或数种)与样品离子(A^+)带相反电荷的 B^- 离子(称为反离子或对离子)加入到流动相中,使其与样品离子结合生成弱极性的离子对 A^+B^-(中性缔合物)。此离子对不易在水中离解而迅速进入有机相中,存在以下平衡:

$$A_W^+ + B_W^+ \Leftrightarrow (A^+B^-)_O \tag{12-5}$$

式(12-5)中,下标 W 为水相,O 为有机相,反应平衡常数 E_{AB} 为:

$$E_{AB} = \frac{[A^+B^-]_O}{[A^+]_W[B^-]_W} \tag{12-6}$$

当用非极性键合相为固定相时,就构成反相离子对色谱,则组分 A 的 K 值为:

$$K = \frac{C_s}{C_m} = \frac{[A^+B^-]_O}{[A^+]_W} = E_{AB}[B^-]_W \tag{12-7}$$

由此可见,当流动相的 pH、离子强度、离子对试剂的种类、浓度及温度保持恒定时,K 与离子对试剂的浓度$[B^-]_W$成正比。因此通过调节对离子的浓度,可改变被分离样品离子的保留时间 t_R。不同组分的 E_{AB}不同,K 值不同。

2. 影响保留值及分离选择性的因素

(1) 溶剂极性的影响:在反相离子对色谱中,当增加甲醇或乙腈比例,降低水的比例时,会使流动相的洗脱强度增大,使组分的 K 减小。

(2) 离子强度的影响:在反相离子对色谱中,增加含水流动相的离子强度,会使组分的 K 值降低。

(3) pH 的影响:在离子对色谱中,改变流动相的 pH 是改善分离选择性的很有效的方法。在反相离子对色谱中,当 pH 接近 7 时,组分的 K 值最大,此时样品分子完全电离,最容易形成离子对。当流动相的 pH 降低时,样品阴离子 X^-开始形成不离解的酸 HX,从而导致固定相中样品离子对的减少。因此对阴离子样品来讲,其 K 值随体系的 pH 降低而减小。

(4) 离子对试剂的性质和浓度的影响:在离子对色谱中,分析有机碱的常用离子对试剂为高氯酸盐和烷基磺酸盐。分析有机酸的离子对试剂为叔胺盐和季铵盐。

在反相离子对色谱中,离子对试剂的烷基链越长,分子量与疏水性越大,生成的离子对缔合物的 K 值越大;若使用无机盐离子对试剂,因其疏水性减弱,则缔合物的 K 值显著降低;由式(12-6)可知,离子对试剂的浓度越高,组分的 K 值越大。

此外在高效液相色谱法中,还包括空间排阻色谱(steric exclusion chromatography, SEC),离子交换色谱(ion exchange chromatography, IEC)、亲和色谱(affinity chromatography)、胶束色谱(micellar chromatography)、手性色谱(chiral chromatography)等方法,在此不一一详述,请参考有关专著。

第 4 节　改善分离度的方法

在高效液相色谱分析中,实际上固定相的种类的选择十分有限,当色谱柱选定后,主要通过调节流动相的组成改善分离,因此流动相的作用非常重要。根据基本分离方程$R=\frac{\sqrt{n}}{4}\cdot\left(\frac{\alpha-1}{\alpha}\right)\cdot\left(\frac{k}{1+k}\right)$,应选择合适的溶剂强度使组分的$k$处于最佳范围,选择合适的溶剂以改善选择性,来获得良好的分离度。

一、对流动相的要求

从实用角度考虑,选用作为流动相的溶剂应当价廉,容易购得,使用安全,纯度要高。除此之外,还应满足高效液相色谱分析的下述要求:

(1) 用作流动相的溶剂应与固定相不互溶,并能保持色谱柱的稳定性;所用溶剂应有高纯度,以防所含微量杂质在柱中积累,引起柱性能的改变,保证分析结果的重现性。

(2) 选用的溶剂性能应与所使用的检测器相匹配。如使用紫外吸收检测器,不能选用在检测波长处有紫外吸收的溶剂。

(3) 选用的溶剂应对样品有足够的溶解能力,以提高测定的灵敏度和精密度。

(4) 选用的溶剂应具有低的黏度和适当低的沸点。溶剂黏度低,可减小组分的传质阻力,利于提高柱效。另外从制备、纯化样品考虑,低沸点的溶剂易用蒸馏方法从柱后收集液中除去,利于样品的纯化。

(5) 应尽量避免使用具有显著毒性的溶剂,以保证操作人员的安全。

二、改善分离度的方法

1. 加入调节剂 为使组分获得良好的分离,通常希望组分的容量因子k保持在2~10范围内,若组分的k值大于10或小于2时,可通过调节流动相的极性,来获取适用的k值。

在正相色谱中常采用饱和烷烃如正己烷作主体溶剂,加入具有不同选择性的溶剂如乙醚、二氯甲烷、三氯甲烷等,来调节溶剂的洗脱强度;在反相色谱中则常采用水为主体溶剂,加入甲醇、乙腈、四氢呋喃等来调节溶剂的洗脱强度,并获得不同的选择性。

2. 加入改性剂 当选择的二元混合溶剂对给定的分离有合适的溶剂强度时,即被分离组分的k在2~10之间,但选择性不好时,为改善分离的选择性,可在流动相中加入改性剂。

(1) 抑制组分分子离解:在反相色谱中分离分析有机弱酸、弱碱时,常向含水流动相中加入酸、碱或缓冲溶液,以控制流动相的pH,抑制组分的离解,减少谱带拖尾、改善峰形,提高分离的选择性。这种技术也称为离子抑制色谱法。

(2) 调节流动相离子强度:在反相色谱中,在分离易离解的碱性有机物时,随流动相pH值的增加,键合相表面残存的硅羟基与碱的阴离子的亲和能力增强,会引起峰形拖尾并干扰分离,此时若向流动相中加入0.1%~1%的乙酸盐或硫酸盐、硼酸盐,就可利用盐效应减弱残存硅羟基的干扰作用,抑制峰形拖尾,并改善分离效果。但应注意经常使用磷酸盐或卤化物会引起硅烷化固定相的降解。此外,向含水流动相中加入无机盐后,还会使流动相的表面张力增大,对非离子型组分,会引起k值增加;对离子型组分,会随盐效应的增加,引起k值的减小。

3. 梯度洗脱 HPLC有等度洗脱(isocratic elution)和梯度洗脱(gradient elution)两种洗

脱方式。

等度洗脱是指进行色谱分离时，流动相的极性、离子强度、pH 等，在分离的全过程中皆保持不变的洗脱方式，适合于组分数目较少，性质差别不大的样品。

梯度洗脱是指在洗脱过程中含两种或两种以上不同极性溶剂的流动相的组成会连续或间歇地改变，以调节流动相的极性、离子强度和 pH 等，改善样品中各组分间的分离度。用于分析组分数目多、性质差异较大的复杂样品。

若试样中含有多个组分，其容量因子 k 值的分布范围很宽，如用低强度的流动相进行等度洗脱，此时 k 值小的组分会分离度较大，而 k 值大的组分保留值会很大，流出峰形很宽；如用高强度的流动相进行等度洗脱，虽然强保留组分可在适当的时间范围内作为窄峰被洗脱下来，但弱保留的组分就会在色谱图的起始部分挤在一起流出，而不能获得满意的分离。对上述等度洗脱时存在的问题，若改用梯度洗脱就可圆满地予以解决。

梯度洗脱可先用低强度流动相开始洗脱，待 k 值小的组分彼此分离后，逐渐增加流动相的洗脱强度，使 k 值大的强保留组分能在适当的保留时间内，也以满意的分离度从色谱柱中洗脱，从而获得满意的分析结果。高效液相色谱分析中的梯度洗脱和气相色谱分析中的程序升温相似。梯度洗脱一般是指流动相的组成随分析时间的延长呈现线性变化，即线性梯度洗脱，它可用于反相和正相 HPLC 及离子对色谱法。

梯度洗脱可以缩短分析时间，提高分离度，改善峰形，提高检测灵敏度，但是常常引起基线漂移和降低重现性。

第 5 节　分析方法

一、定性分析

由于液相色谱过程中影响组分迁移的因素较多，同一组分在不同色谱条件下的保留值相差很大，即便在相同的操作条件下，同一组分在不同色谱柱上的保留也可能有很大差别，因此液相色谱与气相色谱相比，定性的难度更大。常用的定性方法有如下几种：

1. 利用标准品对照定性　利用标准样品对未知化合物定性是最常用的液相色谱定性方法，该方法的原理与气相色谱法中相同。

（1）利用保留时间的一致性定性：由于每一种化合物在特定的色谱条件下（流动相组成、色谱柱、柱温等相同），其保留值具有特征性，因此可以利用保留值进行定性。如果在相同的色谱条件下被测化合物与标样的保留值一致，就可以初步认为被测化合物与标样相同。若流动相组成经多次改变后，被测化合物的保留值仍与标样的保留值一致，就能进一步证实被测化合物与标样相同。

（2）利用加入标准品增加峰高法定性：与气相色谱中的方法一样，将适量的已知标准物质加入样品中，混匀，进样。对比加入前后的色谱图，若加入后某色谱峰相对增高，则该色谱组分与已知标准物质可能为同一物质。

2. 利用检测器的选择性定性　同一种检测器对不同种类的化合物的响应值是不同的，而不同的检测器对同一种化合物的响应也是不同的。所以当某一被测化合物同时被两种或两种以上检测器检测时，两个检测器或几个检测器对被测化合物检测灵敏度比值是与被测化合物的性质密切相关的，可以用来对被测化合物进行定性分析，这就是双检测器定性的基本原理。

3. 利用色谱-光谱联用技术定性 DAD检测器可得到三维色谱-光谱图(HPLC-UV联用)，可以对比待测组分及标准物质的光谱图结合保留时间进行定性鉴别。此外还可利用HPLC-MS、HPLC-NMR、HPLC-FTIR等联用技术进行定性分析。

二、定量分析

高效液相色谱的定量方法与气相色谱定量方法类似，主要有面积归一化法、外标法和内标法，简述如下。

1. 归一化法 归一化法要求所有组分都能流出色谱柱并能被检测。其基本方法与气相色谱中的归一化法类似。由于液相色谱所用检测器为选择性检测器，对很多组分没有响应，因此液相色谱法较少使用归一化法。

2. 外标法 外标法是以待测组分纯品配制标准试样和待测试样同时作色谱分析来进行比较而定量的，可分为标准曲线法、外标一点法和外标两点法。具体方法可参阅气相色谱的外标法定量。

3. 内标法 内标法是比较精确的一种定量方法。它是将一定量的内标物加入到样品中，再经色谱分析，根据样品的重量和内标物重量以及待测组分峰面积和内标物的峰面积，就可求出待测组分的含量。内标法可分为标准曲线法、内标一点法(内标对比法)、内标二点法及校正因子法。所用的内标物的要求同气相色谱。内标法的优点是可抵消仪器稳定性差，进样量不准确等原因带来的定量分析误差。缺点是样品配制比较麻烦，不易寻找内标物。

内标标准曲线法与外标法相同，只是在各种浓度的标准溶液中，加入相同量的内标物后进样。分别测量组分 i 与内标物 s 的峰面积 A(或峰高)，以其峰面积比 A_i/A_s 为纵坐标，以对照品溶液的 $c_{i(标准)}$ 为横坐标绘制标准曲线，计算回归方程及相关系数。

第6节　发展与趋势

高效液相色谱是分析化学中发展最快、应用最广的方法之一。高效液相色谱的发展趋势主要是两个方面，一方面是色谱方法及其硬件的进一步研究，另一方面是联用技术的发展。

一、超高效液相色谱和快速高分离度液相色谱

由Waters公司推出的超高效液相色谱(ultra performance liquid chromatography，UPLC)和Agilent公司推出的快速高分离度液相色谱(rapid resolution liquid chromatography，RRLC)，借助于HPLC的理论及原理，利用小颗粒固定相(1.7μm)、非常低的系统体积及快速检测手段等全新技术，使分辨率、分析速度、检测灵敏度及色谱峰容量大大提高，从而全面提升了液相色谱的分离效能，使液相色谱在更高水平上实现了突破，必将大大拓宽液相色谱的应用范围。

1. 理论基础 在高效液相色谱的速率理论中，如果仅考虑固定相粒度 d_p 对板高 H 的影响，其简化方程式可表达为：

$$H=a(d_p)+\frac{b}{u}+c(d_p)^2u \qquad (12\text{-}8)$$

所以，减小固定相粒度 d_p，可显著减小板高 H。不同粒度 d_p 的固定相的 H-u 曲线见图 12-19。

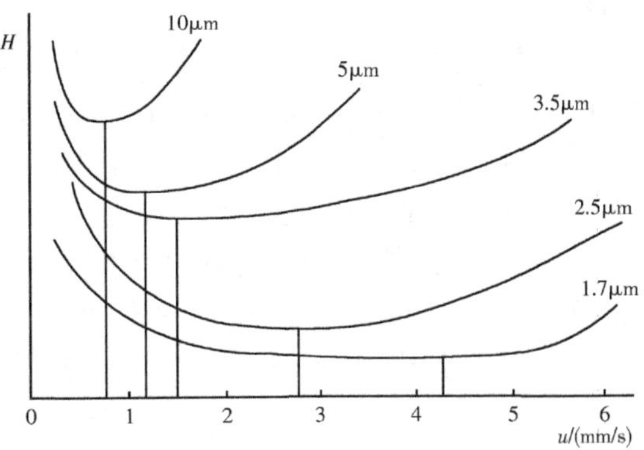

图 12-19 不同粒度 d_p 的 H-u 曲线

由式(12-8)可明显看出，随色谱柱中装填固定相粒度 d_p 的减小，色谱柱的 H 也愈小，柱效也越高。因此，色谱柱中装填固定相的粒度是对色谱柱性能产生影响的最重要的因素。具有不同粒度固定相的色谱柱，都对应各自最佳的流动相的线速度，在图 12-19 中，不同粒度的 H-u 曲线对应的最佳线速度如表所示。

d_p/μm	10	5	3.5	2.5	1.7
u/(mm/s)	0.79	1.20	1.47	2.78	4.32

由上述数据表明，随色谱柱中固定相粒度的减小，最佳线速度向高流速方向移动，并且有更宽的优化线速度范围。因此，降低色谱柱中固定相的粒度，不仅可以增加柱效，同时还可增加分离速度。但是，在使用小颗粒的固定相时，会使柱压(Δp)大大增加，使用更高的流速会受到固定相的机械强度和色谱仪系统耐压性能的限制。然而，只有当使用很小粒度的固定相，并达到最佳线速度时，它具有的高柱效和快速分离的特点才能显现出来。因此要实现超高效液相色谱分析，还必须提供高压溶剂输送单元、低死体积的色谱系统、快速的检测器、快速自动进样器以及高速数据采集、控制系统等。上述这几个单独领域最新成果的组合，才促成超高效液相色谱的实现。

2. 实现超高效液相色谱的必要条件

(1) 解决小颗粒填料的耐压问题。

(2) 解决小颗粒填料的装填问题，包括颗粒度的分布以及色谱柱的结构。

(3) 高压溶剂输送单元。

(4) 完善的系统整体性设计，降低整个系统的体积，特别是死体积。并解决超高压下的耐压及渗漏问题。

(5) 快速自动进样器，降低进样的交叉污染。

(6) 高速检测器，优化流动池以解决高速检测及扩散问题，由于出峰速度非常快，所以要使用高速检测器，保证数据采集频率满足要求。

(7) 系统控制及数据管理，解决高速数据的采集、仪器的控制问题。

3. 应用前景 与传统的 HPLC 相比，UPLC 和 RRLC 的速度、灵敏度及分离度分别是 HPLC 的 9 倍、3 倍及 1.7 倍，因此大大节约分析时间，节省溶剂，在很多领域里将会得到广泛应用。

(1) 在组合化学和各种化合物库的合成中，可用于对合成的大量化合物进行快速高通量筛选。

（2）在蛋白质、多肽、代谢组学分析及其他一些生化分析时，大量的样品需要在很短的时间内完成，这时 UPLC 和 RRLC 与质谱联用发挥重要作用。

（3）用于在新药合成中作为候选药物的先导化合物的筛选、确定药物破坏性试验的分析方法等，可在短时间内获得大量信息。

（4）在天然产物的分析方面，使用 UPLC 和 RRLC 与质谱检测器联用，会对天然产物分析，特别是中药研究领域的发展是一个极大的促进。

（5）用于通用、常规 HPLC 分析方法的开发，可大大提高开发速度，节省开发时间。

二、联用技术

联用技术包括色谱-色谱联用技术和色谱-光谱联用技术。色谱-色谱联用是将不同类型的色谱或同一类型不同分离模式的色谱连接在一起，来完成复杂样品的分离分析。这类联用种类很多，包括 GC-GC、HPLC-HPLC、HPLC-GC 等联用，主要通过柱切换技术实现。色谱-光谱联用技术是把色谱作为分离手段，光谱作为鉴定工具，各用其长，互为补充。已有 HPLC-UV、HPLC-MS 等多种联用仪器的商品。此外还有 HPLC-NMR、HPLC-FTIR、HPLC-AAS 等联用技术。

1. 二维高效液相色谱法 HPLC 由于可以正相、反相、离子交换、空间排阻等多种分离，在解决实际分析任务时比 GC 具有更大的灵活性。对容量因子分布较宽的样品还可使用梯度洗脱来实现所期望的分离。但由于每根色谱柱的分离能力是有一定限度的，用一根高效液相色谱柱无法解决所有不同类型的分析问题，如一个样品中含有多个难分离的物质对时。二维高效液相色谱在蛋白质组学等复杂样品分析方面应用较多。

在 20 世纪 70 年代就由 Huber 等提出了二维高效液相色谱分离技术，在一维和二维色谱柱之间用柱切换阀实现各维色谱柱的独立运行，能够将样品在经过一维色谱柱分离的基础上，利用柱切换阀把谱图中某个色谱峰（混合组分峰）的一部分（或全部）选择性地切换到二维色谱柱上进行再次分离，从而显示出二维高效液相色谱的超强分离能力。二维高效液相色谱具有谱带切割与再循环、反向冲洗、痕量组分富集、多功能柱切换等技术功能，因此二维高效液相色谱具有以下独特优点：

（1）大大提高色谱系统的选择性和分离能力，节省分析时间。

（2）能从含多种未知组分、组成复杂的样品中分离出需要分析的组分，而无需对样品进行预处理。

（3）可对纯净样品中含有的痕量杂质进行分析，并可进行对痕量组分的富集以提高检测灵敏度。

（4）具有反冲洗脱功能，可减少色谱柱的污染。当进行重复分析时，不必对色谱柱进行再生。

（5）易于实现自动化操作，分析数据可靠，重现性好。

2. 液相色谱-质谱联用技术 液相色谱-质谱联用技术（liquid chromatography mass spectrometer，LC-MS）发挥了色谱分离的长处和质谱能进行定性与结构分析的优势，是目前应用最广的色谱-质谱联用技术之一。随着联用仪器接口问题的解决，LC-MS 联用技术有了飞速发展,其应用也越来越广泛,特别是近年来迅速发展的生命科学研究中的生物大分子的分析。

(1) 仪器组成:LC-MS 联用仪由高效液相色谱仪、质谱检测器及 LC 和 MS 之间的接口组成。LC-MS 联用的关键是 LC 和 MS 之间的接口装置。接口装置的主要作用是去除溶剂并使样品离子化。目前 LC-MS 联用仪接口装置大都使用大气压离子源 (atmosphere pressure ionization, API),包括电喷雾离子源(electrospray ionization, ESI)和大气压化学离子源(atmospheric pressure chemical, APCI)两种,其中电喷雾源应用最为广泛。按质量分析器不同,质谱类型主要有单四极杆质谱、串联四极杆质谱、离子阱质谱、飞行时间质谱等,也有多种质量分析器联合使用的。

(2) 实验条件的选择

1) HPLC 分析条件的选择:主要是流动相的组成和流速条件的选择。在 LC 和 MS 联用时,由于要考虑喷雾雾化和电离,有些溶剂、无机酸、不挥发的盐(如磷酸盐)和表面活性剂等不适合作流动相,不挥发性的盐会在离子源内析出结晶,而表面活性剂会抑制其他化合物电离。在 LC-MS 分析中常用的溶剂和缓冲液有水、甲醇、乙酸、氢氧化铵和乙酸铵等。由于 LC 分离的最佳流量往往超过电喷雾允许的最佳流量,常需要采取柱后分流,以达到好的雾化效果。

2) 离子源的选择:ESI 适合于中等极性到强极性的化合物分子,特别是那些在溶液中能预先形成离子的化合物和可以获得多个质子的大分子(蛋白质)。只要有相对强的极性, ESI 对小分子的分析常常可以得到满意的结果。APCI 适合于非极性或中等极性的小分子的分析。

3) 正、负离子模式的选择:ESI 和 APCI 接口都有正、负离子测定模式可供选择。正离子模式,适合于碱性样品;负离子模式,适合于酸性样品。样品中含有仲氨或叔氨基时可优先考虑使用正离子模式。如果样品中含有较多的电负性强的基团,如含氯、溴和多个羟基时可尝试使用负离子模式。有些酸碱性并不明确的化合物则要进行预试验方可决定。

(3) 应用:LC-MS 由于其检测灵敏度高、选择性好,在药物及其代谢产物的分析、中药活性成分分析、分子生物学如蛋白质分析等方面均有广泛的应用。

1) 定性分析:LC-MS 由于电喷雾是一种软电离源,通常很少或没有碎片,谱图中只有准分子离子,因而只能提供未知化合物的分子量信息,不能提供结构信息。如果有标准样品,利用 LC-MS-MS 可以自己建立标准样品的子离子质谱库,利用谱库检索进行定性分析。利用高分辨质谱仪(FTMS 或 TOFMS)可以得到未知化合物的组成式,对定性分析十分有利。利用 LC-MS-MS 和蛋白质的酶解技术可以进行蛋白质的序列测定。

2) 定量分析:LC-MS 得到的信息与 GC-MS 联用仪类似,可获得总离子流色谱图(TIC)、质量色谱图(MC)、选择离子监测图(SIM)等信息,可用于 LC-MS 进行定量分析,其基本方法与色谱定量方法相同。对于 LC-MS 定量分析,一般不采用总离子色谱图,而是采用与待测组分相对应的特征离子得到的质量色谱图。此时,不相关的组分将不出峰,这样可以减少组分间的互相干扰。

然而,有时样品体系十分复杂,比如血液、尿样等,即使利用质量色谱图,仍然有保留时间相同、分子量也相同的干扰成分存在。为消除其干扰,最好的办法是采用串联质谱法的多反应监测(MRM)技术。这样得到的色谱图就进行了 3 次选择:LC 选择组分的保留时间;一级 MS 选择分子量;第二级 MS 选择子离子。这样得到的色谱峰可以认为不再有任何干扰。这是复杂体系中进行微量成分定量分析常用的方法。

三、其他研究进展

1. 新型固定相和色谱柱的研究 虽然已有很多种类的色谱固定相,但新型固定相仍然不断出现,从而使色谱分析方法的应用越来越广泛。如各种手性固定相的出现使手性药物的分析变得十分方便,大大促进了手性药物的立体选择性研究。

为解决由于键合相的硅胶基质中所含的杂质金属离子、残存的或新生的硅羟基对极性组分特别是对碱性组分的非特异性的强烈吸附、导致生物大分子变性和失活等问题,许多学者和公司进行了大量的研究,提出了许多改进方法,主要有:①开发、研制高纯度或超纯硅胶;②设计和发展新的配基和新的键合试剂;③使用长链配基或含氟配基增强表面的疏水性;④研制了有机高分子基质液相色谱填料,从根本上解决硅羟基的吸附并提高化学稳定性;⑤研制了聚合物包覆型填料,使其具有硅胶等无机基质的高强度和高聚物型填料的高化学稳定性;⑥开发了氧化锆、石墨化碳、氧化钛等新型基质填料。此外,还有各种特殊用途的固定相的研制。

近年来,发展新药和基因组研究,特别是组合化学和蛋白质组学研究的蓬勃开展,高通量分析也对色谱柱提出了高效、高选择性以及快速检测等要求。因而,微型液相色谱柱、芯片式色谱柱乃至微芯片全色谱分析系统成了色谱技术中的一个热点。此外,将色谱的多模式分离与毛细管电泳结合起来的毛细管电色谱,也需要特殊的微色谱柱系统。

面对生物高技术产业和制药工业的制备色谱系统,需要发展简单、高效、高速、低成本的色谱柱填料及制备型色谱柱。

2. 色谱新方法的研究 目前色谱方法的研究仍然十分活跃。新近发展起来的毛细管电色谱法兼有毛细管电泳和微填充柱色谱法的优点,其应用研究越来越多。1995 年又出现了以激光的辐射压力为色谱分离驱动力的光色谱,按几何尺寸对组分进行分离,其应用还在研究之中。

3. 色谱专家系统 这是一种色谱-计算机联用技术。色谱专家系统是指模拟色谱专家的思维方式,解决色谱专家才能解决的问题的计算机程序。完整的色谱专家系统包括了柱系统推荐和评价、样品预处理方法推荐、分离条件推荐与优化、在线定性、定量及结果的解析等功能。色谱专家系统的应用,将大大提高色谱分析工作的质量和效率。

第 7 节 应用与示例

随着高效液相色谱技术的发展,其在药物分析中的应用日益广泛,主要包括药物的含量测定、杂质检查、药物反应的监控、中药成分研究、制剂分析、药物代谢研究等方面。其中 2005 版《中国药典》中应用高效液相色谱法测定含量的中药材品种有 174 个,中药成方制剂和单味制剂 303 个。

例 1 磺胺类药物分析

色谱柱:Symmetry C_8 3. 9mm×150mm

流动相：水-甲醇-冰醋酸（79 : 20 : 1）

流速：1.0ml/min

检测波长：254nm

在上述色谱条件下，磺胺类药物的高效液相色谱图见图 12-20。

例 2　香连丸中生物碱的高效液相色谱分析

样品处理：将香连丸粉碎后，过 60 目筛，65℃烘干至恒重，精密称取一定量，置索氏提取器中，加 50ml 甲醇 90℃提取至无色。回收甲醇，残留物用 95%甲醇溶解，上 Al_2O_3净化柱，95%甲醇洗脱至无色。洗脱液用滤纸滤过，滤液定容于 50ml 量瓶中，进样 5μl，进行色谱分析。结果见图 12-21。

色谱条件：

色谱柱：μ-Bondapak C_{18}，3.9mm×300mm

流动相：0.02mol/L 磷酸-乙腈（68 : 32）

流速：1.0ml/min

检测波长：346nm

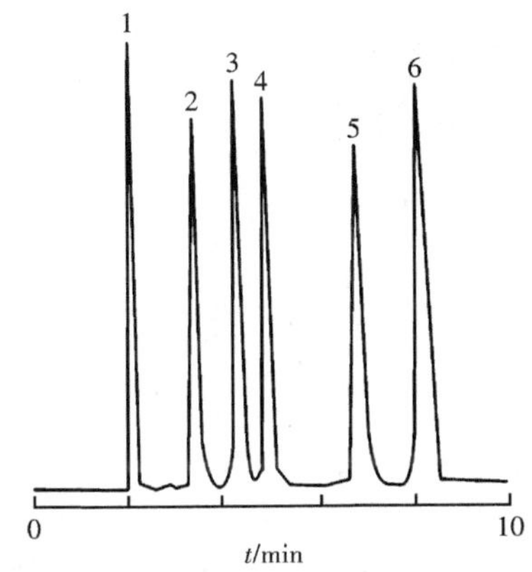

图 12-20　磺胺类药物的高效液相色谱图

1. 磺胺；2. 磺胺嘧啶；3. 磺胺噻唑；4. 磺胺甲基嘧啶；5. 磺胺二甲嘧啶；6. 琥珀酰磺胺噻唑

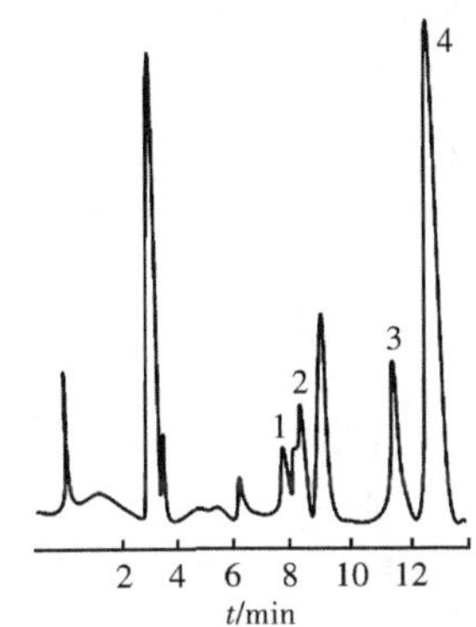

图 12-21　香连丸中生物碱的高效液相色谱图

1. 药根碱；2. 黄连碱；3. 巴马汀；4. 小檗碱

思考与练习

一、思考题

1. 提高高效液相色谱的柱效的关键在哪里？
2. 高效液相色谱法中化学键合固定相有哪些优点？
3. 简述高效液相色谱仪主要部件及其作用。
4. 高效液相色谱常用检测器有哪几种，其适用范围是什么？

5. 什么是梯度洗脱？有何特点？

二、选择题

1. 在高效液相色谱中，下列检测器能适用于梯度洗脱的是(　　)。
   A. 紫外光度检测器　　B. 荧光检测器
   C. 示差折光检测器　　D. 蒸发光散射
2. 在高效液相色谱中影响柱效的主要因素是(　　)。
   A. 涡流扩散　　B. 分子扩散
   C. 传质阻力　　D. 输液压力
3. 在高效液相色谱中，提高柱效能的有效途径是(　　)。
   A. 提高流动相流速　　B. 采用小颗粒固定相
   C. 提高柱温　　D. 采用更灵敏的检测器
4. 高效液相色谱法的分离效能比经典液相色谱法高，主要原因是(　　)。
   A. 流动相种类多　　B. 操作仪器化
   C. 采用高效固定相　　D. 采用高灵敏检测器
5. 在高效液相色谱中，通用型检测器是(　　)。
   A. 紫外检测器　　B. 荧光检测器
   C. 示差折光检测器　　D. 电导检测器

(吕青涛)

第13章　毛细管电泳法

毛细管电泳（capillary electrophoresis，CE）又称高效毛细管电泳（high performance capillary electrophoresis，HPCE），是一类以毛细管为分离通道、以高压直流电场为驱动力的新型液相分离分析方法。毛细管电泳实际上包括电泳、色谱及其交叉内容，是分析化学继高效液相色谱之后的又一重大进展，

21世纪是生命和信息科学的时代，为了维持绿色环境和生态平衡，对分离分析提出了越来越高的要求。在已有的分离分析方法中，气相色谱法只适用于热稳定性好、易挥发的物质，而高效液相色谱法缺乏高灵敏度的通用型检测器（与气相色谱相比），且实验中需消耗大量的有机溶剂，特别是对于大分子物质因其分子扩散系数小、传质阻力大，使柱效大大降低，以至于难于分离相对分子质量大于2000的物质。

1937年，瑞典科学家Tiselius用经典电泳法从人血清中分离出白蛋白、α-、β-和γ-球蛋白，并发现样品的迁移方向和速度取决于它所带的电荷和淌度。电泳法是利用电泳现象进行定性、定量的分离分析方法。其按形状分类可分为U型管电泳、柱状电泳、平面电泳等；按载体分类又有滤纸电泳、琼脂电泳、聚丙烯酰胺电泳、自由电泳等。虽然，经典电泳法仍用于医学和生物化学分离分析，但存在着操作繁琐，分离效率低，定量困难等缺点。为了提高分离效率需增加电场强度，但因电流增加产生焦耳热（Joule heating），限制了电压的增加。

1981年Jorgenson和Luckas在散热效率极高的75μm内径石英毛细管内用高电压进行分离，创立了现代毛细管电泳。1984年Terabe将胶束引入毛细管电泳，开创了毛细管电泳的重要分支——胶束电动毛细管色谱。1987年Hjerten等把传统的等电聚焦过程转移到毛细管内进行。同年，Cohen发表了毛细管凝胶电泳的研究论文。近年来，将高效液相色谱的固定相引入毛细管电泳中，又发展了毛细管电色谱，扩大了电泳的应用范围。

毛细管电泳法兼具高压电泳及高效液相色谱的优点，其突出特点是：①所需样品量少、仪器简单和操作方便；②分析速度快，分离效率高，分辨率高，灵敏度高；③分离模式多，开发分析方法容易；④实验成本低，消耗少；⑤应用范围极广。

目前，毛细管电泳在化学、生命科学、药学、临床医学、法医学、环境科学及食品科学等领域有着十分广泛的应用。《中国药典》（2000版）已将毛细管电泳法收载为法定方法。其在中西药品、生物制品定性定量以及中药材种属鉴定方面，有着重要实用价值和非常好的应用前景。

第1节　基本原理

毛细管电泳法和一般色谱法一样，都是差速迁移过程，可用相同的理论来描述，色谱中所用的一些名词概念和基本理论，如保留值、塔板理论和速率理论等均可借用于毛细管电泳中。它们主要的区别在于其分离原理的不同。不过，毛细管电泳的一些分离模式也包括了色谱的分离原理。

一、电泳和电泳淌度

1. 电泳与电泳速度 电泳(electrophoresis)是在电场作用下,带电粒子在电解质溶液中,向电荷相反的电极迁移的现象。根据电学定律可知,当带电粒子在电场中运动时,所受的电场力 F_E 是粒子所带的有效电荷 q 与电场强度 E 的乘积:$F_E=qE$;又根据流体力学知道,带电粒子运动时所受的阻力,即为摩擦力 F_f。F_f 是摩擦系数 f 与粒子在电场中的迁移速度 u_{ep} 的乘积:$F_f=fu_{ep}$。

当平衡时,电场力 F_E 和摩擦力 F_f 相等而方向相反,即

$$qE = fu_{ep} \tag{13-1}$$

则

$$u_{ep} = qE/f \tag{13-2}$$

f 的大小与带电粒子的大小、形状以及介质黏度有关。对于球形粒子,$f=6\pi\eta\gamma$;对于棒状粒子,$f=4\pi\eta\gamma$。其中 γ 是粒子的表观液态动力学半径;η 是电泳介质的黏度。所以,

$$u_{ep} = \frac{q}{6\pi\eta\gamma}E \tag{13-3a}$$

或

$$u_{ep} = \frac{q}{4\pi\eta\gamma}E \tag{13-3b}$$

从式(13-3a)或(13-3b)可知,带电粒子的电泳速度除与电场强度成正比外,还与其有效电荷成正比,与其表观液态动力学半径以及介质黏度成反比。

不同物质在同一电场中,由于它们的有效电荷、形状、大小的差异,它们的电泳速度不同,所以可能实现分离,也就是说带电粒子在电场中电泳速度的不同是电泳分离的基础。

2. 电泳淌度 电泳淌度(electrophoresis mobility)μ_{ep} 是单位电场强度下,带电粒子的电泳速度。即

$$\mu_{ep} = u_{ep}/E \tag{13-4}$$

由式(13-3a)或(13-3b)及(13-4)可得:

$$\mu_{ep} = \frac{q}{6\pi\eta\gamma} \tag{13-5a}$$

或

$$\mu_{ep} = \frac{q}{4\pi\eta\gamma} \tag{13-5b}$$

式(13-5a)或(13-5b)表明,电泳淌度与带电粒子的有效电荷成正比,与其表观液态动力学半径以及介质黏度成反比。

3. 有效淌度 在实际溶液中,离子活度系数、溶质分子的解离程度均对带电粒子的电

泳淌度有影响,这时的电泳淌度称为有效淌度 μ_{ef},可表示为:

$$\mu_{ef} = \sum_i \alpha_i \gamma_i \mu_{ep} \tag{13-6}$$

式中:α_i 为样品分子的第 i 级离解度;γ_i 为活度系数或其他平衡离解度。

由上而知,带电粒子在电场中的迁移速度,除与电场强度和介质特性有关外,还与质点的离解度、电荷数及其大小和形状有关。

二、电渗和电渗率

1. 电渗现象　当固体与液体接触时,固体表面由于某种原因带一种电荷,则因静电引力使其周围液体带有相反电荷,在液-固界面形成双电层,两者之间存在电位差。

当在液体两端施加电压时,就会发生液体相对于固体表面的移动,这种液体相对于固体表面移动的现象叫电渗现象。

2. 电渗流　电渗现象中整体移动着的液体叫电渗流(electroosmotic flow,EOF)。

由于用作毛细管材料的石英的等电点约为 1.5 左右,因此在常用缓冲溶液 pH(pH>3)下,管壁带负电,即石英毛细管内壁的 Si—OH 离解为硅氧基(Si—O$^-$)阴离子,并吸引溶液中的水合离子(阳离子)而形成双电层。当在毛细管两端加电压时,双电层中的阳离子向阴极移动,由于离子是溶剂化的,所以带动了毛细管中整体溶液向阴极移动,见图 13-1。

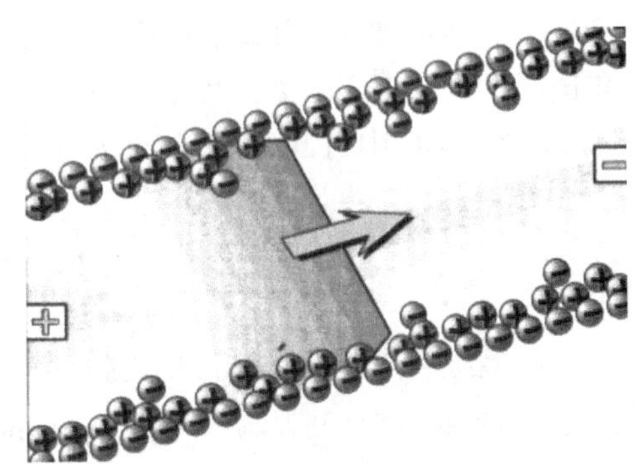

图 13-1　毛细管中的电渗流

3. 电渗流的大小与方向　电渗流的大小用电渗流速度 u_{os} 表示,取决于电渗淌度 μ_{os} 和电场强度 E,即

$$u_{os} = \mu_{os} E = \frac{\varepsilon \xi_{os}}{\eta} E \tag{13-7}$$

式中:ε 和 η 分别为缓冲溶液的介电常数和黏度;ξ_{os} 为管壁的 Zeta 电势。

在通常的毛细管区带电泳条件下,电渗流从阳极流向阴极,其大小受电场强度、Zeta 电势、双电层厚度和介质黏度的影响。一般,Zeta 电势越大,双电层越薄,黏度越小,电渗流值越大。在一般情况下,电渗流的速度是电泳速度的 5~7 倍。

实际毛细管电泳分析中,可在实验测定相应参数后,按下式计算:

$$u_{os} = L_{ef}/t_{os} \tag{13-8}$$

式中:L_{ef} 为毛细管有效长度即进样口到检测器的距离;t_{os} 为电渗流标记物(中性物质)的迁移时间。

毛细管电泳中电渗流的方向取决于毛细管内表面电荷的性质。如内表面带负电荷,则溶液带正电荷,电渗流流向阴极;内表面带正电荷,则溶液带负电荷,电渗流流向阳极。

石英毛细管内表面带负电荷,则电渗流流向阴极。如要改变电渗流方向,一是可对毛细管进行改性，在其内壁表面键合上阳离子基团；二是加入电渗流反转剂，在内充液中加入大量的阳离子表面活性剂，将使石英毛细管壁带正电荷，溶液表面带负电荷，电渗流流向阳极。

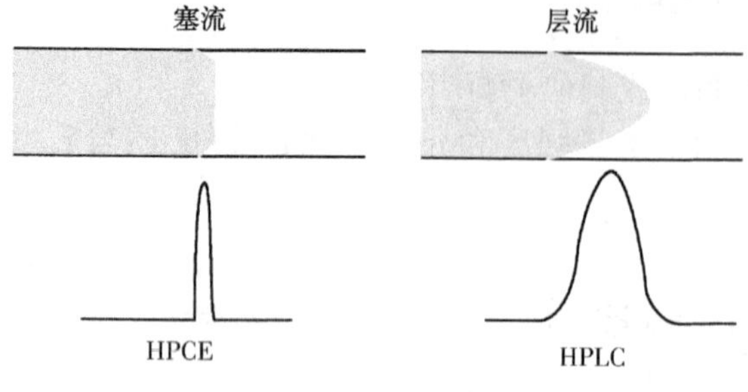

图 13-2 CE 与 HPLC 的流型和峰型比较

4. 电渗流的流型 在 HPLC 的泵驱动中，流体为层流（压力流），呈抛物线流型，管壁处流速为零，管中心处的速度为平均速度的 2 倍，从而引起谱带展宽。

而在内径很小的毛细管内，CE 的整个流体为塞流，呈均匀塞子状的扁平流型。两种流型和峰型的比较如图 13-2 所示。

5. 电渗流的作用 在毛细管电泳中，由于电渗流的速度约等于一般离子电泳速度的5～7倍，所以在毛细管柱中迁移速度最快的是运动方向与电渗流一致的阳离子，其次是被电渗流带动的中性分子，最慢的是运动方向与电渗流相反的阴离子。这样在毛细管电泳中，可一次完成阳离子、阴离子和中性分子的分离，且改变电渗流的大小和方向可改变分离效率和选择性，就如同改变 HPLC 中的流速一样。而电渗流的微小变化会影响分离结果的重现性，因此在 CE 中，控制电渗流非常重要。

三、表观淌度和权均淌度

在毛细管电泳中，粒子被观测到的淌度应当是其有效淌度 μ_{ef} 和缓冲溶液的电渗淌度 μ_{os} 的矢量和，称为表观淌度（apparent mobility）μ_{ap}，即

$$\mu_{ap} = \mu_{ef} + \mu_{os} \tag{13-9}$$

实验中可通过所施加的电压 V 或测量电场强度 E 、毛细管的总长度 L 及有效长度 L_{ef} 和粒子迁移时间 t 等，可计算表观淌度，即

$$\mu_{ap} = \frac{u_{ap}}{E} = \frac{L_{ef}/t}{V/L} \tag{13-10}$$

当在毛细管的正极端进样，负极端检测时，由于表观淌度不同，分离后的出峰先后次序是：阳离子（$\mu_{ap}=\mu_{ef}+\mu_{os}$）、中性分子（$\mu_{ap}=\mu_{os}$）和阴离子（$\mu_{ap}=\mu_{os}-\mu_{ef}$）。由于样品中不同中性分子的表观淌度 μ_{ap} 都等于电渗流速度 u_{os}，故不能互相分离，如图 13-3 所示。

在毛细管内一旦灌入缓冲液，就可能形成固-液界面，这就有了相分配的基础条件或可能。进一步，如果特意在毛细管内引入另一相（比如胶束、高分子团等准固定相或色谱固定相）P，则样品就完全有机会在溶液相与 P 相之间进行分配。这样，当样品组分在电迁移过程中发生相间分配时，其迁移速度或淌度将发生变化。这种改变了的迁移速度和淌度，称之为加权平均速度和加权平均淌度，简称为权均速度（u）和权均淌度（μ）。设相分配过程快于电泳过程，则有

$$k_p = n_p/n_s \tag{13-11}$$

和

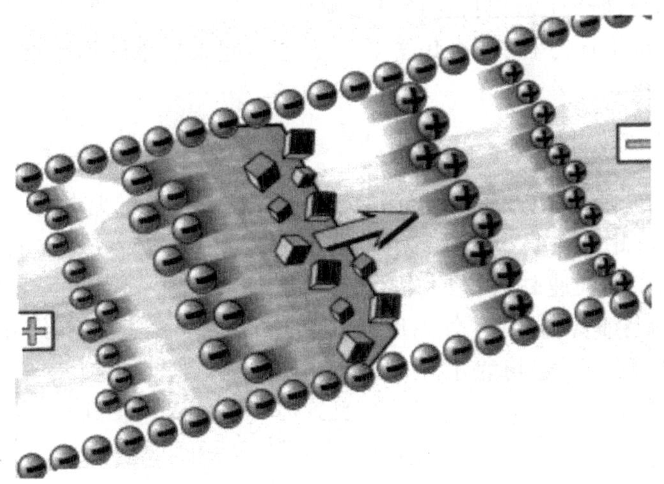

图 13-3　毛细管区带电泳分离示意图

$$\mu = \frac{u}{E} = \frac{1}{1 + k_p}\mu_{ap} + \frac{k_p}{1 + k_p}\mu_p \tag{13-12}$$

式中：k_p 为组分的容量因子；n_p 和 n_s 分别为组分在 P 相和溶液相中的分子数；μ_p 为 P 相的表观淌度。需要注意的是 P 相在电场中可静止，也可迁移，运动方向可正可负，这与纯色谱不同。利用两相分配，能使中性组分产生不同的权均淌度，因而可以分离，这是传统电泳技术做不到的。

四、柱效和分离度

1. 理论塔板数和塔板高度　如 CE 中无固定相，则速率理论方程中不存在涡流扩散项和传质阻力项，而且流型又是扁平的，于是只有纵向扩散项，即

$$H = 2D/u_{ap} = 2D/\mu_{ap}E \tag{13-13}$$

将式(13-10)代入式(13-13)，则理论塔板数为：

$$n = \frac{L_{ef}}{H} = \frac{\mu_{ap}VL_{ef}}{2DL} = \frac{\mu_{ap}EL_{ef}}{2D} \tag{13-14}$$

由式(13-14)可见，理论塔板数 n 与外加电压 V 成正比，与组分的扩散系数 D 成反比。因为分子越大，扩散系数 D 越小，所以 CE 特别适合分离生物大分子。

毛细管电泳的理论塔板数也可直接从电泳谱图中求得：

$$n = 5.54\left(\frac{t}{W_{1/2}}\right)^2 \tag{13-15}$$

在毛细管电泳中，按理想的扁平流型导出的柱效方程(13-14)显示，增加速度是减少谱带展宽、提高柱效的重要途径，而在电泳条件下，一般速度靠增加电场强度来实现，但是充满在管子里的电介质在高电场下会产生焦耳热，在传统电泳中这种焦耳热已成为其实现快速、

高效分离的重大障碍，研究已表明，管径是影响焦耳热的一个重要因素。Knox 等人指出，如果管子的直径能满足下述方程，那么焦耳热就不会引起太严重的谱带展宽带来的柱效损失。此方程为：

$$Edc^{1/3} < 1500 \tag{13-16}$$

式中：d 为管径；c 为介质浓度。在 $E=50\text{kV/m}$，$c=0.01\text{mol/L}$ 的常规条件下，求得 d 值小于 140μm。实验结果较此值还略小一些，因此目前采用的多是 25～75μm 的毛细管。事实上毛细管电泳之所以能实现快速高效，很大程度上就是因为采用了极细的毛细管。

2. 分离度 在毛细管电泳中，分离度是指将电泳淌度相近的组分分开的能力，仍沿用色谱分离度 R 的计算公式，也可表示为柱效的函数。

$$R=\frac{\sqrt{n}}{4}\cdot\frac{\Delta u}{\bar{u}} \tag{13-17}$$

式中：n 为平均理论塔板数；Δu 为两组分迁移速度的差值；$\bar{u}$ 为平均迁移速度。

第 2 节　毛细管电泳仪

毛细管电泳仪主要由高压电源、电极槽、进样系统、毛细管柱系统、检测系统及工作站等组成，所图 13-4 所示。

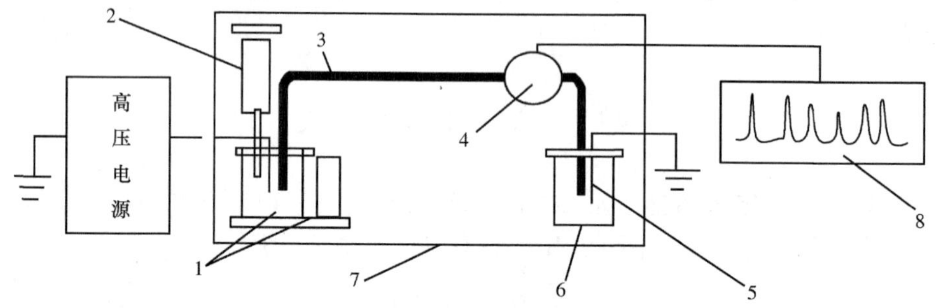

图 13-4　毛细管电泳仪示意图

1. 高压电极槽与进样机构；2. 填灌清洗机构；3. 毛细管；4. 检测器；5. 铂丝电极；6. 低压电极槽；7. 恒温机构；8. 工作站

（一）高压电源

一般采用 0～±30kV 连续可调的直流高压电源。为获得迁移时间的高重现性，要求电压输出精度应高于±0.1%。

（二）电极槽

CE 的电极通常由直径 0.5～1mm 的铂丝制成，电极槽通常是带螺口的小玻璃瓶或塑料瓶（1～5ml 不等），要便于密封。

（三）进样系统

由于毛细管柱的柱体积一般只有 4～5μL，因此要求进样系统和检测系统的体积只能有数纳升或更少。否则会产生严重的柱外展宽，使分离效率大大下降。

CE 一般采用无死体积进样，即让毛细管直接与样品接触，然后通过重力、电场力或其他动力来驱动样品流入管中。进样量可以通过控制驱动力的大小或进样时间长短来控制，这样，对应的进样系统必须包含动力控制、计时控制、电极槽或毛细管移位控制等机构。

移位控制机构用来改变电极槽或毛细管的状态，使之便于毛细管插入样品溶液或恢复到电泳位置，一般主要通过转动和升降电极槽来实现。

进样方法主要有下列三种：

（1）电动进样：当将毛细管的进样端插入样品溶液并加上电场 E 时，组分就会因电迁移和电渗作用而进入管内。此法对毛细管内的填充介质没有特别限制，属普适性方法，可实现完全自动化操作，通过改变进样电压和时间能对进样量实现控制。但对离子组分存在进样偏向，即迁移速度大者多进，小者少进或不进，就会降低分析的准确性和可靠性。另外，基质变化也会引起导电性和进样量的变化，影响进样的重现性。

（2）压力进样：当将毛细管的两端置于不同的压力环境中时，管中溶液即能流动，将样品带入。此法要求毛细管内的填充介质具有流动性。由于没有加电场，不存在进样偏向，但选择性差，样品及其背景都同时被引入管中，对后续分离可能产生影响。利用压缩空气如钢瓶气可以实现正压进样，并能与毛细管清洗系统共用。

（3）扩散进样：当将毛细管插入样品溶液时，组分分子因在管口界面存在浓度差而向管内扩散。此法对毛细管内的填充介质没有任何限制，属普适性方法。扩散进样动力属不可控制参数，进样量仅由扩散时间控制，一般在 10～60s 间。

（四）毛细管柱系统

毛细管是 CE 分离的心脏，可分为开口毛细管柱、凝胶柱及电色谱柱等类别。

为了实现柱上检测，需在毛细管上制作检测窗口。毛细管外涂的聚酰亚胺涂层不透明，所以检测窗口部位的外涂层应剥离除去，剥离长度通常控制在 2～3mm 之间。剥离方法有硫酸腐蚀法、灼烧法和刀片刮除法等。

毛细管首次使用或长时间不用后重新使用时，应清洗管内壁表面并用稀碱液使之活化。使用完毕后，应用水充分冲净，然后用高纯氮气吹干后保存。

装填缓冲溶液是 CE 分离的基本要求，对毛细管进行清洗则是保持自由溶液 CE 高效和重现分离的条件之一。采用正压或负压容易实现毛细管的装填或冲洗。其中负压可由泵或注射器（抽）来产生，而正压则可用压缩气或注射器（推）来施加。

（五）检测系统

紫外和荧光检测器是 CE 目前最常用的检测器。紫外检测器的通用性较好，但对小直径的毛细管，柱上检测的灵敏度较低。用激光诱导荧光检测，灵敏度高，但样品往往需要衍生。另两种具有较高灵敏度和潜在用途的检测器是质谱和电化学（安培和电导)检测器。

第3节　分离模式及其分离条件的选择

按毛细管内分离介质和分离原理的不同,毛细管电泳有多种分离模式。在药物分析中,最常用的 CE 是毛细管区带电泳和胶束电动毛细管色谱。

一、毛细管区带电泳

(一) 分离原理和应用范围

毛细管区带电泳(capillary zone electrophoresis,CZE)是在开管毛细管和一般缓冲溶液中进行的电泳,其分离原理是电泳淌度的差别(见图 13-3)。它是应用最多的一种分离模式,其电泳介质的选择与控制也是其他分离模式的基础。虽然它只能分离有机、无机的阴、阳离子,但这类样品很多,如天然产物及中药的水溶性成分等。而且 CZE 还可以作为反相 HPLC 的补充,因此应用很广。

(二) 分离操作条件的选择

1. 缓冲溶液的选择　由 CE 的原理可知,背景电解质溶液的 pH 明显影响电渗流的大小,影响两性物质及弱电解质的带电状况(荷电量及电性)。同时,随着电泳的进行,电极反应不断改变两个电极附近电泳介质的氢离子或氢氧根离子的浓度,使电泳介质的 pH 发生变化,从而明显影响溶质迁移时间的重现性及分离状况。从提高柱效及分离度考虑,应该在适当 pH 条件下进行电泳;从保证溶质迁移时间及分离的重现性考虑,必须保持电泳介质 pH 稳定,必须在缓冲溶液中进行电泳。

CZE 的电泳介质实际上是一种具有 pH 缓冲能力的均匀的自由溶液,由缓冲试剂、pH 调节剂、溶剂和添加剂组成。实验条件选择的内容包括缓冲液浓度、pH、添加剂、电压和温度等。

(1) 缓冲溶液的种类:缓冲溶液的种类对于柱效和分离度都有很大影响,是 CE 分离条件选择中首先必须考虑的问题,但目前尚无严格的规律可循。一般应考虑:①所选择的缓冲溶液在所在的 pH 范围内有较强的缓冲能力;②组成缓冲溶液的物质在检测波长处的紫外吸收较小;③缓冲溶液自身的淌度低,即分子大而电荷小,以减少电流的产生;④为了达到有效的进样和合适的电泳淌度,缓冲液的 pH 至少必须比分析物质的等电点高或低 1 个 pH 单位;⑤只要条件允许就尽可能采用酸性缓冲液,在低 pH 下,吸附和电渗流都很小,毛细管涂层的寿命较长。

实际应用中一般多采用磷酸盐或硼酸盐缓冲液。

(2) 缓冲溶液的 pH:在 pH 为 4 ~ 7 的范围内,毛细管的电渗流随 pH 增大而明显增大。从公式(13-11)、(13-15)和(13-17)知, pH 增大,表观淌度增大,分离时间缩短,柱效提高。

改变缓冲溶液的 pH,可使溶质淌度改变,从而改变 CE 分离的选择性。

(3) 缓冲溶液的离子强度或浓度：一般来说，缓冲溶液的离子强度增大，电渗流减小，迁移时间延长。许多实验证明：有效淌度与 $1/\sqrt{c}$ 有线性关系，c 为缓冲溶液的离子浓度。随着缓冲溶液浓度的增加，导电的离子数增加，在相同的电场强度下毛细管的电流值增大，焦耳热增加。

缓冲溶液的浓度对柱效和分离度的影响比较复杂，因为要同时顾及扩散和黏度的影响，一般来说，对于迁移时间较短的组分，其柱效随浓度的增加而明显增大。

(4) 缓冲溶液添加剂：在缓冲溶液中适当添加其他试剂，如表面活性剂、有机溶剂、中性盐类、两性物质和手性选择剂等，可以改善柱效，改变选择性，进而改善分离度。

2. 工作电压的选择 由式(13-15)知，柱效随工作电压的增大而增高，但工作电压增加，工作电流也增大，焦耳热的影响加剧，柱效反而下降。所以分离体系的最佳工作电压与体系的组成、离子强度等因素有关。实际工作中要通过实验确定。

二、胶束电动毛细管色谱

胶束电动毛细管色谱(micellar electrokinetic capillary chromatography, MECC 或 MEKC)是以胶束为准固定相的一种 CE 模式。它具有电泳及色谱双重分离原理，是一种既能用于中性物质的分离又能分离带电组分的 CE 模式。MEKC 拓宽了 CE 的应用范围，主要用于小分子、中性化合物、手性对映体和药物等。

MEKC 是在 CZE 基础上使用表面活性剂来充当胶束，以胶束增溶作为分配原理，溶质在水相、胶束相中的分配系数不同，在电场作用下，毛细管中溶液的电渗流和胶束的电泳，使胶束和水相有不同的迁移速度，同时待分离组分在水相和胶束相中被多次分配，在电渗流和这种分配过程的双重作用下得以分离。

1. 胶束 表面活性剂分子是一端为亲水性、一端为疏水性的物质。当它们在水中的浓度达到其临界胶束浓度(CMC)时，疏水性的一端聚在一起朝向里，避开亲水性的缓冲溶液，亲水端朝向缓冲溶液，即分子缔合而形成胶束。

MEKC 中最常用的阴离子表面活性剂是十二烷基硫酸钠[$CH_3(CH_2)_{10}CH_2OSO_3Na$，SDS]，当浓度在 8~9mmol/L 时，SDS 单个分子靠彼此间的疏水性聚集形成网状结构的带负电胶束，如图 13-5 所示。带负电荷的 SDS 胶束不溶于水，在毛细管中作为独立的一相向阳极迁移。由于在中性或碱性条件下电渗流淌度大于胶束淌度，所以 SDS 胶束的实际移动方向和电渗流相同，最终在阳极端流出。

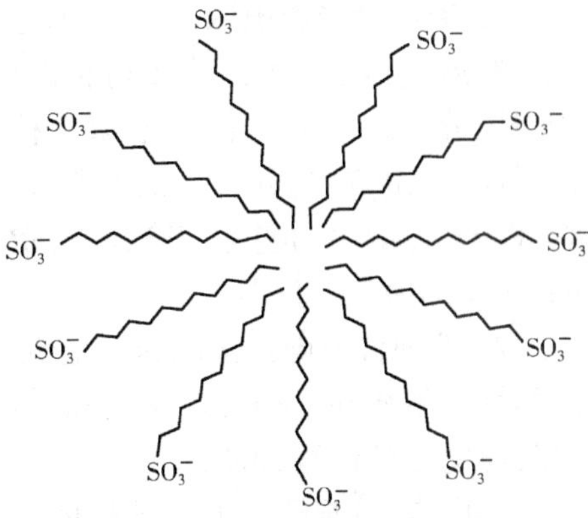

图 13-5 十二烷基硫酸钠形成的负胶束

2. 分离原理 在 MEKC 中，中性溶质按其疏水性不同，在缓冲溶液和胶束之间分配。疏水性强、亲水性弱的溶质分配到胶束中的多，分配到缓冲溶液中的少；反之，亲水性强、疏水性弱的溶质分配到胶束中的少，分配到缓冲溶液中的多。当溶质进入胶束时，以胶束的速度向阴极迁移；溶质进入缓冲溶液时，以电渗的速度前移。在胶束中分配系数越大的溶质，在柱中迁移时间越长。从而使疏水性稍有差别的中性物质在电

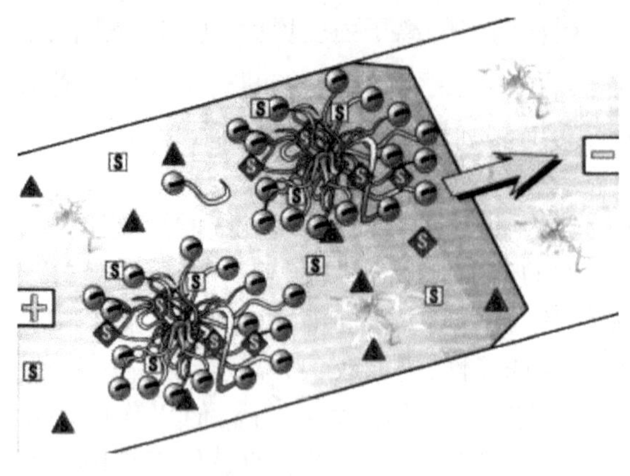

图 13-6 胶束电动毛细管色谱分离示意图

泳中得以分离,如图 13-6 所示。

显然,表面活性剂的种类、性质及其浓度是 MEKC 分离条件选择的关键之一。对表面活性剂的要求是:①经济易得;②水溶性高;③紫外吸收背景低;④对样品无破坏性;⑤胶束具有足够的稳定性;⑥中性样品需选用离子型表面活性剂。

常用表面活性剂有各种阴离子表面活性剂、阳离子表面活性剂、非离子和两性表面活性剂。也有用混合胶束,如阴离子表面活性剂和胆酸盐组合混合胶束。

3. 环糊精电动毛细管色谱 环糊精改性胶束电动毛细管色谱(cyclodextrin electrokinetic capillary chromatography, CDEKC)是在具有一定浓度环糊精(CD)的背景电解质中进行的电动毛细管色谱。CDEKC 不仅可以分离离子型、电中性疏水性化合物,而且可以分离光学异构体。

(1) 环糊精:环糊精(CD)是由 6~12 个 D-(+)-吡喃葡萄糖单元,通过 1, 4-α-苷键联结而成的环状低聚糖。含有 6、7、8 个吡喃葡萄糖单元的环糊精,分别称为 α、β、γ 环糊精,具有桶形结构,腔内疏水,腔外亲水,内腔平均直径分别为 0.5、0.63、0.80 nm。

(2) 分离原理:CD 能与手性分子形成包合物,其稳定性取决于手性分子的疏水性、空间大小、构象以及环境条件,特别是温度和溶剂性质。在相同的环境条件下,不同手性分子的空间构象和疏水性不同,包合物的稳定性和有效淌度也因此不同而得以分离。

三、其他分离模式

1. 毛细管凝胶电泳 毛细管凝胶电泳(gel capillary electrophoresis, GCE)是毛细管内填充凝胶或其他筛分介质作支持物进行电泳,不同体积的溶质分子在起“分子筛”作用的凝胶中得以分离。常用于蛋白质、寡聚核苷酸、核糖核酸(RNA)、DNA 片段分离和测序及聚合酶链反应(PCR)产物分析。CGE 能达到 CE 中最高的柱效。为了解决人类基因组计划的关键,即 DNA 测序的速度,已试制出 96 支毛细管阵列的 DNA 测序仪,并已有 8 支毛细管阵列的 DNA 测序商品仪器。

2. 毛细管等电聚焦电泳 毛细管等电聚焦电泳(capillary isoelectric focusing, CIEF)是用两性电解质在毛细管内建立 pH 梯度,使各种具有不同等电点的蛋白质在电场作用下迁移到等电点的位置,形成窄的聚焦区带而分离的毛细管电泳法。CIEF 已成功地用于测定蛋白质等电点,分离蛋白质的异构体等。

3. 毛细管电色谱 毛细管电色谱(capillary electro-chromatography, CEC)是将 CE 和 HPLC 结合起来的一种分离分析方法。它用装(或涂)有固定相的毛细管色谱柱,以电渗流或电渗流与压力联合作驱动力,使样品在两相间进行分配,具有高柱效和高选择性。CEC 能分析有机和无机的阴离子、阳离子、手性分子、大分子和中性分子,是当前最活跃的 CE 研究领域。

第 4 节　应用与示例

药品是与人们生命息息相关的特殊商品，检验其真伪或质量的优劣，需要先进、快速、准确的定性和定量手段。因此，CE 分析技术很快即被药物分析工作者在药品检验领域迅速推广应用。

一、化学药品分析

化学药品结构简单、清楚，常规分析方法能基本解决定性、定量和纯度控制等问题。但有些结构特异（如手性对映体结构）或性质特殊的品种，现代分析手段从灵敏度、分辨率和分析速度等方面，仍有一些难点。CE 技术的特点、优势，恰恰弥补和解决了某些分析手段的不足。

例 1　毛细管电泳法分析手性药物度洛西汀

度洛西汀是一个 5-羟色胺和去甲肾上腺素再摄取双重抑制剂，用于治疗成人抑郁、妇女中至重度应激性尿失禁症或糖尿病性外周神经病性疼痛。采用毛细管区带电泳法分析度洛西汀及其合成过程中的直接中间体——*R*-对映体，为其杂质检查及制剂的含量测定等工作奠定基础。

电泳条件　石英毛细管 55cm×50μm，有效长度 38cm；背景电解质为 55mmol/L 三羟甲基氨基甲烷缓冲液加 0.1mol/L 磷酸调至 pH1.8，添加 40mmol/L 羟丙基-β-环糊精手性选择剂和甲醇（80 ∶ 20）有机改性剂；分离电压 20kV；压力进样 10s，高度差 10cm，检测波长 214nm。

测定结果　度洛西汀与其 *R*-对映体的分离度为 1.66，度洛西汀峰面积的 RSD 为1.8%，迁移时间的 RSD 为 2.0%；度洛西汀在 0.05～0.3mg/ml 浓度范围内线性关系良好。而且能同时分离度洛西汀的合成中间体及其对映异构体。

二、中药分析

中药品种繁多、药材产地各异、成分复杂，无论是药材还是成药的分析，都是一项非常艰难的任务。中药分析工作用现代化仪器设备和科技手段（如薄层色谱、HPLC 等）虽取得巨大进展和成就，但往往只是对药材和成药成百上千个成分中的一个或几个成分的分析，实际只是一种象征性的代表式分析，与之起化学和药理效应的实际组合成分（起码是有效成分）相比，仍有相当大的距离。随着 CE 技术对中药材及其有效成分的鉴别与分析的快速发展，建立在此基础上的中成药成分的定性、定量分析已有进展，且有希望解决长期困扰中药质量控制中的重大难题。

例 2　金银花的毛细管电泳指纹图谱研究

金银花为忍冬科植物忍冬 *Lonicera japonica* Thunb.的干燥花蕾或初开的花。其主要化学成分包括氯原酸、异氯原酸、黄酮类化合物、皂苷和挥发油等，具有清热解毒、凉散风热等作用，用于痈肿疔疮、喉痹、丹毒、热毒血痢、风热感冒、温病发热。金银花应用广泛而其植物来源复杂，全国有几十种忍冬科忍冬属植物作为金银花入药，所以有效地控制其质量势在必行。

（1）电泳条件：石英毛细管 65cm×75μm，有效长度 53cm；紫外检测波长 254nm；灵敏度 0.005AUFS；运行电压 12kV；电流约 112μA；背景电解质为 50mmol/L 硼砂缓冲液（含 20mmol/L β-CD，磷酸调 pH 8.0）；压力进样 15 s（高度差 8.5cm）。

（2）测定结果：将 13 个不同产地的金银花药材供试液的指纹图谱进行比较，以电泳峰出现率 100%计，确定金银花的共有指纹峰为 18 个（图 13-7）；该指纹图谱具有较好的精密度和重现性，分离效率高且成本低廉。

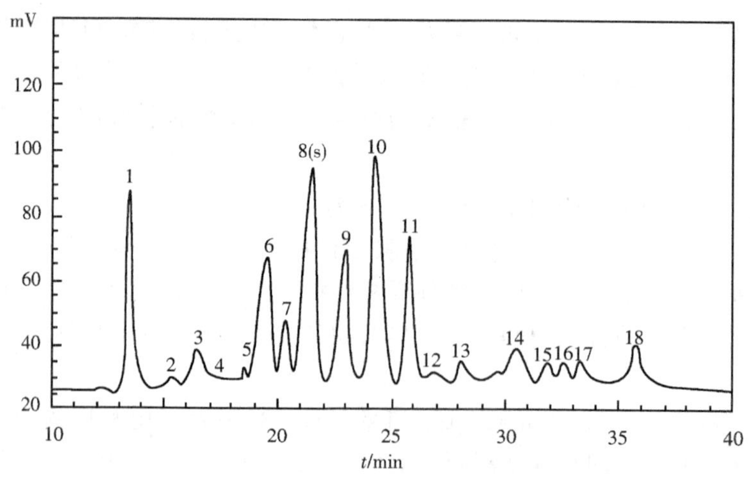

图 13-7 金银花样品的毛细管电泳指纹图谱

8(s). 氯原酸

三、生物制品分析

生物制品是医药药品的重要组成部分，随着 DNA 技术和克隆技术的应用，它的研制和生产成了医药行业的热点。但其分子量大、结构复杂，较难鉴别和定量一直是阻碍其快速发展的因素之一。HPCE 技术的应用正在逐步解决着这一难题。生物制品绝大多数由氨基酸、肽、蛋白质组成，CE 技术主要是用 CZE 测定肽谱、SDS-CGE 测定蛋白分子量和 CE-MS 直接测定分子量。步骤是将蛋白酶解或化学裂解成肽片断，利用 CZC 分离后所得的电泳图（称 CE 肽图），根据蛋白一级结构和所用裂解试剂，给出不同特征的肽图作指纹图谱，并用作鉴别标准。还可通过各片段峰的收集和测序，用肽图测定蛋白质的一级结构，鉴别种属遗传差异。

思考与练习

一、思考题

1. 比较毛细管电泳法与高效液相色谱法，在驱动力和分离机理上有什么不同。

2. 什么叫做电泳与电泳淌度？什么叫做电渗与电渗淌度？
3. 在 CE 中，为什么中性分子的表观淌度等于电渗淌度？
4. 为什么胶束电动毛细管色谱法可分离中性分子？
5. 什么是表观淌度？表达式是什么？
6. 采用什么方法可以使中性分子分离？为什么？
7. 试判断下列化合物在 CZE 中的出峰顺序：

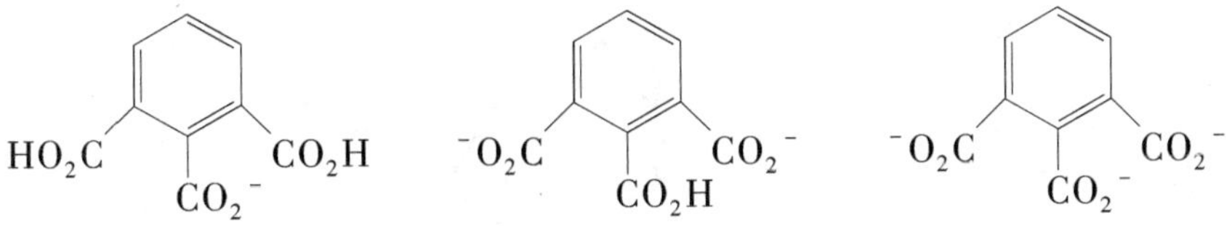

HO_2C　CO_2H　CO_2^-　　　^-O_2C　CO_2^-　CO_2H　　　^-O_2C　CO_2^-　CO_2^-

二、选择题

1. 在 CZE 中，阴、阳离子迁移，中性分子也向阴极迁移，是靠(　　　　)作用力推动。
   A. 电压　　B. 液压　　C. 电渗流　　D. 电泳流
2. CE 主要用于分离(　　　　)物质。
   A. 生物大分子　　B. 无机阴、阳离子　　C. 有机阴、阳离子　　D. 两性化合物
   E. 手性化合物　　F. 糖类
3. CE 可比 HPLC 的柱效高 1~3 个数量级，主要原因是(　　)。
   A. 柱径不同
   B. 柱长短不同
   C. 流动相(指 CE 中的电解质溶液和 HPLC 中的流动相)的动力学流型不同
   D. 流动相的流速不同
   E. 流动相的性质不同
   F. 无涡流扩散项
4. 在其他色谱条件相同时，若柱长增加三倍，两个邻近峰的分离度将(　　)。
   A. 增加 1 倍　　B. 增加 2 倍　　C. 增加 3 倍　　D. 增加 4 倍
5. 在气相色谱中当两组分未能完全分离时，我们说色谱柱的(　　)。
   A. 理论塔板数少　　B. 选择性差
   C. 分离度低　　D. 理论塔板高度高
6. 在下列 GC 定量方法中，分析结果与进样量的准确性无关的是(　　)。
   A. 外标一点法　　B. 外标工作曲线法
   C. 归一化法　　D. 内标法

三、计算题

1. 求某物质通过一 CE 系统所需的时间。
(1) 设为中性分子：$\mu_{eo}=1.3\times10^{-8}m^2/(V\cdot s)$，$V=27kV$，$L_1=62cm$，$l=55cm$；
(2) 设为阴离子：$\mu_{ep}=-1.6\times10^{-8}m^2/(V\cdot s)$，$\mu_{os}=1.3\times10^{-8}m^2/(V\cdot s)$，其余同(1)；
(3) $\mu_{ec}=8.1\times10^{-8}m^2/(V\cdot s)$，其余同(2)。

(972s；组分不能通过柱子；194s)

2. CZE 系统的毛细管长度 $L=65cm$，由进样器至检测器长度 $l=58cm$，分离电压 $V=20kV$，扩散系数 $D=5.0\times10^{-9}m^2s^{-1}$。测得某中性分子 A 迁移时间是 9.96min。

(1) 求出该系统的电渗淌度;

(2) 求电泳淌度为 $2.0\times10^{-9}m^2/(V\cdot s)$ 的阴离子 B 的迁移时间;

(3) 以 A 计算理论塔板数;

(4) 求 A 与 B 分离度。

[$3.2\times10^{-4}cm^2/(V\cdot s)$;11min;$6.4\times10^4$;1.12]

(杨　敏　贺锋嘎)

参考资料

陈耀祖,涂亚平. 2001.有机质谱原理及应用.北京:科学出版社

陈义.2006.毛细管电泳技术及应用.第2版.北京:化学工业出版社

邓勃,何华焜. 2004.原子吸收光谱分析法. 北京:化学工业出版社

丁明玉.2006.现代分离方法与技术.北京:化学工业出版社

方惠群,余晓冬,史坚.2004.仪器分析学习指导. 北京:科学出版社

傅若农.2006.色谱分析概论.第2版.北京:化学工业出版社

何华, 倪坤仪.2004.现代色谱分析. 北京:化学工业出版社

何丽一. 2005.平面色谱方法及应用.第2版.北京:化学工业出版社

华中师范大学. 2001.分析化学(下).第3版. 北京:高等教育出版社

黄世德,梁生旺.2005.分析化学. 北京:中国中医药出版社

黄小芳.1998.毛细管气相色谱-电子捕获法测定5-单硝酸异山梨酯

李发美.2003.分析化学.第5版. 北京:人民卫生出版社

李弘韬. 2005.顶空固相微萃取-气相色谱法测定头孢匹胺钠中多种有机溶剂残留量. 药物分析,25(1)

李克安.2005.分析化学教程.北京:北京大学出版社

李彤.2005.高效液相色谱仪器系统.第2版.北京:化学工业出版社

刘国诠.2006.色谱柱技术.第2版.北京:化学工业出版社

刘虎威. 2006.气相色谱方法及应用.第2版.北京:化学工业出版社

刘约权. 2001.现代仪器分析.北京:高等教育出版社

彭勤纪,李亚明.2005.现代有机波谱分析.北京:化学工业出版社

苏承昌,梁淑萍,揭新明,等.2000.分析仪器. 北京:军事医学科学出版社

孙国祥.2007. 金银花的毛细管电泳指纹图谱研究.色谱,25(1)

孙毓庆. 2005.现代色谱法及其在药物分析中的应用.第2版.北京:科学出版社

孙毓庆. 2005.仪器分析选论.北京:科学出版社

孙毓庆.2003.分析化学.第4版.北京:人民卫生出版社

田颂九.2006.色谱在药物分析中的应用.北京:化学工业出版社

汪尔康.1999.21世纪的分析化学.北京:科学出版社

汪正范,等.2006.色谱联用技术.第2版.北京:化学工业出版社

汪正范. 2006.色谱定性与定量.第2版.北京:化学工业出版社

王光辉,熊少祥.2005.有机质谱解析. 北京:化学工业出版社

吴烈钧.2006. 气相色谱检测方法.第2版.北京:化学工业出版社

吴性良,朱万森,马林.2004. 分析化学原理. 北京:化学工业出版社

武汉大学化学系.2001.仪器分析. 北京:高等教育出版社

杨根源,金瑞祥,应武林.1997.实用仪器分析. 北京:北京大学出版社

杨晶. 2006.毛细管电泳法分析手性药物度洛西汀.药物分析,26(11)

姚新生.2004.有机化合物波谱解析.北京:中国医药科技出版社

于世林. 2005.高效液相色谱法及应用.第2版.北京:化学工业出版社

张晓彤.2000. 液相色谱检测方法.北京:化学工业出版社

赵藻藩,周性尧,张悟铭,等.1990.仪器分析. 北京:高等教育出版社

朱淮武.2005.有机分子结构波谱解析.北京:化学工业出版社

朱明华.2000. 仪器分析.第3版. 北京:高等教育出版社

Douglas A, Skoog.1998.Principles of instrumental analysis.U.S.A:Harcourt Brace &.company

附　　录

附录一　主要基团的红外特征吸收峰

基　团	振动类型	波数/cm^{-1}	波长/μm	强度	备　注
一、烷烃类	CH 伸	3000～2800	3.33～3.57	中、强	分为反对称与对称伸缩
	CH 弯(面内)	1490～1350	6.70～7.41	中、弱	
	C—C 伸(骨架振动)	1250～1140	8.00～8.77	中	不特征
1. $—CH_3$	CH 伸(反称)	2962±10	3.38±0.01	强	分裂为三个峰,此峰最有用
	CH 伸(对称)	2872±10	3.48±0.01	强	共振时,分裂为两个峰,此为平均值
	CH 弯(反称,面内)	1450±20	6.90±0.1	中	
	CH 弯(对称,面内)	1380～1365	7.25～7.33	强	
2. $—CH_2—$	CH 伸(反称)	2926±10	3.42±0.01	强	
	CH 伸(对称)	2853±10	3.51±0.01	强	
	CH 弯(面内)	1465±10	6.83±0.1	中	
3. $—\overset{H}{\underset{\vert}{C}}—$	CH 伸	2890±10	3.46±0.01	弱	
	CH 弯(面内)	～1340	7.46	弱	
4. $—(CH_3)_3$	CH 弯(面内)	1395～1385	7.17±7.22	中	
	CH 弯	1370～1365	7.30±7.33	强	
	C—C 伸	1250±5	8.00±0.03	中	骨架振动
	C—C 伸	1250～1200	8.00～8.33	中	骨架振动
	可能为 CH 弯(面外)	～415	24.1	中	
二、烯烃类	CH 伸	3095～3000	3.23～3.33	中	$\nu_{=C-H}$
	C═C 伸	1695～1540	5.90～6.50	中、弱变	C═C═C 则为 2000～1925cm^{-1}(5.0～5.2μm)
	CH 弯(面内)	1430～1290	7.00～7.75	中	
	CH 弯(面外)	1010～667	9.90～15.0	强	中间有数段间隔
—CH═CH—	CH 伸	3040～3010	3.29～3.32	中	
(顺式)	CH 弯(面内)	1310～1295	7.63～7.72	中	
	CH 弯(面外)	770～665	12.99～15.04	强	
—CH═CH—	CH 伸	3040～3010	3.29～3.32	中	
(反式)	CH 弯(面外)	970～960	10.31～10.42	强	
三、炔烃类	CH 伸	～3300	～3.03	中	
	C≡C 伸	2270～2100	4.41～4.76	中	
	CH 弯(面内)	1260～1245	5.94～8.03		由于此位置峰多,故无应用价值

续表

基　团	振动类型	波数/cm^{-1}	波长/μm	强度	备　注
	CH 弯(面外)	645~615	15.50~16.25	强	
1. R—C≡CH	CH 伸	3310~3300	3.02~3.03	中	有用
	C≡C 伸	2140~2100	4.67~4.76	特弱	可能看不见
2. R—C≡CR	C≡C 伸	2260~2190	4.43~4.57	弱	
	①与 C=C 共轭	2270~2220	4.41~4.51	中	
	②与 C=O 共轭	~2250	~4.44	弱	
四、芳烃类					
1. 苯环	CH 伸	3125~3030	3.20~3.30	中	
	泛频峰	2000~1667	5.00~6.00	弱	一般三、四个峰(苯环高度特征峰)
	骨架振动($\nu_{C=C}$)	1650~1430	6.06~6.99	中、强	确定苯环存在最重要峰之一
	CH 弯(面内)	1250~1000	8.00~10.0	弱	
	CH 弯(面外)	910~665	10.99~15.03	强	确定取代位置最重要吸收峰
	苯环的骨架振动	1600±20	6.25±0.08		
	($\nu_{C=C}$)	1500±25	6.67±0.10		共轭环
		1580±10	6.33±0.04		
		1450±20	6.90±0.10		
(1) 单取代	CH 弯(面外)	770~730	12.99~13.70	极强	五个相邻氢
		710~690	14.08~14.49	强	
(2) 邻双取代	CH 弯(面外)	770~735	12.99~13.61	极强	四个相邻氢
(3) 间双取代	CH 弯(面外)	810~750	12.35~13.33	极强	三个相邻氢
		725~680	13.79~14.71	中、强	三个相邻氢
		900~860	11.12~11.63	中	一个氢(次要)
(4) 对双取代	CH 弯(面外)	860~790	11.63~12.66	极强	两个相邻氢
(5) 1、2、3 三取代	CH 弯(面外)	780~760	12.82~13.16	强	三个相邻氢与间双易混，参 δ_{CH} 及泛频峰
		745~705	13.42~14.18	强	
(6) 1、3、5 三取代	CH 弯(面外)	865~810	11.56~12.35	强	
		730~675	13.70~14. 81	强	
(7) 1、2、4 三取代	CH 弯(面外)	900~860	11.11~11.63	中	一个氢
		860~800	11.63~12.50	强	两个相邻氢
(8) 1、2、3、4 四取代	CH 弯(面外)	860~800	11.63~12.50	强	两个相邻氢
(9) 1、2、4、5 四取代	CH 弯(面外)	870~855	11.49~11.70	强	一个氢
(10) 1、2、3、5 四取代	CH 弯(面外)	850~840	11.76~11.90	强	一个氢
(11) 五取代	CH 弯(面外)	900~860	11.11~11.63	强	一个氢
2. 萘环	骨架振动($\nu_{C=C}$)	1650~1600	6.06~6.25		
		1630~1575	6.14~6.35		相当于苯环的 1580cm^{-1}峰

续表

基　团	振动类型	波数/cm^{-1}	波长/μm	强度	备　注
		1525～1450	6.56～6.90		
五、醇类	OH 伸	3700～3200	2.70～3.13	变	
	O—H 弯(面内)	1410～1260	7.09～7.93	弱	
	C—O 伸	1250～1000	8.00～10.00	强	
	O—H 弯(面外)	750～650	13.33～15.38	强	液态有此峰
1.OH 伸缩频率					
游离 OH	OH 伸	3650～3590	2.74～2.79	变	尖峰
分子间氢键	OH 伸(单桥)	3550～3450	2.82～2.90	变	尖峰}稀释移动
分子间氢键	OH 伸(多聚缔合)	3400～3200	2.94～3.12	强	宽峰}稀释移动
分子间氢键	OH 伸(单桥)	3570～3450	2.80～2.90	变	尖峰}稀释无影响
分子间氢键	OH 伸(螯形化合物)	3200～2500	3.12～4.00	弱	很宽}稀释无影响
2.OH 弯或					
C—O 伸					
伯醇	OH 弯(面内)	1350～1260	7.41～7.93	强	
(—CH_2OH)	C—O 伸	～1050	～9.52	强	
仲醇	OH 弯(面内)	1350～1260	7.41～7.93	强	
(CH—OH)	C—O 伸	～1110	～9.00	强	
叔醇	OH 弯(面内)	1410～1310	7.09～7.63	强	
(C—OH)	C—O 伸	～1150	～8.70	强	
六、酚类	OH 伸	3705～3125	2.70～3.20	强	
	OH 弯(面内)	1390～1315	7.20～7.60	中	
	C—O 伸	1335～1165	7.50～8.60	强	C—O 伸即芳环上 ν_{C-O}
七、醚类					
1.脂肪醚	C—O 伸	1210～1015	8.25～9.85	强	
(1) $(RCH_2)_2O$	C—O 伸	～1110	～9.00	强	
(2) 不饱和醚	C═C 伸	1640～1560	6.10～6.40	强	
$(H_2C═CH)_2O$					
2.脂环醚	C—O 伸	1250～909	8.00～11.0	中	
(1) 四元环	C—O 伸	980～970	10.20～10.31	中	
(2) 五元环	C—O 伸	1100～1075	9.09～9.30	中	
(3) 环氧化物	C—O	～1250	～8.00	强	
		～890	～11.24		反式
		～830	12.05		顺式
3.芳醚	ArC—O 伸	1270～1230	7.87～8.13	强	
	R—C—O—ϕ 伸	1055～1000	9.50～10.00	中	
	CH 伸	～2825	～3.53	弱	含—CH_3的芳醚

续表

基　团	振动类型	波数/cm^{-1}	波长/μm	强度	备　注
	φ—伸	1175~1110	8.50~9.00	中、强	($O—CH_3$)在苯环上,三或三以上取代时特别强
八、醛类(—CHO)	CH 伸	2900~2700	3.45~3.70	弱	一般为两个谱带~2855cm^{-1}(3.5μ)及~2740cm^{-1}(3.65μ)
1.饱和脂肪醛	C═O 伸	1755~1695	5.70~5.90	中	CH 伸、CH 弯同上
	其他振动	1440~1325	6.95~7.55		
2.α,β-不饱和脂肪醛	C═O 伸	1705~1680	5.86~5.95	强	CH 伸、CH 弯同上
3.芳醛	C═O 伸	1725~1665	5.80~5.00	强	CH 伸、CH 弯同上
	其他振动	1415~1350	7.07~7.41		中 ⎫
	其他振动	1320~1260	7.58~7.94		中 ⎬ 与芳环上的取代基有关
	其他振动	1230~1160	8.13~8.62		中 ⎭
九、酮类	C═O 伸	1730~1540	5.78~6.49	极强	
	其他振动	1250~1030	8.00~9.70	弱	
1.脂酮	泛频	3510~3390	2.85~2.95	很弱	
(1) 饱和链状酮 ($—CH_2—CO—CH_2$)	C═O 伸	1725~1705	5.80~5.86	强	
(2) α,β 不饱和酮 —CH═CH—CO—	C═O 伸	1685~1665	5.94~6.01	强	由于 C═O 与 C═C 共轭而降低 40cm^{-1}
(3) α 二酮—CO—CO—	C═O 伸	1730~1710	5.78~5.85	强	
(4) β 二酮(烯醇式) ($—CO—CH_2—CO$)	C═O 伸	1640~1540	6.10~6.49	强	宽、共轭螯合作用非正常 C═O 峰
2.芳酮类	C═O 伸	1700~1300	5.88~7.69	强	很宽的谱带可能是 $\nu_{C=O}$ 与其他部分振动的耦合
	其他振动	1320~1200	7.57~8.33		
(1) Ar—CO	C═O 伸	1700~1680	5.88~5.95	强	
(2)二芳基酮 (Ar—CO—Ar)	C═O 伸	1670~1660	5.99~6.02	强	
(3)1-酮基-2-羟基或氨基芳酮	C═O 伸	1665~1635	6.01~6.12	强	(苯环)—CO, —OH 或 NH_2
3.脂环酮					
(1) 六七元环酮	C═O 伸	1725~1705	5.80~5.86	强	
(2) 五元环酮	C═O 伸	1750~1740	5.71~5.75	强	
十、羧酸类					
1.脂肪酸	OH 伸	3335~2500	3.00~4.00	中	二聚体,宽
	C═O 伸	1740~1650	5.75~6.05	强	二聚体
	OH 弯(面内)	1450~1410	6.90~7.10	弱	二聚体或 1440~1395cm^{-1}
	C—O 伸	1266~1205	7.90~8.30	中	二聚体

续表

基　团	振动类型	波数/cm^{-1}	波长/μm	强度	备　注
	OH 弯(面外)	960~900	10.4~11.1	弱	
(1)R—COOH(饱和)	C＝O 伸	1725~1700	5.80~5.88	强	
(2)α 卤代脂肪酸	C＝O 伸	1740~1720	5.75~5.81	强	
(3)α,β 不饱和酸	C＝O 伸	1715~1690	5.83~5.91	强	
2.芳酸	OH 伸	3335~2500	3.00~4.00	弱、中	二聚体
	C＝O 伸	1750~1680	5.70~5.95	强	二聚体
	OH 弯(面内)	1450~1410	6.90~7.10	弱	
	C—O 伸	1290~1205	7.75~8.30	中	
	OH 弯(面外)	950~870	10.5~11.5	弱	
十一、酸酐					
(1)链酸酐	C=O 伸(反称)	1850~1800	5.41~5.56	强	共轭时每个谱带降 20cm^{-1}
	C＝O 伸(对称)	1780~1740	5.62~5.75	强	
	C-O 伸	1170~1050	8.55~9.52	强	
(2)环酸酐	C＝O 伸(反称)	1870~1820	5.35~5.49	强	共轭时每个谱带降 20cm^{-1}
(五元环)	C＝O 伸(对称)	1800~1750	5.56~5.71	强	
	C—O 伸	1300~1200	7.69~8.33	强	
十二、酯类	C＝O 伸(泛频)	~3450	~2.9	强	
O ‖ C　R ／ ＼ ／ O	C＝O 伸	1820~1650	5.50~6.06	强	
	C—O—C 伸	1300~1150	7.69~8.70	强	
1.C＝O 伸缩振动					
(1) 正常饱和酯类	C＝O 伸	1750~1735	5.71~5.76	强	
(2) 芳香酯及 α,β 不饱和酯类	C＝O 伸	1730~1717	5.78~5.82	强	
(3) β 酮类的酯类(烯醇型)	C＝O 伸	~1650	~6.06	强	
(4) δ-内酯	C＝O 伸	1750~1735	5.71~5.76	强	
(5)γ-内酯	C＝O 伸	1780~1760	5.62~5.68	强	
(6) β-内酯	C＝O 伸	~1820	~5.50	强	
2.C—O 伸缩振动					
(1)甲酸酯类	C—O 伸	1200~1180	8.33~8.48	强	
(2)乙酸酯类	C—O 伸	1250~1230	8.00~8.13	强	
(3)酚类乙酸脂	C—O 伸	~1250	~8.00	强	
十三、胺	NH 伸	3500~3300	2.86~3.03	中	
	NH 弯(面内)	1650~1550	6.06~6.45		伯胺强、中;仲胺极弱
	C—N 伸芳香	1360~1250	7.35~8.00	强	
	C—N 伸脂肪	1235~1065	8.10~9.40	中、弱	

续表

基　团	振动类型	波数/cm^{-1}	波长/μm	强度	备　注
	NH 弯(面外)	900~650	11.1~15.4		
(1)伯胺类	NH 伸	3500~3300	2.86~3.03	中	两个峰
($R—NH_2$)	NH 弯(面内)	1650~1590	6.06~6.29	强、中	
	C—N 芳香	1340~1250	7.46~8.00	强	
	C—N 脂肪	1220~1020	8.20~9.80	中、弱	
(2)仲胺类	NH 伸	3500~3300	2.86~3.03	中	一个峰
(NHR_2)	NH 弯(面内)	1650~1550	6.06~6.45	极弱	
	C—N 伸芳香	1350~1280	7.41~7.81	强	
	C—N 伸脂肪	1220~1020	8.20~9.80	中、弱	
(3)叔胺类	C—N 芳香	1360~1310	7.35~7.63	强	
(NR_3)	C—N 脂肪	1220~1020	8.20~9.80	中、弱	
十四、氰基的 C≡N 伸缩振动					
(1)RCN	C≡N 伸	2260~2240	4.43~4.46	强	饱和、脂肪族
(2)α、β-芳香氰	C≡N 伸	2240~2220	4.46~4.51	强	
(3)α、β-不饱和脂肪族氰	C≡N 伸	2235~2215	4.47~4.52	强	
十五、杂环芳香族化合物					
1.吡啶类	CH 伸	~3030	6.00~7.00	弱	
(吡啶结构式)	环的骨架振动($\nu_{C=C}$及$\nu_{C=N}$)	1667~1430	8.50~10.0	中	吡啶与苯环类似两个峰~1615~1500,季铵移至1625cm^{-1}
	CH 弯(面内)	1175~1000	11.0~15.0	弱	
(喹啉同吡啶)	CH 弯(面外)	910~665		强	
	环上的 CH 面外弯				
	①普通取代基 α 取代	780~740	12.82~13.51	强	
	β 取代	805~780	12.42~12.82	强	
	γ 取代	830~790	12.05~12.66	强	
	②吸电子取代				
	α 取代	810~770	12.35~13.00	强	
	β 取代	820~800	12.2~12.50	强	
		730~690	13.70~14.49	强	
	γ 取代	860~830	11.63~12.05	强	
2.嘧啶类	CH 伸	3060~3010	3.27~3.32	弱	
(嘧啶结构式)	环的骨架振动($\nu_{C=C}$及$\nu_{C=N}$)	1580~1520	6.33~6.58	中	
	环上的 CH 弯	1000~960	10.00~10.42	中	
	环上的 CH 弯	825~775	12.12~12.90	中	

续表

基团	振动类型	波数/cm^{-1}	波长/μm	强度	备注
十六、硝基化合物					
1.R—NO_2	NO_2伸(反称)	1565~1543	6.39~6.47	强	
	NO_2伸(对称)	1385~1360	7.22~7.35	强	
	C—N 伸	920~800	10.87~12.50	中	用途不大
2.Ar—NO_2	NO_2伸(反称)	1550~1510	6.45~6.62	强	
	NO_2伸(对称)	1365~1335	7.33~7.49	强	
	C—N 伸	860~840	11.63~11.90	强	
	不明	~750	~13.33	强	

附录二 常见碎片离子

m/z	元素组成或结构	可能来源
15	CH_3^+	
27	$C_2H_3^+$	烯类
	HCN^+	脂肪腈
29	CHO^+	醛,酚,呋喃
	$C_2H_5^+$	含烷基化合物
30	NO^+	硝基化物,亚硝胺,硝酸酯,亚硝酸酯
	$CH_2{=}NH_2^+$	脂肪胺
31	$CH_2{=}OH^+$	醇,醚,缩醛
	CH_3O^+	甲酯类
33	$CH_3OH_2^+$	醇,多元醇,羧基酯
34	H_2S^+	硫醇,硫醚
35	H_3S^+	硫醇,硫醚
	Cl^+	氯化物
36	HCl^+	氯化物
39	$C_3H_3^+$	烯,炔,芳香化物
41	$C_3H_5^+$	烷,烯,醇
	CH_3CN^+	脂肪腈,*N*-甲基苯胺,*N*-甲基吡咯
42	$C_3H_6^+$	环烷烃,环烯,丁基酮
	$C_2H_2O^+$	乙酸酯,环己酮,α,β-不饱和酮
	$C_2H_4N^+$	环氮丙烷类
43	CH_3CO^+	含 CH_3CO—化合物,饱和氧杂环
	$COHN^+$	—CO—NH_2类化合物
	$C_3H_7^+$	烃基

续表

m/z	元素组成或结构	可能来源
44	$C_2H_6N^+$	脂肪胺
	$CONH_2^+$	伯酰胺
	$CH_2{=}CH{-}OH^+$	醛,含 $CH_2{-}CH{-}OR$
45	$COOH^+$	脂肪酸
	$C_2H_5O^+$	含乙氧基化物
	$CH_2{=}O{-}CH_3^+$	甲基醚
	$CH_3{-}CH{=}OH^+$	仲醇,α-甲基醚
46	NO_2^+	硝酸酯
	CH_2S^+	硫醚
47	$CH_3O_2^+$	缩醛,缩酮
	$CH_2{=}SH^+$	甲硫醚,硫醇
49	CH_2Cl^+	氯甲基化物
50	$C_4H_2^+$	芳基,吡啶基化物
51	$C_4H_3^+$	芳基,吡啶基化物
52	$C_4H_4^+$	芳基,吡啶基化物
53	$C_4H_5^+$	炔,二烯,呋喃
54	$C_4H_6^+$	炔,环烷,环烯
	$C_2H_4CN^+$	脂肪腈
55	$C_4H_7^+$	烷,烯,环烷,丁酯,伯醇,硫醚
	$C_3H_3O^+$	环酮
56	$C_3H_6N^+$	环胺
	$C_4H_8^+$	环烷,戊基酮等
57	$C_4H_9^+$	丁基化物,环醇,醚
58	$H_2C{=}C(OH^{+\cdot})CH_3$	甲基酮,α-甲基酮
	$(CH_3)_2N{=}CH_2^+$	脂肪叔胺
	$C_2H_5CH{=}NH_2^+$	α-乙基伯胺
59	$C_3H_7O^+$	α-取代醇,醚
	$COOCH_3^+$	甲酯
	$H_2C{=}C(OH)NH_2^{+\cdot}$	伯酰胺
60	$H_2C{=}C(OH)OH^{+\cdot}$	羧酸
	$[CH_2{=}O{-}NO]^+$	硝酸酯,亚硝酸酯
	$C_2H_4S^+$	饱和含硫杂环

续表

m/z	元素组成或结构	可能来源
61	$CH_3COOH_2^+$	缩醛,醋酸酯
	$C_2H_5S^+$	硫醚
63	$C_5H_3^+$	芳香化物
64	$C_5H_4^+$	芳香化物
65	$C_5H_5^+$	芳香化物
66	$C_5H_6^+$	酚类
69	CF_3^+	三氟化物
	$C_4H_5O^+$	萜烯酮类
	$C_5H_9^+$	
70	$C_4H_8N^+$	α-取代吡啶
	$C_5H_{10}^+$	
71	$C_4H_7O^+$	α-取代四氢呋喃
	$C_3H_7O^+$	烯酮
72	$C_2H_4CONH_2^+$	伯酰胺
	$C_3H_7CH{=}NH_2^+$	α-取代伯胺
73	$C_4H_9O^+$	醚
	$C_3H_5S^+$	环硫醚
	$C_2H_4COOH^+$	脂肪类
	$COOC_2H_5^+$	脂类
	$(CH_3)_3Si^+$	三甲基硅醚衍生物
74	OH $H_2C{=}C(OH)OCH_3^{+\cdot}$	甲酯,α-甲基脂肪酸
75	$C_6H_3^+$	二取代苯
	$CH_3OCH{=}OCH_3^+$	二甲基缩醛类
76	$C_6H_4^+$	硝酸酯
	$CH_2ONO_2^+$	硝酸酯
77	$C_6H_5^+$	苯基取代物
78	$C_6H_6^+$	苯基取代物
79	$C_6H_7^+$	多环烷烃
	$C_5H_5N^+$	吡啶化合物
80/82	HBr^+	溴代物
80	$C_5H_6N^+$	烷基取代吡咯
81	$C_5H_5O^+$	取代呋喃
83	$H_4PO_3^+$	亚磷酸酯类

续表

m/z	元素组成或结构	可能来源
85	$C_5H_9O^+$	四氢呋喃类
	$C_4H_5O_2{}^+$	δ-戊内酯
	$C_4H_9CO^+$	酮，酯
86	$C_5H_{12}N^+$	胺类
87	$CH_3OOCCH_2CH_2{}^+$	长链甲酯
88	$C_4H_8O^+$	脂肪酸乙酯
91	$C_7H_7{}^+$	苄基化物
	$C_4H_8Cl^+$	氯代烷
92	$C_6H_6N^+$	芳香取代物
93	$C_7H_9{}^+$	环二烯类
	$C_6H_5O^+$	苯甲醚，羧酸苯酯
94	$C_6H_6O^+$	C_6H_5—OR
	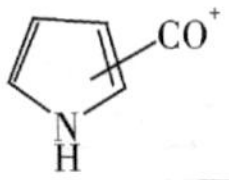 CO^+ N H	吡咯羰基化物
95	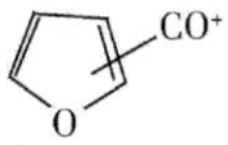 CO^+ O	呋喃羰基化物
97	$C_5H_5S^+$	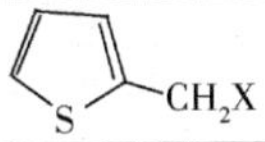 S CH_2X
	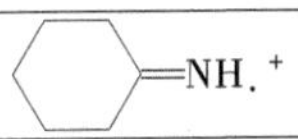 $=NH.^+$	
98	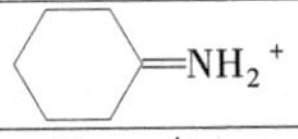 $=NH_2{}^+$	
99	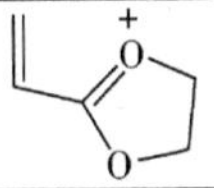 + O O	缩酮
	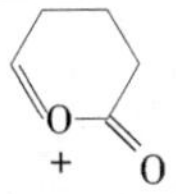 O + O	
	$P(OH)_4{}^+$	烷基磷酯酸
100	$(C_4H_9COCH_3+H)^+$	
	$C_5H_{11}CH{=}NH_2{}^+$	
101	$C_4H_9OC{\equiv}O^+$	丁酯
103	$C_6H_5CH{=}CH^+$	肉桂酸酯
104	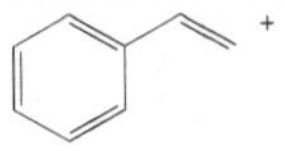 +	苯乙烯类
105	$C_6H_5CO^+$	苯甲酰化物
	$C_6H_5CH_2CH_2{}^+$	芳烃衍生物
	$C_6H_5N_2{}^+$	芳香偶氮化物

续表

m/z	元素组成或结构	可能来源
106	$C_7H_8N^+$	吡啶衍生物
107	$C_7H_7O^+$	苯酚取代物
107/109	$C_2H_4Br^+$	溴代物
114	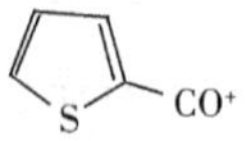 S, CO^+	噻吩甲酰化物
115	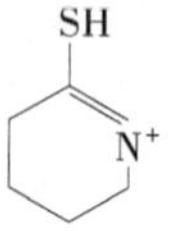 SH, N^+	异硫腈酸酯类
116	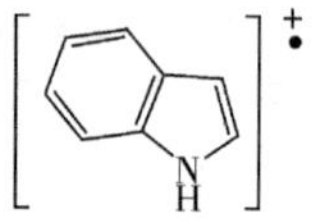 [N H]$^{+\cdot}$	烷基吲哚
	$C_4H_4S_2^+$	噻吩硫醚
119	$C_2F_5^+$	多氟化物
	$C_9H_{11}^+$	烷基苯类
120	$C_7H_4O_2^+$	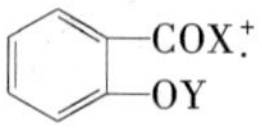 $COX^{+\cdot}$, OY, 黄酮类
121	$C_8H_9O^+$	
	$C_9H_{13}^+$	
122	$C_6H_5COOH^+$	
123	$C_8H_{11}O^+$	二萜类
	$C_6H_5COOH_2^+$	苯甲酸酯类
127	I^+	萜烯酮
	$C_{10}H_7^+$	萘类
128	HI^+	碘代物
130	$C_9H_8N^+$	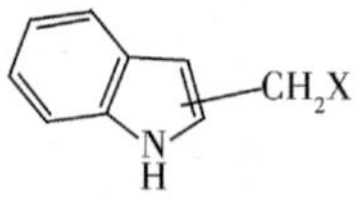 CH_2X, N H
141	CH_2I^+	碘代物
	$C_{11}H_9^+$	甲基萘
147	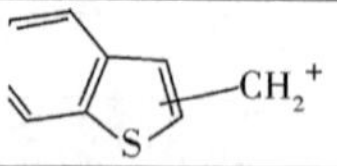 CH_2^+, S	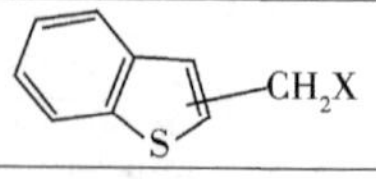 CH_2X, S
	$(CH_3)_2Si=\overset{+}{O}Si(CH_3)_3$	硅醚
149	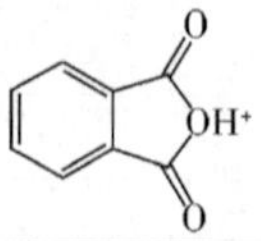 O, OH^+, O	邻苯甲酸及其酯

附录三　经常失去的碎片

质量	中性分子或自由基	可能来源
1	· H	醛，烷基腈、$N-CH_3$，环丙基化物，芳甲基
2	H_2	—
14	N	Ar—NO
15	$\cdot CH_3$	$—N—C_2H_5$，特丁基，异丙基，芳乙基化物
16	· O ·	*N*-氧化物，芳硝基，亚砜，醌类
17	· OH	羧酸，酚，肟，*N*-氧化物，亚砜、芳硝基物
	NH_3	伯胺，氨基酸酯，二胺基化物
18	H_2O	醇，甾酮，酚类，内酯等
19	F ·	氟化物
20	HF	氟化物
25	$\cdot C\equiv CH$	端基为$—C\equiv CH$的化合物
26	$CH\equiv CH$	联苯类，非共轭的二烯类
	$\cdot C\equiv N$	异腈化物
27	HCN	芳胺，二芳胺，芳腈，氮杂环
	$\cdot C_2H_3$	端基为$—C\equiv CH_2$化合物，乙酯类
28	$CH_2=CH_2$，CO，N_2	—
29	· CHO	芳香醛，酚类，二芳醚，芳香环氧乙烷
	$C_2H_5\cdot$	乙基衍生物，正丙基芳香化合物
	$CH_2=NH$	生物碱
30	· NO	芳香基化物，N—NO 亚硝胺类
	CH_2O	酯类，含氧杂环 $Ar—OCH_3$类，缩甲醛
31	$\cdot CH_2OH$， $\cdot OCH_3$	含 $O—CH_3$化物，缩醛，含$—CH_2OH$ 支链
32	O_2	过氧化物
	S	硫醚，二硫化物
	CH_3OH	含 $O—CH_3$芳香化物，伯醇，甲酯类
33	· SH	硫醇，硫醚，二硫化物，异硫氰酸酯
34	H_2S	伯硫醇，甲醚类，二硫化物
35	· Cl	含氯化物
36	HCl	含氯化物
39	$\cdot C_3H_3$	—
40	C_2H_2N	含 $CH_2—CN$ 化物
41	CH_3CN	氮杂芳环，酮肟
	$\cdot C_3H_5$	脂环化物
42	CH_2CO	乙酰化物，β 二酮，丙酯
	$CH_3—CH=CH_2$	

续表

质量	中性分子或自由基	可能来源
43	$\cdot C_3H_7$	丙基,异丙基衍生物,$Ar = C_4H_9(n)$,丙基酮
	$CH_3CO\cdot$	乙酰化物,芳甲酮
	NHCO	内酰胺
44	$CONH_2$	酰胺
	CS	芳硫醚,硫酚,噻吩
	CH_3CHO	脂肪醛
	CO_2	羧酸,碳酸酯,芳酸酯,环酸酐,环内酯
45	$\cdot OC_2H_5$	乙氧基衍生物,缩醛,缩酮
	$\cdot OCOOH$	羧酸,$ArCH_2COOAr$ 等
	$HN(CH_3)_2$	二甲胺类
	$\cdot CSH$	噻吩衍生物
46	$CH_2{=}CH_2+H_2O$	长链醇
	NO_2	芳硝基化物
	C_2H_5OH	直链伯醇,乙酯,乙基醚
	HCOOH	邻甲基芳酸
48	SO	亚砜
	CH_3SH	甲硫醚
55	$\cdot C_4H_7$	脂环化物
56	C_4H_8	脂环,芳香烃
57	$\cdot C_4H_9$	丁酯,丁酮
58	C_4H_{10}	—
59	$\cdot OC_2H_7$	丙酯
	$\cdot OCOOCH_3$	羧酸甲酯
60	CH_3COOH	羧酸,乙酸酯
	COS	硫碳酸酯
61	$C_2H_5S\cdot$, $\cdot C_3H_6F$	
62	$CH_2{=}CH_2+H_2S$	硫醇
64	$CH_2{=}CH_2+HCl$	氯代烷
	SO_2	磺酰胺,磺酸酯
	S_2	二硫化物
69	$\cdot CF_3$	氟化物,CF_3CO—
	$\cdot C_3H_9$	
73	$\cdot C_4H_9$	丁酯
	$\cdot COOC_2H_5$	芳酸乙酯
77	$\cdot C_6H_5$	苯基化物
79	$\cdot Br$	含溴化物
	C_5H_5N	
80	HBr	含溴化物
87	$\cdot OC_5H_{11}$	戊酯
93	$\cdot OC_6H_5$	芳酸苯酯

续表

质量	中性分子或自由基	可能来源
98	C_7H_{14}	
	H_3PO_4	磷酸酯
127	I·	碘化物
129	HI	碘化物,有机碱的碘盐

附录四　HPLC 常用固定相

固定相	色谱类型	常用流动相	分析对象
1. 硅胶	吸附色谱(ISC)	烷烃加极性调整剂	各类稳定分子型化合物,分离几何异构体更有力
2. 十八烷基键合相(ODS)	(1) RLLC (2) RPLC (3) ISC	甲醇-水或乙腈-水 在RLLC 溶剂中加 PIC 试剂并调至一定的 pH 在RLLC 溶剂中加少量的弱酸、弱碱或缓冲盐并调至一定的 pH	各类分子型化合物 各类有机酸、碱、盐及两性化合物 3≤pH≤7 的有机弱酸和 7≤pH≤8 的有机弱碱及两性化合物
3. 苯基键合相	RLLC	甲醇-水或乙腈-水	效果与 ODS 相似,但表面极性稍强
4. 醚基键合相	NLLC 或 RLLC	同 LSC 同 RLLC	在用于 NLLC 时,分离苯酚异构体较好
5. 氰基键合相	NLLC(多用)或 RLLC	同 LSC 同 RLLC	各类弱极性至极性化合物
6. 氨基键合相	(1) RLLC (2) NLLC	乙腈-水 同 LSC	糖类分离等 同氰基键合相
7. 阳离子交换剂(SCX)	(1) IEC (2) IC(抑制柱为 SAX)	缓冲溶液(一定的 pH 及离子强度) HCl 溶液	阴离子、生物碱,氨基酸及有机酸等 阳离子分析(主要是无机阳离子)
8. 阴离子交换剂(SAX)	(1) IEC (2) IC(抑制柱为 SCX)	同上 IEC NaOH 溶液	阴离子、有机酸等 阳离子分析(主要是无机阴离子)
9. 凝胶	(1) GFC (2) GPC	水溶液 有机溶剂	水溶性高分子,如蛋白制剂、人工代血浆等 橡胶、塑料及化纤等

附录五 Beynon 表(100~150M)

	M+1	M+2	MW
100			
CN_4O_2	2.68	0.43	100.0022
$C_2N_2O_3$	3.04	0.63	99.9909
$C_2H_2N_3O_2$	3.42	0.45	100.0147
$C_2H_4N_4O$	3.79	0.26	100.0386
C_3O_4	3.40	0.84	99.9796
$C_3H_2NO_3$	3.77	0.65	100.0034
$C_3H_4N_2O_2$	4.15	0.47	100.0273
$C_3H_6N_3O$	4.52	0.28	100.0511
$C_3H_8N_4$	4.90	0.10	100.0750
$C_4H_4O_3$	4.50	0.68	100.0160
$C_4H_6NO_2$	4.88	0.50	100.0399
$C_4H_8N_2O$	5.25	0.31	100.0637
$C_4H_{10}N_3$	5.63	0.13	100.0876
$C_5H_8O_2$	5.61	0.53	100.0524
$C_5H_{10}NO$	5.98	0.35	100.0763
$C_5H_{12}N_2$	5.36	0.17	100.1001
$C_6H_{12}O$	6.71	0.39	100.0888
$C_6H_{14}N$	7.09	0.22	100.1127
C_6N_2	7.25	0.23	100.0062
C_7H_{18}	7.82	0.26	100.1253
C_7O	7.60	0.45	99.9949
C_7H_2N	7.98	0.28	100.0187
C_8H_4	8.71	0.33	100.0313
101			
CHN_4O_2	2.70	0.43	101.0100
$C_2HN_2O_3$	3.06	0.64	100.9987
$C_2H_3N_3O_2$	3.43	0.45	101.0226
$C_2H_5N_4O$	3.81	0.26	101.0464
C_3HO_4	3.41	0.84	100.9874
$C_3H_3NO_3$	3.79	0.65	101.0113
$C_3H_5N_2O_2$	4.16	0.47	101.0351
$C_3H_7N_3O$	4.54	0.28	101.0590
$C_3H_9N_4$	4.91	0.10	101.0829
$C_4H_5O_3$	4.52	0.68	101.0238
$C_4H_7NO_2$	4.89	0.50	101.0477
$C_4H_9N_2O$	5.27	0.31	101.0715
$C_4H_{11}N_3$	5.64	0.13	101.0954
$C_5H_9O_2$	5.63	0.53	101.0603
$C_5H_{11}NO$	6.00	0.35	101.0841
$C_5H_{13}N_2$	6.37	0.17	101.1080

	M+1	M+2	MW
$C_6H_{13}N_2$	6.73	0.39	101.0967
$C_6H_{13}O$	7.11	0.22	101.1205
$C_6H_{15}N$	7.26	0.23	101.0140
C_6HN_2	7.62	0.45	101.0027
C_7HO	7.99	0.28	101.0266
C_7H_3N	8.72	0.33	101.0391
C_8H_5			
102			
$C_2H_2N_2O_3$	3.07	0.64	102.0065
$C_2H_4N_3O_2$	3.45	0.45	102.0304
$C_2H_6N_4O$	3.82	0.26	102.0542
$C_3H_2O_4$	3.43	0.84	101.9953
$C_3H_4NO_3$	3.80	0.66	102.0191
$C_3H_6N_2O_2$	4.18	0.47	102.0429
$C_3H_8N_3O$	4.55	0.28	102.0668
$C_3H_{10}N_4$	4.93	0.10	102.0907
$C_4H_6O_3$	4.54	0.68	102.0317
$C_4H_8NO_2$	4.91	0.50	102.0555
$C_4H_{10}N_2O$	5.28	0.32	102.0794
$C_4H_{12}N_3$	5.66	0.13	102.1032
$C_5H_{10}O_2$	5.64	0.53	102.0681
$C_5H_{12}NO$	6.02	0.35	102.0919
$C_5H_{12}N_2$	6.39	0.17	102.1158
C_5N_3	6.55	0.18	102.0093
$C_6H_{14}O$	6.75	0.39	102.1045
C_6NO	6.90	0.40	101.9980
$C_6H_2N_2$	7.28	0.23	102.0218
C_7H_2O	7.64	0.45	102.0106
C_7H_4N	8.01	0.28	102.0344
C_8H_6	8.71	0.34	102.0470
103			
CHN_3O_3	2.36	0.62	103.0018
$CH_3N_4O_2$	2.73	0.43	103.0257
C_2HNO_4	2.72	0.83	102.9905
C_2HNO_4	3.09	0.64	103.0144
$C_2H_6N_3O_2$	3. 11	0. 64	103.0460
$C_2H_3N_2O_3$	3.46	0.45	103.0382
$C_2H_5N_3O_2$	3.84	0.26	103.0621
$C_2H_7N_4O$	3.45	0.84	103.0031
$C_3H_3O_4$	3.82	0.66	103.0269
$C_3H_5NO_3$	4.19	0.47	103.0508

续表

	M+1	M+2	MW		M+1	M+2	MW
$C_3H_7N_2O_2$	4.57	0.29	103.0746	$CH_3N_3O_3$	2.39	0.62	105.0175
$C_3H_{11}N_4$	4.94	0.10	103.0985	$CH_5N_4O_2$	2.73	0.43	105.0413
$C_4H_7O_3$	4.55	0.68	103.0395	$C_2H_3NO_4$	2.75	0.83	105.0062
$C_4H_9NO_2$	4.93	0.50	103.0634	$C_2H_5N_2O_3$	3.12	0.64	105.0300
$C_4H_{11}N_2O$	5.30	0.32	103.0872	$C_2H_7N_3O_2$	3.50	0.45	105.0539
$C_4H_{13}N_3$	5.67	0.14	103.1111	$C_2H_9N_4O$	3.87	0.26	105.0777
$C_5H_{11}O_2$	5.66	0.53	103.0759	$C_3H_5O_4$	3.48	0.84	105.0187
$C_5H_{13}NO$	6.03	0.35	103.0998	$C_3H_7NO_3$	3.84	0.66	105.0429
C_5HN_3	6.56	0.18	103.0171	$C_3H_9N_2O_2$	4.23	0.47	105.0664
C_6HNO	6.92	0.40	103.0058	$C_3H_{11}N_3O$	4.60	0.29	105.0906
C_7H_3O	7.65	0.45	103.0184	$C_4H_9O_3$	4.58	0.68	105.0552
C_7H_5N	8.03	0.28	103.0422	$C_4H_{11}NO_2$	4.96	0.50	105.0790
$C_8H_3N_2$	7.29	0.23	103.0297	C_4HN_4	5.86	0.15	105.0202
C_8H_7	8.76	0.34	103.0548	C_5HN_2O	6.22	0.36	105.0089
104				$C_5H_3N_3$	6.60	0.19	105.0328
CN_2O_4	2.00	0.81	103.9858	C_6HO_2	6.58	0.58	104.9976
$CH_2N_3O_3$	3.37	0.62	104.0096	C_6H_3NO	6.95	0.41	105.0215
$CH_4N_4O_2$	2.75	0.43	104.0335	$C_6H_5N_2$	7.33	0.23	105.0453
CN_3O_3	2.34	0.62	101.9940	C_7H_5O	7.68	0.45	105.0340
$CH_2N_4O_2$	2.72	0.43	102.0178	C_7H_7N	8.06	0.28	105.0579
C_2NO_4	2.70	0.83	101.9827	C_8H_9	8.79	0.34	105.0705
$C_2H_2NO_4$	2. 73	0.83	103.9983	106			
$C_2H_8N_4O$	2.85	0.26	104.0699	$CH_2N_2O_4$	2.03	0.82	106.0014
$C_2H_6N_3O_2$	3. 48	0. 45	104. 0460	$CH_4N_3O_3$	2.41	0.32	106.0253
$C_3H_4O_4$	3.46	0.84	104.0109	$CH_6N_4O_2$	2.78	0.43	106.0491
$C_3H_6NO_3$	3.84	0.66	104.0348	$C_2H_4NO_4$	2.76	0.83	106.0140
$C_3H_8N_2$	4.21	0.47	104.0586	$C_2H_6N_2O_3$	3.14	0.64	106.0379
$C_3H_{10}N_3O$	4.59	0.29	104.0825	$C_2H_8N_3O_2$	3.51	0.45	106.0617
$C_3H_{12}N_4$	4.96	0.10	104.1063	$C_2H_{10}N_4O$	3.89	0.26	106.0856
$C_4H_8O_3$	4.57	0.68	104.0473	$C_3H_6O_4$	3.49	0.85	106.2566
$C_4H_{10}NO_2$	4.94	0.50	104.0712	$C_3H_8NO_3$	3.87	0.66	106.0504
$C_4H_{12}N_2O$	5.32	0.32	104.0950	$C_3H_{10}N_2O_2$	4.24	0.47	106.0743
C_4N_4	5.85	0.14	104.0124	$C_4H_{10}O_3$	4.60	0.68	106.0630
$C_5H_{12}O_2$	5.67	0.53	104.0837	C_4N_3O	5.51	0.33	106.0042
C_5N_2O	6.20	0.36	104.0011	$C_2H_2N_4$	5.88	0.15	106.0280
$C_5N_2N_3$	6.58	0.19	104.0249	C_5NO_2	5.86	0.54	105.9929
C_6O_2	6.56	0.58	104.9898	$C_5H_2N_2O$	6.24	0.36	106.0167
C_6H_2NO	6.94	0.41	104.0136	$C_5H_4N_3$	6.61	0.19	106.0406
$C_6H_4N_2$	7.31	0.23	104.0375	$C_6H_2O_2$	6.59	0.58	106.0054
C_7H_4O	7.67	0.45	104.0262	C_6H_4NO	6.97	0.41	106.0293
C_7H_6N	8.04	0.28	104.0501	$C_6H_6N_2$	7.34	0.23	106.0532
C_8H_8	8.77	0.34	104.0626	C_7H_6O	7.70	0.46	106.0419
105				C_7H_6N	8.07	0.28	106.0657
CHN_2O_4	2.02	0.81	104.9936	C_8H_{10}	8.80	0.34	106.0783

续表

	M+1	M+2	MW		M+1	M+2	MW
107				$C_2H_7NO_4$	2.81	0.83	109.0375
$CH_3N_2O_4$	2.05	0.82	107.0093	C_3HN_4O	4.82	0.30	109.0151
$CH_5N_3O_3$	2.42	0.62	107.0331	$C_4HN_2O_2$	5.18	0.51	109.0038
$CH_7N_4O_2$	2.80	0.43	107.0570	$C_4H_3N_3O$	5.55	0.33	109.0277
$C_2H_5NO_4$	2.78	0.83	107.0218	$C_4H_5N_4$	5.93	0.15	109.0515
$C_2H_7N_2O_3$	3.15	0.64	107.0457	C_5HO_3	5.54	0.73	108.9925
$C_2H_9N_3O_2$	3.53	0.45	107.0695	$C_5H_3NO_2$	5.91	0.55	109.0164
$C_3H_7O_4$	3.51	0.85	107.0344	$C_5H_5N_2O$	6.29	0.37	109.0402
$C_3H_9NO_3$	3.88	0.66	107.0583	$C_5H_7N_3$	6.66	0.19	109.0641
C_4HN_3O	5.52	0.33	107.0120	$C_6H_5O_2$	6.64	0.59	109.0288
$C_4H_3N_4$	5.90	0.15	107.0359	C_6H_7NO	7.02	0.41	109.0528
C_5HNO_2	5.88	0.54	107.0007	$C_6H_9N_2$	7.39	0.24	109.0767
$C_5H_3N_2O$	6.25	0.37	107.0246	C_7H_9O	7.75	0.46	109.0653
$C_5H_5N_3$	6.63	0.19	107.0484	$C_7H_{11}N$	8.12	0.29	109.0892
$C_6H_3O_2$	6.61	0.58	107.0133	C_8H_{13}	8.85	0.35	109.1018
C_6H_5NO	6.98	0.41	107.0371	C_9H	9.74	0.42	109.0078
$C_6H_7N_2$	7.36	0.23	107.0610	110			
C_7H_7O	7.72	0.46	107.0497	$CH_6N_2O_4$	2.10	0.82	110.0328
C_7H_9N	8.09	0.29	107.0736	$C_3N_3O_2$	4.46	0.48	109.9991
C_8H_{11}	8.82	0.34	107.0861	$C_3H_2N_4O$	4.84	0.30	110.0229
108				C_4NO_3	4.82	0.69	109.9878
$CH_4N_2O_4$	2.06	0.82	108.0171	$C_4H_2N_2O_2$	5.20	0.51	110.0116
$CH_6N_3O_3$	2.44	0.62	108.0410	$C_4H_4N_3O$	5.57	0.33	110.0355
$CH_8N_4O_2$	2.81	0.43	108.0648	$C_4H_6N_4$	5.94	0.15	110.0594
$C_2H_6NO_4$	2.80	0.83	108.0297	$C_5H_2O_3$	5.55	0.73	110.0003
$C_2H_8N_2O_3$	3.17	0.64	108.0535	$C_5H_4NO_2$	5.93	0.55	110.0242
$C_2H_{10}N$	8.11	0.29	108.0814	$C_5H_6N_2O$	6.30	0.37	110.0480
$C_3H_8O_4$	3.53	0.85	108.0422	$C_5H_8N_3$	6.68	0.19	110.0719
C_3N_4O	4.81	0.30	108.0073	$C_6H_6O_2$	6.66	0.59	110.0368
$C_4N_2O_2$	5.16	0.51	107.9960	C_6H_8NO	7.03	0.41	110.0606
$C_4H_2N_3O$	5.54	0.33	108.0198	$C_6H_{10}N$	7.41	0.24	110.0845
$C_4H_4N_4$	5.91	0.15	108.0437	$C_7H_{10}O$	7.76	0.46	110.0732
C_5O_3	5.52	0.72	107.9847	$C_7H_{12}N$	8.14	0.29	110.0970
$C_5H_2NO_2$	5.89	0.54	108.0085	C_8H_{14}	8.87	0.35	110.1096
$C_6H_4N_2O$	6.27	0.37	108.0324	C_8N	9.03	0.36	110.0031
$C_6H_6N_3$	6.64	0.19	108.0563	C_9H_2	9.76	0.42	110.0157
$C_6H_6O_2$	6.63	0.59	108.0211	111			
C_6H_6NO	7.00	0.41	108.0449	$C_3HN_3O_2$	4.48	0.48	111.0069
C_7H_6O	7.73	0.46	108.0575	$C_3H_3N_4O$	4.85	0.30	111.0308
$C_8H_8N_2$	7.37	0.24	108.0688	C_4HNO_3	4.84	0.69	110.9956
C_8H_{12}	8.84	0.34	108.0939	$C_4H_3N_2O$	5.21	0.51	111.0195
109				$C_4H_5N_3O$	5.59	0.33	111.0433
$CH_5N_2O_4$	2.08	0.82	109.0249	$C_4H_7N_4$	5.96	0.15	111.0672
$CH_7N_3O_3$	2.45	0.62	109.0488	$C_5H_3O_3$	5.57	0.73	111.0082

续表

	M+1	M+2	MW
$C_5H_5NO_2$	5.94	0.55	111.0320
$C_5H_7N_2O$	6.32	0.37	111.0559
$C_5H_9N_3$	6.69	0.19	111.0798
$C_6H_7O_2$	6.67	0.59	111.0446
C_6H_9NO	7.05	0.41	111.0684
$C_6H_{11}N_2$	7.42	0.24	111.0923
$C_7H_{11}O$	7.78	0.46	111.0810
$C_7H_{13}N$	8.15	0.29	111.1049
C_8H_{15}	8.88	0.35	111.1174
C_8HN	9.04	0.36	111.0109
C_9H_3	9.77	0.43	111.0235
112			
$C_2N_4O_2$	3.77	0.46	112.0022
$C_3N_2O_3$	4.12	0.67	111.9909
$C_3H_2N_3O_2$	4.50	0.48	112.0147
$C_3H_4N_4O$	4.87	0.30	112.0386
C_4O_4	4.48	0.88	111.9796
$C_4H_2NO_3$	4.85	0.70	112.0034
$C_4H_4N_2O_2$	5.23	0.51	112.0273
$C_4H_6N_3O$	5.60	0.33	112.0511
$C_4H_8N_4$	5.98	0.15	112.0750
$C_5H_4O_3$	5.58	0.73	112.0160
$C_5H_6NO_2$	5.96	0.55	112.0399
$C_5H_8N_2O$	6.33	0.37	112.0637
$C_5H_{10}N_3$	6.71	0.19	112.0876
$C_6H_8O_2$	6.69	0.59	112.0524
$C_6H_{10}NO$	7.06	0.41	112.0763
$C_6H_{12}N_2$	7.44	0.24	112.1001
$C_7H_{12}O$	7.80	0.46	112.0888
$C_7H_{14}N$	8.17	0.29	112.1127
C_7N_2	8.33	0.30	112.0062
C_8H_{16}	8.90	0.35	112.1253
C_8O	8.68	0.53	111.9949
C_8H_2N	9.06	0.36	112.0187
C_9H_4	9.79	0.43	112.0313
113			
$C_2HN_4O_2$	3.78	0.46	113.0100
$C_3HN_2O_3$	4.14	0.67	112.9987
$C_3H_3N_3O_2$	4.51	0.48	113.0226
$C_3H_5N_4O$	4.89	0.30	113.0464
C_4HO_4	4.49	0.88	112.9874
$C_4H_3NO_3$	4.87	0.70	113.0113
$C_4H_5N_2O_2$	5.24	0.51	113.0351
$C_4H_7N_3O$	5.62	0.33	113.0590

	M+1	M+2	MW
$C_4H_9N_4$	5.99	0.15	113.0829
$C_5H_5O_3$	5.60	0.73	113.0238
$C_5H_7NO_2$	5.97	0.55	113.0477
$C_5H_9N_2O$	6.35	0.37	113.0715
$C_5H_{11}N_3$	6.72	0.19	113.0954
$C_6H_9O_2$	6.71	0.59	113.0603
$C_6H_{11}NO$	7.08	0.42	113.0841
$C_6H_{13}N_2$	7.45	0.24	113.1080
$C_7H_{13}O$	7.81	0.46	113.0967
$C_7H_{15}N$	8.19	0.29	113.1205
C_7HN_2	8.34	0.31	113.0140
C_8H_{17}	8.92	0.35	113.1331
C_8HO	8.70	0.53	113.0027
C_8H_3N	9.07	0.36	113.0266
C_9H_5	9.81	0.43	113.0391
114			
$C_2N_3O_3$	3.42	0.85	113.9940
$C_2H_2N_4O_2$	3.80	0.46	114.0178
C_3NO_4	3.78	0.86	113.9827
$C_3H_2N_2O_3$	4.15	0.67	114.0065
$C_3H_4N_3O_2$	4.53	0.48	114.0304
$C_3H_6N_4O$	4.90	0.30	114.0542
$C_4H_2O_4$	4.51	0.88	113.9953
$C_4H_4NO_3$	4.89	0.70	114.0191
$C_4H_6N_2O_2$	5.26	0.51	114.0429
$C_4H_8N_3O$	5.63	0.33	114.0668
$C_4H_{10}N_4$	6.01	0.15	114.0907
$C_5H_6O_3$	5.62	0.73	114.0317
$C_5H_8NO_2$	5.99	0.55	114.0555
$C_5H_{10}N_2O$	6.37	0.37	114.0794
$C_5H_{12}N_3$	6.74	0.20	114.1032
$C_6H_{10}O_2$	6.72	0.59	114.0681
$C_6H_{12}NO$	7.10	0.42	114.0919
$C_6H_{14}N_2$	7.47	0.24	114.1158
C_6N_3	7.63	0.25	114.0093
$C_7H_{14}O$	7.83	0.47	114.1045
$C_7H_{16}N$	8.20	0.29	114.1284
C_7NO	7.98	0.48	113.9980
$C_7H_2N_2$	8.36	0.31	114.0218
C_8H_{18}	8.93	0.35	114.1409
C_8H_2O	8.72	0.53	114.0106
C_8H_4N	9.09	0.37	114.0344
C_9H_6	9.82	0.43	114.0470

续表

	M+1	M+2	MW
115			
$CH_3N_4O_2$	3.81	0.46	115.0257
$C_2HN_3O_3$	3.44	0.65	115.0018
C_3HNO_4	3.80	0.86	114.9905
$C_3H_3N_2O_3$	4.17	0.67	115.0144
$C_3H_5N_3O_2$	4.54	0.48	115.0382
$C_3H_7N_4O$	4.92	0.30	115.0621
$C_4H_3O_4$	4.53	0.88	115.0031
$C_4H_5NO_3$	4.90	0.70	115.0269
$C_4H_7N_2O_2$	5.28	0.52	115.0508
$C_4H_9N_3O$	5.65	0.33	115.0746
$C_4H_{11}N_4$	6.02	0.16	115.0985
$C_5H_7O_3$	5.63	0.73	115.0395
$C_5H_9NO_2$	6.01	0.55	115.0634
$C_5H_{11}N_2O$	6.38	0.37	115.1872
$C_5H_{13}N_3$	6.76	0.20	115.1111
$C_6H_{11}O_2$	6.74	0.59	115.0759
$C_6H_{13}NO$	7.11	0.42	115.0998
$C_6H_{15}N_2$	7.49	0.24	115.1236
C_6HN_3	7.64	0.25	115.0171
$C_7H_{15}O$	7.84	0.47	115.1123
$C_7H_{17}N$	8.22	0.30	115.1362
C_7HNO	8.00	0.48	115.0058
$C_7H_3N_2$	8.38	0.31	115.0297
C_8H_3O	8.73	0.53	115.0184
C_8H_5N	9.11	0.37	115.0422
C_9H_7	9.84	0.43	115.0548
116			
$C_2N_2O_4$	3.08	0.84	115.9858
$C_2H_2N_3O_3$	3.45	0.65	116.0096
$C_2H_4N_4O_2$	3.83	0.46	116.0335
$C_3H_2NO_4$	3.81	0.86	115.9983
$C_3H_4N_2O_3$	4.19	0.67	116.0222
$C_3H_6N_3O_2$	4.56	0.49	116.0460
$C_3H_8N_4O$	4.93	0.30	116.0699
$C_4H_4O_4$	4.54	0.88	116.0109
$C_4H_6NO_3$	4.92	0.70	116.0348
$C_4H_8N_2O_2$	5.29	0.52	116.0586
$C_4H_{10}N_3O$	5.67	0.34	116.0825
$C_4H_{12}N_4$	6.04	0.16	116.1063
$C_5H_8O_3$	5.65	0.73	116.0473
$C_5H_{10}NO_2$	6.02	0.55	116.0712
$C_5H_{12}N_2O$	6.40	0.37	116.0950
$C_5H_{14}N_3$	6.77	0.20	116.1189
C_5N_4	6.93	0.21	116.0124
$C_6H_{12}O_2$	6.75	0.59	116.0837
$C_6H_{14}NO$	7.13	0.42	116.1076
$C_6H_{16}N_2$	7.50	0.24	116.1315
C_6N_2O	7.29	0.43	116.0011
$C_6H_2N_3$	7.66	0.26	116.0249
$C_7H_{16}O$	7.86	0.47	116.1202
C_7O_2	7.64	0.65	115.9898
C_7H_2NO	8.02	0.48	116.0136
$C_7H_4N_2$	8.39	0.31	116.0375
C_8H_4O	8.75	0.54	116.0262
C_8H_6N	9.12	0.37	116.0501
C_9H_8	9.85	0.43	116.0626
117			
$C_2HN_2O_4$	3.10	0.84	116.9936
$C_2H_3N_3O_3$	3.47	0.65	117.0175
$C_2H_5N_4O_2$	3.85	0.46	117.0413
$C_3H_3NO_4$	3.83	0.86	117.0062
$C_3H_5N_2O_3$	4.20	0.67	117.0300
$C_3H_7N_3O_2$	4.58	0.49	117.0539
$C_3H_9N_4O$	4.95	0.30	117.0777
$C_4H_5O_4$	4.56	0.88	117.0187
$C_4H_7NO_3$	4.93	0.70	117.0426
$C_4H_9N_2O_2$	5.31	0.52	117.0664
$C_4H_{11}N_3O$	5.68	0.34	117.0903
$C_4H_{13}N_4$	6.06	0.16	117.1142
$C_5H_9O_3$	5.66	0.73	117.0552
$C_5H_{11}NO_2$	6.04	0.55	117.0790
$C_5H_{13}N_2O$	6.41	0.38	117.1029
$C_5H_{15}N_3$	6.79	0.20	117.1267
C_5HN_4	6.94	0.21	117.0202
$C_6H_{15}NO$	7.14	0.42	117.1154
C_6HN_2O	7.30	0.43	117.0089
$C_6H_3N_3$	7.68	0.26	117.0328
C_7HO_2	7.66	0.65	116.9976
C_7H_3NO	8.03	0.48	117.0215
$C_7H_5N_2$	8.41	0.31	117.0453
$C_8H_{13}O_2$	6.77	0.60	117.0916
C_8H_5O	8.76	0.54	117.0340
C_8H_7N	9.14	0.67	117.0579
C_9H_9	9.87	0.43	117.0705
118			
$C_2H_2N_2O_4$	3.11	0.84	118.0017
$C_2H_4N_3O_3$	3.49	0.65	118.0253

续表

	M+1	M+2	MW		M+1	M+2	MW
$C_2H_6N_4O_2$	3.86	0.46	118.0491	$C_7H_3O_2$	7.69	0.66	119.0133
$C_2H_{12}NO_2$	6.05	0.55	118.0868	C_7H_5NO	8.06	0.48	119.0371
$C_3H_4NO_4$	3.84	0.86	118.0140	$C_7H_7N_2$	8.44	0.31	119.0610
$C_3H_6NO_3$	4.2	0.67	118.0379	C_7H_8O	8.80	0.54	119.0497
$C_3H_8N_3O_2$	4.59	0.49	118.0617	C_8H_9N	9.17	0.37	119.0736
$C_3H_{10}N_4O$	4.97	0.60	118.0856	C_9H_{11}	9.90	0.44	119.0861
$C_3H_2N_2O$	7.32	0.43	118.0167	120			
$C_4H_8O_4$	4.57	0.88	118.0266	$C_2H_2N_2O_4$	3.14	0.84	120.0171
$C_4H_8NO_3$	4.95	0.70	118.0504	$C_2H_6N_3O_3$	3.52	0.65	120.0410
$C_4H_{10}N_2O_2$	5.32	0.52	118.0743	$C_2H_8N_4O_2$	3.89	0.46	120.0648
$C_4H_{12}N_3O$	5.70	0.34	118.0981	$C_3H_6NO_4$	3.88	0.86	120.0297
$C_4H_{14}N_4$	6.07	0.16	118.1220	$C_3H_8N_2O_3$	4.25	0.67	120.0535
$C_5H_{10}O_3$	5.68	0.73	118.0630	$C_3H_{10}N_3O_2$	4.62	0.49	120.0774
$C_5H_{14}N_2$	6.43	0.38	118.1107	$C_3H_{12}N_4O$	5.00	0.30	120.1012
C_5N_3O	6.59	0.39	118.0042	$C_4H_8O_4$	4.61	0.88	120.0422
$C_5H_2N_4$	6.96	0.21	118.0280	$C_4H_{10}NO_3$	4.98	0.70	120.0661
$C_6H_{14}O_2$	6.79	0.60	118.0994	$C_4H_{12}N_2O_2$	5.36	0.52	120.0899
C_6NO_2	6.94	0.61	117.9929	C_4N_4O	5.89	0.35	120.0073
$C_6H_4N_3$	7.69	0.26	118.0406	$C_5H_{12}O_3$	5.71	0.74	120.0786
$C_7H_2O_2$	7.67	0.65	118.0054	$C_5H_6N_2O_2$	6.24	0.57	119.9960
C_7H_4NO	8.05	0.48	118.0293	$C_5H_2N_3O$	6.62	0.39	120.0198
$C_7H_6N_2$	8.42	0.31	118.0532	$C_5H_4N_4$	6.99	0.21	120.0437
C_8H_6O	8.78	0.54	118.0419	C_6O_3	6.60	0.78	119.9847
C_8H_8N	9.15	0.67	118.0657	$C_6H_2NO_2$	6.98	0.61	120.0085
C_9H_{10}	9.89	0.44	118.0783	$C_6H_4N_2O$	7.35	0.43	120.0324
119				$C_6H_6N_3$	7.72	0.26	120.0563
$C_2H_3N_2O_4$	3.13	0.84	119.0093	$C_7H_4O_2$	7.71	0.66	120.0211
$C_2H_5N_3O_3$	3.50	0.65	119.1331	C_7H_6NO	8.08	0.49	120.0449
$C_2H_7N_4O_2$	3.88	0.46	119.0570	$C_7H_8N_2$	8.46	0.32	120.0688
$C_3H_5NO_4$	3.86	0.86	119.0218	C_8H_8O	8.81	0.54	120.0575
$C_3H_7N_2O_3$	4.23	0.67	119.0457	$C_8H_{10}N$	9.19	0.37	120.0814
$C_3H_9N_3O_2$	4.61	0.49	119.0695	C_9H_{12}	9.92	0.44	120.0939
$C_3H_{11}N_4O$	4.98	0.30	119.0934	C_{10}	10.81	0.53	120.0000
$C_4H_7O_4$	4.59	0.88	119.0344	121			
$C_4H_9NO_3$	4.97	0.70	119.0583	$C_2H_5N_2O_4$	3.16	0.84	121.0249
$C_4H_{11}N_2O_2$	5.64	0.52	119.0821	$C_2H_7N_3O_3$	3.53	0.65	121.0488
$C_4H_{13}N_3O$	5.71	0.34	119.1060	$C_2H_9N_4O_2$	3.91	0.46	121.0726
$C_5H_{11}O_3$	5.70	0.73	119.0708	$C_3H_7NO_4$	3.89	0.86	121.0375
$C_5H_{13}NO_2$	6.07	0.56	119.0947	$C_3H_9N_2O_3$	4.27	0.67	121.0614
C_5HN_3O	6.60	0.39	119.0120	$C_3H_{11}N_3O_2$	4.64	0.49	121.0852
$C_5H_3N_4$	6.98	0.21	119.0359	$C_4H_9O_4$	4.62	0.89	121.0501
C_6HN_{12}	6.96	0.61	119.0007	$C_4H_{11}NO_3$	5.00	0.70	121.0739
$C_6H_3N_2O$	7.33	0.43	119.0246	C_4HN_4O	5.90	0.35	121.0151
$C_6H_5N_3$	7.71	0.26	119.0484	$C_5HN_2O_2$	6.26	0.57	121.0038

续表

	M+1	M+2	MW		M+1	M+2	MW
$C_5H_3N_3O$	6.63	0.39	121.0277	C_5HNO_3	5.92	0.75	122.9956
$C_5H_5N_4$	7.01	0.21	121.0515	$C_5H_3N_2O_2$	6.29	0.57	123.0195
C_6HO_3	6.62	0.79	120.9925	$C_5H_5N_3O$	6.67	0.39	123.0433
$C_6H_3NO_2$	6.99	0.61	121.0164	$C_5H_7N_4$	7.04	0.22	123.0672
$C_6H_5N_2O$	7.37	0.44	121.0402	$C_6H_3O_3$	6.65	0.79	123.0082
$C_6H_7N_3$	7.74	0.26	121.0641	$C_6H_5NO_2$	7.02	0.61	123.0320
$C_7H_5O_2$	7.72	0.66	121.0289	$C_6H_7N_2O$	7.40	0.44	123.0559
C_7H_7NO	8.10	0.49	121.0528	$C_6H_9N_3$	7.77	0.26	123.0798
$C_7H_9N_2$	8.47	0.32	121.0767	$C_7H_7O_2$	7.75	0.66	123.0446
C_8H_9O	8.83	0.54	121.0653	C_7H_9NO	8.13	0.49	123.0684
$C_8H_{11}N$	9.20	0.38	121.0892	$C_7H_{11}N_2$	8.50	0.32	123.0923
C_9H_{13}	9.93	0.44	121.1018	$C_8H_{11}O$	8.86	0.55	123.0810
$C_{10}H$	10.82	0.53	121.0078	$C_8H_{13}N$	9.23	0.38	123.1049
122				C_9H_{15}	9.97	0.44	123.1174
$C_2H_6N_2O_4$	3.18	0.84	122.0328	C_9HN	10.12	0.46	123.0109
$C_2H_8N_3O_3$	3.55	0.65	122.0566	$C_{10}H_3$	10.85	0.53	123.0235
$C_2H_{10}N_4O_2$	3.93	0.46	122.0805	124			
$C_3H_8NO_4$	3.91	0.86	122.0453	$C_2H_8N_2O_4$	3.21	0.84	124.0484
$C_3H_{10}N_2O_3$	4.28	0.67	122.0692	$C_3N_4O_2$	4.85	0.50	124.0022
$C_4H_{10}O_4$	4.64	0.89	122.0579	$C_4N_2O_3$	5.20	0.71	123.9909
$C_4N_3O_2$	5.54	0.53	121.9991	$C_4H_2N_3O_2$	5.58	0.53	124.0147
$C_4H_2N_4O$	5.92	0.35	122.0229	$C_4H_4N_4O$	5.95	0.35	124.0386
C_5NO_3	5.90	0.75	121.9878	C_5O_4	5.56	0.93	123.9796
$C_5H_2N_2O_2$	6.28	0.57	122.0116	$C_5H_6O_3$	6.70	0.79	126.0317
$C_5H_4N_3O$	6.65	0.39	122.0355	$C_5H_2NO_3$	5.93	0.75	124.0034
$C_5H_6N_4$	7.02	0.21	122.0594	$C_5H_4N_2O_2$	6.31	0.57	124.0273
$C_6H_2O_3$	6.63	0.79	122.0003	$C_5H_6N_3O$	6.68	0.39	124.0511
$C_6H_4NO_2$	7.01	0.61	122.0242	$C_5H_8N_4$	7.06	0.22	124.0750
$C_6H_6N_2O$	7.38	0.44	122.0480	$C_6H_4O_3$	6.66	0.79	124.0060
$C_6H_8N_3$	7.76	0.26	122.0719	$C_6H_6NO_2$	7.04	0.61	124.0399
$C_7H_6O_2$	7.74	0.66	122.0366	$C_6H_8N_2O$	7.41	0.44	124.0637
C_7H_8NO	8.11	0.49	122.0606	$C_6H_{10}N_3$	7.79	0.27	124.0876
$C_7H_{10}N_2$	8.49	0.32	122.0845	$C_7H_8O_2$	7.77	0.66	124.0524
$C_8H_{10}O$	8.84	0.54	122.0732	$C_7H_{10}NO$	8.14	0.49	124.0763
$C_8H_{12}N$	9.22	0.38	122.0970	$C_7H_{12}N_2$	8.52	0.32	124.1001
C_9H_{14}	9.95	0.44	122.1096	$C_8H_{12}O$	8.88	0.55	124.0888
C_9N	10.11	0.46	122.0031	$C_8H_{14}N$	9.25	0.38	124.1127
$C_{10}H_2$	10.84	0.53	122.0157	C_8N_2	9.41	0.39	124.0062
123				C_9H_{16}	9.98	0.45	124.1253
$C_2H_7N_2O_4$	3.19	0.84	123.0406	C_9O	9.76	0.62	123.9949
$C_2H_9N_3O_3$	3.57	0.65	123.0644	C_9H_2N	10.14	0.46	124.0187
$C_3H_9NO_4$	3.92	0.86	123.0532	$C_{10}H_4$	10.87	0.53	124.0313
$C_4HN_3O_2$	5.56	0.53	123.0069	125			
$C_4H_3N_4O$	5.94	0.35	123.0308	$C_3HN_4O_2$	4.86	0.50	125.0100

续表

	M+1	M+2	MW
$C_4HN_2O_3$	5.22	0.71	124.9987
$C_4H_3N_3O_2$	5.59	0.53	125.0226
$C_4H_5N_4O$	5.97	0.35	125.0464
C_5HO_4	5.58	0.93	124.9874
$C_5H_3NO_3$	5.95	0.75	125.0113
$C_5H_5N_2O_2$	6.32	0.57	125.0351
$C_5H_7N_3O$	6.70	0.39	125.0590
$C_5H_9N_4$	7.07	0.22	125.0829
$C_6H_5O_3$	6.68	0.79	125.0238
$C_6H_7NO_2$	7.06	0.61	125.0477
$C_6H_9N_2O$	7.43	0.44	125.0715
$C_6H_{11}N_3$	7.80	0.27	125.0954
$C_7H_9O_2$	7.79	0.66	125.0603
$C_7H_{11}NO$	8.16	0.49	125.0841
$C_7H_{13}N_2$	8.54	0.32	125.1080
$C_8H_{13}O$	8.89	0.55	125.1967
$C_8H_{15}N$	9.27	0.38	125.1205
C_8HN_2	9.42	0.40	125.0140
C_9H_{17}	10.00	0.45	125.1331
C_9HO	9.78	0.63	125.0027
C_9H_3N	10.15	0.46	125.0266
$C_{10}H_5$	10.89	0.53	125.0391
126			
$C_3N_3O_3$	4.50	0.68	125.9940
$C_3H_2N_4O_2$	4.88	0.50	126.0178
C_4NO_4	4.86	0.90	125.9827
C_4H_2	5.23	0.71	126.0065
$C_4N_3O_2$	5.61	0.53	126.0304
$C_4H_6N_4O$	5.98	0.35	126.0542
$C_5H_2O_4$	5.59	0.93	125.9953
$C_5H_4NO_3$	5.97	0.75	126.0191
$C_5H_6N_2O_2$	6.34	0.57	126.0429
$C_5H_8N_3O$	6.71	0.69	126.0668
$C_5H_{10}N_4$	7.09	0.22	126.0907
$C_5H_8NO_2$	7.07	0.62	126.0555
$C_6H_{10}N_2O$	7.45	0.44	126.0794
$C_6H_{12}N_3$	7.82	0.27	126.1032
$C_7H_{10}O_2$	7.80	0.66	126.0681
$C_7H_{12}NO$	8.18	0.49	126.0919
$C_7H_{14}N_2O$	8.55	0.32	126.1158
C_7N_3	8.71	0.34	126.0093
$C_8H_{14}O$	8.94	0.55	126.1045
$C_8H_{16}N$	9.28	0.38	126.1284
C_8NO	9.07	0.56	125.9980
$C_8H_2N_2$	9.44	0.40	126.0218
C_9H_{18}	10.01	0.45	126.1409
C_9H_2O	9.80	0.63	126.0106
C_9H_4N	10.17	0.46	126.0344
$C_{10}H_6$	10.09	0.54	126.0470
127			
$C_3HN_3O_3$	4.52	0.68	127.0018
$C_3H_3N_4O_2$	4.89	0.50	127.0257
C_4HNO_4	4.88	0.90	126.9905
$C_4H_3N_2O_3$	5.25	0.71	127.0144
$C_4H_5N_3O_2$	5.62	0.53	127.0382
$C_4H_7N_4O$	6.00	0.35	127.0621
$C_5H_3O_4$	5.61	0.93	127.0031
$C_5H_5NO_3$	5.98	0.75	127.0269
$C_5H_7N_2O_2$	6.36	0.57	127.0508
$C_5H_9N_3O$	6.37	0.40	127.0746
$C_5H_{11}N_4$	7.10	0.22	127.0985
$C_6H_7O_3$	6.71	0.79	127.0395
$C_6H_9NO_2$	7.09	0.62	127.0634
$C_6H_{11}N_2O$	7.46	0.44	127.0872
$C_6H_{13}N_3$	7.84	0.27	127.1111
$C_7H_{11}O_2$	7.82	0.67	127.0759
$C_7H_{13}NO$	8.19	0.49	127.0998
$C_7H_{15}N_2$	8.57	0.32	127.1236
C_7HN_3	8.72	0.34	127.0171
C_7HN_3	8.92	0.55	127.1123
$C_8H_{17}N$	9.30	0.38	127.1362
C_8HNO	9.08	0.57	127.0058
$C_8H_3N_2$	9.46	0.40	127.0297
C_9H_{19}	10.03	0.45	127.1488
C_9H_3O	9.81	0.63	127.0184
$C_{10}H_7$	10.92	0.54	127.0548
128			
$C_3N_2O_4$	4.16	0.87	127.9858
$C_3H_2N_3O_3$	4.54	0.68	128.0096
$C_3H_4N_4O_2$	4.91	0.50	128.0335
$C_4H_2NO_4$	4.89	0.90	127.9983
$C_4H_4N_2O_3$	5.27	0.72	128.0222
$C_4H_6N_3O_2$	5.64	0.53	128.0460
$C_4H_8N_4O$	6.02	0.36	128.0699
$C_5H_4O_4$	5.62	0.93	128.0109
$C_5H_6NO_3$	6.00	0.75	128.0348
$C_5H_8N_2O_2$	6.37	0.57	128.0580
$C_5H_{10}N_3O$	6.75	0.40	128.0825

续表

	M+1	M+2	MW		M+1	M+2	MW
$C_5H_{12}N_4$	7.12	0.22	128.1063	C_8HNO	9.11	0.57	129.0215
$C_6H_8O_3$	6.73	0.79	128.0473	$C_8H_5N_2$	9.49	0.40	129.0453
$C_6H_{10}NO_2$	7.10	0.62	128.0712	C_9H_5O	9.84	0.63	129.0340
$C_6H_{12}N_2O$	7.48	0.44	128.0950	C_9H_7N	10.22	0.47	129.0579
$C_6H_{14}N_3$	7.85	0.27	128.1189	$C_{10}H_6$	10.95	0.54	129.0705
$C_6H_{14}N_3$	7.85	0.27	128.1189	130			
C_6N_4	8.01	0.28	128.0124	$C_3H_4N_3O_3$	4.57	0.69	130.0014
$C_7H_{12}O_2$	7.83	0.67	128.0837	$C_3H_6N_4O_2$	4.94	0.50	130.0491
$C_7H_{14}NO$	8.21	0.50	128.1076	$C_4H_4NO_4$	4.92	0.90	130.1040
$C_7H_{16}N_2$	8.58	0.33	128.1315	$C_4H_6N_2O_3$	5.80	0.72	130.0379
C_7H_2N	8.37	0.51	128.0011	$C_4H_8N_3O_2$	5.67	0.54	130.0617
$C_7H_2N_3$	8.74	0.34	128.0249	$C_4H_{10}N_4O$	6.05	0.36	130.0856
$C_8H_{16}O$	8.94	0.55	128.1202	$C_5H_6O_4$	5.66	0.93	130.0266
C_8O_2	8.72	0.73	127.9898	$C_5H_8NO_3$	6.03	0.75	130.0504
$C_8H_{18}N$	9.31	0.39	128.1440	$C_5H_{10}N_2O_2$	6.40	0.58	130.0743
C_8H_2NO	9.10	0.57	128.0136	$C_5H_{12}N_3O$	6.78	0.40	130.0981
$C_8H_4N_2$	9.47	0.40	128.0375	$C_5H_{12}N_3O$	7.15	0.22	130.1220
C_9H_4N	10.05	0.45	128.1566	$C_5H_{12}N_3O$	6.76	0.79	130.0630
C_9H_4O	9.83	0.63	128.0262	$C_5H_{12}N_4$	8.04	0.29	130.0280
$C_{10}H_8$	10.20	0.47	128.0501	$C_6H_{12}NO_2$	7.14	0.62	130.0866
$C_{10}H_8$	10.93	0.054	128.0626	$C_6H_{14}N_2O$	7.51	0.45	130.1107
129				$C_6H_{16}N_3$	7.88	0.27	130.1346
$C_3HN_2O_4$	4.18	0.87	128.9936	C_6N_3O	7.67	0.46	130.0042
$C_3H_3N_3O_3$	4.55	0.69	129.0175	$C_7H_{14}O_2$	7.87	0.67	130.0994
$C_3H_5N_4O_2$	4.93	0.50	129.0413	$C_7H_{16}NO$	8.24	0.50	130.1233
$C_4H_3NO_4$	4.91	0.90	129.0062	C_7NO_2	8.02	0.68	129.9929
$C_4H_5N_2O_3$	5.28	0.72	129.0300	$C_7H_{18}N_2$	8.62	0.33	130.1471
$C_4H_7N_3O_2$	5.66	0.54	129.0539	$C_7H_2N_2O$	8.40	0.51	130.0167
$C_4H_7N_3O_2$	6.03	0.36	129.0777	$C_7H_4N_3$	8.77	0.34	130.0406
$C_5H_7NO_3$	6.01	0.075	129.0426	$C_8H_{18}O$	8.97	0.56	130.1358
$C_5H_9N_2O_2$	6.39	0.57	129.0664	$C_8H_2O_2$	8.75	0.74	130.0054
$C_5H_{11}N_3O$	6.76	0.40	129.0903	C_8H_4NO	9.13	0.57	130.0293
$C_5H_{13}N_4$	7.14	0.22	129.1142	$C_8H_6N_2$	9.50	0.40	130.0532
$C_6H_9O_3$	6.74	0.79	129.0552	C_9H_6O	9.86	0.63	130.0419
$C_6H_{11}NO_2$	7.12	0.62	129.0790	C_9H_8N	10.23	0.47	130.0657
$C_6H_{13}N_2O$	7.49	0.44	129.1029	$C_{10}H_{10}$	10.97	0.54	130.0783
$C_6H_{15}N_3$	7.87	0.27	129.1267	131			
C_6HN_4	8.03	0.28	129.0202	$C_3H_3N_2O_4$	4.21	0.87	131.0093
$C_7H_{13}O_2$	7.85	0.67	129.0916	$C_3H_5N_3O_3$	4.58	0.69	131.0331
$C_7H_{17}N_2$	8.22	0.50	129.1154	$C_3H_7N_4O_2$	4.96	0.50	131.0570
$C_7H_3N_3$	8.60	0.33	129.0089	$C_4H_5NO_4$	4.96	0.90	131.0218
$C_7H_3N_3$	8.76	0.34	129.0328	$C_4H_7N_2O$	5.31	0.72	131.0457
C_8HO_2	8.74	0.74	128.9976	$C_4H_9N_2O_3$	5.69	0.54	131.0695
$C_8H_{19}N$	9.33	0.39	129.1519	$C_4H_{11}N_4O$	6.06	0.36	131.0934

续表

	M+1	M+2	MW		M+1	M+2	MW
$C_5H_7O_4$	5.67	0.93	131.0344	$C_7H_2NO_2$	8.06	0.68	132.0085
$C_5H_9NO_3$	6.05	0.75	131.0583	$C_7H_4N_2O$	8.43	0.51	132.0324
$C_5H_{11}N_2O_2$	6.42	0.58	131.0821	$C_7H_6N_3$	8.80	0.34	132.0563
$C_5H_{13}N_3O$	6.79	0.40	131.1060	$C_8H_4O_2$	8.79	0.74	132.0211
$C_5H_{15}N_4$	7.17	0.22	131.1298	C_8H_6NO	9.16	0.57	132.0449
$C_6H_{11}O_3$	6.78	0.80	131.0708	$C_8H_8N_2$	9.54	0.41	132.0668
$C_6H_{13}NO_2$	7.15	0.62	131.0947	C_9H_8O	9.89	0.64	132.0575
$C_6H_{15}N_2O$	7.53	0.45	131.1185	$C_9H_{10}N$	10.27	0.47	132.0814
$C_6H_{17}N_3$	7.90	0.27	131.1424	$C_{10}H_{12}$	11.00	0.55	132.0939
C_6HN_3O	7.68	0.46	131.0120	C_{11}	11.89	0.64	132.0000
$C_6H_3N_4$	8.06	0.29	131.0359	133			
$C_7H_{15}O_2$	7.88	0.67	131.1072	$C_3H_5N_2O_4$	4.24	0.87	133.0249
$C_7H_{17}NO$	8.26	0.50	131.1311	$C_3H_7N_3O_3$	4.62	0.69	133.0488
C_7HNO_2	8.04	0.68	131.0007	$C_3H_9N_4O_2$	4.99	0.50	133.0726
$C_7H_3N_2O$	8.41	0.51	131.0246	$C_4H_7NO_4$	4.97	0.90	133.0375
$C_7H_5N_3$	8.79	0.34	131.0484	$C_4H_9N_2O_3$	5.35	0.72	133.0614
$C_8H_3O_2$	8.77	0.74	131.0133	$C_4H_{11}N_3O_2$	5.72	0.54	133.0852
C_8H_5NO	9.15	0.57	131.0371	$C_4H_{13}N_4O$	6.10	0.36	133.1091
$C_8H_7N_2$	9.52	0.40	131.0610	$C_5H_9O_4$	5.70	0.94	133.0501
C_9H_7O	9.88	0.64	131.0497	$C_5H_{11}NO_3$	6.08	0.76	133.0739
C_9H_9N	10.25	0.47	131.0736	$C_5H_{13}N_2O_2$	6.45	0.58	133.0976
$C_{10}H_{11}$	10.98	0.54	131.0861	$C_5H_{15}N_3O$	6.83	0.40	133.1216
132				C_5HN_4O	6.98	0.41	133.0151
$C_3H_4N_2O_4$	4.23	0.87	132.0171	$C_6H_{13}O_3$	6.81	0.80	133.0865
$C_3H_6N_3O_3$	4.60	0.69	132.0410	$C_6H_{15}NO_2$	7.18	1.62	133.1103
$C_3H_8N_4O_2$	4.97	0.50	132.0648	$C_6HN_2O_2$	7.34	0.63	133.0036
$C_4H_6NO_4$	4.96	0.90	132.0297	$C_6H_3N_3O$	7.72	0.46	133.0277
$C_4H_8N_2O_3$	5.33	0.72	132.0535	$C_6H_5N_4$	8.09	0.29	133.0515
$C_4H_{10}N_3O_2$	5.70	0.54	132.0774	C_7HO_3	7.70	0.86	132.9925
$C_4H_{12}N_4O$	6.08	0.36	132.1012	$C_7H_3NO_2$	8.07	0.69	133.0164
$C_5H_8O_4$	5.69	0.93	132.0422	$C_7H_5N_2O$	8.45	0.51	133.0402
$C_5H_{10}NO_3$	6.06	0.76	132.0661	$C_7H_7N_3$	8.82	0.35	133.0641
$C_5H_{12}N_2O_2$	6.44	0.58	132.0899	$C_8H_5O_2$	8.80	0.74	133.0289
$C_5H_{14}N_3O$	6.81	0.40	132.1136	C_8H_7NO	9.18	0.57	133.0528
$C_5H_{16}N_3O$	7.18	0.23	132.1377	$C_8H_9N_2$	9.55	0.41	133.0767
C_5N_4O	6.97	0.41	132.0073	C_9H_9O	9.91	0.64	133.0653
$C_6H_{12}O_3$	6.79	0.80	132.0786	$C_9H_{11}N$	10.28	0.48	133.0892
$C_6H_{14}NO_2$	7.17	0.62	132.1025	$C_{10}H_{13}$	11.01	0.55	133.1018
$C_6H_{16}N_2O$	7.54	0.45	132.1264	$C_{11}H$	11.90	0.64	133.0078
$C_6N_2O_2$	7.32	0.63	131.9960	134			
$C_6H_2N_3O$	7.70	0.46	132.0198	$C_3H_6N_2O_4$	4.26	0.87	134.0328
$C_6H_4N_4$	8.07	0.29	132.0437	$C_3H_8N_3O_3$	4.63	0.69	134.0566
$C_7H_{16}O_2$	7.90	0.67	132.1151	$C_3H_{10}N_4O_2$	5.01	0.51	134.0805
C_7O_3	7.68	0.86	131.9847	$C_4H_8NO_4$	4.99	0.90	134.0453

续表

	M+1	M+2	MW		M+1	M+2	MW
$C_4H_{10}N_2O_3$	5.36	0.72	134.0692	$C_8H_7O_2$	884	0.74	135.0446
$C_4H_{12}N_3O_2$	5.74	0.54	134.0930	C_8H_9NO	9.21	0.58	135.0684
$C_4H_{14}N_4O$	6.11	0.36	134.1169	$C_8H_{11}N_2$	9.58	0.41	135.0923
$C_5H_{10}O_4$	5.72	0.94	134.0579	$C_9H_{11}O$	9.94	0.64	135.0810
$C_5H_{12}NO_3$	6.09	0.76	134.0817	$C_9H_{13}N$	10.31	0.48	135.1049
$C_5H_{14}N_2O_2$	6.47	0.58	134.1056	$C_{10}H_{15}$	11.05	0.55	135.1174
$C_5N_3O_2$	6.63	0.59	133.9991	$C_{10}HN$	11.20	0.57	135.0109
$C_5H_2N_4O$	7.00	0.41	134.0229	$C_{11}H_3$	11.93	0.65	135.0235
$C_6H_{14}O_3$	6.82	0.80	134.0943	136			
C_6NO_3	6.98	0.81	133.9878	$C_3H_8N_2O_4$	4.29	0.87	136.0484
$C_6H_2N_2O_2$	7.36	0.64	134.0116	$C_3H_{10}N_3O_3$	4.66	0.69	136.0723
$C_6H_4N_3O$	7.73	0.46	134.0355	$C_3H_{12}N_4O_2$	5.04	0.51	136.0961
$C_6H_6N_4$	8.11	0.29	134.0594	$C_4H_{10}NO_4$	5.02	0.90	136.0610
$C_7H_2O_3$	7.71	0.86	134.0003	$C_4H_{12}N_2O_3$	5.39	0.72	136.0848
$C_7H_4NO_2$	8.09	0.69	134.0242	$C_4N_4O_2$	5.93	0.55	136.0022
$C_7H_6N_2O$	8.46	0.52	134.0480	$C_5H_{12}O_4$	5.75	0.94	136.0735
$C_7H_8N_3$	8.84	0.35	134.0719	$C_5N_2O_3$	6.28	0.77	135.0090
$C_8H_6O_2$	8.82	0.74	134.0368	$C_5H_2N_3O_2$	6.66	0.59	136.0147
C_8H_8NO	9.19	0.58	134.0606	$C_5H_4N_4O$	7.03	0.42	136.0366
$C_8H_{10}N_2$	9.57	0.41	134.0845	C_6O_4	6.64	0.99	135.9796
$C_9H_{10}O$	9.92	0.64	134.0723	C_6NO_3	7.01	0.81	136.0034
$C_9H_{12}N$	10.30	0.48	134.0970	$C_6H_2NO_3$	7.69	0.64	136.0273
$C_{10}H_{14}$	11.03	0.55	134.1096	$C_6H_4N_2O_2$	7.76	0.46	136.0511
$C_{10}N$	11.19	0.57	134.0031	$C_6H_6N_3O$	8.14	0.29	136.0750
$C_{11}H_2$	11.92	0.65	134.0157	$C_6H_8N_4$	7.75	0.86	136.0160
135				$C_7H_4O_3$	8.12	0.69	136.0399
$C_3H_9N_3O_3$	4.65	0.69	135.0644	$C_7H_6NO_2$	8.49	0.52	136.0637
$C_3H_{11}N_4O_2$	5.02	0.51	135.0883	$C_7H_{10}N_3$	8.87	0.35	136.0876
$C_4H_9NO_4$	5.00	0.90	135.0532	$C_8H_8O_2$	8.85	0.75	136.0524
$C_4H_{11}N_2O_3$	5.38	0.72	135.0770	$C_8H_{10}NO$	9.23	0.58	136.0763
$C_4H_{13}N_3O_2$	5.75	0.54	135.1009	$C_8H_{12}N_2$	9.60	0.41	136.1001
$C_3H_5N_2O_4$	4.27	0.87	135.0406	$C_9H_{12}O$	9.96	0.64	136.0888
$C_4H_{11}O_4$	5.74	0.94	135.0657	$C_9H_{14}N$	10.33	0.48	136.1127
$C_5H_{13}NO_3$	6.11	0.76	135.0896	C_9H_2	10.49	0.50	136.0062
$C_5HN_3O_2$	6.64	0.59	135.0069	$C_{10}H_{16}$	11.06	0.55	136.1253
$C_5H_3N_4O$	7.02	0.41	135.0306	$C_{10}O$	10.85	0.73	135.9949
C_6HNO_3	7.00	0.81	134.9956	$C_{10}H_2N$	11.22	0.57	136.0187
$C_6H_3N_2O_2$	7.37	0.84	135.0195	$C_{11}H_4$	11.95	0.65	136.0313
$C_6H_5N_3O$	7.75	0.46	135.0423	137			
$C_6H_7N_4$	8.12	0.29	135.0672	$C_3H_9N_2O_4$	4.31	0.88	137.0563
$C_7H_3O_3$	7.73	0.86	135.0082	$C_3H_{11}N_3O_3$	4.68	0.69	137.0801
$C_7H_5NO_2$	8.10	0.69	135.0320	$C_4H_{11}NO_4$	5.14	0.90	137.0688
$C_7H_7N_2O$	8.48	0.52	135.0559	$C_4HN_4O_2$	5.94	0.55	137.0100
$C_7H_9N_3$	8.85	0.35	135.0798	$C_5HN_2O_3$	6.30	0.77	136.9987

续表

	M+1	M+2	MW
$C_5H_3N_3O_2$	6.67	0.59	137.0226
$C_5H_5N_4O$	7.05	0.42	137.0464
C_6HO_4	6.66	0.99	136.9874
$C_6H_3NO_3$	7.03	0.81	137.0113
$C_6H_5N_2O_2$	7.40	0.64	137.0351
$C_6H_7N_3O$	7.78	0.47	137.0590
$C_6H_9N_4$	8.15	0.29	137.0829
$C_7H_5O_3$	7.76	0.86	137.0238
$C_7H_7NO_2$	8.14	0.69	137.0477
$C_7H_9N_2O$	8.51	0.52	137.0715
$C_7H_{11}N_3$	8.88	0.35	137.0954
$C_8H_9O_2$	8.87	0.75	137.0603
$C_8H_{11}NO$	9.24	0.58	137.0841
$C_8H_{13}N_2$	9.62	0.41	137.1080
$C_9H_{13}O$	9.97	0.65	137.0967
$C_9H_{15}N$	10.35	0.48	137.1205
C_9HN_2	10.50	0.50	137.0140
$C_{10}HO$	11.08	0.56	137.1331
$C_{10}H_{17}$	10.86	0.73	137.0027
$C_{10}H_3N$	11.24	0.57	137.0266
$C_{11}H_5$	11.97	0.65	137.0391
138			
$C_3H_{10}N_2O_4$	4.32	0.88	138.0641
$C_4N_3O_3$	5.58	0.73	137.9940
$C_4H_2N_4O_2$	5.96	0.55	138.0178
C_5NO_4	5.94	0.95	137.9827
$C_5H_2N_2O_3$	6.32	0.77	138.0065
$C_5H_4N_3O_2$	6.69	0.59	138.0304
$C_5H_6N_4O$	7.06	0.42	138.0542
$C_6H_2O_4$	6.67	0.99	137.9953
C_6H_4NO	7.05	0.81	138.0191
$C_6H_6N_2O_7$	7.42	0.64	138.0429
$C_6H_8N_3O$	7.80	0.47	138.0668
$C_6H_{10}O_4$	8.17	0.30	138.0907
$C_7H_6O_3$	7.78	0.86	138.0317
$C_7H_8NO_2$	8.15	0.69	138.0555
$C_7H_{10}N_2O$	8.53	0.52	138.0794
$C_7H_{12}N_3$	8.90	0.35	138.1032
$C_8H_{10}O_2$	8.88	0.75	138.0681
$C_8H_{12}NO$	9.26	0.58	138.0919
$C_8H_{14}N_2$	9.63	0.42	138.1158
C_8N_3	9.79	0.43	138.0093
$C_9H_{14}O$	9.99	0.65	138.1045
$C_9H_{16}N$	10.36	0.48	138.1284
C_9NO	10.15	0.66	137.9980
$C_9H_2N_2$	10.52	0.50	138.0218
$C_{10}H_{18}$	11.09	0.56	138.1409
$C_{10}H_2O$	10.88	0.73	138.0106
$C_{10}H_4N$	11.25	0.57	138.0344
$C_{11}H_6$	11.98	0.65	138.0470
139			
$C_4HN_3O_3$	5.60	0.73	139.0018
$C_4H_3N_4O_2$	5.97	0.55	139.0257
C_5HNO_4	5.96	0.95	138.9905
$C_5H_3N_2O_3$	6.33	0.77	139.0144
$C_5H_5N_3O_2$	6.71	0.59	139.0382
$C_5H_7N_4O$	7.08	0.42	139.0621
$C_6H_3O_4$	6.69	0.98	139.0031
$C_6H_5NO_3$	7.06	0.82	139.0269
$C_6H_7N_2O_3$	7.44	0.64	139.0508
$C_6H_9N_3O$	7.81	0.47	139.0746
$C_6H_{11}N_4$	8.19	0.30	139.0985
$C_7H_7O_3$	7.79	0.86	139.0395
$C_7H_9NO_2$	8.17	0.69	139.0634
$C_7H_{11}N_2O$	8.54	0.52	139.0872
$C_7H_{13}N_3$	8.92	0.55	139.1111
$C_8H_{11}O_2$	8.90	0.75	139.0759
$C_8H_{13}NO$	9.27	0.58	139.0998
$C_8H_{15}N_2$	9.65	0.42	139.1236
C_8HN_3	9.81	0.43	139.0171
$C_9H_{15}O$	10.00	0.65	139.1123
$C_9H_{17}N$	10.38	0.49	139.1362
C_9HNO	10.16	0.66	139.0058
$C_9H_3N_2$	10.54	0.50	139.0297
$C_{10}H_{19}$	11.11	0.56	139.1488
$C_{10}H_3O$	10.89	0.74	139.0184
$C_{10}H_5N$	11.27	0.58	139.0422
$C_{11}H_7$	12.00	0.66	139.0548
140			
$C_4N_2O_4$	5.24	0.91	139.9858
$C_4H_2N_3O_3$	5.62	0.79	140.0096
$C_4H_4N_4O_2$	5.99	0.55	140.0335
$C_5H_2NO_4$	5.97	0.95	139.9983
$C_5H_4N_2O_3$	6.35	0.77	140.0222
$C_5H_6N_3O_2$	6.72	0.60	140.0460
$C_5H_8N_4O$	7.10	0.42	140.0699
$C_6H_4O_4$	6.70	0.99	140.0109
$C_6H_6NO_3$	7.08	0.82	140.0348

续表

	M+1	M+2	MW		M+1	M+2	MW
$C_6H_8N_2O_2$	7.45	0.64	140.0586	$C_8H_3N_3$	9.84	0.43	141.0328
$C_6H_{10}N_3O$	7.83	0.47	140.0825	$C_9H_{17}O$	10.04	0.65	141.1280
$C_6H_{12}N_4$	8.20	0.30	140.1063	C_9HO_2	9.82	0.83	140.9976
$C_7H_8O_3$	7.81	0.87	140.0473	$C_9H_{19}N$	10.41	0.49	141.1519
$C_7H_{10}NO_2$	8.18	0.69	140.0712	C_9H_3NO	10.19	0.67	141.0215
$C_7H_{12}N_2O$	8.56	0.52	140.0950	$C_9H_5N_2$	10.57	0.50	141.0453
$C_7H_{14}N_3$	8.93	0.36	140.1189	$C_{10}H_{21}$	11.14	0.56	141.1644
C_7N_4	9.09	0.37	140.0124	$C_{10}H_5O$	10.93	0.74	141.0340
$C_8H_{12}O_2$	8.92	0.75	140.0837	$C_{10}H_7N$	11.30	0.58	141.0579
$C_8H_{14}NO$	9.29	0.58	140.1076	$C_{11}H_9$	12.03	0.66	141.0705
$C_8H_{16}N_2$	9.66	0.42	140.1315	142			
C_8N_2O	9.45	0.60	140.0011	$C_4H_2N_2O_4$	5.27	0.92	142.0014
$C_8H_2N_3$	9.82	0.43	140.0249	$C_4H_4N_3O_3$	5.65	0.74	142.0253
$C_9H_{16}O$	10.02	0.65	140.1202	$C_4H_6N_4O_2$	6.02	0.56	142.0491
C_9O_2	9.80	0.83	139.9898	$C_5H_4NO_4$	6.00	0.95	142.0140
$C_9H_{18}N$	10.39	0.49	140.1440	$C_5H_6N_2O_3$	6.38	0.77	142.0379
C_9H_2NO	10.18	0.67	140.0136	$C_5H_8N_3O_2$	6.75	0.60	142.0617
$C_9H_4N_2$	10.55	0.50	140.0375	$C_5H_{10}N_4O$	7.13	0.42	142.0856
$C_{10}H_{20}$	11.13	0.56	140.1566	$C_6H_6O_4$	6.74	0.99	142.0266
$C_{10}H_4O$	10.91	0.74	140.0262	$C_6H_8NO_3$	7.11	0.82	142.0504
$C_{10}H_6N$	11.28	0.56	140.0501	$C_6H_{10}N_2O_2$	7.48	0.64	142.0743
$C_{11}H_8$	12.01	0.66	140.0626	$C_6H_{12}N_3O$	7.86	0.47	142.0981
141				$C_6H_{14}N_4$	8.23	0.30	142.1220
$C_4HN_2O_4$	5.26	0.92	140.9936	$C_7H_{10}O_3$	7.84	0.87	142.0630
$C_4H_3N_4O_3$	5.63	0.73	141.0175	$C_7H_{12}NO_2$	8.22	0.70	142.0868
$C_4H_5N_4O_2$	6.01	0.56	141.0413	$C_7H_{14}N_2O$	8.59	0.53	142.1107
$C_5H_3NO_4$	5.99	0.95	141.0062	C_7N_3O	8.75	0.54	142.0042
$C_5H_5N_2O_3$	6.36	0.77	141.0300	$C_8H_2N_4$	9.12	0.37	142.0280
$C_5H_7N_3O_2$	6.74	0.60	141.0539	$C_8H_{14}O_2$	8.95	0.75	142.0940
$C_5H_9N_4O$	7.11	0.42	141.0777	$C_8H_{16}NO$	9.32	0.59	142.1233
$C_6H_5O_4$	6.72	0.99	141.0187	C_8NO_2	9.10	0.77	141.9929
$C_6H_7NO_3$	7.09	0.82	141.0426	$C_8H_{18}N_2$	9.70	0.42	142.1471
$C_6H_9N_2O_2$	7.47	0.64	141.0664	$C_8H_2N_2O$	9.48	0.60	142.0167
$C_6H_{11}N_3O$	7.84	0.47	141.0903	$C_8H_4N_3$	9.85	0.44	142.0406
$C_6H_{13}N_4$	8.22	0.30	141.1142	$C_7H_{16}N_3$	8.96	0.36	142.1346
$C_7H_9O_3$	7.83	0.87	141.0552	$C_9H_{18}O$	10.05	0.65	142.1358
$C_7H_{11}NO_2$	8.20	0.70	141.0790	$C_9H_2O_2$	9.84	0.83	142.0054
$C_7H_{13}N_2O$	8.57	0.53	141.1029	$C_9H_{20}N$	10.43	0.49	142.1597
$C_7H_{15}N_3$	8.95	0.36	141.1267	C_9H_4NO	10.21	0.67	142.0293
C_7HN_4	9.11	0.37	141.0202	$C_9H_6N_2$	10.58	0.51	142.0532
$C_8H_{13}O_2$	8.93	0.75	141.0916	$C_{10}H_{22}$	11.16	0.56	142.1722
$C_8H_{15}NO$	9.31	0.59	141.1154	$C_{10}H_6O$	10.94	0.74	142.0419
$C_8H_{17}N$	9.68	0.42	141.1393	$C_{10}H_8N$	11.32	0.58	142.0657
C_8HN_2O	9.46	0.60	141.0089	$C_{11}H_{10}$	12.05	0.66	142.0783

续表

	M+1	M+2	MW
143			
$C_4H_3N_2O_4$	5.29	0.92	143.0093
$C_4H_5N_3O_3$	5.66	0.74	143.0331
$C_4H_7N_4O_2$	6.04	0.56	143.0570
$C_5H_5NO_4$	6.02	0.95	143.0218
$C_5H_7N_2O_3$	6.40	0.78	143.0457
$C_5H_9N_3O_2$	6.77	0.60	143.0695
$C_5H_{11}N_4O$	7.14	0.42	143.0934
$C_6H_7O_4$	6.75	0.99	143.0344
$C_6H_9NO_3$	7.13	0.82	143.0583
$C_6H_{11}N_2O_2$	7.50	0.65	143.0821
$C_6H_{13}N_3O$	7.88	0.47	143.1060
$C_6H_{15}N_4$	8.25	0.60	143.1298
$C_7H_{11}O_3$	7.86	0.87	143.0708
$C_7H_{13}NO_2$	8.23	0.70	143.0947
$C_7H_{15}N_2O$	8.61	0.53	143.1185
$C_7H_{17}N_3$	8.98	0.36	143.1424
C_7HN_3O	8.76	0.54	143.0120
$C_7H_3N_4$	9.14	0.37	143.0359
$C_8H_{15}O_2$	8.96	0.76	143.1072
$C_8H_{17}NO$	9.34	0.59	143.1311
C_8HNO_2	9.12	0.77	143.0007
$C_8H_{19}N_2$	9.71	0.42	143.1549
$C_8H_3N_2O$	9.49	0.60	143.0246
$C_8H_5N_3$	9.87	0.44	143.0484
$C_9H_{19}O$	10.07	0.65	143.1436
$C_9H_3O_2$	9.85	0.83	143.0133
$C_9H_{21}N$	10.44	0.49	143.1675
C_9H_5NO	10.23	0.67	143.0371
$C_9H_7N_2$	10.60	0.51	143.0610
$C_{10}H_7O$	10.96	0.74	143.0497
$C_{10}H_9N$	11.33	0.58	143.0736
$C_{11}H_{11}$	12.06	0.66	143.0861
144			
$C_4H_4N_2O_4$	5.31	0.92	144.0171
$C_4H_6N_3O_3$	5.68	0.74	144.0410
$C_4H_8N_4O_2$	6.05	0.56	144.0648
$C_5H_6NO_4$	6.04	0.95	144.0297
$C_5H_8N_2O_3$	6.41	0.78	144.0535
$C_5H_{10}N_3O_2$	6.79	0.60	144.0774
$C_5H_{12}N_4O$	7.16	0.42	144.1012
$C_6H_8O_4$	6.77	1.0	144.0422
$C_6H_{10}NO_3$	7.14	0.82	144.0661
$C_6H_{12}N_2O_2$	7.52	0.65	144.0899
$C_6H_{14}N_3O$	7.89	0.47	144.1138
$C_6H_{16}N_4$	8.27	0.30	144.1377
C_6H_4O	2.05	0.49	144.0073
$C_7H_{12}O_3$	7.87	0.87	144.0786
$C_7H_{14}NO_2$	8.25	0.70	144.1025
$C_7H_{16}N_2O$	8.62	0.53	144.1264
$C_7N_2O_2$	8.41	0.71	143.9960
$C_7H_{18}N_3$	9.00	0.36	144.1502
$C_7H_2N_3O$	8.78	0.54	144.0198
$C_7H_4N_4$	9.15	0.38	144.0437
$C_8H_{16}O_2$	8.98	0.76	144.1151
C_8O_3	8.76	0.94	143.9847
$C_8H_{18}NO$	9.35	0.59	144.1389
$C_8H_2NO_2$	9.14	0.77	144.0085
$C_8H_{20}N_2$	9.73	0.42	144.1628
$C_8H_4N_2O$	9.51	0.60	144.0324
$C_8H_6N_3$	9.89	0.44	144.0563
$C_9H_{20}O$	10.08	0.66	144.1515
$C_9H_4O_2$	9.87	0.84	144.0211
C_9H_6NO	10.24	0.67	144.0449
$C_9H_8N_2$	10.62	0.51	144.0688
$C_{10}H_8O$	10.97	0.74	144.0575
$C_{10}H_{10}N$	11.35	0.58	144.0814
$C_{11}H_{12}$	12.08	0.67	144.0939
C_{12}	12.97	0.77	144.0000
145			
$C_4H_5N_2O_4$	5.32	0.92	145.0249
$C_4H_7N_3O_3$	5.70	0.74	145.0488
$C_4H_9N_4O_2$	6.07	0.56	145.0726
$C_5H_7NO_4$	6.05	0.96	145.0375
$C_5H_9N_2O_3$	6.43	0.78	145.0614
$C_5H_{11}N_3O_2$	6.80	0.60	145.0852
$C_5H_{13}N_4O$	7.18	0.43	145.1091
$C_6H_9O_4$	6.78	1.00	145.0501
$C_6H_{11}NO_3$	7.16	0.82	145.0739
$C_6H_{13}N_2O_2$	7.53	0.65	145.0978
$C_6H_{15}N_3O$	7.91	0.48	145.1216
C_6HN_4O	8.06	0.41	145.0151
$C_7H_{13}O_3$	7.89	0.87	145.0865
$C_7H_{15}NO_2$	8.26	0.70	145.1103
$C_7H_{17}N_2O$	8.64	0.53	145.1342
$C_7HN_2O_2$	8.42	0.71	145.0038
$C_7H_{19}N_3$	8.01	0.36	145.1580
$C_7H_3N_3O$	8.80	0.54	145.0277

续表

	M+1	M+2	MW		M+1	M+2	MW
$C_7H_5N_4$	9.17	0.38	145.0515	$C_9H_{10}N_2$	10.65	0.51	146.0845
$C_7H_{17}N_4$	8.28	0.30	145.1455	$C_{10}H_{10}O$	11.01	0.75	146.0732
$C_8H_{17}O_2$	9.00	0.76	145.1229	$C_{10}H_{12}N$	11.38	0.59	146.0970
C_8HO_3	8.78	0.94	145.9925	$C_{11}H_{14}$	12.11	0.67	146.1096
$C_8H_{19}NO$	9.37	0.59	145.1467	$C_{11}N$	12.27	0.69	146.0031
$C_8H_3NO_2$	9.15	0.77	145.0164	$C_{12}H_2$	13.00	0.77	146.0157
$C_8H_5N_2O$	9.53	0.61	145.0402	147			
$C_8H_7N_3$	9.90	0.44	145.0641	$C_4H_7N_2O_4$	5.35	0.92	147.0406
$C_9H_5O_2$	9.88	0.84	145.0289	$C_4H_9N_3O_3$	5.73	0.74	147.0644
C_9H_7NO	10.26	0.67	145.0528	$C_4H_{11}N_4O_2$	6.10	0.56	147.0883
$C_9H_9N_2$	10.63	0.51	145.0767	$C_5H_9NO_4$	6.08	0.96	147.0532
$C_{10}H_9O$	10.99	0.75	145.0653	$C_5H_{11}N_2O$	6.46	0.78	147.0770
$C_{10}H_{11}N$	11.36	0.59	145.0892	$C_5H_{13}N_3O_2$	6.83	0.60	147.1009
$C_{11}H_{17}$	12.09	0.67	145.1018	$C_5H_{15}N_4O$	7.21	0.43	147.1247
$C_{12}H$	12.98	0.77	145.0078	$C_6H_{11}O_4$	6.82	1.00	147.0657
146				$C_6H_{13}NO_3$	7.19	0.82	147.0896
$C_4H_6N_2O_4$	5.34	0.92	146.0328	$C_6H_{15}N_2O_2$	7.56	0.65	147.1134
$C_4H_8N_3O_3$	5.71	0.74	146.0566	$C_6H_{17}N_3O$	7.94	0.48	147.1373
$C_4H_{10}N_4O_2$	6.09	0.56	146.0805	$C_6HN_3O_2$	7.72	0.66	147.0069
$C_5H_8NO_4$	6.07	0.96	146.0453	$C_6H_3N_4O$	8.10	0.49	147.0308
$C_5H_{10}N_2O_3$	6.44	0.78	146.0692	$C_7H_{15}O_3$	7.92	0.87	147.1021
$C_5H_{12}N_3O_2$	6.82	0.60	146.0930	$C_7H_{17}NO_2$	8.30	0.70	147.1260
$C_5H_{14}N_4$	7.19	0.43	146.1169	C_7HNO_3	8.08	0.89	146.9956
$C_6H_{10}O_4$	6.80	1.00	146.0579	$C_7H_3N_2O_2$	8.45	0.72	147.0195
$C_6H_{12}NO_3$	7.17	0.82	146.0817	$C_7H_5N_3O$	8.83	0.55	147.0433
$C_6H_{14}N_2O_2$	7.55	0.65	146.1056	$C_7H_7N_4$	9.20	0.38	147.0672
$C_6H_{16}N_3O$	7.92	0.48	146.1295	$C_8H_3O_3$	8.81	0.94	147.0082
$C_6N_3O_2$	7.71	0.66	146.9991	$C_8H_5NO_2$	9.18	0.78	147.0320
$C_6H_{18}N_4$	8.30	0.31	146.1533	$C_8H_7N_2O$	9.56	0.61	147.0559
$C_6H_2N_4O$	8.08	0.94	146.0229	$C_8H_9N_3$	9.93	0.44	147.0798
$C_7H_{14}O_3$	7.91	0.87	146.0943	$C_9H_7O_2$	9.92	0.84	147.0446
$C_7H_{16}NO_2$	8.28	0.70	146.1182	C_9H_9NO	10.29	0.68	147.0684
C_7NO_3	8.06	0.88	146.9878	$C_9H_{11}N_2$	10.66	0.51	147.0923
$C_7H_{18}N_2O$	8.65	0.53	146.1420	$C_{10}H_{11}O$	11.02	0.75	147.0810
$C_7H_2N_2O_2$	8.44	0.71	146.0116	$C_{10}H_{13}N$	11.40	0.59	147.1049
$C_7H_4N_3O$	8.81	0.55	146.0355	$C_{11}H_{15}$	12.13	0.67	147.1174
$C_7H_6N_4$	9.19	0.38	146.0394	$C_{11}HN$	12.28	0.69	147.0109
$C_8H_{18}O_2$	9.01	0.76	146.1307	$C_{12}H_3$	13.02	0.78	147.0235
$C_8H_2O_3$	8.79	0.94	146.0003	148			
$C_8H_4NO_2$	9.17	0.77	146.0242	$C_4H_6N_2O_4$	5.37	0.92	148.0484
$C_8H_6N_2O$	9.54	0.61	146.0480	$C_4H_{10}N_3O_3$	5.74	0.74	148.0723
$C_8H_8N_3$	9.92	0.44	146.0719	$C_4H_{12}N_4O_2$	6.12	0.56	148.0961
$C_9H_6N_2$	9.90	0.84	146.0368	$C_5H_{10}NO_4$	6.10	0.96	148.0610
C_9H_8NO	10.27	0.67	146.0606	$C_5H_{12}N_2O_3$	6.48	0.78	148.0848

续表

	M+1	M+2	MW		M+1	M+2	MW
$C_5H_{14}N_3O_2$	6.85	0.60	148.1087	$C_7H_5N_2O_2$	8.49	0.72	149.0351
$C_5H_{16}N_4O$	7.22	0.43	148.1325	$C_7H_7N_3O$	8.86	0.55	149.0590
$C_5N_4O_2$	7.01	0.61	148.0022	$C_7H_9N_4$	9.23	0.38	149.0829
$C_6H_{12}O_4$	6.83	1.00	148.0735	$C_8H_5O_3$	8.84	0.95	149.0238
$C_8H_{14}NO_3$	7.21	0.83	148.0974	$C_8H_7NO_2$	9.22	0.78	149.0477
$C_6H_{16}N_2O_2$	7.58	0.65	148.1213	$C_8H_9N_2O$	9.59	0.61	149.0715
$C_6N_2O_3$	7.36	0.84	147.9909	$C_8H_{11}N_3$	9.97	0.45	149.0954
$C_6H_2N_3O_2$	7.74	0.66	148.0147	$C_9H_9O_2$	9.95	0.84	149.0603
$C_6H_4N_4O$	8.11	0.49	148.0386	$C_9H_{11}NO$	10.32	0.68	149.0841
$C_7H_{16}O_3$	7.94	0.88	148.1100	$C_9H_{13}N_2$	10.70	0.52	149.1080
C_7O_4	7.72	1.06	147.9796	$C_{10}H_{13}O$	11.05	0.75	149.0967
$C_7H_2NO_3$	8.09	0.89	148.0034	$C_{10}H_{15}N$	11.43	0.59	149.1205
$C_7H_4N_2O_2$	8.47	0.72	148.0273	$C_{10}HN_2$	11.58	0.61	149.0140
$C_7H_6N_3O$	8.84	0.55	148.0511	$C_{11}H_{17}$	12.16	0.67	149.1331
$C_7H_8N_4$	9.22	0.38	148.0750	$C_{11}HO$	11.94	0.85	149.0027
$C_8H_4O_3$	8.83	0.94	148.0160	$C_{11}H_3N$	12.32	0.69	149.0266
$C_8H_6NO_2$	9.20	0.78	148.0399	$C_{12}H_5$	13.05	0.78	149.0391
$C_8H_8N_2O$	9.57	0.61	148.0637	150			
$C_8H_{10}N_3$	9.95	0.45	148.0876	$C_4H_{10}N_2O_4$	5.40	0.92	150.0641
$C_9H_8O_2$	9.93	0.84	148.0524	$C_4H_{12}N_3O_3$	5.78	0.74	150.0879
$C_9H_{10}NO$	10.31	0.88	148.0763	$C_4H_{14}N_4O_2$	6.15	0.56	150.1118
$C_9H_{12}N_2$	10.68	0.52	148.1001	$C_5H_{12}NO_4$	6.13	0.96	150.0766
$C_{10}H_{12}O$	11.04	0.75	148.0888	$C_5H_{14}N_2O_3$	6.51	0.78	150.1005
$C_{10}H_{14}N$	11.41	0.59	148.1127	$C_5N_3O_3$	6.66	0.79	149.9940
$C_{10}N_2$	11.57	0.61	148.0062	$C_5H_2N_4O_2$	7.04	0.62	150.0178
$C_{11}H_{16}$	12.14	0.67	148.1253	$C_6H_{14}O_4$	6.86	1.00	150.0892
$C_{11}O$	11.93	0.85	147.9949	C_6NO_4	7.02	1.01	149.9827
$C_{11}H_2N$	12.30	0.69	148.0187	$C_8H_2N_2O_3$	7.40	0.84	150.0065
$C_{12}H_4$	13.03	0.78	148.0313	$C_6H_4N_3O_2$	7.77	0.67	150.0304
149				$C_6H_8N_4O$	8.14	0.49	150.1542
$C_4H_9N_2O_4$	5.39	0.92	149.0563	$C_7H_2O_4$	7.75	1.06	149.9953
$C_4H_{11}N_3O_3$	5.76	0.74	149.0801	$C_7H_4NO_3$	8.13	0.89	150.0191
$C_4H_{13}N_4O_2$	6.13	0.56	149.1040	$C_7H_6N_2O_2$	8.50	0.72	150.0429
$C_5H_{11}NO_4$	6.12	0.96	149.0688	$C_7H_8N_3O$	8.88	0.55	150.0668
$C_5H_{13}N_2O_3$	6.49	0.78	149.0927	$C_8H_8O_3$	8.86	0.95	150.0317
$C_5H_{15}N_3O_2$	6.87	0.61	149.1185	$C_8H_8NO_2$	9.23	0.78	150.0555
$C_5HN_4O_2$	7.02	0.62	149.0100	$C_8H_{10}N_2O$	9.61	0.61	150.0794
$C_6H_{13}O_4$	6.85	1.00	149.0814	$C_8H_{12}N_3$	9.98	0.45	150.1032
$C_6H_{15}NO_3$	7.22	0.83	149.1052	$C_9H_{10}O_2$	9.96	0.84	150.0681
$C_6HN_2O_3$	7.38	0.84	148.9987	$C_9H_{12}NO$	10.34	0.68	150.0919
$C_6H_3N_3O_2$	7.75	0.66	149.0226	$C_9H_{14}N_2$	10.71	0.52	150.1158
$C_6H_5N_4O$	8.13	0.49	149.0464	C_9N_3	10.87	0.54	150.0093
C_7HO_4	7.74	1.06	148.9874	$C_{10}H_{14}O$	11.07	0.75	150.1045
$C_7H_3NO_3$	8.11	0.89	149.0113	$C_{10}H_{16}N$	11.44	0.60	150.1284

续表

	M+1	M+2	MW		M+1	M+2	MW
$C_{10}NO$	11.23	0.77	149.9980	$C_{11}H_2O$	11.96	0.85	150.0106
$C_{10}H_2N_2$	11.60	0.61	150.0218	$C_{11}H_4N$	12.33	0.70	150.0344
$C_{11}H_{18}$	12.17	0.68	150.1409	$C_{12}H_6$	13.06	0.78	150.0470